LULIANGXIAN MUBEN ZHIWU TUJIAN 陆良县木本植物 图 鉴

王建 编著

云南出版集团
云南科技出版社
·昆明·

**图书在版编目（CIP）数据**

陆良县木本植物图鉴 / 王建编著. -- 昆明 : 云南
科技出版社, 2017.11
ISBN 978-7-5587-0933-3

Ⅰ. ①陆… Ⅱ. ①王… Ⅲ. ①木本植物—陆良县—图
集 Ⅳ. ①S717.274.4-64

中国版本图书馆CIP数据核字（2017）第285870号


责任编辑：胡凤丽

　　　　　叶佳林

　　　　　杨　雪

　　　　　杨　钊

整体设计：晓　晴
责任印制：翟　苑
责任校对：叶水金


云南出版集团公司

云南科技出版社出版发行

（昆明市环城西路609号云南新闻出版大楼　邮政编码：650034）

云南宏乾印刷有限公司印刷　全国新华书店经销

开本：889mm×1194mm　1/16　印张：22.5　字数：570千字

2017年12月第1版　　2017年12月第1次印刷

印数：1～1000册　　定价：120.00元

# 内容简介

  本书第一次全面系统地记载了陆良县木本植物105科300属623种，其中栽培植物（拉丁名前加*）72科147属220种。每种植物列中文名、拉丁名和形态特征等，并配彩色照片一幅，图文并茂，方便使用。

  本书具有较高的科学性和实用性，特别是对陆良县植物区系研究、植物地理研究、生物多样性研究、木本植物开发利用及生态环境建设具有重要的参考价值，是进行文化、学术交流，开展科学研究和教学工作，从事生产和经营活动必备的重要参考书。可供科研单位、高等院校师生及农业、林业、园林、园艺等部门使用，也可供有关党委政府部门参考借鉴。

# 前　言

　　陆良县位于云南省东部，居南盘江上游，北回归线以北，地跨东经103°23′～104°02′，北纬24°44′～25°18′之间。东与罗平为邻，南与师宗、石林相连，西与宜良为界，北与马龙、麒麟接壤。东西最大横距65.6 km，南北最大纵距62.8 km，总面积2018.82 km²。地处乌蒙山南部延伸带，最高海拔2676.6米，最低海拔1660米，立体气候明显，属北亚热带高原季风型冬干夏湿气候区气候类型，终年温和，冬无严寒，夏无酷暑，春暖干旱，秋凉湿润，降水集中，干湿分明。年平均气温15.1℃，≥10℃的活动积温4458℃，年均降雨量958.2mm，太阳辐射总量125千卡/cm²，日照时数2242.5小时，相对湿度为74%，无霜期246天。境内有属珠江流域西江水系的南盘江及其支流，大小河流24条，总长345km。水资源总量17.3亿m³。森林类型为半湿润常绿阔叶林，现有森林类型多为次生性森林类型，主要树种为云南松、华山松、栎类等耐旱树种。

　　为了真实和直观地反映陆良县木本植物的多样性，在物种多样性保护的前提下合理开发利用木本植物。编者不惧艰辛，数年来翻山越岭、跋山涉水，对陆良县野外分布和部分栽培的木本植物资源进行调查，调查以拍摄照片为主，通过后期的图片整理及物种的分类鉴定，编写了《陆良县木本植物图鉴》。

　　《陆良县木本植物图鉴》记载了陆良县木本植物105科300属623种，其中栽培植物（拉丁名前加*）72科147属220种。植物的分类系统，裸子植物采用郑万钧系统，被子植物采用最新的APGⅢ系统，科以下等级的属、种、亚种、变种和变型等，均按拉丁字母顺序排列。每种植物列中文名、拉丁名和形态描述等，配彩色照片一幅，简洁明了。

　　《陆良县木本植物图鉴》是陆良县有史以来第一次以图谱的形式对木本植物资源进行详细记载，是陆良县首次建立的系统、全面、完整的木本植物资源档案，对发展、保护和合理开发利用木本植物资源具有深远而重大的意义。本书具有较高的科学性和实用性，特别是对陆良县植物区系研究、植物地理研究、生物多样性研究、木本植物开发利用及生态环境建设具有重要的参考价值，是进行文化、学术交流，开展科学研究和教学工作，从事生产和经营活动必备的重要参考书，可供科研单位、高等院校师生及农业、林业、园林、园艺等部门使用，也可供有关党委政府部门参考借鉴。

　　在调查和编写过程中，得到云南省林业厅、曲靖市林业局、中共陆良县委、陆良县人民政府、陆良县林业局领导的高度重视和支持，同时得到了陆良县林业局各科、站、办、室，各乡、镇林业站等同仁的大力支持和配合。中国科学院昆明植物研究所植物分类室主任彭华研究员给予了热情帮助和指导，并在百忙之中校对审稿。

　　《陆良县木本植物图鉴》最终得以出版，与各方面的关心和帮助是分不开的，在此，向所有为此书的出版付出辛勤劳动的各单位领导和同事表示衷心感谢！本书编纂过程中，在植物种类的鉴定和文字的审定方面，由于编者水平有限，可能还有错误和不足，敬请读者批评指正。

编者

2017年4月

# 序

  陆良县历史悠久，早在新石器时代就有人类繁衍生息在这片土地上，西汉元封二年（公元前109年）汉王朝在云南设郡县时，是云南最早建置的24个县之一。陆良县位于云南省东部，素有"滇东明珠"之称，居南盘江上游，境内有云南省第一大坝子之称的"陆良坝子""神品第一"的爨龙颜碑，千佛塔，五峰山国家级森林公园，彩色沙林AAAA级旅游景点。陆良县属滇中植物区系，植物成分并不复杂，历史上未进行过详细的植物种类调查工作，《云南植物志》和《中国植物志》等志书对陆良县的植物分布情况也记载甚少。

  陆良县林业局高级工程师王建同志历经6年，踏遍陆良山水，搜罗木本植物种类，得635种，编著《陆良县木本植物图鉴》一书。此书即将付梓，可喜可贺！木本植物是森林的主要组成部分，木本植物与人类的生产生活息息相关，要发挥木本植物的作用，首先要认识它们，了解它们，然后通过研究，通过试验示范，才能推广应用。《陆良县木本植物图鉴》一书，第一次全面系统地记载了陆良县木本植物105科300属623种，其中栽培植物（拉丁名前加*）72科147属220种，图文并茂，通俗易懂，保持了科学性和严谨性，是陆良县木本植物研究的新成果，是作者辛勤劳作的结晶。希望这部书能早日与读者朋友见面。

  《陆良县木本植物图鉴》的出版，将为认识和了解陆良县的木本植物提供宝贵的第一手资料，有助于加强对木本植物的保护和可持续利用。

陆良县林业局党级书记、局长

刘强

2017年4月1日

# 目录
## CONTENTS

# GYMNOSPERMAE

## 裸子植物

陆良县木本植物图鉴
LULIANGXIAN MUBEN ZHIWU TUJIAN

## 苏铁科 Cycadaceae　　　苏铁属 *Cycas*

### 苏铁　*Cycas revoluta* Thunb.　　别名：铁树

树干高达8米，通常1~3米，圆柱形，粗糙，基部有明显的菱形叶柄残痕。羽状叶长75~200厘米，叶柄两侧有齿状刺，刺间距4~5毫米，刺长2~3毫米；裂片达100对以上，条形，厚革质，长9~18厘米，宽4~6毫米，向上斜展微成"V"形，边缘显著地向下反卷，上部微渐窄，先端锐尖，有刺状尖头，基部下延生长，两侧不对称，叶面深绿色，有光泽，中央微凹，凹槽内有微隆起的中脉，背面浅绿色。雄球花圆柱形，长30~70厘米，直径8~15厘米，小孢子叶窄披针状楔形，长3.5~6厘米，顶端宽平，其两角近圆形，宽1.7~2.5厘米，先端有急尖头，上面光滑无毛，有龙骨状突起，下面中肋至顶端密生黄褐色绒毛，花药通常3个聚生；大孢子叶密被淡黄色或淡灰黄色绒毛，上部的顶片宽卵形至长卵形，边缘羽状深裂，裂片12~18对，条状钻形，长2.5~6厘米，先端有刺状尖头，胚珠2~6枚，生于大孢子叶柄的中上部两侧，亦密生绒毛。种子红褐色或橘红色，倒卵圆形或卵圆形，稍扁，顶端凹，长2~4厘米，径1.5~3厘米，密生灰黄色短绒毛，后渐脱落，中种皮木质，两侧有两条棱脊。花期6~7月，果期10月。

常见的观赏植物，国家一级保护植物。

茎含淀粉可供食用；种子有微毒，含油和淀粉，供食用和药用，药用治高血压；叶有收敛止血，解毒止痛的作用；花理气止痛、益肾固精；根祛风活络，补肾。

## 银杏科 Ginkgoaceae　　　银杏属 *Ginkgo*

### 银杏　*Ginkgo biloba* Linn.　　别名：白果树

大乔木，高可达40米，胸径4米；树皮灰褐色，深纵裂；幼年及壮年树冠圆锥形，老则广卵形；大枝近轮生，斜上伸展，雌株的大枝常较雄株的开展或下垂。叶扇形，顶端宽5~8厘米，边缘浅波状，或在萌枝及幼树之叶的中央浅裂或深裂为2，基部楔形，叶柄长3~10（多为5~8）厘米。球花小而不明显，与叶同时开放。种子椭圆形、倒卵形或近球形，长2.5~3.5厘米，外种皮熟时有臭味，淡黄色或橘黄色，被白粉；中种皮白色，骨质，具2~3条纵脊；内种皮膜质，淡红褐色；胚乳肉质，味甘略苦。花期3月下旬至4月中旬，果期9~10月。

常见的观赏植物，树形优美，原生种国家二级保护植物。

材质轻软，富弹性，易加工，有光泽，不易开裂反翘，是极好的建筑、雕刻、绘图版等用材。种子即白果，可供食用和药用，有润肺益气、定喘咳、利尿等功效；民间用菜籽油浸白果，对结核菌有抑制作用；叶及外种皮可作农药。

## 南洋杉科 Araucariaceae　　南洋杉属 *Araucaria*

### 南洋杉　*Araucaria cunninghamii* Sweet

乔木，在原产地高达60～70米，胸径1米以上；树皮灰褐色或暗灰色，粗糙；大枝平展或斜伸，幼树冠尖塔形，老则成平顶状；侧生小枝密生，下垂，近羽状排列。叶二型，幼树和侧枝的叶排列疏松，开展，钻状、针状、镰状或三角状，长7～17毫米，基部宽约2.5毫米，微弯，微具四棱或上（腹）面的棱脊不明显；大树及花果枝上的叶排列紧密而叠盖，不开展，微向上弯，卵形，三角状卵形或三角状，无明显的背脊或下面有纵脊，长6～10毫米，宽约4毫米。果卵形或椭圆形，长6～10厘米，直径4.5～7.5厘米；苞鳞楔状倒卵形，两侧具薄翅，先端宽厚，具锐脊，中央有急尖的长尾状尖头，尖头显著向后反曲；舌状种鳞的先端薄，不肥厚。种子椭圆形，两侧具膜质宽翅，先端不肥厚，与种鳞微分离，外露出。花期6月。

栽培供观赏。

木材可供建筑、器具、家具等用材。

### 异叶南洋杉　*Araucaria heterophylla*（Salisb.）Franco

乔木，在原产地高达50米以上，胸径1.5米；树干通直，树冠塔形；侧生小枝常成羽状排列，密生，下垂。叶二型，幼树及侧生小枝的叶排列疏松，开展，钻形，光绿色，向上弯曲，通常两侧扁，具3～4棱，长6～12毫米；大树及花果枝上的叶排列较密，微开展，宽卵形或三角状卵形，多少弯曲，长5～9毫米，基部宽，先端钝圆，中脉隆起或不明显。果近球形或椭圆状球形，通常长8～12厘米，径7～11厘米，有时径大于长；苞鳞厚，上部肥厚，边缘具锐脊，先端具扁平的三角状尖头，尖头向上弯曲。种子椭圆形，稍扁，两侧具结合生长的宽翅。

## 松科 Pinaceae    雪松属 *Cedrus*

### 雪松    *Cedrus deodara*（Roxb.）G. Don

乔木，高可达50米，胸径3米；树皮深灰，裂成不规则的鳞状块片；大枝不规则轮生，平展，其顶部与小枝常微下垂，枝下高极低，树冠尖塔形；一年生枝淡灰黄色，密生短绒毛，微有白粉；二、三年生枝灰色或深灰色。叶长2.5～5厘米，横切面常三角形，幼时有白粉呈灰绿色，每面各有气孔线数条，老则呈深绿色。雄球花长卵圆形或卵圆形，成熟时黄色，长2～3厘米；雌球花卵圆形，长约8毫米，初为紫红色，后呈淡绿色，微具白粉。球果卵圆形或椭圆状卵圆形，长7～12厘米，直径5～9厘米，顶端平，熟时深褐色；中部种鳞扇状倒三角形，长2.5～4.0厘米，宽4～6厘米，上部宽圆，边缘向内卷，鳞背密生锈色短绒毛；苞鳞短小，不外露；种子三角形，种翅宽大，较种子为长，种子连翅长2.2～3.7厘米。南京花期2～3月，果期翌年约10月。

栽培供观赏。

木材坚实，纹理致密，有树脂，具香气，少翘裂，耐久用。供建筑、桥梁、枕木、造船等用。种子含油供工业用。雪松对大气中的氟化氢及二氧化硫有较强的敏感性，可作为大气污染的监测植物。

## 油杉属 *Keteleeria*

### 云南油杉    *Keteleeria evelyniana* Mast.    别名：沙松

乔木，高达40米，胸径可达1米；树皮粗糙，暗灰褐色，不规则深纵裂；枝条粗壮，一年生枝粉红色或淡褐红色，有毛；二年生以上的小枝成不规则薄片状开裂至剥落，灰褐色或红褐色，无毛。叶条形，长2～6.5厘米，宽2～3（～3.5）毫米，先端具微凸的钝尖头（幼树或萌枝的叶具刺状长尖头），基部楔形，渐窄成短柄状；上面光绿色，中脉两侧每边各有2～10条完全或不完全的气孔线，稀无气孔线；下面中脉两侧各有14～19条白色气孔线。果圆柱形，长9～20厘米，直径约4～6.5厘米，熟时灰褐色，中部的种鳞卵状斜方形或斜方状卵形，长3～4厘米，宽2.5～3厘米，上部较窄，向外反曲，边缘有细小锯齿；苞鳞先端呈不规则的三裂，中裂片明显，侧裂近圆形；种翅中下部较宽，上部渐窄。花期4～5月，果期10～11月。

我国特有树种。

树干通直高大，木材富树脂，结构细致，耐水湿，抗腐性较强；可供建筑、桥梁、家具等用。

## 松属 *Pinus*

### 华山松 *Pinus armandi* Franch.　　别名：柯松

乔木，高达35米，胸径1米；幼树树皮平滑，灰绿色或淡灰色，老则呈灰色，开裂成方形或长方形厚块片固着于树干；树冠圆锥形或柱状塔形；一年生枝绿色或灰绿色（干后呈褐色），无毛，微被白粉；冬芽近圆柱形，褐色，微具树脂，芽鳞排列疏松。针叶5针一束，稀6～7针一束，长8～15厘米，径1～1.5毫米；横切面三角形，具1条维管束，树脂道通常3个，中生或背面2个边生，腹面1个中生；叶鞘早落。球果圆锥状长卵圆形，长10～20厘米，直径5～8厘米，梗长2～3厘米，熟时褐黄色或淡黄褐色，种鳞张开，鳞盾斜方形或宽三角状斜方形，先端钝圆或钝尖，不反曲或微反曲；鳞脐顶生，微小，不显著；种子卵形或卵圆形，长1～1.5厘米，直径6～10毫米，无翅或两侧及顶端具棱脊，稀具极短的木质翅。滇中地区花期4～5月，果期翌年9～10月。

边材淡黄色，心材淡红褐色，纹理通直，材质轻软，很少翘曲开裂，树脂较多，耐用。为优良家具及工艺用材，亦可作建筑、桥梁、枕木、舟船及造纸、纤维工业原料等用材。树皮可提取栲胶；种子食用，亦可榨油供食用及工业用；叶可提制芳香油；树干可割取松脂。

### 白皮松　*Pinus bungeana* Zucc. ex Endl.

乔木，高达30米，胸径3米；幼树树皮淡灰绿色，平滑，老则呈褐灰色，裂成不规则鳞状薄块片脱落，内皮呈粉白色，老树树皮白色；小枝灰绿色，无毛；冬芽卵形，褐色。针叶3针一束，长5～10厘米，径1.5～2毫米，粗硬；横切面树脂道6～7个，边生，维管束1条；叶鞘早落。球果卵圆形，长5～7厘米，直径4～6厘米，熟时淡黄褐色；鳞盾宽，横脊隆起；鳞脐背生，有刺；种子卵圆形，长约1厘米，上部有短翅，连翅长1.8厘米。花期4～5月，果期翌年10～11月。

栽培观赏。

木材质脆，纹理通直美观，有光泽，可供一般建筑、家具、文具等用材。种子可食；球果（松塔）入药，治慢性气管炎、哮喘、咳嗽痰多。

### 日本五针松 *Pinus parviflora* Sieb. et Zucc.

乔木，在原产地高达25米；树皮不规则鳞状开裂；小枝黄褐色，密生淡黄色柔毛；冬芽褐色。针叶5针一束，较短，长3.5~5.5厘米，径不足1毫米；横切面的树脂道2个，边生。球果卵形或卵状椭圆形，几无梗，长4~7.5厘米，直径3.5~4.5厘米，淡褐色；鳞盾近斜方状，鳞脐凹下，先端微内曲；种子倒卵形，长约1厘米，翅长不及1厘米。

通常呈灌木状，生长慢，常用作盆景材料或栽于庭园；用种子或嫁接繁殖。

### 云南松 *Pinus yunnanensis* Franch. 别名：青松

乔木，高达30米，胸径1米；树皮褐灰色，深裂成不规则较厚的鳞状块片脱落；一年生枝粗壮，淡红褐色，无毛；二、三年生小枝小的苞片状鳞叶常脱落，露出红褐色内皮；冬芽圆锥状卵圆形，粗大，红褐色，无树脂，芽鳞披针形，先端散开或部分反卷，边缘有白色丝状毛齿。针叶通常3针一束，极少2针一束，长10~30厘米，直径约1.2毫米，柔软，稍下垂，常在枝上宿存三年；横切面扇状三角形或半圆形，树脂道4~5个，中生与边生并存（中生者通常位于角部）；叶鞘宿存。球果圆锥状卵圆形，长5~11厘米，梗长约5毫米，熟时栗褐色或黄褐色；鳞盾通常肥厚隆起，稀反卷，有横脊；鳞脐微凹或微隆起，有短刺；种子近卵圆形或倒卵形，微扁，长4~5毫米，连翅长1.6~1.9厘米。花期4~5月，果期翌年10~11月。

树干常扭曲，心边材区别略明显，边材宽，黄褐色，心材黄褐色，带红色或红褐色，材质轻软细密，多数纹理扭曲，力学性质不均，易翘裂变形，富松脂；可作一般建筑、家具或纤维工业用材。树干可割取松脂，松脂中含松香、松节油；树根可培养茯苓；树皮可提取栲胶；松针可提炼松针油；木材干馏可得多种化工产品。松脂、松节油、枝、叶、幼果、松花粉等均可药用。

地盘松 *Pinus yunnanensis* Franch var. pygmaea （Hsüeh） Hsüeh ex Cheng et L. K. Fu

灌木状，从基部分生多干，有时多达十几枝，高40~50厘米至1~2米不等，无主根；三年生枝上的苞片脱落，光滑。针叶较粗硬，2~3针一束，长7~13厘米；横切面树脂道2个，中生或其中一个边生。球果卵圆形或椭圆状卵圆形，长4~5厘米，宿存树上，成熟后三年种鳞不张开；鳞盾灰褐色，隆起较高；鳞脐平或稍突起，小尖刺通常早落，不显著。

## 杉科 Taxodiaceae  柳杉属 *Cryptomeria*

### 柳杉 *\*Cryptomeria fortunei* Hooibrenk ex Otto et Dietr.

乔木，高达40米，胸径2米多；树皮红褐色，纵裂成长条片脱落；大枝近轮生，小枝细长，常下垂。叶钻形，先端微向内弯曲，四边有气孔线，长1~1.5厘米，幼树及萌枝的叶长达2.4厘米。雄球花长椭圆形，长约7毫米，集生枝顶成短穗状花序；雌球花淡绿色，顶生于短枝。球果近球形，直径1.2~2厘米，多为1.5~1.8厘米，熟时深褐色；种鳞20片左右，上部有4~5（很少6~7），短三角形裂齿，齿长2~4毫米，鳞背中部或中下部三角状分离的苞鳞尖头长3~5毫米；发育种鳞具2粒种子；种子褐色，近椭圆形，稍扁平，周围有窄翅，长4~6.5毫米，宽2~3.5毫米。花期4月，果期约10月。

树姿雄伟优美，为庭园观赏树种。

边材黄白色，心材淡红褐色，材质较轻软，强度中等，次于杉木，纹理通直，结构中等，易干燥，不翘曲，少开裂。可作一般建筑、家具、器具及造纸原料等用材。叶可作线香的原料。

## 杉木属 *Cunninghamia*

### 杉木 *\*Cunninghamia lanceolata*（Lamb.）Hook.  别名：杉松

乔木，高达30米以上，胸径可达3米；树干端直；树皮灰褐色，裂成长条片脱落，内皮淡红色；大枝平展，小枝近对生或轮生，常成两列状；幼树树冠尖塔形，大树树冠圆锥形；冬芽近圆形，有小型叶状芽鳞。叶厚革质，在主枝上辐射伸展，侧枝之叶基部扭转排成两列，披针形或条状披针形，通常微弯成镰状，坚硬，先端锐尖，长2~6厘米，宽3~5毫米，边缘有细缺齿；叶

面深绿色，有光泽，除先端及基部两侧有窄气孔带，微具白粉或白粉不明显；下面淡绿色，沿中脉两侧各有1条白粉气孔带；老树之叶通常较短，较厚，上面无气孔线。球果卵圆形或近球形，长2.5～5厘米，径3～4厘米，熟时棕黄色；苞鳞革质，三角状卵形，长约1.7厘米，宽1.5厘米，先端有坚硬的刺状尖头，边缘有不规则的细锯齿，向外反卷或不反卷；种鳞很小，先端3裂，边缘有不规则的细锯齿，基部着生3粒种子；种子扁平，遮盖着种鳞，长卵形或长圆形，暗褐色，有光泽，两侧边缘有窄翅，长7～8毫米，宽5毫米。花期3～4月，果期10～11月。

栽培。

树干通直圆满，质较轻软细致，有香气，纹理直，不翘不裂，耐腐力强，不受白蚁蛀食，易施工，为优良的建筑及家具用材；并用作桥梁、造船、枕木、矿柱及纤维工业原料。树皮含单宁；根、叶、树皮、木材、球果、杉节均可入药，祛风止痛、散瘀止血，治慢性气管炎、胃痛、风湿关节痛，外用治跌打损伤、烧烫伤、外伤出血、过敏性皮炎。

## 水杉属 *Metasequoia*

### 水杉 *Metasequoia glyptostroboides* Hu et Cheng

大乔木，高达39米，胸径2.5米；树干基部常膨大；树皮灰色或灰褐色，浅裂成长条片脱落；大枝斜展，小枝下垂；幼树树冠尖塔形，老则呈扁圆形；枝叶稀疏，侧生小枝无腋芽，排成羽状，长4～15厘米，冬季凋落；主枝上的冬芽卵圆形或椭圆形，长约4毫米。叶条形，柔软，长0.8～3.5（多为1.3～2.0）厘米，宽1～2.5（多为1.5～2.0）毫米。球果长1.8～2.5厘米，径1.6～2.5厘米，梗长2～4厘米，熟时深褐色。种子长约5毫米，宽4毫米；子叶2枚，出土。花期2月下旬至3月，果期10～11月。

栽培供观赏。为我国特有的古老稀有的珍贵树种，有活化石之称。原生种为国家二级重点保护植物。

树干通直，材质次于杉木，边材白色，心材褐红色，质轻软，纹理直，结构稍粗，早晚材硬度区别不大，易加工，可供建筑、板料、电杆、家具及纤维工业原料等用材。

## 北美红杉属 *Sequoia*

### 北美红杉　*Sequoia sempervirens*（Lamb.）Endl.

大乔木，在原产地高达110米，胸径可达8米；树皮红褐色，纵裂，厚达15～25厘米；枝条水平开展，树冠圆锥形。主枝之叶卵状矩圆形，长约6毫米；侧枝之叶条形，长约8～20毫米，先端急尖，基部扭转裂成二列，无柄，上面深绿或亮绿色，下面有二条白粉气孔带，中脉明显。雄球花卵形，长1.5～2毫米。球果卵状椭圆形或卵圆形，长2～2.5厘米，径1.2～1.5厘米，淡红褐色；种鳞盾形，顶部有凹槽，中央有一小尖头；种子椭圆状矩圆形，长约1.5毫米，淡褐色，两侧有翅。

## 柏科 Cupressaceae　　扁柏属 *Chamaecyparis*

### 云片柏　*Chamaecyparis obtusa* cv. Breviramea Dallimore et Jackson

小乔木，树冠窄塔形，枝短；生鳞叶的小枝薄片状，有规则地排列，侧生片状小枝盖住顶生片状小枝，如层云状；球果较小。

栽培作观赏树。

## 柏木属 *Cupressus*

### 干香柏 *Cupressus duclouxiana* Hickel    别名：圆柏、沙果树

乔木，高达25米，胸径80厘米；树干端直，树皮灰褐色，裂成长条片脱落；树冠近圆形或扁圆形，枝条密集，斜展；一年生小枝四棱形，直径约1毫米，末端分枝径约0.8毫米，不下垂；二年生枝上部稍弯，向上斜展，近圆形，直径约2.5毫米，褐紫色。鳞叶密生，近斜方形，长约1.5毫米，先端微钝，背部有纵脊及腺槽，蓝绿色，微被蜡质白粉，无明显的腺点。雄球花近球形或卵圆形，长约3毫米，雄蕊6～8对。球果球形，径1.6～3厘米，生于长约2毫米的粗壮短枝的顶端，种鳞4～5对，熟时暗褐色或紫褐色，被白粉，顶部五角形或近方形，中央平或稍凹，有短尖头，具不规则向四周放射的皱纹，发育的种鳞有多数种子；种子近卵形，长3～4.5毫米，褐色或紫褐色，两侧有窄翅。花期2月，果期翌年9～10月。

栽培。为我国特有树种。

木材黄色或淡褐色，致密坚硬，有香气，耐久用，易加工，可作建筑、桥梁、造船、电杆、器具、家具等用材。

### 柏木 *Cupressus funebris* Endl.

乔木，高达35米，胸径2米；树皮淡褐灰色，裂成窄长条片；小枝细长下垂，生鳞叶的小枝扁平，排成一平面，上下两面同型，较老的小枝为圆柱形，暗紫褐色。鳞叶先端锐尖，长1～1.5毫米，中央之叶的背部有条状腺点，两侧之叶对折。雄球花椭圆形或卵圆形，长2.5～3毫米，雄蕊通常6对；雌球花近球形，直径约3.5毫米。球果球形，直径0.8～1.2厘米，熟时暗褐色，种鳞4对，发育的种鳞有5～6粒种子；种子宽倒卵状菱形或近圆形，熟时淡褐色，有光泽，长约2.5毫米，两侧有窄翅。花期3～5月，果期翌年5～6月。

栽培。我国特有树种。

心材黄褐色，边材褐黄色或淡黄色，纹理直，结构细，质稍脆，耐水湿，抗腐性强，有香气，可作建筑、造船、家具、水桶等用材；枝干、根、叶、种子均可提取芳香油；种子含油，可制肥皂、油漆、润滑油；球果、根、枝叶均可入药，果治风寒感冒、胃痛及虚弱吐血，根治跌打损伤，叶治烫伤。

### 西藏柏木　*Cupressus torulosa* D. Don

乔木，高约20米；生鳞叶的小枝圆柱形，较细长，直径约1.2毫米，微下垂或不下垂，排列较疏。鳞叶排列紧密，近斜方形，长1.2～1.5毫米，先端通常微钝，背部平，无纵脊，中央有短腺槽。球果宽卵圆形或近球形，径1.2～1.6厘米，生于长约4毫米的短枝顶端，种鳞5～6对，熟时深灰褐色，顶部五角形，有放射状的条纹；发育的种鳞具多数种子；种子两侧具窄翅。

栽培。

可作建筑、造船、家具、水桶等用材；种子可作柏子仁入药，治神经衰弱、心悸、失眠、便秘。

## 刺柏属 *Juniperus*

### 刺柏　*Juniperus formosana* Hayata

乔木，高达12米；树冠塔形或圆柱形；大枝斜展或直展，小枝下垂，三棱形。三叶轮生，条状刺形或条状披针形，先端渐尖有锐尖头，长1.2～2.0厘米，宽1.2～2.0毫米，上（腹）面稍凹，中脉绿色，两侧各有一条白色（稀紫色或淡绿色）气孔带，气孔带较绿色边带为宽，在叶的先端汇合为一条，下（背）面绿色，有光泽，具纵钝脊。球果近球形或宽卵圆形，长6～10毫米，直径6～9毫米，熟时淡红褐色，被白粉或白粉脱落，顶端有3条辐射状的皱纹及3个钝头，间或顶部微张开，常有3种子；种子半月圆形，具3～4棱脊，顶端尖，近基部有3～4树脂槽。

栽培作观赏树，我国特有树种。

边材淡黄色，心材红褐色，纹理直，材质致密，有香气极耐水湿，可作船底、桥柱、桩木、小工艺品、铅笔杆及家具等用材。可作为水土保持造林树种。

## 侧柏属 *Platycladus*

### 侧柏 *Platycladus orientalis*（Linn.）Franco 别名：扁柏

乔木，高达20多米，胸径1米；树皮淡灰褐色或深灰色，纵裂成薄的长条片；幼树树冠卵状尖塔形，老则呈扁圆形；生鳞叶的小枝扁平，向上直展或斜展。鳞叶形小，中央的叶的露出部分为倒卵状菱形或斜方形，长1～1.5毫米，先端微钝，背面中间有条状腺槽；两侧的叶对折呈船形，近斜三角状卵形，长1.5～3毫米，先端微内曲，背部有棱脊。雄球花卵圆形，长约2毫米；雌球花近球形，直径约2毫米，蓝绿色，被白粉，常向下弯曲。球果近卵圆形，长1.5～2.0（～2.5）厘米，成熟前近肉质，蓝绿色，被白粉，成熟时木质，干后转红褐色或褐色，开裂，中间的2对种鳞倒卵形或椭圆形，上部较肥厚，鳞背顶端下方有一向外反卷的钩状尖头；上部的1对种鳞窄长，近柱形，顶端有向上的尖头；基部的1对种鳞极小，长约3毫米，有时退化而不显著；种子卵圆形或近椭圆形，顶端微尖，灰褐色或紫褐色，微有棱脊，长4～8毫米，无翅或稀有极窄的翅。花期3～4月，果期约10月。

常栽为观赏树。

木材淡黄褐色，富树脂，材质致密坚重，纹理直或斜，不翘不裂，有香气，耐腐朽。可作建筑、桥梁、枕木、家具、细木工及文具等用。枝叶提取芳香油，可作香料；种子榨油供食用，入药名柏子仁，治心悸、神经衰弱、便秘，生鳞叶小枝味苦，入药有凉血、止血、清肺、止咳功效。也可用为繁殖龙柏之砧木。

### 千头柏 *Platycladus orientalis* cv. Sieboldii, Dallimore et Jackson

丛生灌木，无主干；枝密，上伸；树冠卵圆形或球形；叶绿色。

常栽为观赏树。

## 圆柏属 *Sabina*

### 圆柏 *Sabina chinensis*（Linn.）Ant.

乔木，高达20米，胸径达3.5米；树皮深灰色，纵裂成窄长条片；幼树树冠尖塔形，老则呈广圆形；生鳞叶的小枝圆柱形或微呈四棱形，直径1～1.2毫米。叶二型：刺叶生于幼树，老龄树全为鳞叶，壮龄树则兼有刺叶及鳞叶；生于一年生小枝的一回分枝的鳞叶三叶轮生，直伸而紧密，近披针形，先端微渐尖，长2.5～5毫米，下（背）面近中部有椭圆形微凹的腺体；生于二回及三回小枝的鳞叶较小，交叉对生，菱状卵形或斜方形，先端钝或微尖，长1.5～2毫米；刺叶三叶交叉轮生，斜展，疏松，披针形，先端渐尖，长6～12毫米，上（腹）面微凹，绿色中脉两侧有两条白粉带。雌雄异株，稀同株；雄球花椭圆形，长2.5～3.5毫米，雄蕊5～7对，各具3～4花药。球果近球形，径6～8毫米，两年成熟，熟时暗褐色，被白粉或白粉脱落，具1～4粒种子；种子卵圆形，扁，顶端钝，有棱脊及少数树脂沟；子叶2枚，发芽时出土。

有栽培。

心材淡褐红色，边材淡黄褐色，有香气，坚韧致密，耐腐力强；可作建筑、家具、文具及工艺品等用材；树根、树干及枝叶可提取柏木脑及柏木油；枝叶入药；种子可提取润滑油。

### 龙柏 *Sabina chinensis* cv. Kaizuca

高大乔木；树冠圆柱形或柱状塔形；枝条向上伸展，具扭转上升之势；小枝密，在枝端形成几相等长的密簇；鳞叶排列紧密，幼嫩时淡黄绿色，后呈翠绿色；球果蓝色，微被白粉。

栽培观赏。

### 昆明柏　*Sabina gaussenii*（Cheng）Cheng et W. T. Wang

小乔木，高约8米，或为灌木；枝直伸或斜展，圆柱形，树皮暗褐色，裂成薄片剥落。叶全为刺形，长短不一；生于小枝下部的叶较短，交叉对生或三叶交叉轮生，鳞状刺形，近直伸或上部斜展，长2~4.5毫米，先端渐尖成角质锐尖头，下（背）面常有棱脊，有的叶近基部处凹陷，有斜方状或长圆形的腺体；生于小枝上部的叶较长，三叶交叉轮生，刺形，通常斜展，长6~8毫米，下（背）面上部有棱脊，中下部常沿中脉凹下成细纵槽。球果形小，生于直或弯曲的小枝顶端，卵圆形，顶端圆或微呈叉状，长约6毫米，常被白粉，熟时蓝黑色，有1~2（~3）粒种子；种子卵圆形，两端钝，或先端尖，基部圆，长约5毫米，具少数浅树脂槽，上部有不明显的棱脊。

常栽为观赏树。我国特有树种。

木材可作农具、家具及文具等用材。

### 高山柏　*Sabina squamata*（Buch.~Hamilt.）Ant.

直立或匍匐小灌木，高0.3~3米，稀成高5~10米的小乔木；枝条斜伸或平展，暗褐色或微带紫色或黄色，成不规则的薄片脱落；小枝直伸或弧状弯曲，枝梢俯垂或伸展。刺叶三枚交叉轮生，排列疏松，通常斜伸或平展，下延部分露出；叶披针形或窄披针形，直或微曲，先端具渐尖或急尖的刺状尖头，长5~10毫米，宽1~1.3毫米，上（腹）面稍凹，具白粉带，绿色中脉不明显或较明显，下（背）面拱凸具钝纵脊，沿脊有细纵槽。雌雄异株；雄球花卵圆形，长3~4毫米，具雄蕊4~7对。球果卵圆形或近球形，幼时绿色或黄绿色，熟后黑色或蓝黑色，无白粉，稍有光泽，内只具一粒种子；种子卵圆形或锥状球形，长4~8毫米，径3~7毫米，有树脂沟，上部常有明显或微明显的2~3钝纵脊。

## 罗汉松科 Podocarpaceae   罗汉松属 *Podocarpus*

### 小叶罗汉松   *Podocarpus brevifolius*（Stapf）Foxw.

乔木，高达15米，胸径30厘米；树皮不规则纵裂，枝条密生，小枝向上伸展。叶小，常密生小枝上部，窄椭圆形、条状椭圆形至条状披针形，长1.5～3.5（～4.0）厘米，宽3～8毫米，多在6.5毫米以下，先端钝、微圆或渐尖，基部渐窄、柄短、长1.5～4毫米，叶上面光绿色，中脉微隆起，下面色淡，干后淡褐色，边缘向下卷曲。雄球花单生或2～3穗簇生叶腋，长1～1.5厘米，近无梗；雌球花单生叶腋，具短梗。种子椭圆状球形或卵圆形，长7～8毫米或稍长，种托肉质，圆柱形，长达8毫米，直径3～4毫米，种梗长5～15毫米。

常栽为观赏树。

木材结构细，纹理直，坚硬，干后不裂，易加工，可作家具、器具、雕刻、农具、车辆等用材。

### 大理罗汉松   *Podocarpus forrestii* Craib et W. W. Smith

灌木，高1～3.5米，小枝粗壮而短。叶较宽短，窄长圆形或长圆状条形，稀椭圆状披针形，革质，长4～8厘米，宽9～13毫米，先端钝或微圆，稀尖，基部狭，叶上面深绿色，中脉宽而明显或平，叶下面微具白粉；雄球花穗细而短，长约1.5～2.2厘米；雌球花单生叶腋，梗长8毫米。种子球形，有白粉，直径7毫米，种托肉质，圆柱形，长约8毫米，梗长约1厘米。花期8月。

常栽为观赏树。我国特有树种。

## 罗汉松　*Podocarpus macrophyllus*（Thunb.）D. Don

乔木，高达20米，胸径60厘米；树皮深灰色至灰褐色，薄片状脱落。叶条形至条状披针形，微弯，螺旋状排列，常集生于小枝上部，长7～12厘米，宽7～10毫米，上部微渐窄，先端短渐尖或尖，基部楔形，两面中脉隆起；叶上面光绿色，下面淡绿色。雄球花常3～5（～7）穗簇生极短的总梗上。种子卵圆形，直径约1厘米，假种皮熟时紫红色或紫黑色，被白粉。肉质种托圆柱形，红色或紫红色，种柄长1～1.5厘米。花期4～5月，果期10～11月。

常栽培为庭园观赏树。

木材多树脂，耐水湿；可作农具、家具、建筑等用材，种子、树皮、根皮可入药。

## 竹柏　*Podocarpus nagi*（Thunb.）Zoll. et Mor. ex Zoll.

乔木，高达20米，胸径50厘米；幼树皮平滑，老则裂成薄片，红褐色或暗紫红色；枝叶浓密，树冠圆锥形。叶对生，排成两列，革质，长卵形、卵状披针形或披针状椭圆形，具多数平行细脉，长3.5～9厘米，宽1.5～2.5厘米，上部渐窄，基部楔形或宽楔形，向下窄成柄状，叶上面深绿色，有光泽，下面浅绿色，有气孔线。雄球花单生叶腋，成分枝的穗状花序，长1.8～2.5厘米，总梗粗短；雌球花单生叶腋，花后苞片不肥大成肉质种托。种子圆球形，径1.2～1.5厘米，成熟时假种皮暗紫色，有白粉，梗长7～13毫米，其上具苞片脱落的痕迹。花期3～4月，果期9～10月。

常栽为观赏树。

木材细致，硬度适中，易加工，耐久用。为优良的建筑、家具、造船及工艺用材；种仁可榨油，可供食用及工业用油。

## 三尖杉科 Cephalotaxaceae    三尖杉属 Cephalotaxus

### 三尖杉  Cephalotaxus fortunei Hook. f.

乔木，高达20米，胸径40厘米；树皮褐色或红褐色，成不规则片状脱落；枝条较细长，稍下垂。叶排成两列，披针状条形，通常微弯，长4～13（多为5～10）厘米，宽3～4.5（多为3.5～4.0毫米），自中部向上渐窄，先端为渐尖的长尖头，基部楔形或宽楔形；叶面深绿色，叶下面有两条白色气孔带，较绿色边带宽3～4倍，边缘不反曲或微向下反卷。雄球花的总梗粗，通常长6～8毫米，每一雄球花有6～16雄蕊，各具花药3个；雌球花的胚珠3～8枚发育成种子，种子椭圆状卵形或近球形，长约2.5厘米，假种皮熟时紫色或红紫色，顶端有小尖头，种梗长约2厘米。花期4月，果期翌年10～11月。

我国特有树种。

木材黄褐色，坚韧，纹理细致，富弹性；可作建筑、桥梁、舟车、农具柄及器具等用材，枝叶、种子、根可提取多种植物碱，对治疗淋巴肉瘤等有一定的疗效；种子含油，供制油漆、蜡烛，还可制硬化油、肥皂、鞋油等。

## 红豆杉科 Taxaceae    红豆杉属 Taxus

### 南方红豆杉  *Taxus wallichiana Zucc. var. mairei（Leméе et Lévl.）Cheng et L. K. Fu

叶较宽长，常呈弯镰状，通常长2～3.5（～4.5）厘米，宽3～4（～5）毫米，上部常渐窄或微渐窄，先端渐尖，下面中脉带上无角质乳头状突起点，或局部有成片或零星分布的角质乳头状突起点，或与气孔带相邻的中脉带两边有一至数条角质乳头状突起点，中脉带明晰可见，其色泽与气孔带相异，呈淡黄绿色或绿色，绿色边带较宽而明显；种子通常较大，微扁，多呈倒卵圆形，上部较宽，稀长圆形，长7～8毫米，径5毫米，种脐常呈椭圆形。

常栽为观赏树。

心材橘红色，边材淡黄褐色，纹理直，结构细，坚实耐用，干后少开裂；可作建筑、车辆、家具、器具、农具及文具等优良用材；种子可入药，含油供制肥皂及润滑油用。

## 麻黄科 Ephedraceae　　麻黄属 *Ephedra*

### 丽江麻黄　*Ephedra likiangensis* Florin

灌木，高20～60（～150）厘米，茎粗壮，直立，绿色小枝较粗，多直伸向上，稍平展，成轮生状，节间长2～4厘米，径1.5～2.5毫米，纵槽纹粗深明显。叶2裂，稀3裂，鳞状三角形，基部合生呈鞘状，裂片窄尖，稀较短钝。雄球花密生于节上呈环状，无梗或有细短梗，苞片通常4～5对，稀6对，基部合生，假花被倒卵状长圆形，雄蕊5～8，花丝全部合生，微外露或不外露；雌球花常单个对生于节上，具短梗，苞片通常3对，下面2对的合生部分均不及1/2，最上一对则大部合生，雌花1～2，珠被管短直，长不及1毫米。雌球花成熟时宽椭圆形或近圆形，长8～1 1毫米，径6～10毫米；苞片肉质红色，包围种子1～2粒。种子成熟时黑褐色，椭圆状卵形或披针状卵圆形，长6～8毫米，径2～4毫米。花期5～6月，果期7～9月。

全株供药用。

# ANGIOSPERM

被子植物

陆良县木本植物图鉴
LULIANGXIAN MUBEN ZHIWU TUJIAN

## 五味子科 Schisandraceae　　　八角属 *Illicium*

### 野八角　*Illicium simonsii* Maxim.

灌木或小乔木，高2~8米，小枝粗2~4毫米。叶革质，披针形至狭椭圆形，长5~10厘米，宽1.5~3.5厘米，先端急尖或渐尖，叶片干时叶面暗绿色或棕灰色，叶背灰绿色、淡褐色或棕褐色；中脉在叶面下凹呈沟状，宽约1毫米，侧脉6~9对。花蕾卵状；花淡黄色，芳香，腋生，常密集聚生于枝顶，稀老茎生花；花梗长2~8毫米，粗1.5~2毫米；花被片14~24枚，椭圆状长圆形、长圆状披针形或舌形，扁平，薄肉质；雄蕊15~25枚，2轮，药隔顶端凸出或平截；心皮8~9枚，或同一植株上可达12枚，长3~4.5毫米，柱头长1.5~2.5毫米。果梗长5~10毫米，径1.5~2毫米；果径2.5~3厘米；蓇葖8~9枚，或同一植株上可达12枚，顶端喙细尖，喙长3~7毫米。种子淡黄色或灰棕色，长6~7毫米。花期2~4月和10~11月，果期8~10月和6~8月。

有毒。根、叶和果实可入药：煮水可杀虫、灭蚤虱；碾粉末拌入食物中可诱杀野兽；有镇呕、行气止痛、生肌接骨的作用，可治胃寒作呕、膀胱疝气、胸前胀痛、疮疖。有大毒，要注意用药量。

## 冷饭藤属 *Kadsura*

### 南五味子　*Kadsura longipedunculata* Finer et Gagnep.

藤本，各部无毛。叶长圆状披针形、倒卵状披针形或卵状长圆形，长5~13厘米，宽2~6厘米，先端渐尖或尖，基部狭楔形或宽楔形，边缘有疏齿。侧脉每边5~7条；叶背具淡褐色透明腺点；叶柄长0.6~2.5厘米。花单生于叶腋，雌雄异株。雄花：花被片白色或淡黄色，8~17片，中轮最大1片，椭圆形，长8~13毫米，宽4~10毫米，花托椭圆形，顶端伸长圆柱状，不凸出雄蕊群外；雄蕊群球形，直径8~9毫米，具雄蕊30~70枚；雄蕊长1~2毫米，药隔与花丝连成扁四方形，药隔顶端横长圆形，药室几与雄蕊等长，花丝极短。花梗长0.7~4.5毫米；雌花：花被片与雄花相似，雌蕊群椭圆形或球形，直径约10毫米，具雌蕊40~60枚；子房宽卵圆形，花柱具盾状心形的柱头冠，胚珠3~5叠生于腹缝线上。花梗长3~13厘米。

聚合果球形，直径1.5～3.5厘米；小浆果倒卵形，长8～14毫米，外果皮薄革质，干时显出种子。种子2～3粒. 稀4～5粒，肾形或肾状椭圆形，长4～6毫米，宽3～5毫米。花期6～9月，果期9～12月。

　　根、茎、叶、种子均可入药；种子为滋补强壮剂和镇咳药，治神经衰弱；支气管炎等症；茎、叶、果实可提取芳香油；茎皮可作绳索。

## 五味子属 *Schisandra*

### 合蕊五味子 *Schisandra propinqua*（Wall.）Baill.

　　落叶木质藤本，全株无毛，当年生枝褐色或变灰褐色，有银白色角质层。叶坚纸质，卵形、长圆状卵形或狭长圆状卵形，长7～11（17）厘米，宽2～3.5（5）厘米，先端渐尖或长渐尖，基部圆或阔契形，下延至叶柄，上面干时褐色，下面带苍白色，具疏离的胼胝质齿，有时近全缘，侧脉每边4～8条，网脉稀疏，干时两面均凸起。花橙黄色，常单生或2～3朵聚生于叶腋，或1花梗具数花的总状花序：花梗长6～16毫米，具约2小苞片。雄花：花被片9（15），外轮3片绿色，最小的椭圆形或卵形，长3～5毫米，中轮的最大一片近圆形、倒卵形或宽椭圆形，长5（9）～9（15）毫米，宽4（7）～9（11）毫米，最内轮的较小；雄蕊群黄色，近球形的肉质花托直径约6毫米，雄蕊12～16枚，每雄蕊钳入横列的凹穴内，花丝甚短，药室内向纵裂；雌花：花被片与雄花相似，雌蕊群卵球形，直径4～6毫米，心皮25～45枚，倒卵圆形，长1.7～2.1毫米，密生腺点，花柱长约1毫米。聚合果的果托干时黑色，长3～15厘米，直径1～2毫米，具10～45成熟心皮，成熟心皮近球形或椭圆体形，直径6～9毫米，具短柄；种子近球形或椭圆体形，长3.5～5.5毫米，宽3～4毫米，种皮浅灰褐色，光滑，种脐狭长，长约为宽的1/3，稍凹入。花期6～7月。

### 华中五味子 *Schisandra sphenanthera* Rehd. et Wils.

　　落叶木质藤本，全株无毛，很少在叶背脉上有稀疏细柔毛。冬芽、芽鳞具长缘毛，先端无硬尖，小枝红褐色，距状短枝或伸长，具颇密而凸起的皮孔。叶纸质，倒卵形、宽倒卵形，或倒卵状长椭圆形，有叶圆形，很少椭圆形，长（3）5～11厘米，宽（1.5）3～7厘米，先端短急尖或渐尖，基部楔形或阔楔形，干膜质边缘至叶柄成狭翅，上面深绿色，下面淡灰绿色，有白色点，1/2～2/3 以上边缘具疏离、胼胝质齿尖的波状齿，上面中脉稍凹入，侧脉每边4～5条，网脉密致，干时两面不明显凸起；叶柄红色，长1～3厘米。花生于近基部叶腋，花梗纤细，长2～4.5厘米，基部具长3～4毫米的膜质苞片，花被片5～9，橙黄色，近相似，椭圆形或长圆状倒卵形，中轮的长6～12毫米，宽4～8毫米，具缘毛，背面有腺点。雄花：雄蕊群倒卵圆形，径4～6毫米；花托圆柱形，顶端伸长，无盾状附属物；雄蕊11～19（23），基部的长1.6～2.5毫米，药室内侧向开裂，药隔倒卵形，两药室向外倾斜，顶端分开，基部近邻接，花丝长约1毫米，上部1～4雄蕊与花托顶贴生，无花丝；雌花：雌蕊群卵球形，直径5～5.5毫米，雌蕊30～60

枚，子房近镰刀状椭圆形，长2～2.5毫米，柱头冠狭窄，仅花柱长0.1～0.2毫米，下延成不规则的附属体。聚合果果托长6～17厘米，直径约4毫米，果梗长3～10厘米，成熟小浆果红色，长8～12毫米，宽6～9毫米，具短柄；种子长圆体形或肾形，长约4毫米，宽3～3.8毫米，高2.5～3毫米，种脐斜V字形，长约为种子宽的1/3；种皮褐色光滑，或仅背面微皱。花期4～7月，果期7～9月。

根、叶、果入药。

## 木兰科 Magnoliaceae　　木兰属 *Magnolia*

### 山玉兰　*Magnolia delavayi* Franch.

常绿乔木，高达12米，胸径80厘米。树皮灰色或灰黑色，粗糙而开裂。嫩枝榄绿色，被淡黄褐色平伏柔毛，老枝粗壮，具圆点状皮孔。叶片厚革质，卵形、卵状长圆形，长10（14）～20（～32）厘米，宽5（7）～10（～20）厘米，先端圆钝，很少有微缺，基部宽圆，有时微心形，边缘波状，叶面初被卷曲长毛，后无毛，中脉在叶面平坦或凹入，残留有毛，叶背密被交织长绒毛及白粉，后仅脉上残留有毛，侧脉每边11～16

条，网脉致密，干时两面凸起；叶柄长5～7（～10）厘米，初密被柔毛；托叶痕几达叶柄全长。花梗直立，长3～4厘米；花芳香，杯状，直径15～20厘米；花被片9～10，外轮3片淡绿色，长圆形，长6～8（～10）厘米，宽2～4厘米，向外反卷，内两轮乳白色，倒卵状匙形，长8～11厘米，宽2.5～3.5厘米，内轮的较狭；雄蕊约210枚，长1.8～2.5厘米，两药室隔开，药隔伸出成三角锐尖头；雌蕊群卵圆形，顶端尖，长3～4厘米，具约100枚雌蕊，被细黄色柔毛。聚合果卵状长圆体形，长9～15（～20）厘米，蓇葖狭椭球形，背缝线两瓣全裂，被细黄色柔毛，顶端喙外弯。花期4～6月，果期8～10月。

为珍贵的庭园观赏树种。

### 荷花木兰　*Magnolia grandiflora* L.　　别名：荷花玉兰

常绿乔木，在原产地高达30米。树皮淡褐色或灰色，薄鳞片状开裂；小枝粗壮，具横隔的髓心；小枝、芽、叶下面、叶柄均密被褐色或灰褐色短绒毛（幼树的叶下面无毛）。叶片厚革质，椭圆形、长圆状椭圆形或倒卵状椭圆形，长12~20厘米，宽4~7（10）厘米，先端钝或短钝尖，基部楔形，上面深绿色，有光泽，侧脉每边8~10条；叶柄长1.5~4厘米，无托叶痕，具深沟。花白色，有芳香，直径15~20厘米；花被片9~12，厚肉质，倒卵形，长6~10厘米，宽5~7厘米；雄蕊长约2厘米，花丝扁平，紫色，花药内向，药隔伸出成短尖；雌蕊群椭圆体形，密被长绒毛；心皮卵形，长1~1.5厘米，花柱呈卷曲状。聚合果圆柱状长圆形或卵圆形，长7~10厘米，径4~5厘米，密被褐色或淡灰黄色绒毛；蓇葖背裂，背面圆，顶端外侧具长喙；种子近卵形，长约14毫米，直径约6毫米，外种皮红色。花期5~6月，果期9~10月。

为绿化观赏树种。

木材黄白色，材质坚重，可供装饰材用。叶和花可提取芳香油；花制浸膏用；叶入药治高血压。

## 含笑属 *Michelia*

### 白兰　*Michelia alba* DC.

常绿乔木，高达17米，胸径30厘米。枝广展，呈阔伞形树冠；树皮灰色；揉枝叶，有芳香；嫩枝及芽密被淡黄白色微柔毛，老时毛渐脱落。叶片薄革质，长椭圆形或披针状椭圆形，长10~27厘米，宽4~9.5厘米，先端长渐尖或尾状渐尖，基部楔形，上面无毛，下面疏生微柔毛，干时两面网脉均很明显；叶柄长1.5~2厘米，疏被微柔毛，托叶痕几达叶柄中部。花白色，极香；花被片10片，披针形，长3~4厘米，宽3~5毫米；雄蕊的药隔伸出长尖头；雌蕊群被微柔毛，雌蕊群柄长约4毫米；心皮多数，通常部分不发育，成熟时随着花托的延伸，形成蓇葖疏生的聚合果；蓇葖熟时鲜红色。花期4~9月，夏季盛开，通常不结实。

为著名的庭园观赏树种。

花可提取香精或熏茶，也可提制浸膏供药用，有行气化浊、治咳嗽等效；鲜叶可提取香油，称"白兰叶油"，可供调配香精；根皮入药，治便秘。

### 乐昌含笑　*Michelia chapaensis* Dandy

乔木，高15～30米，胸径1米。树皮灰色至深褐色；小枝无毛或嫩时节上被灰色微柔毛。叶片薄革质，倒卵形、狭倒卵形或长圆状倒卵形，长5.5～16厘米，宽2.6～6.5厘米，先端骤狭渐尖或短渐尖，基部楔形或阔楔形至钝圆，两侧稍不等，两面无毛，中脉在下面显著凸起，侧脉每边9～12（～15）对，网脉稀疏；叶柄长1.5～2.5厘米，上面具沟，嫩时被微柔毛，后变无毛，无托叶痕。花梗长4～10毫米，被平伏灰色微柔毛，具2～5苞片脱落痕；花被片6，淡黄色，芳香，2轮，外轮倒卵状椭圆形，长约3厘米，宽约1.5厘米，内轮较狭；雄蕊长1.7～2厘米，花药长1.1～1.5厘米，药隔伸出成长1毫米的尖头；雌蕊群狭圆柱形，长约1.5厘米，雌蕊群柄长约7毫米，密被银灰色平伏微柔毛；心皮多数，卵形，长约2毫米，花柱长约1.5毫

米。聚合果长约10厘米，果梗长约2厘米；蓇葖圆柱形或卵形，长1～1.5厘米，宽约1厘米，顶端具短而细弯的尖头；种子红色，倒卵形，长约1厘米，宽6毫米。花期3～4月，果期8～9月。

木材供制作家具和建筑用。

### 含笑花　*Michelia fiogo*（Lour.）Spreng.

常绿灌木，高2～3米，树皮灰褐色，分枝繁密；芽、嫩枝，叶柄，花梗均密被黄褐色绒毛。叶革质，狭椭圆形或倒卵状椭圆形，长4～10厘米，宽1.8～4.5厘米，先端钝短尖，基部楔形或阔楔形，上面有光泽，无毛，下面中脉上留有褐色平伏毛，余脱落无毛，叶柄长2～4毫米，托叶痕长达叶柄顶端。花直立，长12～20毫米，宽6～11毫米，淡黄色而边缘有时红色或紫色，具甜浓的芳香，花被片6，肉质，较肥厚，长椭圆

形，长12～20毫米，宽6～11毫米；雄蕊长7～8毫米，药隔伸出成急尖头，雌蕊群无毛，长约7毫米，超出于雄蕊群；雌蕊群柄长约6毫米，被淡黄色绒毛。聚合果长2～3.5厘米；蓇葖卵圆形或球形，顶端有短尖的喙。花期3～5月，果期7～8月。

供观赏。

花瓣可拌入茶叶制成花茶，亦可提取芳香油和供药用。

### 深山含笑 *Michelia maudiae* Dunn

乔木，高达20米，各部均无毛；树皮薄、浅灰色或灰褐色；芽、嫩枝、叶下面、苞片均被白粉。叶革质，长圆状椭圆形，很少卵状椭圆形，长7～18厘米，宽3.5～8.5厘米，先端骤狭短渐尖或短渐尖而尖头钝，基部楔形，阔楔形或近圆钝，上面深绿色，有光泽，下面灰绿色，被白粉，侧脉每边7～12条，直或稍曲，至近叶缘开叉网结、网眼致密。叶柄长1～3厘米，无托叶痕。花梗绿色具3环状苞片脱落痕，佛焰苞状苞片淡褐色，薄革质，长约3厘米；花芳香，花被片9片，纯白色，

基部稍呈淡红色，外轮的倒卵形，长5～7厘米，宽3.5～4厘米，顶端具短急尖，基部具长约1厘米的爪，内两轮则渐狭小；近匙形，顶端尖；雄蕊长1.5～2.2厘米，药隔伸出长1～2毫米的尖头，花丝宽扁，淡紫色，长约4毫米；雌蕊群长1.5～1.8厘米；雌蕊群柄长5～8毫米。心皮绿色，狭卵圆形、连花柱长5～6毫米。聚合果长7～15厘米，蓇葖长圆体形、倒卵圆形、卵圆形、顶端圆钝或具短突尖头。种子红色，斜卵圆形，长约1厘米，宽约5毫米，稍扁。花期2～3月，果期9～10月。

木材纹理直，结构细，易加工，供家具、板料、绘图版、细木工用材。叶鲜绿；花纯白艳丽，为庭园观赏树种，可提取芳香油，亦供药用。

### 野含笑 *Michelia skinneriana* Dunn

乔木，高可达15米，树皮灰白色，平滑；芽、嫩枝、叶柄、叶背中脉及花梗均密被褐色长柔毛。叶革质，狭倒卵状椭圆形、倒披针形或狭椭圆形，长5～11（14）厘米，宽1.5～3.5（4）厘米，先端长尾状渐尖，基部楔形，上面深绿色，有光泽，下面被稀疏褐色长毛，侧脉每边10～13条，网脉稀疏，干时两面凸起；叶柄长2～4毫米，托叶痕达叶柄顶端。花梗细长，花淡黄色，芳香；花被片6片，倒卵形，长16～20毫米，外轮3片基部被褐色毛；雄蕊长6～10毫米，花药长4～5毫米，侧向开裂，药隔伸出长约0.5毫米的短尖；雌蕊群长约6毫米，心皮密被褐色毛，雌蕊群柄长4～7毫米，密被褐色毛。聚合果长4～7厘米，常因部分心皮不育而弯曲或较短，具细长的总梗；蓇葖黑色，球形或长圆体形，长1～1.5厘米，具短尖的喙。花期5～6月，果期8～9月。

**云南含笑** *Michelia yunnanensis* Franch. ex Finet et Gagnep.　　别名：皮袋香

灌木，枝叶茂密，高可达4米。芽、嫩枝、嫩叶上面及叶柄、花梗密被深红色平伏毛。叶片革质，倒卵形、狭倒卵形、狭倒卵状椭圆形，长4～10厘米，宽1.5～3.5厘米，先端圆钝或短急尖，基部楔形，上面深绿色，有光泽，下面常残留平伏毛，侧脉每边7～9条，干时网脉两面凸起；叶柄长4～5毫米，托叶痕为叶柄长的2/3或达顶端。花梗粗短，长3～7毫米，有1苞片脱落痕；花白色，极芳香，花被片3～12（17）片，倒卵形，倒卵状椭圆形，长3～3.5厘米，宽

1～1.5厘米，内轮的狭小；雄蕊长0.5～1厘米，花药长5～7毫米，侧向开裂，花丝白色，长3毫米，药隔伸出成1～3毫米的短尖头；雌蕊群及雌蕊群柄均被红褐色平伏细毛，雌蕊群卵圆形或长圆状卵圆形，长10～13毫米，心皮8～20，卵圆形，长3～4毫米，花柱长约1毫米，花柱具纵沟；胚珠5～6枚。聚合果通常仅5～9个蓇葖发育，蓇葖扁球形，长5～8毫米，顶端具短尖，残留有毛；种子1～2粒。花期3～4月，果期8～9月。

为优良的观赏植物。

花芳香，可提取浸膏；叶有香气，可磨粉作香面。

## 拟单性木兰属 *Parakmeria*

### 云南拟单性木兰　　*Parakmeria yunnanensis* Hu

常绿乔木，高达30米，胸径50厘米。树皮灰白色，光滑不裂。叶片薄革质，卵状长圆形或卵状椭圆形，长6.5～15（20）厘米，宽2～5厘米，先端短渐尖或渐尖，基部阔楔形或近圆形，上面绿色，下面浅绿色，嫩叶紫红色，侧脉每边7～15条，两面网脉明显；叶柄长1～2.5厘米。花雄花两性花异株，芳香；雄花：花被片12，4轮，外轮红色，倒卵形，长约4厘米，宽约2厘米，内3轮白色，肉质，狭倒卵状匙形，长3～3.5厘米，基部渐狭成爪状；雄蕊约30枚，长约

2.5厘米，花药长约1.5厘米，药隔伸出1毫米的短尖，花丝长约10毫米，红色，花托顶端圆；两性花：花被片与雄花同而雄蕊极少，雌蕊群卵圆形，绿色聚合果长圆状卵圆形，长约6厘米，蓇葖菱形，熟时背缝开裂；种子扁，长6～7毫米，宽约1厘米，外种皮红色。花期5月，果期9～10月。

观赏植物。

## 玉兰属 *Yulania*

### 玉兰　*Yulania denudata*（Desr.）D. L. Fu

落叶乔木，高达25米，胸径1米。枝广展形成宽阔的树冠。树皮深灰色，粗糙开裂；小枝稍粗壮，灰褐色；冬芽及花梗密被淡灰黄色长绢毛。叶片纸质，倒卵形、宽倒卵形或倒卵状椭圆形，基部徒长枝上的叶椭圆形，长10～15（～18）厘米，宽6～10（～12）厘米，先端宽圆、平截或稍凹，具短突尖，中部以下渐狭成楔形，上面深绿色，嫩时被柔毛，后仅中脉及侧脉留有柔毛，下面淡绿色，沿脉上被柔毛，侧脉每边8～10条，网脉明显；叶柄长1～2.5厘米，被柔毛，上面具纵沟；托叶痕为叶柄长的1/4～1/3。花蕾卵圆形；花直立，芳香，直径10～16厘米；花梗显著膨大，密被淡黄色长

绢毛；花被片9，白色，基部常带粉红色，近相似，长圆状倒卵形，长6～8（～10）厘米，宽2.5～4.5（～6.5）厘米；雄蕊长7～12毫米，花药长6～7毫米，侧向开裂，药隔宽约5毫米，顶端伸出药室成短尖头；雌蕊群淡绿色，无毛，圆柱形，长2～2.5厘米；雌蕊狭卵形，长3～4毫米，具长4毫米的锥尖花柱。聚合果圆柱形，常因部分心皮不育而弯曲，长12～15厘米，直径3.5～5厘米；蓇葖厚木质，褐色，具白色皮孔；种子心形，侧扁，高约9毫米，宽约10毫米，外种皮红色，内种皮黑色。花期2～3月，果期8～9月。

为著名观赏树种。

花可提取芳香油供配制香精或制浸膏用。

### 紫玉兰　*Yulania liliiflora*（Desr.）D. L. Fu

落叶灌木，高达3米，常丛生。树皮灰褐色，小枝绿紫色或淡褐紫色。叶片椭圆状倒卵形或倒卵形，长8～18厘米，宽3～10厘米，先端急尖或渐尖，基部渐狭沿叶柄下延至托叶痕，上面深绿色，幼嫩时疏生短柔毛，下面灰绿色，沿脉有短柔毛，侧脉每边8～10条；叶柄长8～20毫米，托叶痕约为叶柄长之半。花蕾卵圆形，被淡黄色绢毛；花叶同时开放，瓶形，直立于粗壮、被毛的花梗上，稍有香气；花被片9～12，外轮3片萼片状，紫绿色，披针形长2～3.5厘米，常早

落，内两轮肉质，外面紫红色，内面带白色，花瓣状，椭圆状倒卵形，长8～10厘米，宽3～4.5厘米；雄蕊紫红色，长8～10毫米，花药长约7毫米，侧向开裂，药隔伸出成短尖头；雌蕊群长约1.5厘米，淡紫色，无毛。聚合果深紫褐色，变褐色，圆柱形，长7～10厘米；成熟蓇葖近圆球形，顶端具短喙。花期3～4月，果期8～9月。

栽培。

树皮、叶、花蕾均可入药；花蕾晒干后称辛夷，为传统中药，气香，味辛辣，主治鼻炎、头疼，作镇痛消炎剂。

### 硃砂玉兰　*Yulania soulangeana*（Soul.～Bod.）D. L. Fu　别名：二乔玉兰

小乔木，高6～10米，小枝无毛。叶片纸质，倒卵形，长6～15厘米，宽4～7.5厘米，先端短急尖，2/3以下渐狭成楔形，上面基部中脉常残留有毛，下面多少被柔毛，侧脉每边7～9条，干时两面网脉凸起；叶柄长1～1.5厘米，被柔毛；托叶痕约为叶柄长的1/3。花蕾卵圆形，花浅红色至深红色，花被片6～9，外轮3片花被片长较短约为内轮长的2/3；雄蕊长1～1.2厘米，花药长约6毫米，侧向开裂，药隔伸出成短尖；雌蕊群无毛，圆柱形，长约1.5厘米。聚合果长约8厘米，直径约3厘米；蓇葖卵圆形或倒卵圆形，长1～1.5厘米，熟时褐色，具白色皮孔；种子深褐色，宽倒卵圆形或倒卵圆形，侧扁。花期2～3月，果期9～10月。

栽培供观赏。

## 蜡梅科 Calycanthaceae　　蜡梅属 *Chimonanthus*

### 蜡梅　*Chimonanthus praecox*（Linn.）Link

落叶灌木，高达4米。幼枝四方形，老时近圆柱形，灰褐色，无毛或被疏微毛，有皮孔；鳞芽常生于第二年生的枝条叶腋内，芽鳞片近圆形，覆瓦状排列，外面被短柔毛。叶纸质至近革质，卵圆形、椭圆形、宽椭圆形、卵状椭圆形至长圆状披针形，长5～25厘米，宽2～8厘米，顶端急尖至渐尖，有时尾尖，基部急尖至圆形，除叶背脉上被疏毛外无毛。花生于第二年枝条叶腋内，先花后叶，芳香，直径2～4厘米；花被片圆形、长圆形、倒卵形、椭圆形或匙形，长5～20毫米，宽5～15毫米，内部花被片比外部的短，基部有爪；雄蕊长4毫米，花丝比花药长或等长，花药向内弯，药隔顶端短尖，退化雄蕊长3毫米；心皮基部被短硬毛，花柱长达子房3倍，基部被毛。果托近木质化，坛状或倒卵状椭圆形，长2～5厘米，宽1～2.5厘米，口部收缩，并具有钻状披针形的被毛附生物。花期11月至翌年的3月，果期4～11月。

为园林绿化植物。

根、叶可药用，理气止痛、散寒解毒，治跌打、腰痛、风湿麻木、风寒感冒，刀伤出血；花解暑生津，治心烦口渴、气郁胸闷；花蕾油治烫伤。花可提取蜡梅浸膏。种子含蜡梅碱。

# 樟科 Lauraceae    樟属 *Cinnamomum*

### 樟　*Cinnamomum camphora*（Linn.）Presl　别名：香樟

常绿大乔木，高可达30米，直径可达3米，树冠广卵形；枝、叶及木材均有樟脑气味；树皮黄褐色，有不规则的纵裂。顶芽广卵形或圆球形，鳞片宽卵形或近圆形，外面略被绢状毛。枝条圆柱形，淡褐色，无毛。叶互生，卵状椭圆形，长6~12厘米，宽2.5~5.5厘米，先端急尖，基部宽楔形至近圆形，边缘全缘，软骨质，有时呈微波状，上面绿色或黄绿色，有光泽，下面黄绿色或灰绿色，晦暗，两面无毛或下面幼时略被微柔毛，具离基三出脉，有时过渡到基部具不明显的5脉，中脉两面明显，上部每边有侧脉1~3~5（7）条脉，基生侧脉向叶缘一侧有少数支脉，侧脉及支脉脉腋上面明显隆起下面有明显腺窝，窝内常被柔毛；叶柄纤细，长2~3厘米，腹凹背凸，无毛。圆锥花序腋生，长3.5~7厘米，具梗，总梗长2.5~4.5厘米，与各级序轴均无毛或被灰白至黄褐色微柔毛，被毛时往往在节上尤为明显。花绿白或带黄色，长约3毫米，花梗长1~2毫米，无毛；花被外面无毛或被微柔毛，内面密被短柔毛，花被筒倒锥形，长约1毫米，花被片椭圆形，长约2毫米；能育雄蕊9，长约2毫米，花丝被短柔毛，退化雄蕊3，位于最内轮，箭头形，长约1毫米，被短柔毛；子房球形，长约1毫米，无毛，花柱长约1毫米。果卵球形或近球形，直径6~8毫米，紫黑色；果托杯状，长约5毫米，顶端截平，宽达4毫米，基部宽约1毫米，具纵向沟纹。花期4~5月，果期8~11月。

栽培。

木材及根、枝、叶可提取樟脑和樟油，樟脑和樟油供医药及香料工业用。果仁含脂肪，含油供工业用。根、果、枝和叶入药，有祛风散寒、强心镇痉和杀虫等功能。木材又为造船、橱箱和建筑等用材。

### 云南樟　*Cinnamomum glanduliferum*（Wall.）Nees　别名：臭樟

常绿乔木，高5~15（20）米，胸径达30厘米；树皮灰褐色，深纵裂，小片脱落，内皮红褐色，具有樟脑气味。枝条粗壮，圆柱形，绿褐色，小枝具棱角。顶芽大，卵珠形，鳞片近圆形，密被绢状毛。叶互生，叶形变化很大，椭圆形至卵状椭圆形或披针形，长6~15厘米，宽4~6.5厘米，在花枝上的稍小，先端通常急尖至短渐尖，基部楔形、宽楔形至近圆形，两侧有时不相等，厚革质，上面深绿色，有光泽，下面通常粉绿色，幼时仅下面被微柔毛，老时两面无毛或上面无毛下面多少被微柔毛，羽状脉或偶有近离基三出脉，侧脉每边4～5条，与中脉两面明显，斜展，在叶缘之内渐消失，侧脉脉腋在上面明显隆起下面有明显的腺窝，窝穴内被毛或变无毛，细脉与小脉网状，微细而不明显；叶柄长1.5～3（3.5）厘米，粗壮，腹凹背凸，近无毛。圆锥花序腋生，均比叶短，长4～10厘米，具梗，总梗长2～4厘米，与各级序轴均无毛。花小，长3毫米，淡黄色，花梗短，长1～2毫米，无毛；花被外面疏被白色微柔毛，内面被短柔毛，花被筒倒锥形，长约1毫米，花被片6，宽卵圆形，近等大，长约2毫米，宽1.7毫米，先端锐尖；能育雄蕊9，花丝被短柔毛，第一、二轮雄蕊长约1.4毫米，花药卵圆形，与扁平的花丝近等长，药室4，内向，花丝无腺体，第三轮雄蕊长约1.6毫米，花药长圆形，长约1毫米，药室4，外向，花丝近基部有一对具短柄的心形腺体，退化雄蕊3，位于最内轮，长三角形，连柄长不及1毫米，柄被短柔毛；子房卵球形，长约1.2毫米，无毛，花柱纤细，长约1.2毫米，柱头盘状，具不明显的三圆裂。果球形，直径1厘米，黑色；果托狭长倒锥形，长约1厘米，基部宽约1毫米，顶部宽6毫米，边缘波状，红色，有纵长条纹。花期3～5月，果期7～9月。

　　枝叶可提取樟油和樟脑。果仁油供工业用。木材可制家具。树皮及根可入药，有祛风、散寒之功效。

## 天竺桂　*Cinnamomum japonicum* Sieb.

　　常绿乔木，高10～15米，胸径30～35厘米。枝条细弱，圆柱形，极无毛，红色或红褐色，具香气。叶近对生或在枝条上部者互生，卵圆状长圆形至长圆状披针形，长7～10厘米，宽3～3.5厘米，先端锐尖至渐尖，基部宽楔形或钝形，革质，上面绿色，光亮，下面灰绿色，晦暗，两面无毛，离基三出脉，中脉直贯叶端，在叶片上部有少数支脉，基生侧脉自叶基1～1.5厘米处斜向生出，向叶缘一侧有少数支脉，有时自叶基处生出一对稍为明显隆起的附加支脉，中脉及侧脉两面隆起，细脉在上面密集而呈明显的网结状但在下面呈细小的网孔；叶柄粗壮，腹凹背凸，红褐色，无毛。圆锥花序腋生，长3～4.5（10）厘米，总梗长1.5～3厘米，与长5～7毫米的花梗均无毛，末端为3～5花的聚伞花序。花长约4.5毫米。花被筒倒锥形，短小，长1.5毫米，花被裂片6，卵圆形，长约3毫米，宽约2毫米，先端锐尖，外面无毛，内面被柔毛。能育雄蕊9，内藏，花药长约1毫米，卵圆状椭圆形，先端钝，4室，第一、二轮花药药室内向，第三轮花药药室外向，花丝长约2毫米，被柔毛，第一、二轮花丝无腺体，第三轮花丝近中部有一对圆状肾形腺体。退化雄蕊3，位于最内轮。子房卵珠形，长约1毫米，略被微柔毛，花柱稍长于子房，柱头盘状。果长圆形，长7毫米，宽5毫米，无毛；果托浅杯状，顶部极开张，宽达5毫米，边缘极全缘或具浅圆齿，基部骤然收缩成细长的果梗。花期4～5月，果期7～9月。

　　枝叶及树皮可提取芳香油，供制各种香精及香料的原料。果核含脂肪，供制肥皂及润滑油。木材坚硬而耐久，耐水湿，可供建筑、造船、桥梁、车辆及家具等用。

### 兰屿肉桂　*Cinnamomum kotoense* Kanehira et Sasaki

常绿乔木，高约15米，叶、枝及树皮干时几不具芳香气。枝条及小枝褐色，圆柱形，无毛。叶对生或近对生，卵圆形至长圆状卵圆形，长8~11（14）厘米，宽4~5.5（9）厘米，先端锐尖，基部圆形，革质，上面鲜时绿色，干时灰绿色，光亮，下面近同色，晦暗，两面无毛，具离基三出脉，侧脉自叶基约1厘米处生出，近叶片3/4处渐消失或不明显网结，有时近叶缘一侧各有一条附加的侧脉，细脉两面明显，呈浅蜂巢状网结；叶柄长约1.5厘米，腹凹背凸，红褐色或褐色。花未见。果卵球形，长约14毫米，宽10毫米；果托杯状，边缘有短圆齿，无毛，果梗长约1厘米，无毛。果期8~9月。

## 山胡椒属 *Lindera*

### 香叶树　*Lindera communis* Hemsl.

常绿灌木或小乔木，高（1.5）3~14米，胸径达25厘米；树皮淡褐色。当年生枝条纤细，平滑，具纵条纹，绿色，干时棕褐色，被或疏或密黄白色短柔毛，基部有密集的芽鳞痕；一年生枝条粗壮，无毛，皮层不规则纵裂。顶芽卵球形，长约5毫米，芽鳞干膜质，棕褐色，宽卵圆形或扁圆形，先端具细尖头，外面略被金黄色小柔毛，内面无毛。叶互生，通常披针形、卵形或椭圆形，长（3.5）4~9（12.5）厘米，宽（1）1.5~3（4.5）厘米，先端锐尖、骤然渐尖或近尾尖，基部宽楔形或近圆形，薄革质至厚革质，上面绿色，光亮，无毛，下面灰绿或浅黄色，被黄褐色微柔毛或变无毛，边缘内卷，羽状脉，侧脉每边5~7条，弧曲，与中脉在上面凹陷，下面凸起，小脉网状，上面明显，略呈蜂窝状小窝穴，下面常不明显或近于明显；叶柄长5~8毫米，腹面略具槽，背面圆形，被黄褐色微柔毛或近于无毛。伞形花序单生或2个生于叶腋，具花5~8朵；总梗极短，长1~1.5毫米，略被黄褐色微柔毛；苞片4，宽卵形或近圆形，先端圆形，两面略被金黄色微柔毛。雄花黄色，直径达4毫米，花梗长2~2.5毫米，略被金黄色微柔毛；花被片6，卵形，近等大，长约3毫米，宽1.5毫米，先端圆形，外面略被金黄色微柔毛或近无毛；能育雄蕊9枚，长2.5~3毫米，花丝略被微柔毛或近无毛，与花药等长，第三轮花丝基部有2个圆状肾形腺体，花药宽卵形，先端钝；退化子房卵球形，长约1毫米，无毛，花柱柱状，长约

0.5毫米。雌花黄色或黄白色，花梗长2～2.5毫米；花被片6，卵形，长约2毫米，外面被微柔毛；退化雄蕊9，线形，长1.5毫米，第三轮的基部有2个腺体；子房椭圆形，长1.5毫米，无毛，花柱长2毫米，柱头盾形，具乳突。果卵球形，长约1厘米，宽7～8毫米，也有时近球形而略小，无毛，成熟时红色；果梗粗壮，长4～7毫米，略被黄褐色微柔毛；果托盘状，宽3～3.5毫米，边缘具浅齿及缘毛。花期3～4月，果期9～10月。

种子富含脂肪。油脂为白色固体，为制肥皂、润滑油、油墨的优质原料，医药工业上可作栓剂基质，为柯柯豆酯的代用品，也可以少量食用，食用可治肺病，但多食则会发生头晕中毒现象，若作食用时必需先行精炼。油粕可作肥料。果皮可提芳香油，供调制香料、香精用。枝、叶作薰香原料，又用于治跌打疮痈和外伤出血；叶或果尚可治牛马癣疥疮癫。

# 木姜子属 *Litsea*

### 山鸡椒　*Litsea cubeba*（Lour.）Pers.

落叶灌木或小乔木，高3～8（10）米；幼树树皮黄绿色，光滑，老树树皮灰褐色。小枝细长，绿色，无毛，枝、叶具芳香味。顶芽圆锥形，外面被柔毛。叶互生，披针形，椭圆状披针形或卵状长圆形，长5～13厘米，宽1.5～4厘米，先端渐尖，基部楔形，上面绿色，下面灰绿色，被薄的白粉，两面均无毛，羽状脉，侧脉每边6～10条，纤细，与中脉在两面均凸起；叶柄长0.6～2厘米，无毛。伞形花序单生或簇生于叶腋短枝上；总梗细长，长6～10毫米；苞片4，坚纸质，边缘有睫毛，内面密被白色绒毛；每一伞形花序有花4～6朵，先叶开放或与叶同时开放；花梗长约1.5毫米，密被绒毛；花被片6，宽卵形；雄花中能育雄蕊9，花丝中下部有毛，第三轮雄蕊基部的腺体具短柄，退化雌蕊无毛；雌花中退化雄蕊中下部具柔毛；子房卵形，花柱短，柱头头状。果近球形，直径4～5毫米，无毛，幼时绿色，成熟时黑色；果梗长2～4毫米，先端稍增粗；果托小浅盘状，径约2.5毫米。花期11月至翌年4月，果期5～9月。

木材材质中等，耐湿不蛀，但易劈裂，可供普通家具和建筑等用。花、叶和果皮主要提制柠檬醛的原料，供医药制品和配制香精等用。种子含油，为工业上用油。全株可入药，有祛风、散寒、理气、止痛之效，主治感冒或预防感冒，果实入药，称"毕澄茄"，可治胃寒痛和血吸虫病。果及花蕾可直接作腌菜的原料。

## 润楠属 *Machilus*

### 柳叶润楠　*Machilus salicina* Hance

灌木至小乔木，通常高3~5米。枝条褐色，有浅棕色纵裂的皮孔，初时略被极细的绢状微柔毛，后渐变无毛。叶常生于枝条的梢端，倒披针形至线状倒披针形，间有长圆形，长（6.5）8~18厘米，宽（1）1.2~3厘米，先端通常短渐尖，间有近急尖，基部楔形，近革质，边缘软骨质，背卷，上面绿色，下面粉绿色，幼时上面无毛，下面密被白色绢状微柔毛，老时上面全然无毛，下面被极疏白色绢状微柔毛至无毛，中脉在上面凹陷，下面凸起，侧脉每边通常约10~12

条，斜展，两面明显，近叶缘消失，横脉和小脉网状，两面呈明显的浅蜂窝状小窝穴；叶柄长（0.8）1~1.5厘米，腹凹背凸，无毛。聚伞状圆锥花序多数，生于新枝上端，通常短小，长4~8厘米，少分枝，最下部分枝长仅达1.5厘米，总梗长2~5厘米，与各级序轴和花梗被或疏或密的绢状微柔毛。花黄色或淡黄色，长达6毫米，花梗长（1.5）2~4毫米；花被外面被白色绢状微柔毛，内面密被长柔毛，筒倒锥形，短小，长约1.5毫米，花被片6，长圆形，先端锐尖或近钝形，外轮较小，长约4毫米，宽1毫米，内轮长4.5毫米，宽1.3毫米；能育雄蕊9，花丝尤其是基部密被疏柔毛，第一、二轮雄蕊长3.5毫米，花药近卵状长圆形，先端钝，长1.2毫米，花丝无腺体，第三轮雄蕊长约4毫米，花药长圆形，长1.3毫米，先端钝，花丝基部有2个具柄的圆状肾形腺体，腺体连柄长达花丝长之半，退化雄蕊位于最内轮，长约2.2毫米，先端三角状箭头形，柄密被疏柔毛；子房近球形，直径约1毫米，无毛，花柱纤细，长达2毫米，柱头略宽大，偏头状。果序伸长，约与叶等长，最长可达14厘米，松散而少果，序轴多少疏被白色绢状微柔毛。果球形，直径约7毫米，熟时紫红色，无毛，顶端具小尖突；宿存花被片明显反折；果梗略增粗，顶端粗达1.5毫米。花期2~3月，果期4~5月。

适生水边，可作护岸防堤树种。

### 滇润楠　*Machilus yunnanensis* Lec.

乔木，高达30米，胸径达80厘米。枝条圆柱形，具纵向条纹，幼时绿色，老时灰褐色，无毛。叶互生，疏离，倒卵形或倒卵状椭圆形，间或椭圆形，长（5）7~9（12）厘米，宽（2）3.5~4（5）厘米，先端短渐尖，尖头钝，基部楔形或宽楔形，两侧有时不对称，革质，上面绿色或黄绿色，光亮，下面淡绿或粉绿色，干时常带浅棕色，两面完全无毛，边缘软骨质而背卷，中脉在上面下部略凹陷上部近于平坦，下面明显凸起，侧脉每边约7~9条，有时分叉，弧曲，近叶缘处消失且网结，两面凸起，横脉及小脉网状，两面明显构成蜂窝状小窝穴；叶柄长1~1.75厘米，腹面具槽，背面圆形，无毛。圆锥花序由1~3花聚伞花序组成，有时圆锥花序上部或全部的聚伞花序仅具1花，后种情况花序呈假总状花序，花序长（2）3.5~7（9）厘米，多数，生于短枝下部，总梗长（1）1.5~3（3.5）厘米，与各级序轴及花梗无毛；苞片及小苞片早落，苞片

宽卵形或近圆形，长5~8毫米，外层苞片较小，外面密被锈色柔毛，内面近无毛，小苞片线形，长达4毫米，宽仅0.3毫米，外面被锈色柔毛，内面无毛。花淡绿、黄绿或黄至白色，长4~5毫米，花梗长4~10毫米；花被外面无毛，内面被柔毛，筒倒锥形，长约1毫米，花被片6，长圆形，先端急尖，近等大，外轮稍短，长3.5~4毫米，内轮长4~4.5毫米，宽均不及2毫米；能育雄蕊9，花丝无毛，基部被柔毛，第一、二轮雄蕊与外轮花被片近等长，花丝无腺体，花药卵状长圆形，长1.3毫米，先端钝，第三轮雄蕊稍长，花丝基部有2个具柄的圆状肾形腺体，腺体柄长达花丝长之半，退化雄蕊连柄长1.8毫米，先端卵状正三角形，柄基部被柔毛；子房卵球形，长1.5毫米，无毛，花柱丝状，与子房近等长，柱头小，头状。果卵球形，长达1.4厘米，宽1厘米，先端具小尖头，熟时黑蓝色，具白粉，无毛；宿存花被片不增大，反折；果梗不增粗，顶端粗约1.2毫米。花期4~5月，果期6~10月。

木材供建筑、家具用材。叶和果可提芳香油。树皮粉可作各种熏香和蚊香的调合剂。

## 新木姜子属 *Neolitsea*

### 新木姜子 *Neolitsea aurata*（Hayata）Koidz.

小乔木，高2~4米，胸径5~10厘米；树皮绿灰色。老枝近圆柱形，绿灰色或棕褐色，具细纵条纹，散布纵裂的长圆形或圆形皮孔，近无毛；幼枝多少具棱，具细纵条纹，密被金黄色或锈色微柔毛，基部有少数芽鳞痕。顶芽卵圆形，长达5毫米，芽鳞宽卵形或近圆形，边缘膜质，外面密被金黄色微柔毛。叶互生，多聚集于枝梢，长圆形或长圆状披针形，长6~11厘米，宽2~4厘米，先端长渐尖或近尾状渐尖，尖头钝，长达1.5厘米，基部宽楔形或近圆形，上面绿色，无毛，下面苍白色，被金黄色绢状微柔毛或近无毛，离基三出脉，中脉直贯叶端，最下部一对侧脉对生，离基部3~5毫米处生出，斜展，延伸至叶片中部以上，近叶缘处渐消失，其余侧脉2~3对，在叶片中部以上生出，中脉与侧脉两面明显，横脉与小脉两面几不可见；叶柄长0.6~1.5厘米，腹面具沟，背面圆形，被锈色微柔毛。雌、雄花未见。果序伞形，腋生，具1~5果。果卵球形，长7毫米，宽5毫米，无毛，光亮，顶端具小尖头；果梗长0.6~1（1.4）厘米，略被微柔毛，先端略增粗，粗达1.5毫米。果期8月。

根供药用，可治气痛、水肿、胃腹胀痛。

## 楠属 *Phoebe*

### 竹叶楠 *Phoebe faberi*（Hemsl.）Chun

乔木，通常高10～15米。小枝粗壮，干后变黑色或黑褐色，无毛。顶芽小，长卵球形，长约1毫米，芽鳞披针状卵圆形，先端急尖，外面及边缘略被微柔毛。叶互生或近对生，常聚生于枝端，长圆状披针形或椭圆形，长7～12（15）厘米.宽2～4.5厘米，先端钝形或短尖，少为短渐尖，基部楔形或近圆形，通常歪斜，厚革质或革质，叶缘外反，上面绿色，光亮，下面苍白色或苍绿色，幼时上面无毛，下面密被灰白贴伏绢状短柔毛，老时上面无毛，下面多少略被短柔毛或全然变无毛，中脉直贯叶端，上面凹陷，下面凸起，侧脉每边12～15条，弧曲状，不明显或近于消失，横脉和小脉两面呈不明显的细网状；叶柄长1～3厘米，腹凹背凸，无毛。圆锥花序多个，生于新枝下部叶腋，长7～9.5厘米，无毛，中部以上分枝，最末分枝为3～5花的聚伞花序，总梗长4～5厘米，与各级序轴均无毛，带红色。花黄绿色，长约4毫米，花梗几与花等长；花被筒倒锥形，长不及1毫米，花被片宽卵圆形，先端近急尖，近等大，长3毫米，宽2毫米，外面极无毛，内面被短柔毛；能育雄蕊9枚，花丝被柔毛，第一、二轮雄蕊长2.5毫米，花丝无腺形，花药卵圆状长圆形，先端钝，第三轮雄蕊长2.7毫米，花丝近基部有2个具短柄的圆状肾形腺体，花药长圆形，先端钝，退化雄蕊位于最内轮，长三角状箭头形，长约1毫米，具柄，柄被长柔毛；子房近球形，直径约0.8毫米，无毛，花柱纤细，与子房近等长，柱头小，不明显。果球形，直径约9毫米；果梗微增粗；宿存花被片卵形，革质，略紧贴或松散，先端外倾。花期4～5月，果期6～7月。

木材供建筑及家具等用。

### 滇楠 *Phoebe nanmu*（Oliv.）Gamble

乔木，通常高8～20米，可达30米，胸径达1.5厘米。小枝较细，直径约3毫米，近圆柱形或略显棱角，一年生枝密被黄褐色短柔毛，二年生枝变无毛或有疏柔毛。顶芽小，卵球形，长5毫米，芽鳞外面密被黄褐色短柔毛。叶互生，倒卵状宽披针形或长圆状倒披针形，长6～18厘米，宽（2）3.5～8（10）厘米，先端渐尖或短尖，基部楔形，不下延，薄革质，上面绿色，光亮，幼时主要沿脉上多少被黄褐色短柔毛，老时全叶完全无毛，下面淡绿色，晦暗，通常全面被黄褐色短柔毛，但有时脉上变无毛，中脉直贯叶端，侧脉每边6～8（10）条，近斜展，在边缘网结并渐消失，与中脉在上面凹陷，下面凸起，横脉和小脉上面隐约可见，下面明显；叶柄长0.7～2（2.4）厘米，腹平背凸，密被黄褐色短柔毛。圆锥花序生于新枝下部，长6～15厘米，在上部分枝，最下部分枝长1～2.5厘米，总梗长3.5～8厘米，与各级序轴密被黄褐色或灰白色柔毛，少为绢状毛。花黄绿或绿白色，长达5毫米，花梗与花等长，被黄褐色短柔毛；花被内外两面被黄褐色绢状短柔毛，筒倒锥形，长约1.5毫米，花被片6，外轮较短，倒卵圆形，长约3.5毫米，宽2.2毫米，先端急尖，内轮长圆状倒卵圆形，长4毫米，宽2毫米；能育雄蕊9，花药背面及花丝被白色小柔毛，第一、二轮雄蕊长约2.2毫米，花药卵圆状长圆形，长约1毫米，先端截平，第三轮雄蕊长约2.5毫米，花药长圆形，先端截平，花丝近基部有2个具短柄的圆状肾形腺体，退化雄蕊位于最内轮，正三角状箭头形，连柄长1.2毫米，被小柔毛；子房卵球形，长约1.5毫米，无毛，花柱与子房近等长，纤细，柱头小，不明显或略明显。果卵球形，长约9毫米，宽6毫米，无毛，光亮；果梗略增粗，粗约1.2毫米；宿存花被片变硬，革质，多少松散，两面被毛。花期3～5月，果期8～10月。

国家二级重点保护植物。树干高大端直，材质优良，为良好建筑和家具用材。

## 普文楠　*Phoebe puwenensis* Cheng

大乔木，高可达25（30）米，胸径可达1米；树皮淡黄灰色，浅纵裂，呈薄片状脱落，皮孔明显。小枝粗壮，中部直径5～6毫米，密被黄色绒毛，老枝灰褐色，无毛，有大而密集的叶痕。叶近枝顶集生，倒卵状椭圆形或倒卵状宽披针形，长（8）12～23厘米，宽（4）5～9厘米，先端微突钝尖，基部狭楔形，薄革质，干时上面变褐色，沿中脉密生长柔毛，侧脉被疏柔毛，余部无毛，有蜂窠状小窝穴，下面无白粉，带绿褐黄色，密被浅褐黄色小点及淡色疏

柔毛，中脉直贯叶端，上面凹陷，下面凸起，侧脉每边12～20条，斜展，近叶缘处消失并网结，上面微凹陷，下面明显，横脉及小脉细，下面明显；叶柄长1～2.5厘米，粗壮，腹凹背凸，密被黄色绒毛。圆锥花序生于新枝中、下部，长4.5～22厘米，在近顶部分枝，最下部分枝长达5厘米，总梗长3～14厘米，与各级序轴密被黄色绒毛。花淡黄色，长约5毫米，花梗长（1.5）2～3毫米，被黄色绒毛；花被内外两面被黄灰色绒毛，筒倒锥形，长约1毫米，花被片6，近等大，卵圆形，长4毫米，宽2.5毫米，先端急尖；能育雄蕊9，第一、二轮雄蕊长3.5毫米，花药卵圆状长圆形，长1.5毫米，先端截平，花丝扁平，被柔毛，第三轮花丝中部有2个具短柄的肾形腺体，退化雄蕊位于最内轮，三角状箭头形，连柄长近2毫米，柄扁平，被柔毛；子房卵球形，长1.5毫米，上部被柔毛，花柱纤细，柱状，长1.5毫米，柱头盘状。果卵球形，长1.3厘米，宽约0.7厘米，平滑，无毛；果梗长3～5毫米，粗约1.5毫米；宿存花被片革质，略增大，长7毫米，宽3毫米，紧贴。花期3～4月，果期6～7月。

木材供建筑、家具及农具等用材。

## 金粟兰科 Chloranthaceae　　金粟兰属 *Chloranthus*

### 鱼子兰　*Chloranthus elatior* Link

亚灌木，高达2米；茎圆柱形。叶对生，无毛，纸质，椭圆形，倒披针形或倒卵形，倒卵状披针形，长11～22厘米，宽4～8厘米，顶端渐尖，基部楔形；边缘具腺顶锯齿；叶脉两面明显；叶柄长5～10毫米。穗状花序形成顶生常具2～3或更多分枝的圆锥花序，总花梗长达9厘米；花无柄，疏离地排列在序轴上，相距约5毫米；苞片宽卵圆形；雄蕊3枚，药隔合生，卵圆形，不等大的3齿裂，顶全缘，中间花药2室，侧生1室；子房卵圆形，果实成熟时白色。花期6月。

栽培供观赏。

## 菝葜科 Smilacaceae　　菝葜属 *Smilax*

### 西南菝葜　*Smilax bockii* Warb.

攀缘灌木。具粗短的根状茎。茎长2～5米，无刺。叶片纸质或薄革质，长圆状披针形，条状披针形至狭卵状披针形，长7～14厘米，宽1～4厘米，先端长渐尖，基部浅心形至宽楔形，主脉5～7条，中脉于叶面凹陷，背面突出，最外侧的几与叶缘结合；叶柄长5～15毫米，于下部1/3处具鞘，鞘上方有卷须，脱落点位于近顶端。伞形花序单生叶腋或苞片腋部，有花几朵至10余朵；总花梗纤细，较叶柄长数

倍；花序托稍膨大，花紫红色或绿黄色；雄花内外轮花被片相似，长2.5～3毫米，宽约1毫米；雌花较雄花小，具3枚退化雄蕊。浆果球形，直径8～10毫米，成熟时蓝黑色。花期5～7月，果期10～11月。

根茎入药，有祛风活血、解毒之功效。

### 菝葜  *Smilax china* L.

攀缘灌木。根状茎粗厚、坚硬，为不规则的块状，粗2～3厘米。茎长1～3米，微具棱，疏生刺。叶片薄革质或坚纸质，形状多样，通常为圆形、卵形，长3～10厘米，宽2～10厘米，叶面绿色，背面淡绿色，稀苍白色，主脉3条，弧形，于叶面凹陷，背面凸出，网脉不显；叶柄长5～15毫米，在下部1/2～1/3处具鞘，鞘上方通常有卷须，脱落点位于中上部。伞形花序单生叶腋，有花十几朵至多数，常呈球形；总花梗不具关

节，长1～2厘米；花序托球形，稍膨大，具小苞片；花绿黄色，花被片椭圆形，外花被片长3～4毫米，宽2～3毫米，内花被片稍狭；雄花中花药较花丝宽，直径约2.5毫米，常弯曲；雌花与雄花大小相等，具6枚退化雄蕊。浆果圆球形，直径6～15毫米，成熟时红色，被粉霜。花期4～5月，果期7～9月。

根茎及叶可入药。根茎有祛风湿、利小便、消肿毒之功效。叶用于风肿、疮疖、肿毒、烫伤等。

### 土茯苓  *Smilax glabra* Roxb.

攀缘灌木。根状茎粗厚，成不规则块状，多分枝，有结节状隆起。茎无刺，长1～4米，枝条光滑。叶片革质，常为披针形或椭圆状披针形，长3～12厘米（老枝上叶片更长），宽1～3.5厘米，先端渐尖，基部楔形或近圆形，叶面绿色，背面绿色或有时带苍白色；主脉3条，较细，网脉不显；叶柄长5～15毫米，于下部

3/5～1/4处具狭鞘，鞘上方有卷须，脱落点位于近顶端。伞形花序单生叶腋，具花10余朵；总花梗几无或长2～5毫米；花序托膨大，圆球形，直径2～5毫米，小苞片宿存；花绿白色，六棱状球形，直径约3毫米；雄花外轮花被片近扁圆形，宽约2毫米，兜状，背面中央具纵槽，内轮花被片近圆形，宽约1毫米，边缘有不规则小齿；雄蕊靠合，花丝极短；雌花与雄花大小相等，但内花被片边缘不具齿，有退化雄蕊3枚。浆果球形，直径5～10毫米，成熟时紫黑色，具粉霜。花期8～9月，果期10～11月。

粗厚根茎入药，称土茯苓。性甘平，利湿、解热毒、健脾胃。还富含淀粉，可用于制糕点或酿酒。

## 天门冬科 Asparagaceae　　龙舌兰属 *Agave*

### 龙舌兰　*Agave americana* L.

多年生植物。叶呈莲座式排列，通常30～40枚，有时50～60枚，大型，肉质，倒披针状线形，长1～2米，中部宽15～20厘米，基部宽10～12厘米，叶缘具有疏刺，先端有1硬尖刺，刺暗褐色，长1.5～2.5厘米。圆锥花序大型，长达6～12米，多分枝；花黄绿色；花被管长约1.2厘米，花被裂片长2.5～3厘米；雄蕊长约为花被的2倍。蒴果长圆形，长约5厘米。开花后花序上生成的珠芽极少。

引种栽培。

叶纤维供制船缆、绳索、麻袋等，但其纤维的产量和质量均不及剑麻；总甾制皂苷元含量较高，是生产甾体激素药物的重要原料。

### 金边龙舌兰　*Agave americana* L. var. marginata Trel.

叶边缘金色。

栽培亦可供用。供观赏，纤维和药用。

## 龙血树属 *Dracaena*

### 小花龙血树　*Dracaena cambodiana* Pierre ex Gagnep.

乔木状，高在3～4米以上。茎多分枝，树皮带灰褐色，幼枝有密环状叶痕，叶聚生于茎、枝顶端，几乎互相套迭，剑形，薄革质，长达70厘米，宽1.5～3厘米，向基部略变窄而后扩大，抱茎，无柄。圆锥花序长在30厘米以上；花序轴具毛；花每3～7朵簇生，绿白色或淡黄色；花梗长5～7毫米，关节位于上部1/3处；花被片长6～7毫米，下部约1/4～1/5合生成短筒；花丝扁平，宽约0.5毫米，无红棕色疣点；花药长约1.2毫米；花柱稍短于子房。浆果直径约1厘米。花期7月。

## 丝兰属 *Yucca*

### 凤尾丝兰　*Yucca gloriosa* L.

灌木，短茎明显，有时高达3米。叶剑状，长60～80厘米，宽6～4厘米，硬直，先端具短尖头，光滑，近扁平，幼时常具脱落的齿状结构，老时叶缘有少量丝状纤维，全缘。花多数，下垂，浅绿色至红色，直径7.5～10毫米；花被长7～8厘米。果下垂，6棱，不开裂，直径5～6.5厘米。

## 棕榈科 Palmae　　鱼尾葵属 *Caryota*

### 鱼尾葵　*Caryota ochlandra* Hance

乔木状，高10～15（～20）米，直径15～35厘米，茎绿色，被白色的毡状绒毛，具环状叶痕。叶长3～4米；羽片长15～20厘米，宽3～10厘米，最上部的1羽片大，楔形，先端2～3裂，侧边的羽片小，半菱形，外缘笔直，内缘上半部或1/4以上弧曲成不规则的齿缺，且延伸成短尖或尾尖。佛焰苞与花序无糠秕状的鳞秕；花序长3～3.5（～5）米，具多数穗状的分枝花序，长1.5～2.5米；雄花花萼与花瓣不被脱落性的毡状绒毛，萼片宽圆形，花瓣椭圆形，黄色，雄蕊（31～）50～111；雌花花萼长约3毫米，宽5毫米，顶端全缘，花瓣长约5毫米；退化雄蕊3。果实球形，成熟时红色，直径1.5～2厘米。种子1颗，罕为2颗。花期5～7月，果期8～11月。

树形美丽，可作庭园绿化植物；茎髓含淀粉，可作桃椰粉的代用品。

## 散尾葵属 *Dypsis*

### 散尾葵　*Dypsis lulescens*（H. Wendl.）Beentje et Dransf.

丛生灌木，高2～5米，茎粗4～5厘米，基部略膨大。叶长约1.5米，羽片黄绿色，表面有蜡质白粉，40～60对，2列，披针形，长35～50厘米，宽1.2～2厘米，先端长尾状渐尖并具不等长的短2裂，顶端的羽片渐短，长约10厘米；叶柄及叶轴光滑，黄绿色；叶鞘长而略膨大，通常黄绿色，初时被蜡质白粉。花序生于叶鞘之下，长约0.8米，具2～3次分枝，分枝花序长20～30厘米，其上有8～10个小穗轴；花小，卵球形，金黄色，着生于小穗轴上；雄花萼片和花瓣各3片，雄蕊6枚；雌花萼片和花瓣与雄花的略同，子房1室，具短的花柱和粗的柱头。果实略为陀螺形或倒卵形，长约15～18毫米，直径8～10毫米，鲜时土黄色，干时紫黑色，外果皮光滑，中果皮具网状纤维。种子略为倒卵形，胚乳均匀，中央有狭长的空腔，胚侧生。花期5月，果期8月。

有栽培。

树形优美，是很好的庭园绿化树种。

## 蒲葵属 *Livistona*

### 蒲葵 *Livistona chinensis*（Jacq.）R. Br.

乔木状，高5～20米，直径20～30厘米，基部常膨大。叶阔肾状扇形，直径达1米多，掌状深裂至中部，裂片线状披针形，基部宽4～4.5厘米，顶部长渐尖，2深裂成长达50厘米的丝状下垂的小裂片，两面绿色；叶柄长1～2米，下部两侧有黄绿色（新鲜时）或淡褐色（干后）下弯的短刺。花序呈圆锥状，粗壮，长约1米，约6个分枝花序，分枝花序具2次或3次分枝。花两性，长约2毫米；花萼裂至近基部成3裂片；花冠裂至中部成3裂片；雄蕊6枚，其基部合生成杯状并贴生于花冠基部。果实椭圆形，长1.8～2.2厘米，直径1～1.2厘米，黑褐色。种子椭圆形，长15毫米，直径9毫米，胚约位于种脊对面的中部稍偏下。花果期4月。

有栽培。

嫩叶编制葵扇；老叶制蓑衣等，叶裂片的肋脉可制牙签；果实及根入药。

## 刺葵属 *Phoenix*

### 长叶刺葵 *Phoenix canariensis* Hort. ex Chabaud.

乔木状，茎单生，极粗壮，高10～20米，胸径达80～100厘米，圆柱形，通常被覆的叶柄基部，呈明显的螺旋状；茎的最下部或基部膨大。叶长（3～）6米，约有羽片120～200对，羽片线形，锐尖，长15～50厘米，宽2～3厘米，对生或互生，两面亮绿色；叶柄短，其基部的刺坚硬。花序长2米；雄花斜卵形，奶黄色，长9毫米，宽4毫米；雌花球形，直径4～6毫米，橙色。果实卵状球形，橙色，长2厘米，直径1厘米。种子阔椭圆形，灰褐色，腹面有深凹槽。花期5～6月，果期9～10月。

树形美观，是一种很好的绿化树种。

### 江边刺葵  *Phoenix roebelenii* O'Brien

茎丛生，栽培时常为单生，高1~3米，稀更高，直径达10厘米，具宿存的三角状叶柄基部。叶长1~1.5（~2）米；羽片线形，较柔软，长20~30（~40）厘米，米，两面深绿色，背面沿叶脉被灰白色的糠秕状鳞秕，呈2列排列，下部羽片变成细长软刺。佛焰苞长30~50厘米，仅上部裂成2瓣；雄花序与佛焰苞近等长，雌花序短于佛焰苞；分枝花序长而纤细，长达20厘米；雄花花萼长约1毫米，顶端具三角状

齿；花瓣3，针形，长约9毫米，顶端渐尖；雄蕊6枚；雌花近卵形，长约6毫米；花萼顶端具明显的短尖头。果实长圆形，长1.4~1.8厘米，直径6~8毫米，顶端具短尖头，成熟时枣红色，果肉薄而有枣味。花期4~5月，果期6~9月。

可作庭园观赏植物。

### 林刺葵  *Phoenix sylvestris* Roxb.

乔木状，高达16米，胸径达33厘米，叶密集成半球形树冠；茎具宿存的叶柄基部。叶长3~5米，完全无毛；叶柄短；叶鞘具纤维；羽片剑形，长15~45厘米，宽1.7~2.5厘米，顶端尾状渐尖，互生或对生，呈2~4列排列，下部羽片较小，最后变为针刺。佛焰苞近革质，长30~40厘米，表面被糠秕状褐色鳞秕；花序长60~100厘米，直立，分枝花序纤细；花序梗长30~40厘米，明显压扁；雄花长6~9毫米，狭长圆形或卵形，顶端

钝，白色，具香味；花萼杯状，顶端具3圆钝齿；花瓣3，长为花萼的3~4倍；雌花近球形，花萼杯状，顶端具3短齿，长为花瓣的1/2倍；花瓣3，极宽。果序长约1米，具节，密集，橙黄色；果实长圆状椭圆形或卵球形，橙黄色，长2~2.5（~3）厘米，顶端具短尖头。种子长圆形，长1.4~1.8厘米，两端圆，苍白褐色。果期9~10月。

栽培。

常作观赏植物。

## 棕竹属 *Rhapis*

### 棕竹 *Rhapis excelsa* （Thunb.）Henry ex Rehd.

高 2 ~ 3 米，直径 1.5 ~ 3 厘米，上部叶鞘分解成稍松散的马尾状淡黑色粗糙而硬的网状纤维。叶掌状深裂，裂片 4 ~ 10 片，不均等，具 2 ~ 5 条肋脉，长 20 ~ 32 厘米，宽 1.5 ~ 5 厘米，宽线形或线状椭圆形，先端宽，截状而具多对稍深裂的小裂片，边缘及肋脉上具稍锐利的锯齿；叶柄边缘微粗糙，顶端的小戟突略呈半圆形或钝三角形，被毛。花序长约 30 厘米，2 ~ 3 个分枝花序。雄花花蕾卵状长圆形，长 5 ~ 6 毫米，花萼杯状，深 3 裂，花冠 3 裂；雌花短而粗，长 4 毫米。果实球状倒卵形，直径 8 ~ 10 毫米。种子球形，胚位于种脊对面近基部。花期 6 ~ 7 月。

### 多裂棕竹 *Rhapis multifida* Burret

高 2 ~ 3 米甚至更高，带鞘茎直径 1.5 ~ 2.5 厘米，无鞘茎直径约 1 厘米。叶掌状深裂，扇形，裂片 16 ~ 20 片（最多达 30 片），线状披针形，每裂片长 28 ~ 36 厘米，宽 1.5 ~ 1.8 厘米，通常具 2 条明显的肋脉，先端变狭，具 2 ~ 3（~ 4）短裂片，边缘及肋脉上具细锯齿；叶柄较长，顶端具小戟突，卵圆形至半圆形，被淡黄褐色或深褐色的绵毛；叶鞘纤维褐色，整齐排列，较粗壮。花序二回分枝，长 40 ~ 50 厘米。花未见。果实球形，直径 9 ~ 10 毫米，熟时黄色至黄褐色。种子略为半球形，宽 6 毫米，高 5 毫米，胚乳均匀，具深的凹穴，胚侧生于种脊对面的中部偏下。花期 5 ~ 6 月，果期 10 ~ 11 月。

栽培。

可作庭园绿化材料。

## 金山葵属 *Syagrus*

### 金山葵　*Syagrus romanzoffiana*（Cham.）Glassm.

乔木状，干高10～15米，直径20～40厘米。叶长4～5米，羽片多，每2～5片靠近成组排列成几列，线状披针形，先端浅2裂，最大的羽片长95～100厘米，宽4厘米，顶端的羽片稍疏离，较短，狭成线形（宽约2厘米），具1条明显的中脉，两面及边缘无刺，背面中脉上被鳞秕；叶柄及叶轴被易脱落的褐色鳞秕状绒毛。花序生于叶腋间，长达1米以上，一回分枝，分枝多达80个或更多，之字形弯曲，基部至中部着生雌花，顶部着生雄花；花序梗上的大苞片（大佛焰苞）舟状，木质化，长达150厘米，宽达14厘米，顶端呈长喙状；花雌雄同株；雄花长7～16毫米（顶部的较短）；雌花长达4.5～6毫米。果实近球形或倒卵球形，长3厘米，直径2.7厘米，稍具喙，外果皮光滑，新鲜时橙黄色，干后褐色，中果皮肉质具纤维，内果皮厚，骨质，坚硬，内果皮腔形状不规则，近基部有3个萌发孔。种子与内果皮腔同形，胚乳均匀具棱，中央有1个小的空腔，胚近基生。花期2月，果期11月至翌年3月。

有栽培。

树形美观，可作庭园观赏，果实可食。

## 棕榈属 *Trachycarpus*

### 棕榈　*Trachycarpus fortunei*（Hook.）H. Wendl.　　别名：棕树

乔木状，高3～10米，树干圆柱形，被不易脱落的老叶柄基部和密集的网状纤维，除非人工剥除，否则不能自行脱落。裸露树干直径10～15厘米甚至更粗。叶片呈3/4圆形或者近圆形，深裂成30～50片具皱折的线状剑形，宽约2.5～4厘米，长60～70厘米的裂片，裂片先端具短2裂或2齿，硬挺甚至顶端下垂；叶柄长约75～80厘米，两侧具细圆齿，顶端有明显的戟突。花序粗壮，多次分枝，从叶腋抽出，通常雌雄异株。雄花序长约40厘米，一般只二回分枝；具有2～3个分枝花序；雄花卵球形，每2～3朵密集聚生，也有单生的；雄蕊6枚；雌花序长80～90厘米，2～3回分枝，具4～5个分枝花序；雌花球形，通常2～3朵聚生。退化雄蕊6枚，心皮被银色毛。果实阔肾形，有脐，宽11～12毫米，高7～9毫米，成熟时由黄色变为淡蓝色，有白粉。种子胚乳均匀，角质，胚侧生。花期4月，果期12月。

主要剥取其棕皮纤维（叶鞘纤维），作绳索，编蓑衣、棕棚、地毡，制刷子和作沙发的填充料等；嫩叶经漂白可制扇和草帽；未开放的花苞又称"棕鱼"，可供食用；棕皮及叶柄（棕板）煅炭入药有止血作用，果实、叶、花、根等也入药；此外，棕榈树形优美，也是庭园绿化的优良树种。

## 丝葵属 *Washingtonia*

### 大丝葵 *Washingtonia robusta* H. Wendl.

高达18~27米，树干基部膨大，若去掉覆被的枯叶，则呈淡褐色，可见明显的环状叶痕和不明显的纵向裂缝，叶基成交叉状。叶片直径1~1.5米，约有60~70裂片，裂至基部2/3处，下部边缘被脱落性绒毛，幼龄树的裂片边缘具丝状纤维，随年龄成长而消失；叶柄粗壮，直至老时仍直立，长1~1.5米，边缘具粗壮钩刺，叶柄渐尖地延伸至叶片。花序大型，长于叶，下垂，花单生。花蕾长11毫米，宽2.5毫米；花萼钟状，半裂成3裂片，边缘具纤毛状小裂片；花冠长于花萼，裂至下部1/4成3裂片；雄蕊、花药、子房与丝葵相似。果实椭圆形，长约10毫米，直径约8.5毫米，亮黑色，顶端具宿存的刚毛状花柱。种子卵球形，长6~7毫米，直径约5毫米，种脊略脐状凹入，胚乳均匀，胚基生。花期5~6月，果期9月。

有栽培。

叶片可盖屋顶，编织篮子等，果实及顶芽可供食用。

## 八月瓜属 *Holboellia*

### 五风藤 *Holboellia latifolia* Wall.

常绿攀缘灌木。掌状复叶，由3或更多个小叶组成，无毛，叶柄长5～11厘米，小叶柄不等长，长0.6～3厘米；小叶卵圆形或倒卵状长圆形，至椭圆形，长5～7厘米，宽2.5～4.5厘米，生于主茎上的长5～15厘米，先端渐尖或尾状渐尖，基部阔楔形或圆形，上面暗亮绿色，下面较淡，革质。花为簇生叶腋的伞房花序，极芳香，单性，或经常在同1伞房花序上具两种性的花；雄花：萼片6，长1.5～1.7厘米，绿白色，狭长圆形，雄蕊长1.2厘米，花药比花丝短，花药长5毫米，花丝长7毫米；雌花较大，萼片长2.2厘米，紫色；花瓣6，小。果实为不规则长圆形，腊肠状，长5～7厘米，含多数种子。

药用，治子宫脱垂，疝气，跌打损伤。果可食，树皮可制纤维。

## 防己科 Menispermaceae 木防己属 *Cocculus*

### 木防己 *Cocculus orbiculatus*（Linn.）DC.

木质藤本，小枝被绒毛至疏柔毛，或有时近无毛，有条纹。叶片纸质至近革质，形状变异极大，自线状披针形至阔卵状近圆形，狭椭圆形至近圆形，倒披针形至倒心形，有时卵状心形，长通常3～8厘米，较少超过10厘米，宽不等，顶端短尖或钝而有小凸尖，有时微缺或2裂，较少渐尖，基部楔形、圆形至心形，边全缘或3裂，有时掌状5裂，两面被密柔毛至疏柔毛，有时除下面中脉外两面近无毛；掌状脉3条，很少5条，在下面微凸起；叶柄长1～3厘米，很少超过5厘米，被稍密的白色柔毛。聚伞花序少花，或排成多花、狭窄聚伞圆锥花序，顶生或腋生，长可达10厘米或更长，被柔毛；雄花：小苞片2或1，长约0.5毫米，紧贴花萼，被柔毛；萼片6，无毛，外轮卵形或椭圆状卵形，长1～1.8毫米，内轮阔椭圆形至近圆形，有时阔倒卵形，长达2.5毫米或稍过之；花瓣6，长1～2毫米，两侧基部内折呈小耳状，抱着花丝，顶端2裂，裂片叉开，渐尖或短尖；雄蕊6枚，比花瓣短；雌花：萼片和花瓣与雄花相似；不育雄蕊6枚，微小；心皮6，无毛。核果近球形，红色至紫红色，径通常7～8毫米；内果皮骨质，阔倒卵形，长5～6毫米，背部有小横肋状雕纹。

根供药用，民间常用以治疗风湿骨痛。含多种生物碱。

## 细圆藤属 *Pericampylus*

### 细圆藤 *Pericampylus glaucus*（Lam.）Merr.

木质藤本，长达10余米或更长；小枝通常被灰黄色绒毛，有条纹，常纤长而下垂，老枝无毛。叶纸质至薄革质，三角状卵形至三角状近圆形，很少卵状阔椭圆形，长3.5～8厘米或稍过之，顶端钝而具小凸尖，很少近短尖或圆，基部近截平至心形，很少阔楔尖，边缘有圆齿或近全缘，两面被绒毛或上面被疏柔毛至近无毛，很少两面近无毛；掌状脉5条，很少3条，网状小脉稍明显；叶柄长3～7厘米，通常生叶片基部，很少稍盾状着生。聚伞花序或伞房状聚伞圆锥花序长2～10厘米，被绒毛或柔毛；雄花：萼片背面被柔毛，最外轮的狭，长约0.5毫米，中轮倒披针形，长1～1.5毫米，内轮稍阔；花瓣6，楔形或有时匙形，长0.5～0.7毫米，边内卷；雄蕊6枚，花丝分离，聚合上升，或不同程度的粘合，比花瓣稍长；雌花：萼片和花瓣与雄花的相似；不育雄蕊6枚；子房长0.5～0.7毫米，柱头2裂。核果红色或紫色，内果皮直径约5～6毫米。 花期4～6月，果期9～10月。

枝条作藤椅等藤器的重要原料。

## 汉防己属 *Sinomenium*

### 汉防己 *Sinomenium acutum*（Thunb.）Rehd. et Wils.

木质大藤本，长达20余米或更长；老茎灰色，树皮不规则纵裂，枝圆柱状，有直线纹，被柔毛至近无毛。叶薄革质，心状圆形至阔卵形，长6～15厘米或稍过之，顶端短尖至渐尖，基部常心形，有时近截平或微圆，边全缘，有角至5～9裂，裂片尖或钝圆，嫩叶被绒毛，老叶常两面无毛，或上面无毛，下面被柔毛；掌状脉5条，很少7条，连同网状小脉均在下面凸起；叶柄长5～15厘米左右，有条纹，无毛或被柔毛。花序长可达30厘米，通常不超过20厘米，花序轴和开展、有时平叉开的分枝均纤细，被柔毛或绒毛，苞片线状披针形；雄花：小苞片2，紧贴花萼；萼片背面被柔毛，外轮长圆形至狭长圆形，长2～2.5毫米，内轮近卵形，与外轮近等长；花瓣稍肉质，长0.7～1毫米；雄蕊长1.6～2毫米；雌花：不育雄蕊丝状；心皮无毛。核果红色至暗紫色，径5～6毫米或稍过之。花期：夏季；果期：秋末。

根茎可治风湿关节痛；含多种生物碱。枝条细长，是制藤椅等藤器的原料。

## 小檗科 Berberidaceae    小檗属 *Berberis*

### 鸡脚连 *Berberis paraspecta* Ahrendt

灌木，高1~2米；老枝棕灰色，幼枝草黄色，无毛，具棱角；刺三叉状，长达3厘米，粗壮，与枝同色。叶近革质，披针形，长2.5~3.5厘米，宽7~10毫米，先端钝尖或短渐尖，基部楔形，边缘具7~15枚刺齿，叶面中脉扁平或微凹，侧脉显著，背面中脉突起，侧脉不显。花单生；花柄长3~4毫米。浆果黑色，长圆形，长9~12毫米，直径6~7毫米，顶端无宿存花柱，不被白粉，含1颗种子。果期11月。

### 粉叶小檗 *Berberis pruinosa* Franch.

灌木，高1~2米；枝圆形，棕灰色或棕黄色，密被黑色小疣点；刺三叉状，粗壮，与枝同色，长2~3.5厘米，腹部具沟。叶硬革质，灰绿色，椭圆形，倒卵形或披针形，长2~6厘米，宽1~2.5厘米，先端钝尖或短渐尖，基部楔形，边缘微向背反卷，通常具1~6齿，偶有全缘，叶面光亮，中脉扁平，侧脉微突起，背面被白粉，中脉突起，侧脉不显；近无柄。花（8~）10~20朵簇生；花柄长10~20毫米；萼片2轮，外萼片

长椭圆形，长约4毫米，宽约2毫米，内萼片倒卵形，长6.5毫米，宽约5毫米；花瓣倒卵形；长约7毫米，宽约4~5毫米，先端深锐裂，基部楔形，靠近边缘有2枚卵形腺体；雄蕊长6毫米。浆果椭圆形或近球形，长6~7毫米，直径4~5毫米，顶端无宿存花柱，被白粉，果皮质脆，含2枚种子。花期3~4月，果期6~8月。

根富含小檗碱，多用为提取原料，供药用，具有清热解毒、消炎止痢的功效。

### 金花小檗 *Berberis wilsonae* Hemsl.

半常绿灌木，高0.5~2米；老枝棕灰色，幼枝暗红色，具棱角和散生黑色疣点；刺细弱，三叉状，长1~2厘米，与枝同色，腹部具沟。叶革质，倒卵形或倒卵状匙形，长10~15毫米，宽2.5~6毫米，先端圆形或钝尖，基部楔形，叶面暗绿色，背面灰色，被白粉，闭锁网脉两面显著；近无柄。花黄色，4~7朵簇生；花柄长4~7毫米，被白粉；萼片2轮，外萼片卵形，长3~4毫米，宽2~3毫米，先端急尖，内萼片倒卵形，长5.5毫米，宽约3.5毫米；花瓣倒卵形，长约4毫米，宽约2毫米，先端2裂，裂片近急尖；雄蕊长约3毫米，顶端伸长成钝尖；胚珠3~5枚。浆果粉红色，球形，长约6毫米，顶端具明显的宿存花柱，外果皮质地柔软，微被白粉。花期7~9月，果期翌年1~2月。

根、枝入药，可代黄连用，有清热、消炎之功效，用于止痢、赤眼红肿等。

## 十大功劳属 *Mahonia*

### 鸭脚黄连 *Mahonia flavida* Schneid.

灌木，高1~3米；枝棕灰色。复叶长25~60厘米，具有13~19枚小叶；具短柄；小叶厚革质，从基部向上渐次增大，基部的为卵形或卵状椭圆形，长1.5~3厘米，宽1~2厘米，中部的为长圆状披针形，长7~9厘米，宽3~4厘米，顶端的为长椭圆形，长10~12厘米，宽3~5厘米，先端渐尖，基部圆形或近心形，偏斜，边缘每边具4~9牙齿，叶面光亮，两面均为黄绿色，基出脉3~5条，凹陷，网脉叶面扁平，背面突起。总状花序多枚簇生，长15~25厘米。花黄色；花柄纤细，长4~6毫米；苞片长3~6毫米；萼片3轮，外萼片卵形，长约3毫米，宽约2毫米，先端急尖；中萼片长圆状卵形，长3~4毫米，宽2~3毫米，具3条脉纹，内萼片长圆状倒卵形，长6~8毫米，宽3~4毫米，先端圆形，具5条脉纹；花瓣长圆形，长5.5~6.5毫米，宽3~4毫米，先端2裂，具5条脉纹；雄蕊长4~5毫米，顶端延伸成尖头；子房窄卵形，长约5毫米，胚珠3~5颗。浆果球形，直径约5毫米，蓝绿色，微被白粉，顶端具宿存花柱，长约2毫米。花期2~4月，果期4~8月。

根或全株入药，具有清热解毒、消炎止痢、退虚热等功效，用于肠炎、痢疾、急性咽喉炎、目赤肿痛、肺痨咳嗽、咯血等。

### 十大功劳　*Mahonia fortunei*（Lindl.）Fedde

灌木，高0.5~2（~4）米。叶倒卵形至倒卵状披针形，长10~28厘米，宽8~18厘米，具2~5对小叶，最下一对小叶外形与往上小叶相似，距叶柄基部2~9厘米，上面暗绿至深绿色，叶脉不显，背面淡黄色，偶稍苍白色，叶脉隆起，叶轴粗1~2毫米，节间1.5~4厘米，往上渐短；小叶无柄或近无柄，狭披针形至狭椭圆形，长4.5~14厘米，宽0.9~2.5厘米，基部楔形，边缘每边具5~10刺齿，先端急尖或渐尖。总状花序4~10个簇生，长3~7厘米；芽鳞披针形至三角状卵形，长5~10毫米，宽3~5毫米；花梗长2~2.5毫米；苞片卵形，急尖，长1.5~2.5毫米，宽1~1.2毫米；花黄色；外萼片卵形或三角状卵形，长1.5~3毫米，宽约1.5毫米，中萼片长圆状椭圆形，长3.8~5毫米，宽2~3毫米，内萼片长圆状椭圆形，长4~5.5毫米，宽2.1~2.5毫米；花瓣长圆形，长3.5~4毫米，宽1.5~2毫米，基部腺体明显，先端微缺裂，裂片急尖；雄蕊长2~2.5毫米，药隔不延伸，顶端平截；子房长1.1~2毫米，无花柱，胚珠2枚。浆果球形，直径4~6毫米，紫黑色，被白粉。花期7~9月，果期9~11月。

栽培观赏。

全株可供药用。有清热解毒、滋阴强壮之功效。

## 南天竹属 *Nandina*

### 南天竹　*Nandina domestica* Thunb.

常绿灌木，高达2米。叶为2~3回羽状复叶，基部通常有褐色抱茎的鞘；小叶革质，深绿色，冬季常变为红色，椭圆形或椭圆状披针形，长2.5~7毫米，先端渐尖，基部楔形，全缘，叶面平滑，背面叶脉隆起；近无柄。顶生圆锥花序长20~30厘米。花白色，直径达6毫米；萼片螺旋状排列，外轮较小，卵状三角形，内轮较大，卵圆形；雄蕊6枚，离生，子房1室，胚珠2~3枚，侧膜胎座。浆果球形，鲜红色，偶有黄色，含2~3粒种子；种子扁圆形。花期5~6月，果期次年2~3月。

根、叶、果均供药用；根、叶具有强筋活络、消炎解毒之功效，果为镇咳药。

## 毛茛科 Ranunculaceae    铁线莲属 *Clematis*

### 粗齿铁线莲 *Clematis grandidentata*（Rehd. et Wils.）W. T. Wang

落叶藤本。小枝密生白色短柔毛，老时外皮剥落。一回羽状复叶，有5小叶，有时茎端为三出叶；小叶片卵形或椭圆状卵形，长5~10厘米，宽3.5~6.5厘米，顶端渐尖，基部圆形、宽楔形或微心形，常有不明显3裂，边缘有粗大锯齿状牙齿，上面疏生短柔毛，下面、密生白色短柔毛至较疏，或近无毛。腋生聚伞花序常有3~7花，或成顶生圆锥状聚伞花序多花，较叶短；花直径2~3.5厘米；萼片4，开展，白色，近长圆形，长1~1.8厘米，宽约5毫米，顶端钝，两面有短柔毛，内面较疏至近无毛；雄蕊无毛。瘦果扁卵圆形，长约4毫米，有柔毛，宿存花柱长达3厘米。花期5~7月，果期7~10月。

根药用，有行气活血、祛风湿等作用；茎藤药用，有杀虫解毒等作用。

### 小木通 *Clematis armandii* Franch.

木质藤本，高达6米。茎圆柱形，有纵条纹，小枝有棱，有白色短柔毛，后脱落。三出复叶；小叶片革质，卵状披针形、长椭圆状卵形至卵形，长4~12（~16）厘米，宽2~5（~8）厘米，顶端渐尖，基部圆形、心形或宽楔形，全缘，两面无毛。聚伞花序或圆锥状聚伞花序，腋生或顶生，通常比叶长或近等长；腋生花序基部有多数宿存芽鳞，为三角状卵形、卵形至长圆形，长0.8~3.5厘米；花序下部苞片近长圆形，常3浅裂，上部苞片渐小，披针形至钻形；萼片4（~5），开展，白色，偶带淡红色，长圆形或长椭圆形，大小变异极大，长1~2.5（~4）厘米，宽0.3~1.2（~2）厘米，外面边缘密生短绒毛至稀疏，雄蕊无毛。瘦果扁，卵形至椭圆形，长4~7毫米，疏生柔毛，宿存花柱长达5厘米，有白色长柔毛。花期3月至4月，果期4月至7月。

茎藤供药用，治尿路感染，小便不利，风湿等症。全草可制土农药，防治造桥虫、菜青虫等。

### 毛木通 *Clematis buchananiana* DC.

木质藤本。茎圆柱形，棕黑色或淡紫黑色，有浅的纵沟纹，被黄色开展的长柔毛或绒毛。一回羽状复叶，小叶常5枚，每对小叶相距5~8厘米；小叶片卵圆形或宽卵形，长6~10厘米，宽4~8厘米，顶端短尖，基部心形，边缘3浅裂或有粗的圆锯齿，上面被稀疏紧贴的柔毛，下面被微开展的黄色柔毛，沿主脉上较密，叶脉在上面下陷，在背面凸起；小叶柄长1~3厘米，叶柄长5~9厘米，基部微膨大，被密黄色柔毛。聚伞圆锥花序腋生，连花序梗长12~32厘米，花序梗长5~15厘米，

有披针形的叶状苞片，长1.5~2.5厘米，边缘全缘或有波状齿；花管状，顶端向外反卷，直径2.5厘米；萼片4枚，黄色，长方椭圆形或窄卵形，长2~3厘米，宽8~10毫米，顶端圆形，内面常在反卷的顶部被稀疏曲柔毛，其余近于无毛，外面密被淡黄色短柔毛；雄蕊较萼片短或仅为其长的1/2，花丝细瘦，被稀疏开展的长柔毛，花药线形，侧生，长约3毫米；心皮被白色绢状长柔毛，花柱丝状被短柔毛。瘦果卵圆形，扁平，长5毫米，宽3毫米，宿存花柱长达4厘米。10月至翌年1月开花，2~3月结果。

### 威灵仙 *Clematis chinensis* Osbeck

木质藤本。干后变黑色。茎、小枝近无毛或疏生短柔毛。一回羽状复叶有5小叶，有时3或7，偶尔基部一对以至第二对2~3裂至2~3小叶；小叶片纸质，卵形至卵状披针形，或为线状披针形、卵圆形，长1.5~10厘米，宽1~7厘米，顶端锐尖至渐尖，偶有微凹，基部圆形、宽楔形至浅心形，全缘，两面近无毛，或疏生短柔毛。常为圆锥状聚伞花序，多花，腋生或顶生；花直径1~2厘米；萼片4（~5），开展，白色，长圆形或长圆状倒卵形，长0.5~1（~1.5）厘米，顶端常凸尖，外面边缘密生绒毛或中间有短柔毛，雄蕊无

毛。瘦果扁，3~7个，卵形至宽椭圆形，长5~7毫米，有柔毛，宿存花柱长2~5厘米。花期6~9月，果期8~11月。

根入药，治风寒湿热等症；鲜株可治急性扁桃体炎、咽喉炎等症；全株可作农药，防治造桥虫、菜青虫等。

### 金毛铁线莲  *Clematis chrysocoma* Franch.

木质藤本，有时近直立。枝条密被黄色短柔毛，变无毛。叶为三出复叶，数叶与花同自老枝腋芽生出或在当年生枝上对生；小叶纸质或薄革质，菱状倒卵形或菱状卵形，长2~6厘米，宽1.5~4.5厘米，顶端急尖，基部宽楔形，边缘有少数齿，两面被淡黄色绢状柔毛，在背面毛较密；叶柄长1~6.5厘米。花1~6朵与数叶自同一老枝腋芽中生出，或单生于当年生枝叶腋；花梗长4.5~8.5（~20）厘米，密被短柔毛；萼片4，平展，白色或粉红色，倒卵形或椭圆状倒卵形，长1.6~3厘米，宽0.8~2厘米，外面被贴伏短柔毛，边缘被短绒毛，内面无毛；雄蕊无毛，花药狭长圆形，长3~4毫米，顶端钝。瘦果扁，卵形，长4~5毫米，被绢状柔毛，羽毛状宿存花柱长达4厘米，毛褐黄色。花期4~7月。

全株供药用，有清热利尿等作用。

### 滑叶藤  *Clematis fasciculiflora* Franch.

木质藤本。枝疏被短柔毛，变无毛。叶为三出复叶，对生，有时数叶与花同自老枝腋芽中生出；小叶薄革质，狭卵形、披针形或长椭圆形，长2~8.5（~11）厘米，宽0.8~3.5（~5）厘米，顶端渐尖，基部宽楔形或圆形，边缘通常全缘，上面无毛，背面有疏柔毛或无毛，脉近平；叶柄长2~3（~6）厘米。花通常2~4朵自腋芽中生出，有时还伴有2或数叶；花梗长0.5~2.4厘米，被淡黄色短绒毛；萼片4，斜上展，白色，长1.2~2厘米，宽5~8毫米，外面被淡黄色短绒毛，内面无毛；雄蕊无毛，稍短于萼片，花药狭长圆形，长3~3.2毫米，顶端钝。瘦果披针形，长5.5~8毫米，无毛，羽毛状宿存花柱长1~1.6厘米。花期12月至第二年3月。

根、茎皮、叶可供药用，有祛风除湿等作用。

### 山木通 *Clematis finetiana* Levl. et Vant.

木质藤本，无毛。茎圆柱形，有纵条纹，小枝有棱。三出复叶，基部有时为单叶；小叶片薄革质或革质，卵状披针形、狭卵形至卵形，长3~9（~13）厘米，宽1.5~3.5（~5.5）厘米，顶端锐尖至渐尖，基部圆形、浅心形或斜肾形，全缘，两面无毛。花常单生，或为聚伞花序、总状聚伞花序，腋生或顶生，有1~3（~7）花，少数7朵以上而成圆锥状聚伞花序，通常比叶长或近等长；在叶腋分枝处常有多数长三角形至三角形宿存芽鳞，长5~8毫米；苞片小，钻形，有时下部苞片为宽线形至三角状披针形，顶端3裂；萼片4（~6），开展，白色，狭椭圆形或披针形，长1~1.8（~2.5）厘米，外面边缘密生短绒毛；雄蕊无毛，药隔明显。瘦果镰刀状狭卵，长约5毫米，有柔毛，宿存花柱长达3厘米，有黄褐色长柔毛。花期4~6月，果期7~11月。

全株清热解毒、止痛、活血、利尿，治感冒、膀胱炎、尿道炎、跌打劳伤；花可治扁桃体炎、咽喉炎。又能祛风利湿、活血解毒，治风湿关节肿痛、肠胃炎、疟疾、乳痈、牙疳、目生星翳。

### 毛蕊铁线莲 *Clematis lasiandra* Maxim.

草质藤本。茎长达5米，分枝，疏被短柔毛。叶通常为二回三出复叶；小叶草质或薄纸质，狭卵形或披针形，长2.5~6.5厘米、宽1.4~3厘米，顶端长渐尖或渐尖，基部宽楔形或圆形，边缘有小牙齿或锯齿，不分裂或3裂，上面疏被贴伏短柔毛或近无毛，背面无毛或近无毛，脉近平；叶柄长2~8厘米，基部膨大并稍增宽，与对生的叶柄合生。聚伞花序腋生，有1~9花；花序梗长1~6厘米；苞片或为三出复叶或为单叶；花梗长1.5~2.5厘米；萼片4，直上展，紫红色，长圆形或卵状长圆形，长1~1.4厘米，宽4~5.8毫米，外面无毛，边缘被短绒毛，内面上部疏被贴伏柔毛；雄蕊稍短于萼片，花丝密被长柔毛，花药狭长圆形，长约2毫米，药隔背面被毛。瘦果卵形，长约3毫米，羽毛状宿存花柱长约3厘米。花期9~11月。

### 云南铁线莲 *Clematis yunnanensis* Franch.

木质藤本。茎及枝无毛。叶为三出复叶；小叶条状披针形，长7～11厘米，宽1.5～2.5厘米，顶端长渐尖，基部宽楔形或圆形，边缘有少数刺状小齿，偶尔全缘，无毛，基出脉在背面稍隆起；叶柄长4～5厘米。聚伞花序腋生，有1～5花；花序梗近不存在；苞片小。钻形，长约2.5毫米；花梗长1.5～2厘米，无毛；萼片4，直上展，淡绿色，长圆形，长1.1～1.3厘米，宽3.6～5.5毫米，外面被疏柔毛，内面无毛，边缘被短柔毛；雄蕊与萼片近等长，花丝密被长柔毛，花药长圆形，长1.5～2毫米，顶端钝，无毛；心皮密被柔毛。花期2月。

## 清风藤科 Sabiaceae    泡花树属 *Meliosma*

### 笔罗子 *Meliosma rigida* Sieb. et Zucc.

乔木，高4～9米，树皮暗灰白色；小枝粗壮，圆柱形，密被锈色短柔毛，二或三年生枝被污秽的短柔毛。叶片革质，倒披针形或狭倒披针形，长7～15厘米，宽2～4.5厘米，先端渐尖，有时骤尖，基部长楔形，全缘或中部以上具疏的尖齿，上面绿色，光亮，除沿中脉和侧脉具短柔毛外，余无毛，背面被黄褐色短柔毛，沿脉更甚；中脉在上面凹陷，背面隆起，侧脉每边11～15条，背面凸起，于边缘网结，或上部者直达齿尖，细脉网状，上面不明显，背面凸起；叶柄长1～2.5厘米，粗壮，密被黄褐色短柔毛，基部略增粗。圆锥花序顶生，长15～24厘米，直立，多分枝，达4级分枝，密被黄褐色短柔毛，主轴具棱；花小，白色，团聚于第三及第四级分枝上，无柄，开放时直径3～4毫米；小苞片卵形，长约1毫米，背面被短柔毛，具缘毛。萼片4，不等大，卵形，长1～1.5毫米，宽约1毫米，先端钝，外面被短柔毛，并具缘毛；花瓣5，外面3枚大，阔圆形，长约2毫米，宽约2.5毫米，无毛；内花瓣长约1毫米，2/3以上2裂，裂片线状披针形，几平行，不叉开，先端具2～3条柔毛；能育雄蕊长约1.5毫米；花盘盘状，5齿裂；子房卵形，长约0.5毫米，无毛，花柱长为子房的2倍；核果近球形，直径6～7毫米，熟时黑色，果核骨质，中央具钝的龙骨突起，侧面具不明显的网状纹，腹部喙状。花期4～5月，果期6～8月。

### 云南泡花树　*Meliosma yunnanensis* Franch.

乔木，高10～20米，胸径15～30厘米，树皮灰色；小枝圆柱形，密被短柔毛，后近无毛。叶片革质，倒卵状长圆形至倒卵状披针形，有时长圆形或倒卵形，长（4～）8～15厘米，宽2～4.5（～5）厘米，先端骤然渐尖或尾状渐尖，基部渐狭或楔形，边缘中部以上具疏刺状尖齿，上面绿色，除沿中脉被短柔毛外，余无毛，背面淡绿色，沿中脉及侧脉被短柔毛，脉腋具簇毛，余无毛，中脉在上表面微凹至平坦，背面隆起，侧脉每边（6～）8～11条，于边缘网结，细脉网状，背面凸起；叶柄长1～2.5厘米，基部肿胀，密被短柔毛。圆锥花序顶生或生于上部叶腋内，长10～18厘米，2～3级分枝，密被黄褐色短柔毛；花白色，无柄或几无柄；萼片5，阔卵形，至卵形，长2毫米，先端圆形，具缘毛，其下紧接同形苞片3枚；花瓣5，外面3枚大，近圆形，直径2～2.5毫米，基部具短爪，内面2枚小，长1.5～2毫米，2浅裂，裂片阔披针形至近圆形，叉开，先端具小缘毛或无；能育雄蕊长约2毫米；花盘杯状，具5齿，长约为子房的一半；子房卵形，直径0.5毫米，无毛，花柱锥形。核果球形，直径6～7毫米，成熟时紫红色；内果皮骨质，果核球形，稍偏斜，具稍锐的中央龙骨突起和网状凸起。花期5～6月，果期7～8月。

## 清风藤属　*Sabia*

### 丛林清风藤　*Sabia purpurea* Hook. f. et Thoms.

落叶灌木，直立或攀援，高2～6米；枝淡绿色至淡绿褐色，圆柱形，无毛，具条纹；芽卵球形，长约3毫米，急尖，芽鳞卵形，无毛，具缘毛。叶片膜质，卵状披针形或长圆形至长圆状披针形，长3～8厘米，宽1.5～3厘米，先端急尖或渐尖，基部楔形或圆形，边缘具狭软骨质，上面绿色，背面淡绿色，两面无毛，上面中脉微凹，背面隆起，侧脉每边4～6条，弧曲上升，上面略

平坦，背面隆起，于边缘网结，细脉网状；叶柄长3～5毫米，无毛，具细皱纹。聚伞花序腋生，长1～2（～3）厘米，无毛，具（3～）8～10花；总花梗纤细，无毛，花梗长3～4毫米；小苞片长圆形或披针形，长约1～1.5毫米，无毛，具缘毛；花紫绿色、紫色或深红色，直径（3～）6～8毫米；萼片5，近长圆形至卵形，大小极不等，长约0.5～2毫米，宽0.5～1毫米，先端钝至急尖，边缘有时具细圆齿，无缘毛；花瓣5，卵形或椭圆形，大小不等，长3～4毫米，宽1.5～2.5毫米，先端钝至圆形，上部具红色斑点，具5脉；雄蕊5，不等长，花丝扁平，长0.5～1毫米，顶端变宽并为浅囊状，无毛，花药椭圆形，长约0.5毫米；花盘杯状，具不规则的深裂，裂片肉质，具腺体，子房近卵状球形至近肾形，长0.4～0.6毫米，宽0.5～0.7毫米，无毛，花柱圆锥形，长约0.5毫米，无毛，柱头小，圆形。核果倒卵形至近肾形，压扁，长5～6（～7）毫米，宽5.5～6毫米，蓝色，无毛，两个侧面各具1行不明显的蜂窝状凹穴。花期5月，果期7～8月。

## 云南清风藤　*Sabia yunnanensis* Franch.

落叶攀缘灌木，长3～4米；幼枝纤细，淡绿色，被短柔毛或被微柔毛，老枝褐色或黑褐色，无毛，具纵条纹；芽卵形，长约1毫米，芽鳞卵形或阔卵形，先端急尖，中肋隆起，有时被微柔毛，具缘毛。叶片膜质或近纸质，披针形至卵状披针形，或长圆状卵形或倒卵状长圆形，长3～9厘米，宽1～3.5厘米，先端急尖或渐尖至尾状渐尖，基部阔楔形至圆形，边缘

具狭软骨质，稍啮蚀状，具疏缘毛，上面绿色，背面淡绿色，两面均被短柔毛或叶背面仅沿脉被短柔毛及短刺毛；侧脉每边4～6条，纤细，弧曲上升，网结，背面稍或明显隆起，细脉网状，不明显；叶柄长4～10毫米，被短柔毛。聚伞花序腋生，具2～4花，总花梗长1.5～3厘米，被短柔毛或无毛，花梗长3～5毫米，向上增粗；小苞片线形，长1～1.5毫米，无毛，具缘毛；花淡绿色至淡黄绿色；萼片5，阔卵形或近圆形，长（0.8～）1（～1.2）毫米，无毛，具紫红色斑点，先端急尖或钝，边缘膜质，具不明显的小锯齿，具缘毛或无；花瓣5，薄，阔倒卵形至倒卵状椭圆形，或长圆形长5～6毫米，宽3～5.5毫米，具7～8脉，基部具紫红色斑点或无，有时具缘毛；雄蕊5，花丝扁平，长3～4毫米，无毛，花药卵球形，长约0.5毫米，外向；花盘肿胀，具3～4肋，其中部具很小的褐色腺体；子房圆锥形或卵状球形，被短柔毛，长1毫米，花柱长2.5毫米，无毛或有时稍被短柔毛，柱头小，圆形。核果近圆形或近肾形，直径6～8毫米，无毛，具蜂窝状凹穴。花期4～5月，果期5～6月。

## 悬铃木科 Platanaceae　　悬铃木属 *Platanus*

### 二球悬铃木　*Platanus* × acerifolia（P. orientalis × occidentalis）（Ait.）Willd.　别名：英国梧桐

落叶大乔木，高达30余米，树皮光滑，大片块状脱落。嫩枝密生灰黄色绒毛，老枝秃净，红褐色。叶阔卵形，长10～24厘米，宽12～25厘米，两面嫩时有灰黄色毛，背面的毛被更厚而密，以后变秃净，仅在背脉腋内有毛，基部截形或微心形，上部掌状5裂，有时7或3裂，中央裂片阔三角形，宽度与长度相等，裂片全缘或有1～2个粗大锯齿，掌状脉3条，稀为5条，常离基部数毫米出，或基出；叶柄长3～10厘米，密生黄褐色毛；托叶中等大，长约1～1.5厘米，基部鞘状，上部开裂。花通常4数。雄花的萼片卵形，被毛；花瓣长圆形，长为萼片的2倍；雄蕊比花瓣长，盾形药隔有毛。果枝有头状果序1～2个，稀为3个，常下垂；头状果序直径约2.5厘米，宿存花柱长2～3毫米，刺状，坚果之间无突出的绒毛，或有极短的毛。

## 山龙眼科 Proteaceae　　银桦属 *Grevillea*

### 银桦　*Grevillea robusta* Cunn.

常绿大乔木，高可达20米；幼枝被锈色绒毛。叶为二回羽状深裂，裂片5～13对，披针形，两端均渐狭，长5～10厘米，裂片边缘加厚，表面无毛而亮，背面密被浅褐色的丝毛。总状花序单生或数个聚生于无叶的短枝上，长7～15厘米，多花，花橙黄色，花柄长8～13毫米，向花轴两边扩展或稍下弯，花被长7～10毫米，易脱；子房长圆形，外面光滑，具柄花柱长15毫米，微弯，光滑，橙色。蓇葖果卵状长圆形，微倾斜，于后黑色，长12～16毫米，宽6～12毫米，稍压扁，先端常具宿存花柱，内具2种子；种子卵形，压扁，周边具膜质翅。花期5月。

木材粗糙而硬，断面呈现美丽的斑纹，耐朽力强，宜作家具和制造车辆之用。

# 黄杨科 Buxaceae　　黄杨属 *Buxus*

### 雀舌黄杨　*Buxus bodinieri* Levl.

灌木，高约1~2米，老枝棕灰色，具不规则条纹；小枝近四棱形，被柔毛或变无毛。叶革质，倒披针形或长圆状倒披针形或狭倒卵形，长2~3（~5）厘米，宽0.5~1（~2）厘米，顶端钝尖，具1尖突或微凹，基部楔形，边缘向叶背反卷，叶面亮绿色，叶背灰绿色，具乳突，两面无毛，中脉明显隆起，侧脉多数显著；叶柄长1~2毫米，疏被短柔毛。花序腋生，密集成头状，花序轴极短，长2.5毫米；苞片通常3对，卵形，背脊无毛或有柔毛，黄绿色。雄花：具短柄或近无柄；萼片4枚，卵状圆形，长2.5毫米，内凹，背部光滑或散生短柔毛，边缘膜质，雄蕊长于萼片1.5~2倍，长4~7毫米；花药小，椭圆形，长1.5毫米，近基部着生；不育雌蕊与萼片近长或略长。雌花：萼片6枚，排列2轮；外轮长圆形，内凹，边缘膜质，具纤毛，内轮近圆形，内凹；雌蕊长3毫米，具3枚向上渐狭花柱；柱头倒心形，蒴果卵状圆形，长约7毫米，宿存角状花柱长1.5~2毫米，顶端外弯。

终年常绿不凋，且比较耐寒，适用于庭园作绿篱或观赏。

木材纹理细腻，割裂难，适于制梳和手工艺美术品。全株药用，能止血、散血，对跌打损伤有疗效。根治风湿。叶敷无名肿毒。

### 黄杨　*Buxus microphylla* S. et Z.

灌木至小乔木，高达1~6米，老枝圆柱形，灰白色，极多微条纹，脱皮；小枝四棱形，多少被柔毛。叶革质，卵状椭圆形或卵状长圆形，长1.5~2.5厘米，宽1.5~2厘米，顶端圆形，具1尖突，脱落后变微凹，基部楔形，叶面暗绿色，光亮，中脉隆起，侧脉明显可见，叶背淡绿色，中脉微隆起，沿中肋密被线形白色钟乳体，侧脉不显著；叶柄长1~2毫米，被微柔毛。花序腋生，密集成头状，花序轴短，密被短柔毛；苞片6~8对，阔卵形，长2.5毫米，内凹，端急尖，绿黄色，背脊微被柔毛。雄花：无柄；萼片4枚，卵状圆形，长2~2.5毫米，内凹，背脊无毛，边缘膜质，雄蕊长于萼片1~1.5倍；花药长圆形，长1.5毫米，顶端微缺，基部着生；不育雌蕊与萼片近等长。雌花：子房卵形，长5毫米，宽3毫米，花柱3枚，长3毫米，柱头倒心形，下延至花柱中部。蒴果近球形，宿存角状花柱直立，长5~6毫米，顶端外弯。种子三角状椭圆形，长约5毫米，黑色，光亮。花期3月，果期10月。

终年常绿不凋，且比较耐寒，适用于庭园作绿篱或观赏。

木材纹理细腻，割裂难，适于制梳和手工艺美术品。全株药用，能止血、散血，对跌打损伤有疗效。根治风湿。叶敷无名肿毒。

### 高山黄杨 *Buxus rugulosa* Hatusima

灌木，高约1~3（~5）米，老枝棕灰色，具不规则条纹；小枝近四棱形，绿黄色，密或疏被柔毛。叶革质，椭圆形，长圆状椭圆形或长圆形，少有披针形或卵形，长2~3厘米，宽0.7~1.4厘米，顶端微凹或钝，少有急尖，基部渐狭或楔形，边缘向叶背反卷，叶面无毛，亮绿色，两面通常具横皱纹，中脉突起，其下部常微具柔毛，侧脉常不显著，叶背无毛，绿黄色，中脉明显突起，侧脉不显著；叶柄长2~3毫米，密被柔毛。总状花序腋生，密集成头状，花序轴密被柔毛；有6~8枚苞片，卵形，长3毫米，顶端急尖，内凹，边缘膜质，背部沿脊散生柔毛。雄花：具1短柄，长0.5~1毫米；萼片4枚，阔卵形，长约3毫米，内凹，背脊无毛；雄蕊4枚，花丝扁平，长于萼片约1倍，花药长圆形，基部着生；不育雌蕊短于萼片1.5~2倍，长约0.5~1毫米。雌花：萼片阔卵形，端尖，长约3毫米，背部沿脊散生柔毛；子房椭圆形，花柱短而粗壮，柱头倒心形，下延至花柱的中部。蒴果径约1~1.2厘米，宿存角状花柱长约2~3毫米，直立；柱头顶端微外弯。种子三角状椭圆形，长6~7毫米，黑色，光亮。

## 板凳果属 *Pachysandra*

### 板凳果 *Pachysandra axillaris* Franch.

常绿或半常绿亚灌木，茎直立，略曲折，具有平卧根状茎，高约25~30厘米，直至中部无叶，被极薄微柔毛，仅基部被少数小鳞片。叶阔卵形，坚纸质，长6~12厘米，宽5~8厘米，顶端短渐尖，基部截形或近心形，稀至楔形，边缘具较深的粗锯齿，下部有时全缘，叶近无毛，叶背被微柔毛，沿脉长而较密；叶柄较长（~1）2~5厘米。花单性，粉红色，组成腋生具柄的穗状花序，短而稀疏，卵圆形，长1~2厘米，上部有5~10朵雄花，基部有1~2朵雌花。雄花：近无柄，具1小苞片，三角形，边缘具纤毛，背部1脉，并被微柔毛；萼片4枚，排列2轮，覆瓦状；内轮萼片平展，椭圆形，长4毫米，宽3毫米，具3~4脉，无毛；外轮萼片较窄，内凹，边缘具纤毛，无毛；雄蕊4枚，与萼片对生，花丝纤细，扁平，无毛，开花时长约5毫米，谢粉后较萼片长4倍；花药2室，背部着生；不育雌蕊短，近长方形，顶端内凹。雌花：比雄花较长，基部具2苞片，近卵形，边缘具纤毛，其上具有5个覆瓦状排列的长卵形至披针形的边缘具纤毛的小苞片；萼片5枚，长圆形，长6毫米，宽3毫米，具缘毛，外向反折，无毛，端钝尖；心皮3个，基部合生；花柱长4~5毫米，柱头线形，反折，无毛。果核果状，由淡黄转粉红，成熟时红色，老果开裂，顶端具有3个细长曲折、远离而先端外卷的宿存花柱。种子4，扁卵圆形，透明。花期2月，果期9月。

全株药用。可治偏头痛，神经性头痛。根有毒，对治疗风湿麻木、跌打损伤有些疗效。

# 野扇花属 *Sarcococca*

### 少花清香桂 *Sarcococca pauciflora* C. Y. Wu sp. nov.

直立灌木，高1~3米，多斜升至平展弯曲的分枝；小枝绿色，密被微柔毛，经久不脱。叶纸质，卵圆形稀窄卵形，长3~5厘米，宽1.5~2.5厘米，（通常偏小），顶端渐尖，基部圆形，叶面暗绿色，叶背淡绿色，中脉两面隆起，疏被微柔毛，余无毛，侧脉表面显著，平展，背面常不显著；叶柄长5毫米，被微柔毛，表面有沟槽。总状花序腋生，短而稀疏，通常由1~4（稀更多）朵花组成，或1~3朵为雄花，1朵为雌花或1~2朵为雄花，2朵为雌花，稀3花全为雌花，有苞片4~6枚。雄花：基部具1枚三角形小苞片，边缘膜质，具小纤毛，端尖；萼片4枚，卵圆形，无毛，内凹，长4毫米，宽3毫米，端具尖头，边缘膜质，具小纤毛；雄蕊4枚，花丝长（3.5~）5~6毫米，宽而扁平，无毛，花药椭圆形，长1.5~2毫米，顶端具小尖头，2室，纵裂，背部着生；不育雌蕊极短，细小，近长方形，端内凹。雌花：小苞片4~6枚；萼片6枚，窄卵形，长4毫米，宽1.5毫米，内凹，边缘膜质，具小纤毛，端急尖；花柱2（~3）枚，基部接近，长达3毫米，端外弯。果核果状，未熟时绿褐色，显著变紫，带白粉，径约7毫米，顶端具有2（~3）宿存、外弯的短花柱。花期8~11月，果期10~12月。

### 清香桂 *Sarcococca ruscifolia* Stapf

灌木，每年自根部抽出新条，高0.5~1.2米；小枝绿色，薄被柔毛。叶近革质，卵圆形至卵状披针形，长3~5厘米，宽1.5~2.5厘米，端狭渐尖，基部圆形或短楔形，叶面光亮，近基三出脉，叶背中脉隆起，侧脉不明显；叶柄长3~5毫米。总状花序腋生，上部为雄花，下部为雌花，或全为雌花，稀全为雄花，约有4花，稀更多，开花前下垂；苞片卵圆形，锐尖，花乳白色，极芳香。雄花：具2枚小苞片；萼片4枚，阔卵状椭圆形，近钝，具小纤毛，长3~3.5毫米；花丝白色，长达6毫米，花药长2毫米，黄色，背部着生，端具微小尖突；不育雌蕊细小，扁平。雌花：苞片苍绿色；萼片6枚，比雄花萼片窄，锐尖，长约2毫米或稍长，缘具小纤毛；子房卵状长圆形，花柱3枚。果为核果状，球形，猩红色，径7~8毫米。种子多半单个，黑亮，长约5毫米。花果期10~12月。

全株药用。治跌打损伤、胃痛、急性胃炎、胃溃疡。果治头晕心悸、视力减退。根治劳伤疼痛、脖子生疮、肿大及喉痛。具香花和红果，供观赏。

## 芍药科 Paeoniaceae   芍药属 *Paeonia*

### 黄牡丹 *Paeomia delavayi* Franch. var. lutea（Delavay ex Franch.）Finet et Gagnep.

花瓣为黄色，有时边缘红色或基部有紫色斑块。

根皮供药用，称"丹皮"；为镇痉药，有凉血散瘀之效，治中风、腹痛等症。

### 牡丹 *Paeonia suffruticosa* Andr.

落叶灌木。茎高达2米；分枝短而粗。叶常为二回三出复叶，叶柄长5~11厘米，和叶轴均无毛；顶生小叶宽卵形，长7~10厘米，宽5.5~7厘米，3裂至中部，裂片全缘或2~3浅裂，正面绿色，无毛，背面淡绿色，有时具白粉，沿叶脉疏生短柔毛或近无毛，小叶柄长1.5~4厘米；侧生小叶狭卵形或长圆状卵形，长4.5~10厘米，宽2.5~4厘米，不等2裂至3浅裂或不裂，近无柄。花单生枝顶，直径10~19厘米；

花梗长4~12厘米；苞片5，长椭圆形，大小不等；萼片5，绿色，宽卵形，大小不等；花瓣5，或为重瓣，紫色、粉红色或白色，通常变异很大，倒卵形，长5~8厘米，宽4.2~6厘米，顶端呈不规则的波状；雄蕊长1~1.7厘米，花丝紫红色或粉红色，上部白色，长1.3~1.6厘米，花药长圆形，长3~5毫米；花盘革质，杯状，紫红色，顶端有数个锐齿或裂片，完全包住心皮，在心皮成熟时开裂；心皮5，密生柔毛。菁葵果长圆形，密生黄褐色硬毛。花期5~6月，果期6月。

为著名观赏花卉。

根皮供药用，称"丹皮"；为镇痉药，有凉血散瘀之效，治中风、腹痛等症。含芍药甙、丹皮酚和皮酚甙。

## 蕈树科 Altingiaceae　　枫香树属 *Liquidambar*

### 枫香树　*Liquidambar formosana* Hance

　　乔木，高达40米；树皮幼时平滑灰色，老则转暗褐，粗糙而厚；小枝灰色，被柔毛，老时渐无毛；芽长圆状卵形，长1厘米以上。鳞片有柔毛，且敷有树脂，干后深褐色，有光泽。叶轮廓三角形至心形，掌状3裂，极稀卵圆形不裂，新条上幼叶或为5裂，中央裂片较长，卵形，先端尾状渐尖，两侧裂片较短，稍向侧面平展至平展或下倾，基部浅心形，表面绿色，暗晦无光泽，背面无毛，或幼嫩时被柔毛，掌状脉3~5条，与网脉在上下两面均明显，边缘有具腺锯齿；叶柄长达11厘米；托叶线形，长1~1.4厘米，干后红褐色，有柔毛，早落。全花序在侧生短枝上顶生，果时由于基部侧芽增大而看似腋生。雄花短穗状花序聚成总状花序，长5~6厘米，在顶部约7~8个，最下1~2个，具长柄；花萼及花瓣不存；雄蕊多数，花丝不等长。雌花聚成1~2个头状花序，在下部，直径1.5厘米，有花25~40朵，花序柄长3~6厘米；萼齿5枚，针形，长达8毫米；子房半下位，被柔毛，花柱长达1厘米，先端卷曲。头状果序圆球形，木质，直径2.5~4厘米；蒴果2瓣裂开，具宿存花柱及刺状萼齿。种子多数，多角形，细小，褐色。

　　繁殖力强、又耐火，可作荒山造林先锋树种，经常火烧的山地常成大片森林，入秋红叶可爱。木材供建筑和制家具。树脂可供药用，有活血止痛、止血生肌之效；通称白胶香，可代苏合香用；入地多年，云可形成琥珀。叶可提取枫油，亦可饲养枫蚕（天蚕）；药用有抗菌消炎之效。果入药，通称路路通，功能通经活络、消肿镇痛；根亦有同样功效。树皮及叶可作栲胶原料。

## 金缕梅科 Hamameliadaceae　　檵木属 *Loropetalum*

### 檵木　*Loropetalum chinense*（R. Br.）Oliver

　　落叶灌木或小乔木；小枝被星毛。叶革质，卵形，长2~5厘米，宽1.5~2.5厘米，先端锐尖，基部钝，偏斜，表面稍被粗毛，背面密生星毛，稍带灰色，侧脉约5对，在背面突起，全缘，叶柄长2~5毫米，被星毛。花3~8朵簇生于短穗状花序，具短花梗，花序柄长约1厘米，被星毛；苞片线形，长3毫米；萼筒被毛，萼齿4枚，卵形，长约2毫米；花瓣4枚，线形，长1~2厘米，白色；雄蕊4枚，花丝极短；退化雄蕊4枚，鳞片状；子房被星毛，花柱短而直立。蒴果近乎圆形，长7~8毫米，宽6~7毫米，被褐色星毛，萼筒长为蒴果2/3。种子长卵形，长4~5毫米。早春开花，果期5~10月。

通常用为薪柴，枝条柔韧也供捆柴、扎木排之用。花、叶、根、果、种子均可入药，有止血活血、消炎止痛之效，常用叶嚼烂敷刀伤。花、叶治烧烫伤。早春花白而繁，也可供观赏。

### 红花檵木　*Loropetalum chinense* Oliver var. rubrum Yieh

落叶灌木或小乔木。早春开花，花紫红色，果期5～10月。

多栽培。

## 虎皮楠科 Daphniphyllaceae　　虎皮楠属 *Daphnipyllum*

### 交让木　*Daphniphyllum macropodum* Miq.

小乔木，高5～10米；小枝粗壮，圆柱形，无毛。叶薄革质，长圆形至倒披针形，长13～18厘米，宽3.5～5厘米，先端渐尖，基部阔楔形或略钝，叶面绿色，有光泽，背面淡绿色，稀被白粉，无乳突，中脉在叶面平，背面突起，侧脉纤细，16～20对，两面突起；叶柄长3～6厘米。雄花序长5～7厘米，花梗长约5毫米；无花萼；雄蕊（8～）10枚，花丝短，长约1毫米，花药长圆形，长约2毫米，先端具凸尖头；雌花序长4.5～8

厘米，花梗长3～5毫米；花萼缺；退化雄蕊10，着生于子房基部，子房卵形，长约2毫米，被白粉，花柱2，舌状或鸡冠状外弯。果期总轴伸长，达15厘米，果椭圆状，长8～10毫米，径5～6毫米，表面呈不明显瘤状突起，被白粉，先端具宿存花柱，果梗纤细，长1～1.5厘米。花期5月，果期8～9月。

## 鼠刺科 Escalloniaceae　　鼠刺属 *Itea*

### 滇鼠刺　*Itea yunnanensis* Franch.

灌木或小乔木，高1~10米。叶薄革质，卵形或椭圆形，长5~10厘米，宽2.5~5厘米，先端锐尖或短渐尖，基部钝或圆，边缘具刺状而稍向内弯的锯齿，两面无毛，侧脉4~5对；叶柄长5~15毫米。总状花序顶生，常俯弯至下垂，长达20厘米，被微柔毛；花梗被微柔毛，花时平展，果时下垂；萼齿三角形披针形，长1~1.5毫米，被微柔毛；花瓣淡绿色，线状披针形，长2.5毫米，花时直立；雄蕊比花冠短；花药长圆形；子房半下位，2心皮紧贴；花柱单生，有纵沟。蒴果长约6毫米。

树皮含鞣质，可制栲胶。木材可制烟锅杆。

## 葡萄科 Vitaceae　　蛇葡萄属 *Ampelopsis*

### 三裂蛇葡萄　*Ampelopsis delavayana* Planch.

木质藤本。小枝圆柱形，有纵棱纹，疏生短柔毛，以后脱落。卷须2~3叉分枝，相隔2节间断与叶对生。叶为3小叶，中央小叶披针形或椭圆披针形，长5~13厘米，宽2~4厘米，顶端渐尖，基部近圆形，侧生小叶卵椭圆形或卵披针形，长4.5~11.5厘米，宽2~4厘米，基部不对称，近截形，边缘有粗锯齿，齿端通常尖细，上面绿色，嫩时被稀疏柔毛，以后脱落几无毛，下面浅绿色，侧脉5~7对，网脉两面均不明显；叶柄长3~10厘米，中央小叶有柄或无柄，侧生小叶无柄，被稀疏柔毛。多歧聚伞花序与叶对生，花序梗长2~4厘米，被短柔毛；花梗长1~2.5毫米，伏生短柔毛；花蕾卵形，高1.5~2.5毫米，顶端圆形；萼碟形，边缘呈波状浅裂，无毛；花瓣5，卵椭圆形，高1.3~2.3毫米，外面无毛，雄蕊5，花药卵圆形，长宽近相等，花盘明显，5浅裂；子房下部与花盘合生，花柱明显，柱头不明显扩大。果实近球形，直径0.8厘米，有种子2~3颗；种子倒卵圆形，顶端近圆形，基部有短喙，种脐在种子背面中部向上渐狭呈卵椭圆形，顶端种脊突出，腹部中棱脊突出，两侧洼穴呈沟状楔形，上部宽，斜向上展达种子中部以上。花期6~8月，果期9~11月。

根、茎、叶均入药，有消炎镇痛，接骨止血功效。

## 爬山虎属 *Parthenocissus*

### 三叶地锦 *Parthenocissus semicordata*（Wall.）Planch.

木质藤本。小枝圆柱形，嫩时被疏柔毛，以后脱落几无毛。卷须总状4~6分枝，相隔2节间断与叶对生，顶端嫩时尖细卷曲，后遇附着物扩大成吸盘。叶为3小叶，着生在短枝上，中央小叶倒卵椭圆形或倒卵圆形，长6~13厘米，宽3~6.5厘米，顶端骤尾尖，基部楔形，最宽处在上部，边缘中部以上每侧有6~11个锯齿，侧生小叶卵椭圆形或长椭圆形，长5~10厘米，宽（2）3~5厘米，顶端短尾尖，基部不对称，近圆形，外侧边缘有7~15个锯齿，内侧边缘上半部有4~6个锯齿，上面绿色，下面浅绿色，下面中脉和侧脉上被短柔毛；侧脉4~7对，网脉两面不明显或微突出；叶柄长3.5~15厘米，疏生短柔毛，小叶几无柄。多歧聚伞花序着生在短枝上，花序基部分枝，主轴不明显；花序梗长1.5~3.5厘米，无毛或被疏柔毛；花梗长2~3毫米，无毛；花蕾椭圆形，高2~3毫米，顶端圆形；萼碟形，边缘全缘，无毛；花瓣5，卵椭圆形，高1.8~2.8毫米，无毛；雄蕊5，花丝长0.6~0.9毫米，花药卵椭圆形，长0.4~0.6毫米；花盘不明显；子房扁球形，花柱短，柱头不扩大。果实近球形，直径0.6~0.8厘米，有种子1~2颗；种子倒卵圆形，顶端圆形，基急尖成短喙，种脐在背面中部呈圆形，腹部中棱脊突出，两侧洼穴呈沟状，从基部向上斜展达种子顶端。花期5~7月，果期9~10月。

### 地锦 *Parthenocissus tricuspidata*（Sieb. & Zucc.）Planch. 别名：爬山虎

木质藤本。小枝圆柱形，几无毛或微被疏柔毛。卷须5~9分枝，相隔2节间断与叶对生。卷须顶端嫩时膨大呈圆珠形，后遇附着物扩大成吸盘。叶为单叶，通常着生在短枝上为3浅裂，时有着生在长枝上者小型不裂，叶片通常倒卵圆形，长4.5~17厘米，宽4~16厘米，顶端裂片急尖，基部心形，边缘有粗锯齿，上面绿色，无毛，下面浅绿色，无毛或中脉上疏生短柔毛，基出脉5，中央脉有侧脉3~5对，网脉上面不明显，下面微突出；叶柄长4~12厘米，无毛或疏生短柔毛。花序着生在短枝上，基部分枝，形成多歧聚伞花序，长2.5~12.5厘米，主轴不明显；花序梗长1~3.5厘米，几无毛；花梗长2~3毫米，无毛；花蕾倒卵椭圆形，高2~3毫米，顶端圆形；萼碟形，边缘全缘或呈波状，无毛；花瓣5，长椭圆形，高1.8~2.7毫米，无毛；雄蕊5，花丝长约1.5~2.4毫米，花药长椭圆卵形，长0.7~1.4毫米，花盘不明显；子房椭球形，花柱明显，基部粗，柱头不扩大。果实球形，直径1~1.5厘米，有种子1~3颗；种子倒卵圆形，顶端圆形，基部急尖成短喙，种脐在背面中部呈圆形，腹部中棱脊突出，两侧洼穴呈沟状，从种子基部向上达种子顶端。花期5～8月，果期9～10月。

为著名的垂直绿化植物。

根入药，能祛瘀消肿。

## 崖爬藤属 *Tetrastigma*

### 叉须崖爬藤 *Tetrastigma hypoglaucum* Planch. ex Franch.

木质藤本。小枝纤细，圆柱形，有纵棱纹，无毛。卷须2分枝，相隔2节间断与叶对生。叶为掌状5小叶，中央小叶披针形，外侧小叶椭圆形，长1.5～5厘米，宽0.5～1.5厘米，顶端渐尖或急尖，中央小叶基部楔形，侧小叶基部不对称，近圆形，边缘每侧有3～6个锯齿，齿尖锐，上面绿色，下面浅绿色，两面均无毛；侧脉4～5对，网脉两面均不明显；叶柄长1.5～3.5厘米，小叶柄极短或几无柄，无毛；托叶显著，褐色，卵圆形，长3～5毫米，宽2.5～3.5毫米，宿存；花序腋生或

在侧枝上与叶对生，单伞形；花序梗长1.5～3厘米，无毛；花梗在果时长3～5毫米，无毛；花蕾卵圆形，高约1.5毫米；花萼外面无毛，边缘呈波状；花瓣椭圆卵形，顶端呈头盔状，无毛；雄蕊在雌花中不发达，长约为雌蕊的1/2；子房圆锥形，花柱短，柱头4裂，裂片钝；果实圆球形，直径0.6～0.8厘米，有种子1～3颗；种子椭圆形，顶端近圆形，基部喙极短，种脐在种子背面中部呈狭长圆形，两侧有数条横肋，腹面中棱脊显著，显两侧洼穴呈沟状，几平行并在上部微向两侧伸展。花期6月，果期8～9月。

### 崖爬藤 *Tetrastigma obtectum* （Wall.） Planch.

藤本。小枝圆柱形，无毛或被疏柔毛。卷须4～7呈伞状集生，相隔2节间断与叶对生。叶为掌状5小叶，小叶菱状椭圆形或椭圆披针形，长1～4厘米，宽0.5～2厘米，顶端渐尖、急尖或钝，基部楔形，外侧小叶基部不对称，边缘每侧有3～8个锯齿或细牙齿，上面绿色，下面浅绿色，两面均无毛；侧脉4～5对，网脉不明显；叶柄长1～4厘米，小叶柄极短或几无柄，无毛或被疏柔毛；托叶褐色，膜质，卵圆形，常宿存。花序长1.5～4厘米，比叶柄短、近等长或较叶柄

长，顶生或假顶生于具有1～2片叶的短枝上，多数花集生成单伞形；花序梗长1～4厘米，无毛或被稀疏柔毛；花蕾椭圆形或卵椭圆形，高1.5～3毫米，顶端近截形或近圆形；萼浅碟形，边缘呈

波状浅裂，外面无毛或稀疏柔毛；花瓣4，长椭圆形，高1.3~2.7毫米，顶端有短角，外面无毛；雄蕊4，花丝丝状，花药黄色，卵圆形，长宽近相等，在雌花内雄蕊显着短而败育；花盘明显，4浅裂，在雌花中不发达；子房锥形，花柱短，柱头扩大呈碟形，边缘不规则分裂。果实球形，直径0.5~1厘米，有种子1颗；种子椭圆形，顶端圆形，基部有短喙，种脐在种子背面下部1/3处呈长卵形，两侧有棱纹和凹陷，腹部中棱脊突出，两侧洼穴呈沟状向上斜展达种子顶端1/4处。花期4~6月，果期8~11月。

全草入药，有祛风湿的功效。

## 葡萄属 *Vitis*

### 蘡薁 *Vitis bryoniaefolia* Bge.

木质藤本。小枝圆柱形，有棱纹，嫩枝密被蛛丝状绒毛或柔毛，以后脱落变稀疏。卷须2叉分枝，每隔2节间断与叶对生。叶长圆卵形，长2.5~8厘米，宽2~5厘米，叶片3~5（7）深裂或浅裂，稀混生有不裂叶者，中裂片顶端急尖至渐尖，基部常缢缩凹成圆形，边缘每侧有9~16缺刻粗齿或成羽状分裂，基部心形或深心形，基缺凹成圆形，下面密被蛛丝状绒毛和柔毛，以后脱落变稀疏；基生脉5出，中脉有侧脉4~6对，上面网脉不明显或微突出，下

面有时绒毛脱落后柔毛明显可见；叶柄长0.5~4.5厘米，初时密被蛛丝状绒毛或绒毛和柔毛，以后脱落变稀疏；托叶卵状长圆形或长圆披针形，膜质，褐色，长3.5~8毫米，宽2.5~4毫米，顶端钝，边缘全缘，无毛或近无毛。花杂性异株，圆锥花序与叶对生，基部分枝发达或有时退化成一卷须，稀狭窄而基部分枝不发达；花序梗长0.5~2.5厘米，初时被蛛状丝绒毛，以后变稀疏；花梗长1.5~3毫米，无毛；花蕾倒卵椭圆形或近球形，高1.5~2.2毫米，顶端圆形；萼碟形，高约0.2毫米，近全缘，无毛；花瓣5，呈帽状粘合脱落；雄蕊5，花丝丝状，长1.5~1.8毫米，花药黄色，椭圆形，长0.4~0.5毫米，在雌花内雄蕊短而不发达，败育；花盘发达，5裂；雌蕊1，子房椭圆卵形，花柱细短，柱头扩大。果实球形，成熟时紫红色，直径0.5~0.8厘米；种子倒卵形，顶端微凹，基部有短喙，种脐在种子背面中部呈圆形或椭圆形，腹面中棱脊突出，两侧洼穴狭窄，向上达种子3/4处。花期4~8月，果期6~10月。

全株供药用，能祛风湿、消肿痛，藤可造纸，果可酿果酒。

### 葛葡萄 *Vitis flexuosa* Thunb.

木质藤本。小枝圆柱形，有纵棱纹，嫩枝疏被蛛丝状绒毛，以后脱落无毛。卷须2叉分枝，每隔2节间断与叶对生。叶卵形、三角状卵形、卵圆形或卵椭圆形，长2.5~12厘米，宽2.3~10

厘米，顶端急尖或渐尖，基部浅心形或近截形，心形者基缺顶端凹成钝角，边缘每侧有微不整齐5~12个锯齿，上面绿色，无毛，下面初时疏被蛛丝状绒毛，以后脱落；基生脉5出，中脉有侧脉4~5对，网脉不明显；叶柄长1.5~7厘米，被稀疏蛛丝状绒毛或几无毛；托叶早落。圆锥花序疏散，与叶对生，基部分枝发达或细长而短，长4~12厘米，花序梗长2~5厘米，被蛛丝状绒毛或几无毛；花梗长1.1~2.5毫米，无毛；花蕾倒卵圆形，高2~3毫米，顶端圆形或近截形；萼浅碟形，边缘呈波状浅裂，无毛；花瓣5，呈帽状粘合脱落；雄蕊5，花丝丝状，长0.7~1.3毫米，花药黄色，卵圆形，长0.4~0.6毫米，在雌花内短小，败育；花盘发达，5裂；雌蕊1，在雄花中退化，子房卵圆形，花柱短，柱头微扩大。果实球形，直径0.8~1厘米；种子倒卵椭圆形，顶端近圆形，基部有短喙，种脐在种子背面中部呈狭长圆形，种脊微突出，表面光滑，腹面中棱脊微突起，两侧洼穴宽沟状，向上达种子1/4处。花期3~5月，果期7~11月。

　　根、茎和果实供药用，可治关节酸痛，种子可榨油。

## 葡萄　*Vitis vinifera* L.

　　木质藤本。小枝圆柱形，有纵棱纹，无毛或被稀疏柔毛。卷须2叉分枝，每隔2节间断与叶对生。叶卵圆形，显著3~5浅裂或中裂，长7~18厘米，宽6~16厘米，中裂片顶端急尖，裂片常靠合，基部常缢缩，裂缺狭窄，间或宽阔，基部深心形，基缺凹成圆形，两侧常靠合，边缘有22~27个锯齿，齿深而粗大，不整齐，齿端急尖，上面绿色，下面浅绿色，无毛或被疏柔毛；基生脉5出，中脉有侧脉4~5对，网脉不明显突出；叶柄长4~9厘米，几无毛；托叶早落。圆锥花序密集或疏散，多花，与叶对生，基部分枝发达，长10~20厘米，花序梗长2~4厘米，几无毛或疏生蛛丝状绒毛；花梗长1.5~2.5毫米，无毛；花蕾倒卵圆形，高2~3毫米，顶端圆形近楔形；萼浅碟形，边缘呈波状，外面无毛；花瓣5，呈帽状粘合脱落；雄蕊5，花丝丝状，长0.6~1毫米，花药黄色，卵圆形，长0.4~0.8毫米，在雌花内显着短而败育或完全退化；花盘发达，5浅裂；雌蕊1，在雄花中完全退化，子房卵圆形，花柱短，柱头扩大。果实球形或椭圆形、直径1.5~2厘米；种子倒卵椭圆形，顶短近圆形，基部有短喙，种脐在种子背面中部呈椭圆形，种脊微突出，腹面中棱脊突起，两侧洼穴宽沟状，向上达种子1/4处。花期4~5月，果期8~9月。

　　栽培，为著名水果，根和藤药用能止呕、安胎。

## 豆科 Leguminosae　　含羞草亚科 Mimosaceae　　金合欢属 *Acacia*

### 银荆树　*Acacia dealbata* Link

无刺乔木或小乔木，常多分枝，高9～15米。嫩枝及叶轴被灰色绒毛，被白霜。2回羽状复叶，银灰色至淡绿色；腺体位于叶轴着生羽片的地方；羽片10～25对；小叶最多可达50对，密集，间距不超过小叶本身的宽，线形，长3～3.5毫米，宽0.4～0.5毫米，下面或两面被灰白色短柔毛。头状花序直径6～7毫米，具花30余朵，总花梗长约3毫米，排成腋生的总状式花序或顶生的圆锥花序，花黄色，花萼钟状，具5钝齿，被微柔

毛；花瓣卵形或卵状披针形，黄绿色；雄蕊多数，金黄色。荚果长圆形，长3～8厘米，宽约7毫米，无毛，常被白霜，红棕色或褐色。花期11月至翌年2月，果期6～9月。

优良观赏树种。

为荒山之优良造林树种；树皮可提鞣质和染料；花可提高质香料；也是蜜源植物。

### 黑荆树　*Acacia mearnsii* De Wilde　　别名：圣诞树

无刺乔木或小乔木，高9～20米。小枝有棱，被灰色短绒毛，被白霜。2回羽状复叶，嫩叶被金色短柔毛，成熟叶被灰色短柔毛；腺体位于叶轴着生羽片的附近；羽片8～20对；小叶最多30～40对，密集排列，线形，长2～2.5毫米，宽0.8毫米左右。头状花序球形，直径6～7毫米，总花梗长约7～10毫米，排成腋生的总状式花序或顶生的圆锥花序，花淡黄色或白色。荚果长圆形，长5～10厘米，宽约5毫米，种子间略缩，被

短柔毛，老时黑色。种子卵圆形，黑色，有光泽。花期6～7月，果期8～10月。

优良观赏树种。

为荒山之良造林速生树种；为世界著名的鞣料树种；也是蜜源植物。

## 合欢属 *Albizia*

### 山合欢 *Albizia kalkora*（Roxb.）Prain

小乔木或大灌木，高3~8米。枝条有显著皮孔，被短柔毛。2回羽状复叶；羽片2~4对，叶柄和叶轴均被黄柔毛；小叶5~14对，长圆形或长圆状卵形，长1.8~4.5厘米，宽7~15毫米，先端钝而有细尖头，基部不对称，两面均被短柔毛，中脉偏朝上侧。头状式花序2~7枚生于叶腋，或生于缩短的枝顶；花初期白色后变为淡黄色，具明显的小花梗；花萼管状，裂片披针形，密被柔毛；花冠漏斗状，密被柔毛；雄蕊多数，下部合生呈管状，花丝伸长；子房无毛，长约4毫米。荚果带状，基部常收缩形成长1厘米细长柄，长7~17厘米，宽1.5~3厘米，棕色。种子4~12粒，倒卵形。花期5~6月，果期8~10月。

木材耐水湿，供制作农具、家具用；花、根、茎皮供药用，可安神；树皮含鞣质，可提栲胶，也是优良的蜜源植物。

### 毛叶合欢 *Albizia mollis*（Wall.）Boiv. 别名：夜蛤蟆树

乔木或小乔木。树冠开展，小枝被柔毛，有棱角。2回羽状复叶；总叶柄近基部及顶部1对羽片处各有腺体1枚，叶轴凹入呈槽状，被长茸毛；羽片3~7对，长6~10厘米；小叶8~15对，镰状长圆形，长12~18毫米，宽4~7毫米，先端渐尖，基部截平，两面被密至疏的长柔毛或老叶叶面无毛；中脉偏于上缘，直。头状花序腋生或在枝端缩短成圆锥花序；花白色，小花几无梗；花萼钟状，长2毫米左右，被柔毛；花冠长7~9毫米，裂片卵形，长约1毫米，被柔毛；雄蕊多数，下部合生成长约6~10毫米的管；子房长2~3毫米。荚果带状，长10~16厘米，宽2.5~3厘米，扁平，棕色。花期5~6月，果期8~12月。

木材优良，坚硬，可做建筑、工具用材；生长迅速，遮阴面大，为荒山造林及行道树的优良树种；树皮可提栲胶；也是紫胶寄主和蜜源植物。

## 银合欢属 *Leucaena*

### 银合欢　*Leucaena leucocephala*（Lam.）de Wit.

灌木或小乔木，高2～6米。幼枝被短柔毛，老枝无毛，无刺。托叶三角形，小；叶为2回羽状复叶；羽片4～8对，长6～16厘米；叶轴被柔毛，在最下一对羽片着生处有1黑色腺体；小叶5～15对，线状长圆形，长7～13毫米，先端急尖，基部楔形，边缘被短柔毛；头状花序腋生，总花梗长2～4厘米；花白色，萼长约3毫米，顶端具5细齿，外面被疏柔毛；雄蕊10枚，长约7毫米，子房具短柄，上部被柔毛，柱头凹下呈杯状。荚果带状，劲直，长约10～18厘米，宽1.4～2厘米，顶端凸尖，基部有柄，纵裂，被微柔毛；种子6～25粒，卵形，扁平，长约7毫米，褐色，光亮。花期4～7月，果期8～10月。

耐旱，适为荒山造林树种；边材黄褐色，心材灰褐色，质坚硬，为优良薪炭用材；嫩荚及种子可食用；树胶可代阿拉伯树胶为食物乳化剂；树皮可提栲胶。

## 云实亚科 Caesalpiniaceae　　羊蹄甲属 *Bauhinia*

### 红花羊蹄甲　*Bauhinia blakeana* Dunn

乔木，高8米；分枝多，小枝被毛。叶革质，阔心形或近圆形，宽稍大于长，长8.5～13厘米，宽9～14厘米，先端2裂至叶长1/3～1/4，裂片先端钝圆，基部心形或有时平截，叶面无毛，背面疏被短柔毛，基出脉11～13条；叶柄粗壮，长3～3.5厘米，密被褐色短柔毛。总状花序顶生或腋生，有时分枝而成圆锥花序，被短柔毛，苞片及小苞片三角形，长约3毫米；花蕾纺锤形；花萼佛焰苞状，长约2.5厘米，2裂，每裂片先端具2～3齿，有淡红色和绿色条纹；花大，美丽而芳香，花瓣紫红色，倒披针形，具短瓣柄，长5～8厘米，宽2.5～3厘米；能育雄蕊5，3枚较长，退化雄蕊2～5枚，丝状；子房具长柄，被黄色短柔毛。常不见结果。花期全年，3～4月盛花。

为极美丽的观赏树木。

花可食。

### 鞍叶羊蹄甲 *Bauhinia brachycarpa* Wall.

直立或攀援灌木，高1～3米；小枝纤细，有棱，或多或少被短柔毛，后变无毛。叶圆肾形，宽大于长，大小变异极大，通常长2～6厘米，宽3～8.5厘米，先端2裂至叶长1/3～1/2，裂片先端圆钝，罅口狭，基部微心形或圆形，叶面无毛，背面密被棕色短柔毛及散生棕色腺点，基出脉7～9（～11）条；叶柄长0.6～1.5厘米，被微柔毛。伞房状总状花序短，顶生或与叶对生，长1.5～3厘米，花密集，有花10余朵，总花梗短，与花梗同被短柔毛；苞片线形，早落；花蕾椭圆形，多少被柔毛；花托短，陀螺状，长约2毫米；花萼佛焰苞状，2裂，每裂片具短2齿；花瓣白色，倒披针形，连瓣柄长7～8毫米；能育雄蕊10，5长5短，花丝长5～6毫米，无毛；子房具短柄，密生茸毛，柱头盾状。荚果条状披针形，长4～5厘米，宽约1厘米，先端有短喙，果瓣革质，开裂，初时密生短柔毛，渐变无毛。种子2～4粒，卵形，扁平，褐色，有光泽。花期3～5月，果期6～11月。

茎皮含纤维；根入药，治神经官能症。叶、嫩枝治百日咳、筋骨疼痛。

### 小鞍叶羊蹄甲 *Bauhinia brachycarpa* Wall. var. microphylla （Oliv. ex Craib）K. & S. S. Larsen

叶较小，长（5～）10～23毫米，先端深裂达中部以下，基出脉7～9条。花较小，花瓣长5毫米。荚果倒披针形，长3～4厘米，宽0.9～1.3厘米，先端具长喙，果瓣黑褐色，近无毛，有光泽。花期5～6月，果期8～10月。

## 云实属 *Caesalpinia*

### 云实 *Caesalpinia decapetala*（Roth.）Alst.

藤本；茎皮暗红色，枝条、叶轴、羽轴、花序均被柔毛和钩刺。托叶小，半边箭头状，早落。二回羽状复叶，叶轴长12～40厘米，羽片4～10对，羽轴基部有一对钩刺，小叶8～12对，对生，膜质，长圆状椭圆形，长10～25毫米，宽4～10毫米，先端钝圆，微凹，基部圆，偏斜，叶面绿色，疏被短柔毛，后变无毛，背面有粉霜，疏被短柔毛，后变无毛，小叶柄短，长约1毫米。总状花序腋生或顶生，长15～30厘米，多花，被短柔毛，总花梗多刺；苞片卵状披针形，长5～8毫米，早落；花梗纤细，长3～4厘米，先端有关节，被毛；萼长9～12毫米，萼筒短，裂片5，长圆形，下方1片风帽状；被短柔毛或无毛；花瓣5，黄色，圆形或倒卵形，不等大，长10～12毫米，先端圆，具短柄，多少被柔毛，上方1片很小；雄蕊10，与花瓣近等长，花丝下半部密生绵毛，基部扁平；子房无毛或被短柔毛。荚果长圆形，长6～12厘米，宽2.5～3厘米，先端圆，有喙，稍肿胀，果瓣木质，沿腹缝线有宽2～3毫米的狭翅，栗褐色，稍被短柔毛或无毛。种子4～8粒，椭圆形，长约10毫米，宽约6毫米，两端圆，栗色。花期4～11月，果期11月至翌年3月。

常种植为绿篱。

果壳含单宁，种子含油，可制皂及作润滑油。茎、根、果供药用，有发表散寒、止痛散瘀、消炎解毒、通经活血、杀虫等功效。叶捣汁治烧伤。

## 决明属 *Cassia*

### 光叶决明 *Cassia floribunda* Cavan

灌木，高1～2（～4）米，分枝圆柱形，绿色，无毛。托叶线形，长6～9毫米，无毛，早落；叶长6～15厘米，叶轴上每对小叶间有1枚棒状腺体，小叶3～4对，薄革质，卵形至卵状椭圆形，长4～8（～11）厘米，宽2～3.5厘米，先端锐尖至渐尖，基部楔形或圆，有时偏斜，全缘，无毛，叶面绿色，背面粉白色，脉纤细，两面稍显，小叶柄长2～3毫米，叶柄长1.5～5厘米，无毛。总状花序腋生或顶生，稍呈伞房状，长5～10厘米，无毛；苞片线形，锐尖，长5毫米；花梗长1～2.5厘米，萼片不等大，卵形至长圆形；花瓣黄色，卵形至圆形，长1.2～1.8厘米，具短柄；能育雄蕊7，下面2枚花丝长约10毫米，花药长8毫米，顶孔开裂，1枚花丝长4毫米，花药长8毫米，4枚花丝长2毫米，花药长4毫米；退化雄蕊3，长约2毫米；子房与花柱无毛，柱头稍显。荚果圆柱形，长6～10厘米，宽1～1.3厘米，成熟时肿胀，两瓣开裂。种子多粒，卵形，扁平，光亮。种子间有横隔膜。花期5～7月，果期10～11月。

根、叶、果入药，可清热解毒。或作绿肥、固沙植物，也供观赏。

### 双荚决明  *Cassia bicapsularis* Linn.

直立灌木，多分枝，无毛。叶长7～12厘米，有小叶3～4对；叶柄长2.5～4厘米；小叶倒卵形或倒卵状长圆形，膜质，长2.5～3.5厘米，宽约1.5厘米，顶端圆钝，基部渐狭，偏斜，下面粉绿色，侧脉纤细，在近边缘处呈网结；在最下方的一对小叶间有黑褐色线形而钝头的腺体1枚。总状花序生于枝条顶端的叶腋间，常集成伞房花序状，长度约与叶相等，花鲜黄色，直径约2厘米；雄蕊10枚，7枚能育，3枚退化而无花药，能育雄蕊中有3枚特大，高出于花瓣，4枚较小，短于花瓣。荚果圆柱状，膜质，直或微曲，长13～17厘米，直径1.6厘米，缝线狭窄；种子二列。花期10～11月；果期11月至翌年3月。

可作绿肥，绿篱及观赏植物。

## 紫荆属 *Cercis*

### 紫荆  *Cercis chinensis* Bunge

灌木，高2～5米；枝丛生或单生，树皮灰白色，小枝无毛，多皮孔。托叶长圆形，早落。叶纸质，近圆形，长6～14厘米，宽5～14厘米，先端急尖或骤尖，基部浅至深心形，两面无毛。花先叶开放，2～11朵簇生于老枝和主干上；花梗细，长6～15毫米，花粉红色至紫红色，长1～1.3厘米，龙骨瓣基部具深紫色斑纹。荚果条形，扁平，长5～14厘米，宽1.3～1.5厘米，先端急尖或短渐尖，有细而弯的喙，基部渐狭，翅宽1.5毫米，有明显网脉。种子2～8粒，圆形而扁，长约4毫米，黑褐色，光亮。花期3～5月，果期8～10月。

为美丽的观赏花木。

木材及茎皮入药，有清热解毒、消肿止痛、活血行气之效。

## 皂荚属 *Gleditsia*

### 滇皂荚 *Gleditsia japonica* Miq. var. delavayi（Franch.）L. C. Li 别名：皂角树

乔木，高7~15（~20）米，刺粗壮，有分枝，微扁平。一回羽状复叶，常簇生，小叶7~9对，近革质，长椭圆形，长3~6.5厘米，宽1.5~4厘米，先端圆形微凹，基部圆，微偏斜，边缘具圆锯齿，无毛。花白色，长7~8毫米，排成稀疏的穗状或总状花序，长15~20厘米；花梗短，长约1毫米；萼片3~4；花瓣3~4，盔状；雄蕊6~8（~9），花丝中部以下被绵毛。荚果带状，长30~50厘米，宽4.5~7厘米，扁而弯，有时扭转，革质，无毛，棕黑色，网脉明显，腹缝线常于种子间缢缩。5月开花，10~11月果熟。

木材较坚实，心材红褐色，边材淡黄褐色，供建筑、家具及农具用。荚果煎汁用于代皂洗涤。外胚乳含丰富多糖，胶质半透明，加热膨胀，俗称皂仁，为宴会甜食佳品。入药，有祛痰、利尿之效。

## 老虎刺属 *Pterolobium*

### 老虎刺 *Pterolobium punctatum* Hemsl.

藤本或攀缘灌木，高7~15米；枝条、叶轴、叶柄基部散生下弯的黑色钩刺。小枝具棱，被短柔毛，后变无毛。二回羽叶复叶，羽片9~14对，每羽片有小叶10~15对，小叶狭长圆形，长9~10毫米，宽3~4毫米，先端钝圆，微凹，基部斜圆形，两面疏被短柔毛，后变无毛，幼叶背面有腺点，小叶柄短。总状花序腋生，或于枝顶排成圆锥花序，花梗纤细，长2~4毫米；萼筒极短，萼裂片5，最下方1片较长，舟形，长约4毫米，具缘毛，

其余4片长椭圆形，基部稍合生，长约3毫米；花瓣5，白色，倒卵形，先端稍呈齿蚀状，稍长于萼片；雄蕊10，等长，伸出花冠，花丝长5~6厘米，中部以下被毛，花药宽卵形，长约1毫米；子房扁平，花柱光滑，柱头漏斗形。荚果长圆形，长4~6厘米，宽约1厘米，种子部分斜卵形，长约1厘米，上部一侧具膜质长翅，翅长4厘米，宽1.3~1.5厘米。种子1粒，椭圆形，扁平，长约8毫米。花期6~8月，果期9月至翌年4月。

**蝶形花亚科 Papilionoideae　　崖豆藤属 *Callerya***

### 滇桂崖豆藤　*Callerya bonatiana*（Pamp.）P. K. Loc

藤本，长达10米。小枝密被黄色柔毛，渐稀疏，具纵棱。羽状复叶长25～30厘米；叶柄长2～3厘米，叶轴上面有凹沟，均被黄色柔毛；托叶针刺状，长约1厘米，柔软；小叶5～6对，间隔2～2.5厘米，纸质，卵形或卵状椭圆形，长6～10厘米，宽3～4厘米，先端渐尖或锐尖，基部圆钝或近心形，两面均被柔毛，上面渐稀，暗淡，下面密被毛，侧脉4～5对，顶生小叶较大，侧脉可达7对，近叶缘环结，上面平坦，下面隆起；小叶柄长约3毫米，被毛；无小托叶。总状花序腋生，长8～12厘米，密被黄色绒毛；苞片披针形，锥尖，长6毫米，早落，小苞片甚小，生于花梗上端；花长约2.5毫米，单生节上；花梗长1厘米，花萼钟状，长12毫米，宽约6毫米，密被绢毛，萼齿狭三角形，渐尖，下方1枚最长，长约5毫米，上方2枚大部合生；花冠淡紫色，旗瓣密被黄色绢毛，长圆状卵形，先端微凹，基部钝圆，瓣柄长约4毫米，翼瓣长圆状镰形，基部耳成尾状钩，龙骨瓣阔镰形，基部耳形；雄蕊二体，对旗瓣的1枚分离；花盘筒状，倾斜；子房线形，有柄，密被绢毛，花柱斜向上弯，柱头点状，胚珠4～6粒。荚果线状长圆形，长10～11厘米，宽约1.8厘米，扁平，顶端截形，基部渐狭，果颈长近1厘米，密被灰褐色绒毛，果瓣革质，瓣裂，有种子4粒；种子褐色，扁圆形，宽约1.1厘米。花期4～6月，果期6～10月。

全株有毒，民间以少量用作发汗药，称"大发汗"，过量时可导致出汗不止，引起虚脱。

### 灰毛崖豆藤 *Callerya cinerea*（Benth.）Schot.

攀缘灌木或藤本。茎圆柱形，粗糙，无毛，枝具棱，幼嫩时密被灰色或锈色硬毛，渐秃净。羽状复叶长10～25厘米；叶柄长2～6厘米，叶轴被稀疏或甚密的硬毛，上面有沟；托叶线状披针形，长约5毫米；小叶5枚，纸质，椭圆形、倒卵状椭圆形至长圆形，顶生小叶甚大，长约6～15厘米，宽约2.5～6厘米，侧生小叶较小，下方1对更小，长4～10厘米，宽约2～3厘米，先端短锐尖，基部阔楔形至圆形，稀近心形，上面无毛或除叶脉外无毛，下面被稀疏硬毛或近无毛，脉上较密，侧脉7～9对，直达叶缘环结，细脉网状，上面下凹，下面隆起；小叶柄长2～4毫米；小托叶刺毛状，长4～5毫米。圆锥花序顶生，长8～15厘米，侧生花枝伸展，长达8厘米，密被短伏毛；花单生，苞片三角形，小苞片线形，离萼生；花长1.2～2厘米；花梗长3～4毫米；花萼钟状，长约4～6毫米，宽约4毫米，萼齿短于萼筒，三角形，上方2齿几全合生；花冠红色或紫色，旗瓣密被锈色绢毛，卵形，基部增厚，翼瓣和龙骨瓣近镰形；雄蕊二体，对旗瓣的1枚离生；花盘斜杯状；子房线形，密被绒毛，具短柄，花柱旋曲，胚珠5~7粒。荚果线状长圆形，长约4~13厘米，宽约2厘米，成熟时厚约1~1.5厘米，密被灰色茸毛，种子处膨胀，种子间缢缩，有种子1~4粒；种子圆形，径14~18毫米。花期2~7月，果期8~12月。

## 杭子梢属 *Campylotropis*

### 小雀花 *Campylotropis polyantha* （Franch.）Schindl.

灌木，多分枝，高（0.5~）1~3米。嫩枝有棱，被较疏或较密的短柔毛，老枝暗褐色或黑褐色，无毛或被较疏短柔毛。羽状复叶具3小叶；托叶狭三角形至披针形，稍渐尖至长渐尖，长2~4（~6）毫米；叶柄长6~25（~35）毫米，通常被短柔毛或长柔毛；小叶椭圆形至长圆形、椭圆状倒卵形至

长圆状倒卵形或楔状倒卵形，长8~30（~40）毫米，宽4~15（~20）毫米，先端微缺、圆形或钝，具小凸尖，基部圆形或有时向基部渐狭呈宽楔形或近楔形，上面绿色，通常无毛，稀有短柔毛，脉明显，下面淡绿色，贴生或近贴生长柔毛或短柔毛，毛较疏生至密生，有时近于绢毛。总状花序腋生并常顶生形成圆锥花序，有时花序下无叶或腋出花序的叶发育较晚以致开花时形成无叶的圆锥花序，通常总状花序连同总花梗长2~13厘米，总花梗长0.2~5厘米，有时总状花序短缩并密集，形如花序分枝或类似簇生这状；苞片广卵形渐尖至披针长渐尖，长（1）1.5~3毫米，通常早落，有时一部分较晚脱落或少数宿存；花梗长（3~）4~7（~9）毫米，密生开展的短柔毛或有时毛贴生；小苞片早落；花萼钟形或狭钟形，长3~4（~5）毫米，中裂或有时微深裂或微浅裂，密被近贴状的短柔毛，裂片近等长，上侧裂片大部分合生，先端分离部分长0.3~0.7（~1）毫米；花冠粉红色、淡紫色或近白色，长9~12毫米，龙骨瓣呈直角或钝角内弯，通常瓣片上部比瓣片下部（连瓣柄）短（0.5~）1~2毫米，少为短2~3毫米；子房被毛。荚果椭圆形或斜卵形，向两端渐狭，顶端渐尖，稀为宽椭圆形或近圆形、顶端具骤尖的，长（6~）7~9（~11）毫米，宽3~5毫米，顶端具0.2~1毫米长的喙尖，基部1.3~2.3毫米长的果颈，被白色至棕色长柔毛或短柔毛，边缘密生纤毛。花果期3~11（12）月。

根入药，能祛瘀、止痛、清热、利湿。

## 香槐属 *Cladrastis*

### 小花香槐　*Cladrastis sinensis* Hemsl.

乔木，高达20米。树皮平滑，灰绿色，嫩枝基部生有短柔毛。奇数羽状复叶，长达20厘米；小叶9～13枚，互生或近对生，长椭圆形至长圆状披针形，通常长6～10厘米，宽1.4～2.6厘米，上面深绿色，无毛，下面苍白色，被灰白色柔毛，常沿中脉被锈色毛，侧脉10～15对，上面平，下面隆起，细脉明显；小叶柄短，长1～3毫米；无小托叶。圆锥花序顶生，直立，有锈毛，长15～30厘米；花多，长约14毫米；苞片早落；萼钟状，长约4毫米，萼齿5，半圆形，钝尖，密被灰褐色或锈色短柔毛；花冠白色或淡黄色，偶为粉红色，有香气，旗瓣倒卵形或近圆形，长9～11毫米，先端微缺或倒心形，基部骤狭成柄，柄长约3毫米，翼瓣箭形，比旗瓣稍长，柄纤细，龙骨瓣比翼瓣稍大，椭圆形，基部具一下垂圆耳；雄蕊10，分离；子房线形，被淡黄色疏柔毛，胚珠6～8枚。荚果扁平，椭圆形或长椭圆形，两端渐狭，两侧无翅，稍增厚，长3～8厘米，宽1～1.2厘米，有种子1～3（～5）粒；种子卵形，压扁，长约4毫米，宽2毫米，种脐小。花期6～8月，果期8～10月。

## 巴豆藤属 *Craspedolobium*

### 巴豆藤　*Craspedolobium schochii* Harms

攀缘灌木，长约3米。茎具髓，初时被黄色平伏细毛，老枝渐秃净，暗褐色，具纵棱，密生褐色皮孔。羽状三出复叶，长12～18厘米；叶柄长占4～7厘米，叶轴上面具狭沟；托叶三角形，脱落；小叶倒阔卵形至宽椭圆形，长5～9厘米，宽3～6厘米，先端钝圆或短尖，基部阔楔形至钝圆，顶生小叶较大或近等大，具长小叶柄，侧生小叶两侧不等大，歪斜，上面平坦，散生平伏细毛或秃净，下面被平伏细毛，脉上甚密，中脉直伸达叶尖成小刺尖，侧脉5～7对，达叶缘向上弧曲，细脉网状；小叶柄粗短，长约4毫米，被细毛。总状花序着生枝端叶腋，长15～25厘米，常多枝聚集生成大型的复合花序，节上簇生3～5朵花；苞片三角状卵形，长1.5毫米，脱落，小苞片三角形，微小，宿存；花长约1厘米；花梗短，长2～3毫米；花萼钟状，长约5毫米，宽约3毫米，与花梗、苞片均被黄色细绢毛，萼齿卵状三角形，短于萼筒；花冠红色，花瓣近等长。荚果线形，长6～9厘米，宽1.2厘米，密被褐色细绢毛，顶端狭尖，具短尖喙，基部钝圆，果颈比萼筒短，腹缝具狭翅，有种子3～5粒；种子圆肾形，扁平。花期6～9月，果期9～10月。

## 猪屎豆属 *Crotalaria*

### 三尖叶猪屎豆　*Crotalaria micans* Link.

灌木，高2~4米。茎、枝圆柱形，有纵条纹；茎、枝、叶、叶柄、小叶柄、托叶、苞片、小苞片、花梗、花萼均被贴伏的丝光质短柔毛。叶三出，小叶片椭圆形，中部宽阔，两端渐狭，先端钝圆或锐尖，具短尖头，基部楔形，中央小叶长6~10厘米，宽1.5~4厘米，两侧小叶长4~6厘米，宽1~2.5厘米，叶面仅沿中脉处被疏柔毛，背面被毛；叶柄长5~7厘米；小叶柄长2~3毫米，密被毛；托叶线形，长4~6毫米，早落。总状花序顶生，罕与叶对生，长30~40厘米，具花10~30朵；苞片线形，长7~10毫米，花开放时脱落，小苞片与苞片同形，较苞片短，生于花柄上，早落；花柄在花时伸长可达10毫米；花萼长7~10毫米，外面密被毛，里面仅近边缘处被疏绵毛，上齿2，三角形，先端渐尖，长4.5~5.5毫米，宽2.2毫米（花蕾时2齿合生，开花时中间开裂，齿端仍合生。荚果成熟时2齿则完全开裂），下齿3，披针形，先端长渐尖，长7~8毫米，宽1~2毫米，萼筒长约4毫米；花冠黄色，长达2厘米，明显伸出花萼之外，旗瓣卵形，长1.8~2厘米，宽1.8厘米，先端微凹，无毛，基部附属物（胼胝体）不发达，爪长约4毫米，密被白色短绒毛，翼瓣倒卵状长圆形，长15~17毫米，宽7~8毫米（不包括爪），中部具薄片状附属物，基部边缘处被白色疏绵毛，爪弯曲，长约4毫米；荚果近圆柱形，长3.5~4厘米，径1~1.2厘米，成熟时黄棕色，疏被贴伏丝光质短柔毛，先端具长约5毫米的喙，子房柄长5~6毫米；种子16~20颗，斜心形，黄色，长4~5毫米，宽3.5~4毫米，光亮。花果期8~12月。

## 黄檀属 *Dalbergia*

### 象鼻藤　*Dalbergia mimosoides* Franch.

灌木，高4~6米，或为藤本，多分枝。幼枝密被褐色短粗毛。羽状复叶长6~8厘米，叶轴、叶柄和小叶初时密被柔毛，后渐稀疏；托叶膜质，卵形，早落；小叶10~17对，线状长圆形，长6~12毫米，宽5~6毫米，先端截形、钝或凹缺，基部圆形或阔楔形，嫩时两面略被褐色柔毛，尤以下面中脉上较密，老时无毛或近无毛。圆锥花序腋生，长1.5~5厘米，分枝聚伞状；花序轴和花梗均被柔毛；花小，稍密集，长约5毫米；小苞片卵形，被柔毛，脱落；花萼钟状略被毛，下方的1枚萼齿较长，披针形，其他的为卵形，均具缘毛；花冠白色或淡黄色，花瓣具短柄，旗瓣长圆状倒卵形，先端微凹缺，翼瓣倒卵状长圆形，龙骨瓣椭圆形；雄蕊9，偶有10，单体，花丝长短不一；子房具柄，沿腹缝线疏被柔毛，花柱短，柱头小，胚珠2~3。荚果长圆形至带状，扁平，长3~6厘米，宽1~2厘米，顶端急尖，基部钝或楔形，具稍长的果颈，果瓣革质，对种子部分有网纹，种子1，肾形，扁平，长约10毫米，宽约6毫米。花期4～6月，果期5～11月。

### 滇黔黄檀　*Dalbergia yunnanensis* Franch.

　　大藤本，有时灌木或小乔木状。茎匍匐状，具多数广展的枝。羽状复叶长20～30厘米，叶轴被微柔毛；托叶早落；小叶7～9对，近革质，两面被伏贴毛或细柔毛，下面中脉上毛较密；小叶柄长2.5～5毫米，被柔毛。聚伞花序生于上部叶腋，长约15厘米，径约7.5厘米，总花梗与分枝被微柔毛；花稍密集，具短梗；小苞片卵形，膜质，脱落；花萼钟状，外面疏被柔毛，萼齿5，具缘毛，最下1枚较长，长圆形，约与萼管等长，先端圆钝，其余的近等长，上方2枚近合生；花冠白色，旗瓣阔卵状长圆形，先端微凹缺，基部具阔短瓣柄，翼瓣狭倒卵状长圆形，龙骨瓣近半月形，内侧基部有短耳，与翼瓣同具狭长的瓣柄；雄蕊9，单体，花丝离生部分长短不一；子房无毛或沿缝线被微毛，具长柄，胚珠2～3，花柱短，柱头头状。荚果长圆形或椭圆形，长3.5～6.5厘米，宽2～2.5厘米，顶端急尖或钝，果瓣革质，对种子部分有明显的网纹。种子1（2～3），圆肾形，扁平，长约12毫米，宽约7毫米。花期4～5月，果期7～12月。

## 山蚂蝗属　*Desmodium*

### 单序拿身草　*Desmodium diffusum*（Roxb）DC.

　　披散状亚灌木或多年生草本，高0.4～1米。茎分枝少，具不明显的棱；幼枝绿色，被贴伏毛和小钩状毛，后变紫红色，毛渐脱落。叶为羽状三出复叶，托叶三角状披针形或狭披针形，长8～11毫米，宽2～3毫米，被柔毛和小钩状毛；叶柄长1.5～2.5厘米，被灰色开展柔毛；顶生小叶卵形或卵状椭圆形，长4.5～10厘米，宽3～6厘米，基部圆或宽楔形，先端急尖，上面近无毛，下面被灰白色贴伏短柔毛，侧脉5～7条，直达叶缘，网脉叶背可见。总状花序通常顶生，有时腋生，单一不分枝，花序梗被毛，每苞片腋内的3～5花先后逐渐开放；原生苞片长3～4毫米，极早落（花前脱落）；次生苞片1～2毫米，早落；花梗长3～4毫米，果时稍增长达4～5毫米；花萼长3～4毫米，花冠长仅4～5毫米。荚果线形，密被钩状毛，长1.5～3.5厘米，荚节间缢缩，具荚节3～7节；荚节椭圆形或长圆形，长4～5毫米，宽1.8～2毫米。花果期9～11月。

## 饿蚂蝗  *Desmodium multiflorum* DC.

直立灌木，高1~2米。多分枝，幼枝具棱角，密被淡黄色至白色长柔毛，老时渐变无毛。叶为羽状三出复叶；托叶狭卵形至卵形，长4~14毫米，宽1.5~2.5毫米，外面被黄色长丝状毛；叶柄长1.5~4厘米，叶轴长1~1.5厘米，均密被绒毛；小托叶狭三角形，长1~3毫米，宽0.3~0.8毫米；小叶近革质，顶生小叶长5~10厘米，宽3~6厘米，侧生小叶较小，基部偏斜，椭圆形或倒卵形，先端钝或急尖，具硬细尖，基部楔形、钝或稀为圆形，上面几无毛，干时常呈黑

色，下面多少灰白，被贴伏或伸展丝状毛，中脉较密，侧脉每边6~8条，直达叶缘，中脉、侧脉和网脉背面均明显突起。总状花序腋生或顶生为圆锥花序，长可达18厘米；总花梗密被向上丝状毛和小钩状毛，每苞片腋内具2花；苞片披针形，褐色，干膜质，长约1厘米，基部宽约3毫米，外面疏被柔毛，边缘具长柔毛，花前脱落；花梗长约5毫米，结果时稍增长，被直毛和钩状毛；花萼长约4.5毫米，密被钩状毛或疏被微柔毛，裂片三角形，与萼筒等长；花冠紫色，旗瓣椭圆形、宽椭圆形至倒卵形，长8~11毫米，翼瓣狭椭圆形，微弯曲，长8~14毫米，具瓣柄，龙骨瓣长7~10毫米，具长瓣柄；雄蕊单体；子房线形，被贴伏柔毛。荚果长15~24毫米，腹缝线近直或微波状，背缝线圆齿状，有荚节4~7，荚节倒卵形，长3~4毫米，宽约3毫米，密被贴伏褐色丝状毛。花期7~9月，果期8~10月。

花及枝供药用，有清热解表之效。

## 长波叶山蚂蝗  *Desmodium sequax* Wall.

直立灌木，高0.5~2.5米。多分枝，幼枝被锈色柔毛，有时混有小钩状毛。叶为羽状三出复叶；托叶线形，长4~5毫米，宽约1毫米，外面密被柔毛，有缘毛；叶柄长2~3.5厘米，叶轴长1~1.5毫米，均被锈黄色柔毛和混有小钩状毛；小托叶丝状，长1~2毫米；小叶纸质，卵状椭圆形或圆菱形，先端急尖，基部楔形至钝，边缘自中部以上呈波状，上面密被贴伏小柔毛或渐无毛，下面被贴伏柔毛并混有小钩状毛，侧脉每边4~7条，两面隆起，直达叶缘，网脉叶背明

显隆起；顶生小叶长4~10厘米，宽4~6厘米，侧生小叶较小。总状花序腋生或顶生组成圆锥花序，总状花序长10~14厘米；总花梗密被开展或向上硬毛和小绒毛；每苞片腋内着生2花；苞片早落，狭卵形，长3~4毫米，宽约1毫米，被毛；花梗长3~5毫米，结果时稍增长，密被开展锈色柔毛；花萼长约3毫米，萼裂片三角形，与萼筒等长；花冠紫色，长约8毫米，旗瓣椭圆形至宽椭圆形，先端微凹，翼瓣狭椭圆形，具瓣柄和耳，龙骨瓣具长瓣柄，微具耳；雄蕊单体；子房线形，疏被短柔毛。荚果腹背缝线缢缩呈念珠状，长3~4.5厘米，宽3毫米，具6~10节，荚节近方形或圆形，密被开展褐色小钩状毛。花期7~9月，果期9~11月。

## 刺桐属 *Erythrina*

### 鸡冠刺桐 *Erythrina crista galli* Linn.

落叶灌木或小乔木，茎和叶柄稍具皮刺。小叶长卵形或披针状长椭圆形，长7～10厘米，宽3～4.5厘米，先端钝，基部近圆形。花与叶同出，总状花序顶生，每节有花1～3朵；花深红色，长3～5厘米，稍下垂或与花序轴成直角；花萼钟状，先端二浅裂；雄蕊二体；子房有柄，具细绒毛。鸡冠长约15厘米，褐色，种子间缢缩；种子大，亮褐色。

### 刺桐 *Erythrina variegata* Linn.

乔木，高达20米。树皮灰褐色，枝有明显叶痕及短圆锥形的黑色直刺，髓部疏松，颓废部分成空腔。羽状复叶具3小叶，常密集枝端；托叶披针形，早落；叶柄长10～15厘米，通常无刺；小叶片膜质，宽卵形或菱状卵形，长宽15～30厘米，先端渐尖而钝，基部宽楔形或截形；基脉3条，侧脉5对；小叶柄基部有一对腺体状的托叶。总状花序顶生，长10～16厘米，上有密集、成对着生的花；

总花梗木质、粗壮，长7～10厘米，花梗长约1厘米，具短绒毛；花萼佛焰苞状，长2～3厘米，口部偏斜，一边开裂；花冠红色，长6～7毫米，旗瓣椭圆形，长5～6厘米，宽约2.5厘米，先端圆，瓣柄短，翼瓣与龙骨瓣近等长，龙骨瓣2片离生；雄蕊10，单体；子房被微柔毛；花柱无毛。荚果黑色，肥厚，种子间略缢缩，长15～30厘米，宽2～3厘米，稍弯曲，先端不育；种子1～8颗，肾形，长约1.5厘米，宽约1厘米，暗红色。花期3月，果期8月。

栽培观赏，不耐寒。

树皮和根皮入药，药用茎称海柳皮。

## 木蓝属 *Indigofera*

### 灰岩木蓝 *Indigofera calcicola* Craib

灌木，多分枝。茎灰褐色，侧枝短，幼枝密被灰白色并间生少数棕色平贴丁字毛，后脱落渐变无毛，皮孔不明显。羽状复叶长1~2.5厘米；叶柄长3~7毫米；小叶2~4对，对生，质厚，倒心形，长4~5毫米，宽2.5~3毫米。先端圆形或微凹，具小尖头，基部阔楔形或圆形，两面密被银色粗丁字毛；小叶柄长约0.5毫米。总状花序腋生，长达2.5厘米；花较少，常在5左右；总花梗长达4毫米，花序轴被白色并间生棕色平贴丁字毛；苞片小，坚硬，早落；花梗长约1毫米；花萼

长达2毫米，外面有丁字毛，萼齿稍不等，卵状长圆形，边缘有流苏状睫毛；花冠紫红色，旗瓣椭圆状长圆形或卵状长圆形，长约8毫米，外面密生绢丝状毛，无瓣柄，翼瓣长约7.5毫米，下面外面密生毛，龙骨瓣与旗瓣等长，有距；花药卵心形，先端具凸尖头；子房被毛，花柱无毛。荚果圆柱形，长1.5~2.5厘米，具短尖头，密被灰白色长丁字毛，种子间具横隔，内果皮有紫色斑点。花期7月，果期8月。

### 昆明木蓝 *Indigofera pampaniniana* Craib

灌木，高20~100厘米。幼枝密被棕色间杂白色卷曲长软毛，后变脱落无毛。羽状复叶长达15厘米；叶柄长达2.2厘米，叶轴上有沟槽，有长软毛；托叶线状披针形，长7~8毫米；小叶5~9（~11）对，对生，长圆形，长1.5~3厘米，宽1~1.5厘米，先端圆钝或微凹，具长1毫米的小尖头，基部圆形或浅心形，上面绿色，下面淡绿色，两面被薄白色平贴的丁字毛，下面中脉有白色长软毛，中脉上面微隆起，侧脉6~9对，近边缘网结，两面明显，叶片干后呈褐色，中脉上面

灰白色；小叶柄长1.5~2毫米，有褐色毛；小托叶钻形，长约3毫米，花常先叶放；总状花序长3~6厘米；总花梗长约5毫米，花序轴被短硬毛；苞片线状披针形，长2.5~3毫米，有棕色粗毛，边缘疏生腺状毛，早落；花梗长约2毫米，有毛；花萼斜杯状，长约5毫米，外面有丁字毛，萼筒长2.5毫米，萼齿披针形，最下萼齿与萼筒等长；花冠紫红色，旗瓣倒卵状椭圆形，长13~15（~18）毫米，宽8~9毫米，外面有白色长软毛，翼瓣长12~13毫米，基部和边缘有毛，龙骨瓣与翼瓣等长，先端疏生柔毛，基部有短瓣柄，距长约1毫米；花药卵形，基部有髯毛；子房无毛，有胚珠11~12粒。荚果圆柱形，长4.5厘米，初具白色细丁字毛，后脱落近无毛，内果皮散生紫色斑点；果梗长3~4毫米，粗壮，直立和平展。花期3~6月，果期8~11月。

### 马棘 *Indigofera pseudotinctoria* Matsum.

小灌木，高1～3米；多分枝。枝细长，幼枝灰褐色，明显有棱，被丁字毛。羽状复叶长3.5～6厘米；叶柄长1～1.5厘米，被平贴丁字毛，叶轴上面扁平；托叶小，狭三角形，长约1毫米，早落；小叶（2～）3～5对，对生，椭圆形、倒卵形或倒卵状椭圆形，长1～2.5厘米，宽0.5～1.1（～1.5）厘米，先端圆或微凹，有小尖头，基部阔楔形或近圆形，两面有白色丁字毛，有时上面毛脱落；小叶柄长约1毫米；小托叶微小，钻形或不明显。总状花序，花开后较复叶为长，长3～11厘米，花密集；总花梗短于叶柄；花梗长约1毫米；花萼钟状，外面有白色和棕色平贴丁字毛，萼筒长1～2毫米，萼齿不等长，与萼筒近等长或略长；花冠淡红色或紫红色，旗瓣倒阔卵形，长4.5～6.5毫米，先端螺壳状，基部有瓣柄，外面有丁字毛，翼瓣基部有耳状附属物，龙骨瓣近等长，距长约1毫米，基部具耳；花药圆球形，子房有毛。荚果线状圆柱形，长2.5～4（～5.5）厘米，径约3毫米，顶端渐尖，幼时密生短丁字毛，种子间有横膈，仅在横隔上有紫红色斑点；果梗下弯；种子椭圆形。花期5～8月，果期9～10月。

根供药用，能清凉解表、活血祛瘀。

### 网叶木蓝 *Indigofera reticulata* Franch.

矮小灌木或亚灌木，有时平卧，基部分枝。枝细瘦，短缩，具棱，被棕色丁字毛。羽状复叶长2～6厘米；叶柄长4～11毫米，叶轴圆柱形，上面有深槽，被毛；托叶线形，长3～4（～5）毫米；小叶2～6对，通常3～4对，对生，坚纸质，长圆形或长圆状椭圆形，顶生小叶倒卵形，长5～17毫米，宽3～7毫米，先端钝圆或微凹，有小尖头，基部浅心形或圆形，两面被白色并间生棕色短丁字毛，下面中脉棕色毛较多，中脉上面微隆起，侧脉5～6对，两面明显，下面脉网明显；小叶柄长约1毫米；小托叶小，与小叶柄等长。总状花序长2～4厘米；总花梗长4～5毫米，被毛；苞片线形，长约2毫米；花梗长2～2.5毫米；花萼长约3毫米，外面被毛，萼齿披针状钻形，与萼筒近等长；花冠紫红色，旗瓣阔卵形，长6～7毫米，先端圆形，基部具瓣柄，外面被毛，翼瓣长约7毫米，边缘具睫毛，龙骨瓣先端外面被毛，距长约1毫米，与翼瓣等长；花药卵球形，基部有少量髯毛；子房无毛。荚果圆柱形，长1～2厘米，被短丁字毛，内果皮具斑点；种子赤褐色，椭圆形或长圆形，长1.5～2毫米。花期5～7月，果期9～12月。

## 胡枝子属 *Lespedeza*

### 截叶铁扫帚 *Lespedeza cuneata*（Dum.–Cours.）G. Don

小灌木，高达1米。茎直立或斜升，被毛，上部分枝；分枝斜上举。叶密集，柄短；小叶楔形或线状楔形，长1~3厘米，宽2~5（~7）毫米，先端截形成近截形，具小刺尖，基部楔形，上面近无毛，下面密被伏毛。总状花序腋生，具2~4朵花；总花梗极短；小苞片卵形或狭卵形，长1~1.5毫米，先端渐尖，背面被白色伏毛，边具缘毛；花萼狭钟形，密被伏毛，5深裂，裂片披针形；花冠淡黄色或白色，旗瓣基部有紫斑，有时龙骨瓣先端带紫色，翼瓣与旗瓣近等长，龙骨瓣稍长；闭锁花簇生于叶腋。荚果宽卵形或近球形，被伏毛，长2.5~3.5毫米，宽约2.5毫米。花期7~s月，果期9~10月。

## 鸡血藤属 *Millettia*

### 厚果鸡血藤 *Millettia pachycarpa* Benth.

大型木质藤本。幼年时直立如小乔木状，嫩枝褐色，密被黄色绒毛，后渐秃净，老枝黑色，光滑，散布褐色皮孔，茎中空。羽状复叶长25~50厘米；叶柄长6~9厘米；托叶阔卵形，黑褐色，贴生鳞芽两侧，长3~4毫米，宿存；小叶6~8对，间隔2~3厘米，草质，长圆状椭圆形至长圆状披针形，长10~18厘米，宽3.5~4.5厘米，先端锐尖，基部楔形或圆钝，上面平坦，下面被平伏绢毛，中脉在下面隆起，密被褐色绒毛，侧脉12~15对，平行近叶缘弧曲；小叶柄长4~5毫米，密被毛；无小托叶。总状圆锥花序，2~6枝生于新枝下部，长15~30厘米，密被褐色绒毛，生花节长1~3毫米，花2~5朵着生节上；苞片小，阔卵形，小苞片甚小，线形，离萼生；花长2.1~2.3厘米；花梗长6~8毫米，花萼杯状，长约6毫米，宽约7毫米，密被绒毛，萼齿甚短，几不明显，圆头，上方2齿全合生；花冠淡紫色，旗瓣无毛，或先端边缘具睫毛，卵形，基部淡紫，基部具2耳，无胼胝体，翼瓣长圆形，下侧具钩，龙骨瓣基部截形，具短钩；雄蕊单体，对旗瓣的1枚基部分离；无花盘；子房线形，密被绒毛，花柱长于子房，向上弯，胚珠5~7粒。荚果深褐黄色，肿胀，长圆形，单粒种子时卵形，长5~23厘米，宽约4厘米，厚约3厘米，秃净，密布浅黄色疣状斑点，果瓣木质，甚厚，迟裂，有种子1~5粒；种子黑褐色，肾形，或挤压成棋子形。花期4~6月，果期6~11月。

种子和根含鱼藤酮，磨粉可作杀虫药，能防治多种粮棉害虫；茎皮纤维可供利用。

## 黧豆属 *Mucuna*

### 常春油麻藤 *Mucuna sempervirens* Hemsl.

高大常绿木质缠绕藤本，长达25米，老茎直径达30厘米以上。树皮具皱纹，幼茎有纵棱和皮孔。托叶脱落；羽状复叶具3小叶，叶长21～39厘米；叶柄长7～16.5厘米；小叶片两面无毛，纸质或革质，有光泽；顶生小叶片椭圆形，长圆形或卵状椭圆形，长8～15厘米，宽3.5～6厘米，先端渐尖，基部稍楔形，侧生小叶极偏斜，长7～14厘米；侧脉4～5对，明显，下面凸起；小叶柄膨大，长4～8毫米。总状花序生于老茎上，长10～36厘米，每节上有3朵花；苞片狭倒卵形，长宽各15毫米，脱落；花梗长1～2.5厘米，具短硬毛；小苞片卵性或倒卵形，脱落；萼宽杯形，密被暗褐色伏贴短毛，外面稀被金黄色或红褐色脱落的长硬毛，长8～12毫米，宽18～25毫米；花冠深紫色，干后黑色，长约6.5厘米，旗瓣长3.2～4厘米，圆形，先端凹达4毫米，基部耳长1～2毫米，翼瓣长4.8～6厘米，宽1.8～2厘米，龙骨瓣长6～7厘米，基部瓣柄长约7毫米，耳长约4毫米；雄蕊管长约4厘米，花柱下部和子房被毛。果木质，长30～60厘米，宽3～3.5厘米，厚1～1.3厘米，种子间缢缩，带形，近念珠状，边缘多数加厚，凸起为一圆形脊，中央无沟槽，无翅，具伏贴红褐色短毛或红褐色脱落长刚毛；种子4～12颗，内部隔膜木质，带红色，褐色或黑色，扁长圆形。花期4～10月，果期5～11月。

## 葛属 *Pueraria*

### 葛 *Pueraria lobata*（Willd.）Ohwi

粗壮藤本，全体被黄色长硬毛，茎基部木质，有稍粗厚的块状根。托叶背着，卵状长圆形，具线条；小托叶线状披针形，与小叶柄等长或较长；小叶3裂，偶尔全缘，顶生小叶片宽卵形或斜卵形，长4～20厘米，宽4～18厘米，先端长渐尖，侧生小叶斜卵形，稍小，上面被淡黄色、平伏的疏柔毛，下面较密；小叶柄被黄褐色绒毛。总状花序长15～35厘米，中部以上有颇密集的花；苞片线状披针形至线形，远比小苞片长，早落；小苞片卵形，长不及2毫米；花2～3朵聚生于花序轴的节上；花萼钟形，长5～10毫米，被黄褐色柔毛，裂片披针形，渐尖，比萼管略长；花冠长8～12毫米，紫色，旗瓣倒卵形，基部有2耳及一黄色硬痂状附属体，具短瓣柄，翼瓣镰状，较龙骨瓣为狭，基部有线形、向下的耳，龙骨瓣镰状长圆形，基部有极小、急尖的耳；对旗瓣的1枚雄蕊仅上部离生；子房线形，被毛。荚果长椭圆形，长5～11厘米，宽6～11毫米，扁平，被褐色长硬毛。花期7～10月，果期9～12月。

## 刺槐属 *Robinia*

刺槐 *Robinia pseudoacacia* Linn.

落叶乔木，高10～20米。树皮灰褐色至黑褐色，浅裂至深纵裂，稀光滑。小枝灰褐色，脆而易折，幼时有棱脊，微被毛，后无毛；具托叶刺，长达2厘米；冬芽小，被毛。羽状复叶长10～30厘米；叶轴上面具沟槽；小叶2～12对，常对生，椭圆形、长椭圆形或卵形，长2～5厘米，宽1.5～2.2厘米，先端圆，微凹，具小尖头，基部圆至阔楔形，全缘，上面绿色，下面灰绿色，幼时被短柔毛，后变无毛；小叶柄

长1～3毫米；小托叶针芒状，总状花序腋生，长10～20厘米，下垂，花多数，芳香；苞片早落；花梗长7～8毫米；花萼斜钟状，长7～9毫米，萼齿5，三角形至卵状三角形，密被柔毛；花冠白色，各瓣均具瓣柄，旗瓣近圆形，长16毫米，宽约19毫米，先端凹缺，基部圆，反折，内有黄斑，翼瓣斜倒卵形，与旗瓣几等长，长约16毫米，基部一侧具圆耳，龙骨瓣镰状，三角形，与翼瓣等长或稍短，前缘合生，先端钝尖；雄蕊二体，对旗瓣的1枚分离；子房线形，长约1.2厘米，无毛，柄长2～3毫米，花柱钻形，长约8毫米，上弯，顶端具毛，柱头顶生。荚果褐色，或具红褐色斑纹，线状长圆形，长5～12厘米，宽1～1.5厘米，扁平，先端上弯，具尖头，果颈短，沿腹缝线具狭翅；花萼宿存，有种子2～15粒；种子褐色至黑褐色，微具光泽，有时具斑纹，近肾形，长5～6毫米，宽约3毫米，种脐圆形，偏于一端。花期4～6月，果期8～9月。

为优良固沙保土树种。材质硬重，抗腐耐磨，宜作枕木、车辆、建筑、矿柱等多种用材；生长快，萌芽力强，是速生薪炭林树种和优良的蜜源植物，花可食用。

## 槐属 *Sophora*

### 白刺花 *Sophora davidii*（Franch.）Skeels

灌木或小乔木，高1～2米，有时3～4米。枝多开展，小枝初被毛，旋即变无毛，不育枝末端明显变成刺，有时分叉。羽状复叶；托叶钻状，部分变成刺，疏被短柔毛，宿存；小叶5～9对，形态多变，一般为椭圆状卵形或倒卵状长圆形，长10～15毫米，先端圆或微缺，常具芒尖，基部钝圆形，上面几无毛，下面中脉隆起，疏被长柔毛或近无毛。总状花序着生于小枝顶端；花小，长约15毫米，较少；花萼钟状，稍歪斜，蓝紫色，萼齿5，不等大，圆三角形，无毛；花冠白色或淡黄色，有时旗瓣稍带红紫色，旗瓣倒卵状长圆形，长14毫米，宽6毫米，先端圆形，基部具细长柄，柄与瓣片近等长，反折，翼瓣与旗瓣等长，单侧生，倒卵状长圆形，宽约3毫米，具1锐尖耳，明显具海绵状皱褶，龙骨瓣比翼瓣稍短，镰状倒卵形，具锐三角形耳；雄蕊10，等

长，基部连合不到1/3；子房比花丝长，密被黄褐色柔毛，花柱变曲，无毛，胚珠多数。荚果非典型串珠状，稍压扁，表面散生毛或近无毛，长6～8厘米，宽6～7毫米，沿缝线开裂，在果瓣两面另出现2条不规则撕裂缝，最终开裂成2瓣，有种子3～5粒；种子卵球形，长约4毫米，径约3毫米，深褐色。花期3～8月，果期6～10月。

耐旱性强，可保持水土，也可观赏。

## 槐 *Sophora japonica* Linn.

乔木，高达25米。树皮灰褐色，具纵裂纹。当年生枝绿色，无毛。羽状复叶长达25厘米；叶轴初被疏柔毛，旋即变无毛；叶柄基部膨大，包裹着芽；托叶形状多变，卵形，叶状，线形或钻状，早落；小叶4～7对，对生或近互生，纸质，卵状披针形或卵状长圆形，长2.5～6厘米，宽1.5～3厘米，先端渐尖，具小尖头，基部宽楔形或近圆形，稍偏斜，下面灰白色，初被灰短柔毛，旋变无毛；小托叶2枚，钻状。圆锥花序顶生，常呈金字塔形，长达30厘米；花梗比花萼短；小苞片2枚，形似小托叶；花萼浅钟状，长约4毫米，萼齿5，近等大，圆形或钝三角形，被灰白色短柔毛，萼管近无毛；花冠白色或淡黄色，旗瓣近圆形，长和宽约11毫米，具短柄，有紫色脉纹，先端微缺，基部浅心形，翼瓣卵状长圆形，长10毫米，宽4毫米，先端圆，基部斜戟形，无皱褶，龙骨瓣阔卵状长圆形，与翼瓣等长，宽达6毫米；雄蕊近分离，宿存；子房近无毛。荚果串珠状，长2.5～5厘米或稍长，径约10毫米，种子间缢缩不明显，种子排列较紧密，具肉质果皮，成熟后不开裂，具种子1～6粒；种子卵球形，淡黄绿色，干后黑褐色。花期7～8月，果期8～10月。

树冠优美，花芳香，是行道树和优良的蜜源植物；叶、根、花和荚果入药；木材供建筑用。

## 紫藤属 *Wisteria*

### 紫藤 *Wisteria sinensis*（Sims）Sweet

落叶藤本。茎左旋，枝较粗壮，嫩枝被白色柔毛，后秃净；冬芽卵形。奇数羽状复叶长15～25厘米；托叶线形，早落；小叶3～6对，纸质，卵状椭圆形至卵状披针形，上部小叶较大，基部1对最小，长5～8厘米，宽4厘米，先端渐尖至尾尖，基部钝圆或楔形，或歪斜，嫩叶两面被平伏毛，后秃净；小叶柄长3～4毫米，被柔毛；小托叶刺毛状，长4～5毫米，宿存。总状花序发自去年短枝的腋芽或顶芽，长15～30厘米，径8～10厘米，花序轴被白色柔毛；苞片披针形，早落；花长2～2.5厘米，芳香；花梗细，长2～3厘米；花萼杯状，长5～6毫米，宽7～8毫米，密被细绢毛，上方2齿甚短，下方3齿卵状三角形；花冠紫色，旗瓣圆形，先端略凹陷，花开后反折，基部有2胼胝体，翼瓣长圆形，基部圆，龙骨瓣较翼瓣短，阔镰形；子房线形，密被绒毛，花柱无毛，上弯，胚珠6～8粒。荚果倒披针形，长10～15厘米，宽1.5～2厘米，密被绒毛，悬垂枝上不脱落，有种子1～3粒；种子褐色，具光泽，圆形，宽1.5厘米，扁平。花期4月中旬至5月上旬，果期5～8月。

栽培作庭院棚架植物，先叶开花，紫穗满垂缀以稀疏嫩叶，十分优美。

## 远志科 Polygalaceae 远志属 *Polygala*

### 荷包山桂花 *Polygala arillata* Buch.-Ham. ex D. Don

灌木或小乔木，高1～5米。小枝圆柱形，有时具纵棱，密被短柔毛，芽密被黄褐色毡毛。叶纸质，椭圆形、长圆状椭圆形至长圆状披针形，长6.5～14厘米，宽2～2.5厘米，先端渐尖，基部楔形或钝圆，全缘，具缘毛，上表面绿色，背面淡绿色，幼时两面均疏被短柔毛，后渐无毛，脉两面均被短柔毛，主脉在上表面微凹，在背面隆起，侧脉每边5～6条，明显，于边缘网结，网脉明显；叶柄长约1

厘米，被短柔毛。总状花序与叶对生，下垂，具纵棱及槽，密被短柔毛，通常长7～10厘米，果时延长达25（～30）厘米。花长13～20毫米，花梗长约3毫米，被短柔毛，具三角状渐尖苞片1枚，苞片长3毫米，被短柔毛；萼片5枚，具缘毛，花后脱落，外面3枚小，中间1枚深兜状，长8～9毫米，其余2枚小卵形，长5毫米，宽3毫米，先端圆形，里面2枚大，花瓣状，红紫色，长圆状倒卵形，长15～18毫米，与花瓣几成直角着生；花瓣3枚，肥厚，黄色，侧生花瓣长11～15毫米，较龙骨瓣短，2/3以下与龙骨瓣合生，基部向萼面耳状，龙骨瓣盔形，具丰富的条裂鸡冠状附属物，长3毫米；雄蕊8枚，长约14毫米，2/3以下连合成鞘，并与花瓣贴生，花药卵形，顶孔开裂；子房圆形，压扁，具狭翅，直径3毫米，具缘毛，基部具1肉质花盘；花柱细，长8～12毫米，向顶端弯曲，先端喇叭状2裂，柱头藏于下裂片内。蒴果阔肾形至略心形，浆果状，阔13毫米，长约10毫米，幼果绿色，熟时紫红色，先端微缺，缺口内具短尖头，边缘具狭翅，具缘毛，基部具花盘和花被脱落后的环状疤痕，果爿具同心环状棱。种子球形，红棕色，直径约4毫米，极疏被白色短柔毛，靠种脐端具1跨折状白色种阜，长约4毫米，另一端近平截，亮黑色，圆形稍突起。花期5～10月，果期6～11月。

根皮供药用，清热解毒，祛风除湿，补虚消肿，治风湿疼痛，跌打损伤，肺痨水肿，小儿惊风，肺炎，急性肾炎，急慢性胃肠炎，百日咳，泌尿系统感染，早期乳腺炎，上呼吸道感染，支气管炎。

## 蔷薇科 Rosaceae 桃属 *Amygdalus*

### 山桃 *Amygdalus davidiana*（Carr.）C. de Vos ex Henry

乔木，高6～10米。树冠开展，树皮暗紫色，光滑；小枝细长，直立，幼时无毛，老时褐色。叶片卵状披针形，长5～13厘米，宽1.5～4厘米，先端渐尖，基部楔形，边缘具细锐锯齿，两面无毛；叶柄长1～2厘米，常具腺体。花单生，先于叶开放，直径2～3厘米；花梗极短或几无花梗；花萼无毛；萼筒钟形，萼片卵形至卵状长圆形，紫色，先端钝圆；花瓣倒卵形或近圆形，长

10～15毫米，宽8～12毫米，粉红色，先端钝圆，稀微凹入；雄蕊多数，几与花瓣等长或稍短；子房被柔毛，花柱长于雄蕊或近等长。果实近球形，直径2.5～3.5厘米，淡黄色，外面密被短柔毛，果梗短而深入果洼；果肉薄而干，不可食，成熟时不开裂；核球形或近球形，两侧不压扁，顶端钝圆，基部楔形，表面具纵、横沟纹和孔穴，与果肉分离。花期3～4月，果期7～8月。

木材质重而硬，可作各种细工及手杖。种仁含油，可榨油供食用。

### 桃 *Amygdalus persica* L.

乔木，高4~8米。树冠宽广而平展；树皮暗红褐色，老时粗糙呈鳞片状；小枝细长，无毛，有光泽，绿色，向阳处转变成红色，具大量小皮孔；冬芽圆锥形，顶端钝，外面被短柔毛，常2~3个簇生，中间为叶芽，两侧为花芽。叶片长圆状披针形，椭圆状披针形或倒卵状披针形，长7~15厘米，宽2~3.5厘米，先端渐尖，基部宽楔形，上面无毛，背面在脉腋间具少数短柔毛或无毛，边缘具细锯齿或粗锯齿，齿端具腺体或无腺体；叶柄粗壮，长1~2厘米，常具1至数枚腺体，有时无腺体。花单生，先于叶开放，直径2.5~3.5厘米；花梗短或几无花梗；萼筒钟形，被短柔毛，稀几无毛，绿色而具红色斑点，萼片卵形至长圆形，顶端钝圆，外面被短柔毛；花瓣长圆状椭圆形至宽倒卵形，粉红色，罕为白色；雄蕊20~30，花药绯红色；花柱几与雄蕊等长或稍短；子房被短柔毛。果实形状与大小均有变异，卵形，宽椭圆形或扁圆形，直径（3~）5~7（~12）厘米，长几与宽相等，色泽变化由淡绿白色至橙黄色，常在向阳面具红晕，外面密被短柔毛，稀无毛，腹缝明显，果梗短而深入果洼；果肉白色，浅绿白色，黄色，橙黄色或红色，多汁，有香味，甜或酸甜；核大，离核或粘核，椭圆形或近圆形，两侧扁平，顶端渐尖，表面具纵、横沟纹和孔穴；种仁味苦，稀味甜。花期3~4月，果期通常8~9月，且常因品种而异。

桃树树干上分泌的胶质叫"桃胶"，可用作粘接剂等，可食用，也供药用，有破血、和血、益气的功效。

## 杏属 *Armeniaca*

### 梅 *Armeniaca mume* Sieb.

小乔木，稀灌木，高（2~）4~10米。树皮浅灰色或带绿色，平滑，小枝绿色，光滑，无毛。叶片卵形或椭圆形，长4~8厘米，宽2~5厘米，先端尾尖，基部宽楔形至钝圆，边缘有小锐锯齿，灰绿色，幼嫩时两面被短柔毛；叶柄长1~2厘米，幼时具毛，老时脱落，常有腺体。花单生或有时2朵同生于1芽内，直径2~2.5厘米，浓香味，先于叶开放；花梗短，长约1~3毫米，常无毛；花萼通常红褐色，但有些品种的花萼为绿色或绿紫色，萼筒宽钟形，无毛，或有时被短柔毛，萼片卵形或近圆形，先端钝圆；花瓣倒卵形，白色至粉红色；雄蕊短，或稍长于花瓣；子房密被柔毛，花柱短或稍长于雄蕊。果实近球形，直径2~3厘米，黄色或绿白色，味酸，果肉与核粘贴；核椭圆形，顶端圆形而有小突尖头，基部渐狭而成楔形，两侧微扁，腹棱稍钝，腹面和背棱上均有明显纵沟，表面有蜂窝状孔穴。花期冬春季，果期5~6月。

鲜花可提取香精，花、叶、梅和种仁均可入药。果实可食、盐渍或干制，或熏制成乌梅入药，有止咳、止泻、生津、止渴之效。

### 杏 *Armeniaca vulgaris* Lam.

乔木，高5~8（~12）米。树冠圆形，扁圆形或长圆形；树皮灰褐色，纵裂，多年生枝浅褐色，皮孔大而横生，一年生枝浅红褐色至灰褐色，有光泽，无毛，具多数小皮孔。叶片宽卵形或圆卵形，长5~9厘米，宽4~8厘米，先端急尖至短渐尖，基部圆形至近心形，叶缘有圆钝锯齿，两面无毛或仅背面脉腋间具柔毛；叶柄长2~3.5厘米，无毛，基部常具1~6腺体。花单生，直径2~3厘米，先于叶开放，花梗短，长1~3毫米，被短柔毛；花萼紫绿色，萼筒圆筒形，外面基部被短柔毛，萼片卵形至卵状长圆形，先端急尖或钝圆，花后反折；花瓣圆形至倒卵形，白色或带红色，具短爪；雄蕊约20~45，稍短于花瓣；子房被短柔毛，花柱稍长或几与雄蕊等长，下部具柔毛。果实球形，稀倒卵形，直径2.5厘米以上，白色，黄色至黄红色，常具红晕，微被短柔毛；果肉多汁，成熟时不开裂；核卵形或椭圆形，两侧扁平，顶端圆钝，基部对称，稀不对称，表面稍粗糙或平滑，腹棱较圆，常稍钝，背棱较直，腹面具龙骨状棱；种仁味苦或甜。花期3~4月，果期6~7月。

果可食，果仁供药用。

## 樱属 *Cerasus*

### 钟花樱桃 *Cerasus campanulata*（Maxim.）Yu et L

乔木或灌木，高3~8米。树皮黑褐色，小枝灰褐色或紫褐色，幼枝绿色，无毛；冬芽卵形，无毛。叶片卵形、卵状椭圆形或倒卵状椭圆形，薄革质，长4~7厘米，宽2~3.5厘米，先端渐尖，基部圆形，边缘急尖锯齿，常稍不整齐，上面绿色，无毛，下面淡绿色，无毛或脉腋有簇毛，侧脉8~12对；叶柄长8~14毫米，无毛，顶端常有腺体2个；托叶早落。伞形花序有花2~4朵，先叶开放，花直径1.5~2厘米；总苞片长椭圆形，长约5毫米，宽约3毫米，两面伏生长柔毛，总梗短，长2~4毫米；苞片长1.5~2毫米，边有锯齿；花梗长1~1.3厘米，无毛或稀疏被极短柔毛；萼筒钟状，长约6毫米，宽约3毫米，近无毛，基部略膨大，萼片长圆形，长约2.5毫米，先端钝圆，全缘；花瓣倒卵状长圆形，粉红色，先端色较深，下凹；雄蕊39~41枚；花柱通常比雄蕊长，稀稍短，无毛。核果卵球形，纵长约1厘米，横径5~6毫米，顶端尖；核表面微具棱纹；果梗长1.5~2.5厘米，先端稍膨大并有萼片宿存。花期2~3月，果期4~5月。

早春开花。颜色鲜艳，栽培供观赏用。

### 高盆樱桃 *Cerasus cerasoides*（D. Don）Sok.

乔木，高4~10米。幼枝绿色，被短柔毛，老枝灰黑色，无毛。叶片近革质，卵状披针形或长圆状披针形，长（4~）8~12厘米，宽（2~）3.2~4.8厘米，先端长渐尖，基部钝圆，边缘有细重锯齿或单锯齿，齿端有小头状腺，上面深绿色，背面淡绿色，无毛，侧脉10~15对，网脉细密；叶柄长1.2~2厘米，先端有2~4腺；托叶线形，基部羽裂并有腺齿。总苞片大，先端深裂，花后凋落，长1~1.2厘米；花梗长1~1.5厘米，无毛，花1~3朵，伞形排列，与叶同时开放；苞片近圆形，边有腺齿，革质，花后宿存或脱落；果梗长达3厘米，先端肥厚；萼筒钟状，常红色，萼片三角形，先端急尖，长4~55毫米，全缘，常带红色；花瓣卵圆形，先端钝圆或微凹；淡粉红色至白色；雄蕊32~34枚，短于花瓣；花柱与雄蕊等长，无毛，柱头盘状。核果圆卵形，长12~15毫米，直径8~12毫米，熟时紫黑色；核圆卵形，顶端钝圆，边有深沟和孔穴。花期10~12月。

果实可食，有的地方作郁仁代用品。

### 华中樱桃 *Cerasus conradinae*（Koehne）Yu et Li

乔木，高4~11米。树皮灰褐色，小枝灰褐色，嫩枝绿色，无毛；冬芽卵形，无毛。叶片倒卵形，长椭圆形或倒卵状长椭圆形，长5~9厘米，宽2.5~4厘米，先端具短尖尾，基部钝圆，边缘有向前伸展锯齿，齿端有小腺体，上面绿色，背面淡绿色，两面均无毛，有侧脉7~9对；叶柄长6~8毫米，无毛，有2腺；托叶线形，长约6毫米，边缘有腺齿，花后脱落。伞形花序有花3~5朵，先叶开放，直径约1.5毫米；总苞片褐色，倒卵状椭圆形，长约8毫米，宽约4毫米，外面无毛，内面密被疏柔毛；总梗长4~15毫米，无毛，稀总梗不明显；苞片褐色，宽扇形，长约1.3毫米，有腺齿，果时脱落；花梗长1~1.5厘米，无毛；萼筒管形钟状，长约4毫米，宽约3毫米，无毛，萼片三角状卵形，长约2毫米，先端钝圆或急尖；花瓣白色或粉红色，卵形或倒卵形，先端二裂；雄蕊32~43枚；花柱无毛，比雄蕊短或稍长。核果卵球形，红色，纵径8~11毫米，横径5~9毫米；核表面棱纹不明显。花期3月，果期4~5月。

### 蒙自樱桃 *Cerasus henryi*（Schneid.）Yu et Li

乔木，高约3米。小枝紫褐色，无毛。冬芽卵形，无毛。叶片长卵形或卵状长圆形，长约4厘米，宽约2厘米，先端渐尖，基部楔形或圆形，边有尖锐单锯齿或重锯齿，齿端有小圆腺体，上面绿色，无毛，下面淡绿色，无毛或仅脉腋有簇毛，侧脉7~10对；叶柄长5~13毫米，无毛，先端有1~2腺；托叶狭带形，短于叶柄或与叶柄近等长，边有腺齿。花序近伞房总状，长2.5~4厘米，有花3~7朵；总苞片倒卵圆形，长4~5毫米，宽约3毫米，外面无毛，内面密被柔毛，边有腺齿，早落；花梗长4~8毫米，无毛；苞片倒卵形，褐色或略带绿色，长2~3毫米，无毛或被疏柔毛，边有腺齿；花梗长6~15毫米，无毛；花直径约1.5厘米；萼筒管形钟状，长3~4毫米，宽2~3毫米，无毛，萼片长圆三角形，先端急尖或钝，约为萼筒长的一半，花后反折；花瓣白色，卵圆形，长约10毫米，先端圆钝或微波状；雄蕊30~45枚，与花瓣近等长；花柱与雄蕊近等长，基部有稀疏长毛。花期3月。

### 樱桃 *Cerasus pseudocerasus*（Lindl.）G. Don

乔木，高2~6米。树皮灰白色，小枝灰褐色，嫩枝绿色，无毛或被疏柔毛；冬芽卵形，无毛。叶片卵形或长圆状卵形，长5~12厘米，宽3~5厘米，先端渐尖或尾状渐尖，基部圆形，边有尖锐重锯齿，齿端有小腺体，上面暗绿色，近无毛，下面绿色，沿脉或腋间有稀疏柔毛，侧脉9~11对；叶柄长0.7~1.5厘米，被疏柔毛，先端有1或2个大腺体；托叶早落，披针形，有羽裂腺齿。花序伞房状或近伞形，有花3~6朵，先叶开放；总苞片倒卵状椭圆形，褐色，长约5毫米，宽约3毫米，边有腺齿；花梗长0.8~1.9厘米，被疏柔毛；萼筒钟状，长3~6毫米，宽2~3毫米，外面被疏柔毛，萼片三角状卵圆形或卵状长圆形，先端急尖或钝，边缘全缘，长约为萼筒的一半或过半；花瓣白色，卵圆形，先端下凹或二裂；雄蕊30~35枚，栽培者可达50枚；花柱与雄蕊近等长，无毛。核果红色，近球形，直径0.9~1.4厘米。花期3~4月，果期4~6月。

供食用，也可酿樱桃酒。根、枝、叶、花可供药用。

### 日本晚樱 *Cerasus serrulata* G. Don var. lannesiana（Carr.）Makino

叶边有渐尖重锯齿，齿端有长芒，花常有香气。花期3~5月。

栽培，供观赏用。

## 木瓜属 *Chaenomeles*

### 皱皮木瓜 *Chaenomeles speciosa* （Sweet）Nakai

落叶灌木，高达2米。枝条直立开展，有刺，小枝圆柱形，微屈曲，无毛，紫褐色或黑褐色，具疏生浅褐色皮孔；冬芽三角状卵形，先端急尖，近无毛或在鳞片边缘具短柔毛，紫褐色。叶片卵形至椭圆形，稀长椭圆形，长3~9厘米，宽1.5~5厘米，先端急尖，稀钝圆，基部楔形至宽楔形，边缘具锐尖锯齿，齿尖开展，无毛或在萌发蘗上沿背面叶脉有短柔毛；叶柄长约1厘米；托叶大型，草质，肾形或半圆形，稀卵形，长5~10毫米，宽12~20毫米，边缘有尖锐重锯齿，无毛。花先叶开放，3~5朵簇生于二年生老枝上；花梗短粗，长约3毫米或近无柄；花直径3~5厘米；萼筒钟状，外面无毛，萼片直立，半圆形，稀卵形，长3~4毫米，宽4~5毫米，长约为萼筒之半，先端钝圆，全缘或有波状齿，及黄褐色睫毛；花瓣倒卵形或近圆形，基部延伸成短爪，长10~15毫米，宽8~13毫米，猩红色，稀淡红色或白色；雄蕊45~50枚，长约为花瓣之半；花柱5，基部合生，无毛或稍有毛，柱头头状，有不明显分裂，约与雄蕊等长。果实球形或卵球形，直径4~6厘米，黄色或带黄绿色，有稀疏不明显的斑点，味芳香；萼片脱落，果梗短或近无梗。花期3~5月，果期9~10月。

栽培。

果实制后入药，有驱风、舒筋、活络、镇痛、消肿、顺气之效。

# 栒子属 *Cotoneaster*

### 匍匐栒子 *Cotoneaster adpressus* Bois

落叶匍匐灌木。茎不规则分枝，平铺地上，直径约0.5～1米；小枝纤细，圆柱形，幼时具糙伏毛，逐渐脱落，红褐色至暗灰色。叶片宽卵形或倒卵形，稀椭圆形，长5～15毫米，宽4～10毫米，先端钝圆或稍急尖，基部楔形，边缘波状，全缘，上面无毛，下面被疏柔毛或无毛；叶柄长1～2毫米，无毛；托叶钻形，易脱落。花1～2朵，几无梗，直径7～8毫米；萼筒钟状，外面疏被短柔毛，内面无毛，萼片卵状三角形，先端急尖，外面被疏短柔毛，内面无毛；花瓣直立，倒卵形，长约4.5毫米，粉红色；雄蕊10～15枚，较花瓣短；花柱2，离生，较雄蕊短，子房顶部有短柔毛。果实近球形，直径6～7毫米，鲜红色，无毛，具2（～3）核。花期5～6月，果期7～9月。

### 厚叶栒子 *Cotoneaster coriaceus* Franch.

常绿灌木，高1～3米。枝开展，小枝圆柱形，灰褐色，幼时密被黄色绒毛，老时渐落无毛。叶片厚革质，倒卵形至椭圆形，长2～4.5厘米，宽1.2～2.8厘米，先端钝圆或急尖，具小凸尖，基部楔形，全缘，上面光亮，无毛，叶脉下陷，背面密被黄色绒毛，叶脉突起，侧脉7～10对；叶柄长4～8毫米，幼时密被黄色绒毛，老时毛渐稀疏；托叶线状披针形，宿存，被疏绒毛。复聚伞花序，直径4～7厘米，长2.5～4.5厘米，具20朵花以上小而密的花朵，总花梗和花梗密被黄色绒毛；花梗长1～2毫米；花直径4～5毫米；萼筒钟状，外面密生绒毛，内面无毛，萼片三角形，先端急尖，外面有绒毛，内面无毛；花瓣白色，平展，宽卵形，先端钝圆，基部具爪，内部基部稍具细柔毛；雄蕊20枚，比花瓣稍短；花柱2，与雄蕊近等长，离生，子房先端被柔毛。果实倒卵形，长4～5毫米；红色，表面具少数绒毛，具2小核。花期5～6月，果期9～10月。

### 木帚枸子 *Cotoneaster dielsianus* Pritz.

落叶灌木，高1~2米。枝条开展，下垂；小枝纤细，圆柱形，灰黑色或黑褐色，幼时密被长柔毛。叶片椭圆形至卵形，长1~2.5厘米，宽0.8~1.5厘米，先端常急尖，稀钝圆或凹缺，基部宽楔形或圆形，全缘，上面微被疏柔毛，背面密被带黄色或灰色绒毛；叶柄长1~2毫米，被绒毛；托叶线状披针形，幼时被毛。花3~7朵组成聚伞花序，总花梗和花梗被柔毛；花梗长1~3毫米；花直径6~7毫米；萼筒钟

状，外面被柔毛，萼片三角形，先端急尖，外面被柔毛，内面先端疏被柔毛；花瓣直立，浅红色，几圆形或宽倒卵形，长与宽各约3~4毫米，先端圆钝；雄蕊15~20枚，比花瓣短；花柱通常3~5，甚短，离生，子房顶部被柔毛。果实近球形或倒卵形，直径5~6毫米，红色，具3~5小核。花期6~7月，果期9~10月。

### 西南枸子 *Cotoneaster franchetii* Bois

半常绿灌木，高1~3米。枝开展，呈弓形弯曲，暗灰褐色或灰黑色，嫩枝密被糙伏毛，老则无毛。叶片厚，椭圆形至卵形，长2~3厘米，宽1~1.5厘米，先端急尖或渐尖，基部楔形，全缘，上面幼时具伏生柔毛，老时脱落，背面密被带黄色或白色绒毛；叶柄长2~3毫米，被绒毛；托叶线状披针形，有毛，成长时脱落。花5~11朵组成聚伞花序，生于短侧枝顶端，总花梗和花梗密被短柔毛；苞片线形，被柔毛；花梗长2~4毫米；花直径

6~7毫米；萼筒钟状，外面密被柔毛，内面无毛，萼片三角形，先端急尖或短渐尖，外面密生柔毛，内面先端微具柔毛；花瓣直立，粉红色，宽倒卵形或椭圆形，长4毫米，宽约3毫米，先端钝圆；雄蕊20枚，比花瓣短；花柱2~3，离生，短于雄蕊；子房先端有柔毛。果实卵球形，直径6~7毫米，橘红色，幼时微具柔毛，常具3小核，稀5核。花期6~7月，果期9~10月。

### 粉叶栒子 *Cotoneaster glaucophyllus* Franch.

半常绿灌木，高2~5米。多分枝，小枝粗壮，圆柱形，暗灰褐色，幼时密被黄色柔毛，逐渐脱落，老时无毛。叶片椭圆形，长椭圆形至卵形，长3~6厘米，宽1.5~2.5厘米，先端急尖或钝圆，基部宽楔形至圆形，上面无毛，背面幼时微具短柔毛，后变无毛，被白霜，侧脉5~8对；叶柄粗壮，长4~6毫米，幼时具黄色柔毛，以后脱落无毛；托叶披针形，多数脱落。花多数而密集成复聚伞花序，总花梗和花梗具带黄色柔毛；苞片钻形，稍有柔毛，早落；花梗长2~4毫米；花直径8毫米；萼筒钟状，外面疏被柔毛，内面无毛，萼片三角形，先端急尖，外面疏被柔毛；花瓣白色，平展，近圆形或宽倒卵形，长3~4毫米，先端多数钝圆，稀微凹，基部具极短爪，内面近基部微具柔毛；雄蕊20枚，几与花瓣等长，花柱常2，离生，几与雄蕊等长；子房顶端微具柔毛。果实卵形至倒卵形，直径6~7毫米，红黄色，常具2小核。花期6~7月，果期9~10月。

### 小叶栒子 *Cotoneaster microphyllus* Wall. ex Lindl.

常绿贴地灌木。小枝圆柱形，红褐色至黑褐色，幼时被黄色柔毛，老则逐渐脱落。叶片厚革质，倒卵形至长圆状倒卵形，长4~10毫米，宽3.5~7毫米，先端钝圆，稀微凹或急尖，基部宽楔形，上面无毛或疏被柔毛，背面被带灰白色短柔毛，边缘反卷；叶柄长1~2毫米，被短柔毛；托叶细小，早落。花通常单生，稀2~3朵，直径约1厘米，花梗极短；萼筒钟状，外面被疏短柔毛，内面无毛，萼片卵状三角形，先端钝外面稍被短柔毛，内面无毛或仅先端边缘上有少数柔毛；花瓣白色，平展，近圆形，长与宽各约4毫米，先端钝；雄蕊15~20枚，较花瓣短；花柱2，离生，稍短于雄蕊；子房先端被短柔毛。果实球形，直径5~6毫米，红色，内常具2核。花期5~6月，果期8~9月。

### 毡毛枸子 *Cotoneaster pannosus* Franch.

半常绿灌木，高1～2米。枝条呈弓形弯曲，小枝细瘦，暗褐色，幼时密生白色绒毛，以后脱落。叶片椭圆形或卵形，长1～2.5厘米，宽0.8～1.5厘米，先端钝圆或急尖，基部宽楔形，上面中脉下凹，背面密被白色绒毛，中脉凸起，侧脉4～6对；叶柄长2～7毫米，具绒毛。聚伞花序有花10（～21）朵，直径1～3厘米，长1.5～2.5厘米，总花梗和花梗密生绒毛；苞片线形，有毛，早落；花梗长2～3毫米；花直径8毫米；萼筒钟状，外面密被绒毛，内面无毛，萼片三角形，先端短渐尖或急尖，外面密生绒毛，内面多数无毛；花瓣白色，平展，宽卵形或近圆形，长3～3.5毫米，先端钝圆，基部具短爪，内面基部具微毛；雄蕊20枚，与花瓣近等长，花药紫红色；花柱2稀3，离生，与雄蕊等长，子房先端具柔毛。果实球形或卵形，直径7～8毫米，深红色，常具2小核。花期6～7月，果期10月。

### 圆叶枸子 *Cotoneaster rotundifolius* Wall. ex Lindl.

常绿灌木，高达4米。枝条伸展，小枝灰褐色至黑褐色，幼时具平贴长柔毛，成长时脱落。叶片近圆形或宽卵形，长8～20毫米，宽6～12毫米，先端钝圆或微缺，有时急尖，具短凸尖头，基部宽楔形至圆形，上面无毛或微具柔毛，背面被柔毛；叶柄短，长1～3毫米，具柔毛；托叶披针形，微具柔毛，宿存或脱落。花1～3朵，直径约1厘米，花梗短，长2～4毫米，被柔毛；苞片线状披针形，脱落；萼筒钟状，外面疏被柔毛，内面无毛，萼片三角形，先端急尖，外面微被柔毛，内面仅先端有微柔毛；花瓣平展，白色或带粉红色，宽卵形至倒卵形，长约4毫米，先端钝圆或微凹，基部具爪；雄蕊20枚，与花瓣等长或稍较花瓣短；花柱2～3，离生，约与雄蕊等长或稍短，子房先端有柔毛。果实倒卵形，直径7～9毫米，红色，具2～3小核。花期5～6月，果期7～9月。

## 山楂属 *Crataegus*

### 云南山楂 *Crataegus scabrifolia*（Franch.）Rehd. 别名：山林果

落叶乔木，高达10米。树皮黑灰色，枝条开展，通常无刺；小枝微屈曲，圆柱形，当年生枝紫褐色，无毛或近于无毛，二年生枝暗灰色或灰褐色，散生长圆形皮孔；冬芽三角状卵形，先端急尖，无毛，紫褐色，具数枚外露鳞片。叶片卵状披针形至卵状椭圆形，稀菱状卵形，长4~8厘米，宽2.5~4.5厘米，先端急尖，基部楔形，边缘有稀疏不整齐圆钝重锯齿，通常不分裂或在不孕枝上数叶片顶端有不规则的3~5浅裂，幼时上面微被伏贴短柔毛，老时减少，背面中脉及侧脉有长柔毛或近于无毛；叶柄长1.5~4厘米，无毛；托叶膜质，线状披针形，长约8毫米，边缘有腺齿，早落。伞房花序或复伞房花序，直径4~5厘米；总花梗和花梗均无毛，花梗长5~10毫米，花直径约1.5厘米；萼筒钟状，外面无毛，萼片三角状卵形或三角状披针形，约与萼筒等长；花瓣近圆形或倒卵形，长约8毫米，宽约6毫米，白色；雄蕊20枚，比花瓣短；子房顶端被灰白色绒毛，花柱3~5，柱头头状，约与雄蕊等长。果实扁球形，直径1.5~2厘米，黄色或带红晕，稀被褐色斑点；萼片宿存；小核5，内面两侧平滑，无凹痕。花期4~6月，果期8~10月。

## 牛筋条属 *Dichotomanthes*

### 牛筋条 *Dichotomanthes tristaniaecarpa* Kurz 别名：红果子树

常绿灌木至乔木，高2~10米。小枝幼时密被黄白色绒毛，老时褐色，无毛；树皮光滑，暗灰色，密被皮孔。叶片长圆状披针形，有时倒卵形，倒披针形至椭圆形，长3~7厘米，宽1.5~2.5（~3）厘米，先端急尖或钝圆并有凸尖，基部楔形至圆形，通常全缘，但部分叶片中部以上有锯齿，上面无毛或仅在中脉上有少数柔毛，光亮，下面幼时密被黄白色绒毛，逐渐稀少，侧脉7~12对，在下面明显；叶柄长4~6毫米，粗壮，密被黄白色绒毛；托叶丝状，脱落。花多数，密集成顶生复伞房花序，总花梗和花梗被黄白色绒毛；苞片披针形，膜质，早落；花梗长2~3毫米；花直径8~9毫米；萼筒钟状，外面密被绒毛，内面被柔毛，萼片三角形，先端钝圆，边具腺齿，外面密被绒毛，内面无毛或几无毛；花瓣白色，平展，近圆形或宽卵形，长3~4毫米，先端钝圆或微凹，基部有极短爪；雄蕊20枚，短于花瓣，花丝光滑无毛；子房外被柔毛，花柱初侧生，随发育渐呈顶生，无毛，柱头头状。果期心皮干燥，革质，长圆柱形，长5~7毫米，褐色至黑褐色，顶端稍被短柔毛，突出于肉质红色杯状萼筒之中。花期4~5月，果期6~11月。

## 栘（木衣）属 *Docynia*

### 云南栘（木衣）*Docynia delavayi*（Franch.）Schneid.

常绿乔木，高达3～10米，枝条稀疏；小枝粗壮，圆柱形，幼时密被黄白色绒毛，逐渐脱落，红褐色，老枝紫褐色；冬芽卵形，先端渐尖，鳞片外被柔毛。叶片披针形或卵状披针形，长6～8厘米，宽2～3厘米，先端急尖或渐尖，基部宽楔形或近圆形，全缘或稍有浅钝齿，上面无毛，深绿色，革质，有光泽，下面密被黄白色绒毛；叶柄长约1厘米，密被绒毛；托叶小，披针形，早落。花3～5朵，丛生于小枝顶端；花梗短粗，近于无毛，果期伸长，密被绒毛；苞片膜质，披针形，早落；花直径2.5～3厘米；萼筒钟状，外面密被黄白色绒毛；萼片披针形或三角披针形，长5～8毫米，先端渐尖或急尖，全缘，比萼筒稍短，内外两面均密被绒毛；花瓣宽卵形或长圆倒卵形，长12～15毫米，宽5～8毫米，基部有短爪，白色；雄蕊40～45枚，花丝长短不等，比花瓣短约三分之一；花柱5，基部合生并密被绒毛，与雄蕊近等长或稍短，柱头棒状。果实卵形或长圆形，直径2～3厘米，黄色，幼果密被绒毛，成熟后微被绒毛或近于无毛，通常有长果梗，外被绒毛；萼片宿存，直立或合拢。花期3～4月，果期5～6月。

果实味酸，供作柿果催熟剂用，栽培供观赏。

## 枇杷属 *Eriobotrya*

### 枇杷 *Eriobotrya japonica*（Thunb.）Lindl.

常绿乔木，高4～6（～10）米。小枝粗壮，黄褐色，密被锈色或灰棕色绒毛。叶片革质，披针形、倒披针形、倒卵形或椭圆状长圆形，长10～30厘米，宽3～9厘米，先端急尖或渐尖，基部楔形或渐狭成叶柄，上部边缘有疏锯齿，基部全缘，上面光亮，多皱，下面密生灰棕色绒毛，侧脉11～21对；叶柄短或几无柄，长6～10毫米，有灰棕色绒毛；托叶钻形，长1～1.5厘米，先端急尖，有毛。圆锥花序顶生，长10～19厘米，具多花；总花梗和花梗密生锈色绒毛；花梗长2～8毫米；苞片钻形，长2～5毫米，密生锈色绒毛；花直径12～20毫米；萼筒浅杯状，长4～5毫米，萼片三角卵形，长2～3毫米，先端急尖，萼筒及萼片外面被锈色绒毛；花瓣白色，长圆形或卵形，长5～9毫米，宽4～6毫米，基部具爪，被锈色绒毛；雄蕊20枚，远短于花瓣，花丝基部扩展；花柱5，离生，柱头头状，无毛，子房顶端有锈色柔毛，5室，每室有2胚珠。果实球形或长圆形，直径2～5厘米，褐色，光亮，种皮纸质。花期10～12月，果期5～6月。

观赏树木和著名果树。

果味甘酸，供食用、制蜜饯和酿酒用。叶晒干去毛，入药有化痰止咳、和胃降气之效。木材红棕色，可做木梳、手杖、农具。

## 桂樱属 *Laurocerasus*

### 大叶桂樱 *Laurocerasus zippeliana* （Miq.）Yu et Lu

常绿乔木，高10~25米。小枝灰褐色至黑褐色，具明显小皮孔，无毛。叶片革质，宽卵形至椭圆状长圆形或宽长圆形，长10~19厘米，宽4~8厘米，先端急尖至短渐尖，基部宽楔形至近圆形，边缘具疏或密锯齿，齿顶具黑色硬腺体，两面无毛，侧脉明显，7~13对；叶柄长1~2厘米，粗壮，无毛，有1对扁平的基腺；托叶线形，早落。总状花序单生或2~4个簇生于叶腋，长2~6厘米，被短柔毛；花梗长1~3毫米；苞片长2~3毫米，位于花序最下面者常在先端3裂而无花；花直径5~9毫米；花萼外面被短柔毛；萼筒钟形，长约2毫米；萼片卵状三角形，长1~2毫米，先端圆钝；花瓣近圆形，长约为萼片之2倍，白色；雄蕊20~25枚，长4~6毫米；子房无毛，花柱几与雄蕊等长。果实长圆形或卵状长圆形，长18~24毫米，顶端急尖并具短尖头；黑褐色，无毛，核壁表面稍具网纹。花期7~10月；果期11月至翌年2月。

## 苹果属 *Malus*

### 花红 *\*Malus asiatica* Nakai

小乔木，高4~6米。小枝粗壮，圆柱形，嫩枝密被柔毛，老枝暗紫褐色，无毛，具稀疏浅色皮孔；冬芽卵形，先端急尖，初时密被柔毛，毛逐渐脱落，灰红色。叶片卵形或椭圆形，长5~11厘米，宽4~4.5厘米，先端急尖或渐尖，基部圆形或宽楔形，边缘有细锐锯齿，上面有短柔毛，逐渐脱落，背面密被短柔毛；叶柄长1.5~5厘米，具短柔毛；托叶小，膜质，披针形，早落。伞房花序，具花4~7朵，集生在小枝顶端；花梗长1.5~2厘米，密被柔毛；花直径3~4厘米；萼筒钟状，外面密被柔毛，萼片三角状披针形，长4~5毫米，先端渐尖，全缘，内外两面密被柔毛，萼片较萼筒稍长；花瓣倒卵形或长圆状倒卵形，长8~13毫米，宽4~7毫米，淡粉色，基部具爪；雄蕊17~20枚，花丝长短不等，较花瓣短；花柱4（~5），基部具长柔毛，较雄蕊长。果实卵形或近球形，直径4~5厘米，黄色或红色，先端渐尖，不具隆起，基部凹入，宿存萼肥厚隆起。花期4~5月，果期8~9月。

果供鲜食用，并可制果干、果丹皮、酿酒。

### 垂丝海棠 *Malus halliana* Koehne

乔木，高4~7米。树冠开展，小枝细弱，微弯曲，圆柱形，嫩时有毛，不久毛脱落，紫色或紫褐色；冬芽卵形，先端渐尖，无毛或仅在鳞片边缘具柔毛，紫色。叶片卵形或椭圆形至长椭卵形，3.5~8厘米，宽2.5~4.5厘米，先端长渐尖，基部楔形至近圆形，边缘具钝圆细锯齿，中脉有时具短柔毛，其余部分无毛，上面深绿色，有光泽并常带紫晕；叶柄长5~25毫米，幼时被稀疏柔毛，老时近无毛；托叶小，膜质，披针形，内面有毛，早落。伞

房花序，有4~6花。花梗纤细，长2~4厘米，下垂，有稀疏柔毛，紫色；花直径3~3.5厘米；萼筒外面无毛，萼片三角状卵形，长3~5毫米，先端钝，全缘，外面无毛，内面密被绒毛，与萼筒等长或稍短；花瓣倒卵形，长约1.5厘米，基部具短爪，粉红色，常在5数以上；雄蕊20~25枚，花丝长短不一，约等于花瓣之半；花柱4或5，较雄蕊长，基部有长绒毛，顶花有时缺雌蕊。果实梨形或倒卵形，直径6~8毫米，略带紫色，成熟很迟，萼片脱落；果梗长2~5厘米。花期3~4月，果期7~10月。

栽培供观赏。

### 西府海棠 *Malus* × micromalus Makino

小乔木，高3~5（~7）米。花期4~5月，果期8~9月。

小乔木，高3~5（~7）米。老枝直立性强，小枝细弱，圆柱形，嫩时被短柔毛，老时脱落，紫红色或暗褐色，具疏皮孔；冬芽卵形，先端急尖，无毛或仅边缘具绒毛，暗紫色。叶片长椭圆形或椭圆形，长5~10厘米，宽2.5~5厘米，先端急尖或渐尖，基部楔形稀近圆形，边缘有锐尖锯齿，嫩叶被短柔毛，背面较密，老时毛脱落；叶柄长2~3.5厘米；托叶膜质，线状披针

形，先端渐尖，边缘疏生腺齿，近无毛，早落。伞形总状花序有花4~7朵，集生于小枝顶端，花梗长2~3厘米，嫩时被长柔毛，毛逐渐脱落；苞片膜质，线状披针形，早落；花直径4厘米；萼筒外面密被白色长绒毛，萼片三角状卵形、长卵形，先端急尖或渐尖，全缘，长5~8毫米，内面被白色绒毛，外面毛被较疏，萼片与萼筒等长或稍长；花瓣近圆形或长椭圆形，长约1.5厘米，基部具短爪，粉红色；雄蕊20枚，花丝长短不等，比花瓣稍短；花柱5，基部被绒毛，约与雄蕊等长。果实近球形，直径1~1.5厘米，红色，萼洼、梗洼均下凹，萼多数脱落，少数宿存。花期4~5月，果期8~9月。

## 苹果 *Malus pumila* Mill.

乔木，高可达15米。多具有圆形树冠和短主干；小枝短而粗，圆柱形，嫩时密被绒毛，老枝紫褐色，无毛；冬芽卵形，先端钝，密被短柔毛。叶片椭圆形，卵形至宽椭圆形，长4.5～10厘米，宽3～5.5厘米，先端急尖，基部宽楔形或圆形，边缘具钝圆锯齿，幼时两面具短柔毛，长成后上面无毛；叶柄粗壮，长1.5～3厘米，被短柔毛；托叶草质，披针形，先端渐尖，全缘，密被短柔毛，早落。伞房花序有花3～7朵，集生于小枝顶端，花梗长1～2.5厘米，密被绒毛；苞片膜质，线状披针形，先端渐尖，全缘，被绒毛；花直径3～4厘米；萼筒外面密被绒毛，萼片三角状披针形或三角状卵形，长6～8毫米，基部具爪，白色，含苞未放时带粉红色；雄蕊20枚，花丝长短不一，约等于花瓣之半长；花柱5，下半部密被灰白色绒毛，较雄蕊稍长。果实扁球形，直径在2厘米以上，顶端常有隆起，萼洼下陷，萼片宿存；果梗粗短。花期5月，果期7～10月。

## 丽江山荆子 *Malus rockii* Rehd.

乔木，高5～10米。枝多下垂，小枝圆柱形，嫩时被长柔毛，毛逐渐脱落，深褐色，有稀疏皮孔；冬芽卵形，先端急尖，近于无毛或仅在鳞片边缘具短柔毛。叶片椭圆形、卵状椭圆形或长圆状卵形，长6～12厘米，宽3.5～7.5厘米，先端渐尖，基部圆形或宽楔形，边缘具不等的紧贴细锯齿，上面中脉疏生柔毛，背面中脉，侧脉和细脉上均被短柔毛；叶柄长2～4厘米，有长柔毛；托叶膜质，披针形，早落。花序近伞形，具花4～8朵，花梗长2～4厘米，被柔毛；苞片膜质，披针形，早落；花直径2.5～3厘米；萼筒钟形，密被长柔毛，萼片三角状披针形，先端急尖或渐尖，全缘，外面被疏柔毛或近无毛，内面密被柔毛；花瓣倒卵形，白色，长1.2～1.5厘米，宽5～8毫米，基部具短爪；雄蕊25枚，花丝长短不等，长不及花瓣之半；花柱4～5，基部有长柔毛，柱头扁圆，比雄蕊稍长。果实卵形或近球形，直径1～1.5厘米，红色，萼片迟落，萼洼微隆起；果梗长2～4厘米，被长柔毛。花期5～6月，果期7～9月。

## 绣线梅属 *Neillia*

### 矮生绣线梅 *Neillia gracilis* Franch.

矮生亚灌木，高不及0.5米。除基部呈木质外，大部分近似多年生草本；小枝纤细，弯曲，有棱，无毛。叶片卵形至三角状卵形，稀近肾形，长2.5～3.5厘米，宽2～3厘米，先端急尖或渐尖，稀钝圆，基部心形或浅心形，边缘有锐尖重锯齿和不规则3～5浅裂，上下两面微具短柔毛或近无毛；叶柄长1～1.6厘米，微被短柔毛；托叶卵形或三角状卵形，长4～6毫米，宽3～5毫米，先端急尖或钝圆，有锯齿和睫毛。总状花序顶生，有花3～7朵，长1～1.8厘米；苞片卵形，

边缘具睫毛；花梗长约2毫米，近无毛；花直径约为6毫米；萼筒钟状，长3～4毫米，外面微被短柔毛，萼片三角状卵形，长2～3毫米，先端渐尖，全缘，内外两面微被短柔毛；花瓣白色或带粉红，圆形，长与宽各约4毫米，先端微缺，具睫毛；雄蕊15～20枚，较花瓣短，着生于萼筒边缘；子房密被长柔毛，有不明显4裂柱头，具2胚珠。蓇葖果具宿萼，外被短柔毛，内含亮褐色种子2粒。花期5～7月，果期8～9月。

### 中华绣线梅 *Neillia sinensis* Oliv.

灌木，高达2米。小枝圆柱形，无毛，幼时紫褐色，老时暗灰褐色；冬芽卵形，先端钝，微被短柔毛或近无毛，红褐色。叶片卵形至卵状长椭圆形，长5～11厘米，宽3～6厘米，先端长渐尖，基部圆形或近心形，稀宽楔形，边缘有重锯齿，常不规则分裂，稀不裂，两面无毛或在下面脉腋有柔毛；叶柄长7～15毫米，微被毛或近无毛；托叶线状披针形或卵状披针形，先端渐尖或急尖，全缘，长0.8～1

厘米，早落。总状花序顶生，长4～9厘米，花梗长3～10毫米，无毛；花直径6～8毫米；萼筒筒状，长1～1.2厘米，外面无毛，内面被短柔毛，萼片三角形，先端尾尖，全缘，长3～4毫米；花瓣卵形，长约3毫米，宽约2毫米，先端钝圆，淡粉色；雄蕊10～15枚，花药不等长，着生于萼筒边缘，排成不规则的2轮；心皮1～2，子房顶端有毛，花柱直立，内含4～5胚珠。蓇葖果长椭圆形，萼筒宿存，外被疏生长腺毛。花期5～6月，果期7～9月。

## 小石积属 *Osteomeles*

### 华西小石积 *Osteomeles schwerinae* Schneid.

落叶或半常绿灌木，高1~3米。枝条开展密集，小枝纤细，圆柱形，微弯曲，幼时密被灰白色柔毛，逐渐脱落无毛，红褐色或紫褐色，多年生枝条黑褐色；冬芽小，扁三角卵形，先端急尖，紫褐色，近无毛。奇数羽状复叶，具小叶片7~15对，连叶柄长2~4.5厘米，幼时外被绒毛，老时减少；小叶片对生，相距2~4毫米，椭圆形，长5~10毫米，宽2~4毫米，先端急尖或突尖，基部宽楔形或近圆形，全缘，上下两面疏生柔毛，背面毛被较密，小叶柄极短或近于无柄，叶轴上有窄叶翼，叶柄长3~5毫米，被柔毛；托叶膜质，披针形，有柔毛，早落。顶生伞房花序，有花3~5朵，直径2~3厘米；总花梗和花梗均密被灰白色柔毛，花梗长3~8毫米；苞片膜质，线状披针形，被柔毛，早落；花直径约1厘米；萼筒钟状，长约3毫米，外面近无毛或有散生柔毛，萼片卵状披针形，先端急尖，全缘，与萼筒近等长，外面有柔毛，内面几无毛；花瓣长圆形，长5~7毫米，宽3~4毫米，白色；雄蕊20枚，比花瓣稍短；花柱5，基部被长柔毛，柱头头状，比雄蕊稍短。果实卵形或近球形，直径6~8毫米，蓝黑色，具宿存反折萼片；小核5，骨质，褐色，椭圆形，三棱，表面粗糙。花期4~5月，果期7月。

## 石楠属 *Photinia*

### 贵州石楠 *Photinia bodinieri* Levl.

常绿乔木，高6~15米。幼枝黄褐色，老枝灰色，幼时被短伏柔毛，老时无毛。叶片革质，卵形，倒卵形或长圆形，长4.5~9（15）厘米，宽（1.5）2~5厘米，先端尾尖，基部楔形，边缘具刺状齿，两面无毛，或脉上被微柔毛，以后脱落，侧脉约10对；叶柄长（0.8）1~1.5厘米，无毛，腹面有沟槽。复伞房花序顶生，直径约5厘米，总花梗和花梗被柔毛；花直径约1厘米；萼筒杯状，被柔毛，萼片三角形，长1~2毫米，先端尖或钝，外面被柔毛；花瓣白色，近圆形，直径约3~4毫米，先端微缺，无毛；雄蕊20枚，较花瓣稍短；花柱2~3，基部至中部合生。果球形，直径7~10毫米，红色，有2~4粒种子。花期4~5月，果期6~8月。

### 光叶石楠 *Photinia glabra*（Thunb.）Maxim.

常绿乔木，高3~5米，可达7米。老枝灰黑色，无毛，皮孔棕黑色，近圆形，散生。叶片革质，幼时和老时均呈红色，椭圆形，长圆形或长圆状倒卵形，长5~9厘米，宽2~4厘米，先端渐尖，基部楔形，边缘有疏生浅钝细锯齿，两面无毛，侧脉10~18对；叶柄长1~1.5厘米，无毛。花多数，成顶生复伞房花序，直径5~10厘米；总花梗和花梗均无毛；花直径7~8毫米；萼筒杯状，无毛，萼片三角形，长1毫米，先端急尖，外面无毛，内面有柔毛；花瓣白色，反卷，倒卵形，长约3毫米，先端钝圆，内面近基部有白色绒毛，基部有短爪；雄蕊20枚，约与花瓣等长或较短；花柱2，稀为3，离生或下部合生，柱头头状，子房顶端具柔毛。果实卵形，长约5毫米，红色，无毛。花期4~5月，果期9~10月。

叶供药用，有解热、利尿、镇痛作用；木材坚梗致密，可做器具、船舶、车辆等，也适宜栽培做篱垣及庭园树。

### 倒卵叶石楠 *Photinia lasiogyna*（Franch.）Schneid.

灌木或小乔木，高1~2米。小枝幼时疏被柔毛，老时无毛，紫褐色，具黄褐色皮孔。叶片革质，倒卵形或倒披针形，长5~10厘米，宽2.5~3.5厘米，先端钝圆，或具突尖，基部楔形或渐狭，边缘微卷，有不明显的锯齿，两面均无毛，侧脉9~11对，不显著；叶柄长15~18毫米，无毛。花成顶生复伞房花序，直径3~5厘米，被绒毛；苞片及小苞片钻形，长1~2毫米；花梗长3~4毫米；直径10~15毫米；萼筒杯状，有绒毛，萼片宽三角形，外面具绒毛；花瓣白色，倒卵形，长5~6毫米，宽3~4毫米，无毛，基部具短爪；雄蕊20枚，较花瓣短；花柱2~4，基部合生，子房顶端有毛。果实卵形，直径4~5毫米，红色，有明显斑点。花期5~6月，果期8~11月。

### 桃叶石楠 *Photinia prunifolia* （Hook. et Arn.） Lindl.

常绿乔木，高10～20米。小枝无毛，灰黑色，具黄褐色皮孔。叶片革质，长圆形或长圆状披针形，长7～13厘米，宽3～5厘米，先端渐尖，基部圆形至宽楔形，边缘有密生具腺的细锯齿，上面光亮，背面布满腺点，两面均无毛，侧脉13～15对；叶柄长10～25毫米，无毛，具多数腺体，有时且有锯齿。花多数，密集成顶生复伞房花序，直径12～16厘米，总花梗和花梗微有长柔毛；花直径7～8毫米；萼筒杯状，外面被柔毛，萼片三角形，长1～2毫米，先端渐尖，内面微有绒毛；花瓣白色，倒卵形，长约4毫米，先端钝圆，基部被绒毛；雄蕊20枚，与花瓣等长或稍长；花柱2（～3）离生，子房顶端被毛。果实椭圆形长7～9毫米，直径3～4毫米，红色，内有2（～3）枚种子。花期3～4月，果期10～11月。

### 石楠 *Photinia serratifolia* （Desf.） Kalkm.

常绿灌木或小乔木，高4～6米，稀达12米。枝幼时褐色或红褐色，老时灰褐色，无毛；冬芽卵形，4～7毫米，先端急尖或短渐尖，鳞片褐色，无毛。叶片革质，长椭圆形、长倒卵形或倒卵状椭圆形，长9～22厘米，宽3～6.5厘米，先端尾尖，基部圆形或宽楔形，边缘有疏生具腺细锯齿，近基部全缘，上面光亮，下面幼时中脉有绒毛，成熟后两面皆无毛，中脉显著，侧脉15～30对；叶柄粗壮，长2～4厘米，幼时有绒毛，以后无毛。复伞房花序顶生，直径10～16厘米；总花梗和花梗无毛，花梗长3～5毫米；花密生，直径6～8毫米；萼筒杯状，长约1毫米，无毛，萼片宽三角形，长约1毫米，先端急尖，无毛；花瓣白色，近圆形，直径3～4毫米，内外两面皆无毛；雄蕊20，外轮较花瓣长，内轮较花瓣短，花药带紫色；花柱2，稀为3，基部合生，柱头头状，子房顶端被柔毛。果实球形，直径3～6毫米，红色，后变为褐紫色；种子2枚，卵形，长2毫米，棕色，平滑。花期4～5月，果期10月。

常见的栽培树种。

## 扁核木属 *Prinsepia*

### 青刺尖 *Prinsepia utilis* Royle   别名：青刺头

灌木，高1~5米。老枝粗壮，灰绿色，小枝圆柱形，绿色或带灰绿色，具棱条，被褐色短柔毛或近无毛；枝刺长达3.4厘米，刺上生叶，近无毛；冬芽小，卵圆形或长圆形，近无毛。叶片长圆形或卵状披针形，长3.5~9厘米，宽1.5~3厘米，先端急尖或渐尖，基部宽楔形或近圆形，全缘或有浅锯齿，两面均无毛，上面中脉下陷，下面中脉和侧脉突起；叶柄长约5毫米，无毛。花多数成总状花序，长3~6厘米，稀更长，生于叶腋或生枝刺顶端；花梗长4~10毫米，总花梗和花梗有褐色短柔毛；花直径约1厘米；萼筒外被褐色短柔毛；萼片半圆形或宽卵形，边缘有齿，较萼筒稍长，幼时内外两面有褐色柔毛，边缘较密，以后脱落；花瓣白色，宽倒卵形，先端啮蚀状，基部有短爪；雄蕊多数，以2~3轮着生于花盘上，花盘圆盘状，紫红色；心皮1，无毛，花柱短，侧生，柱头头状。核果长圆形或倒卵状长圆形，长1~1.5（~2）厘米，宽约8毫米，紫褐色或黑紫色，平滑无毛，被白粉；果梗长8~10毫米，无毛，萼片宿存；核平滑，紫红色。花期4~5月，果期6~9月。

种子富含油脂，油可供食用、制皂、点灯。嫩尖可当蔬菜食用。

## 李属 *Prunus*

### 李 *Prunus salicina* Lindl.

落叶乔木，高9~12米。树冠广圆形，树皮灰褐色，起伏不平；老枝紫褐色或红褐色，无毛；小枝黄红色，无毛；冬芽卵圆形，红紫色，有数枚覆瓦状排列鳞片，通常无毛，稀鳞片边缘有极稀疏毛。叶片长圆状倒卵形，长椭圆形，稀长圆状卵形，长6~12厘米，宽3~5厘米，先端渐尖、急尖或短尾尖，基部楔形，边缘有钝圆重锯齿，常混有锯齿，幼时齿尖带腺，上面深绿色，有光泽，侧脉6~10对，不达到叶片边缘，与主脉成45°角，两面均无毛，有时背面沿主脉有稀疏柔毛或脉腋有髯毛；叶柄长1~2厘米，通常无毛，顶端有2个腺体或缺，有时在叶片基部边缘有腺体；托叶膜质，线形，先端渐尖，边缘有腺中落。花通常2朵并生；花梗1~2厘米，通常无毛，花直径1.5~2.2厘米；萼筒钟状；萼片长圆状卵形，长约5毫米，先端急尖或钝圆，边缘有疏齿，与萼筒近等长，萼筒和萼片外面均无毛，内面在萼筒基部被疏柔毛；花瓣白色，长圆状倒卵形，先端啮蚀状，基部楔形，有明显色脉纹，具短爪，着生在萼筒边缘，比萼筒长2~3倍；雄蕊多数，花丝长短不等，排成不规则2轮，比花瓣短；雌蕊1，柱头盘状，花柱比雄蕊稍长。核果球形、卵球形或近圆锥形，直径3.5～5厘米，栽培品种可达7厘米，黄色或红色，有时为绿色或紫色，梗凹陷入，顶端微尖，基部有纵沟，外被蜡粉；核卵圆形或长圆形，有皱纹。花期4月，果期7～8月。

栽培果树。

## 火棘属 *Pyracantha*

### 窄叶火棘 *Pyracantha angustifolia* （Franch.） Schneid.

常绿灌木或小乔木，高2～4米。多枝刺，小枝密被灰黄色绒毛，老枝紫褐色，近无毛。叶片窄长圆形至倒披针状长圆形，长1.5～5厘米，宽4～8毫米，先端圆钝而有短尖或微凹，基部楔形，边全缘，微向下卷，上面初时有灰色绒毛；叶柄密被绒毛，长1～3毫米。复伞房花序，直径2～4厘米，总花梗、花梗、萼筒和萼片均密被白色绒毛；萼筒钟状，萼片三角形；花瓣近圆形，直径约2.5毫米，白色；雄蕊20枚，花药长1.5～2毫米；花柱5枚，与雄蕊等长，子房上具绒毛。果实扁球形，直径5～6毫米，砖红色，顶端具宿存萼片。花期5～6月，果期10～12月。

### 火棘 *Pyracantha fortuneana* （Maxim.） Li　别名：救军粮

常绿灌木，高2～3米。侧枝粗短，先端成刺状，嫩枝被锈色短柔毛，老枝暗褐色，无毛；芽小，被短柔毛。叶片倒卵形或倒卵状长圆形，长1.5～6厘米，宽0.5～2.5厘米，先端钝圆或微凹，稀具短尖头，基部楔形，下延至叶柄，边缘具钝锯齿，齿尖向内弯，近基部全缘，两面均无毛；叶柄短，嫩时被柔毛后变无毛。复伞房花序，直径3～4厘米，花梗和总花梗近于无毛，花梗长约1厘米；花直径约1厘米；萼筒钟状，无毛，萼片三角形，先端钝；花瓣白色，近圆形，长约4毫米，宽约3毫米；雄蕊20枚，花丝长3～4毫米，花药黄色；花柱5枚，离生，与雄蕊等长，子房上部密被白色柔毛。果实近球形，直径约5毫米，橘红色或深红色。花期3～5月，果期8～11月。

栽培作绿篱。

果实可食。果实和根入药，可消食、健胃。

# 梨属 *Pyrus*

### 白梨 *Pyrus bretschneideri* Rehd.

乔木，高达5～8米，树冠开展；小枝粗壮，圆柱形，微屈曲，嫩时密被柔毛，不久脱落，二年生枝紫褐色，具稀疏皮孔；冬芽卵形，先端圆钝或急尖，鳞片边缘及先端有柔毛，暗紫色。叶片卵形或椭圆卵形，长5～11厘米，宽3.5～6厘米，先端渐尖稀急尖，基部宽楔形，稀近圆形，边缘有尖锐锯齿，齿尖有刺芒，微向内合拢，嫩时紫红绿色，两面均有绒毛，不久脱落，老叶无毛；叶柄长2.5～7厘米，嫩时密被绒毛，不久脱落；托叶膜质，线形至线状披针形，先端渐尖，

边缘具有腺齿，长1～1.3厘米，外面有稀疏柔毛，内面较密，早落。伞形总状花序，有花7～10朵，直径4～7厘米，总花梗和花梗嫩时有绒毛，不久脱落，花梗长1.5～3厘米；苞片膜质，线形，长1～1.5厘米，先端渐尖，全缘，内面密被褐色长绒毛；花直径2～3.5厘米；萼片三角形，先端渐尖，边缘有腺齿，外面无毛，内面密被褐色绒毛；花瓣卵形，长1.2～1.4厘米，宽1～1.2厘米，先端常呈啮齿状，基部具有短爪；雄蕊20枚，长约等于花瓣之半；花柱5或4，与雄蕊近等长，无毛。果实卵形或近球形，长2.5～3厘米，直径2～2.5厘米，先端萼片脱落，基部具肥厚果梗，黄色，有细密斑点，4～5室；种子倒卵形，微扁，长6～7毫米，褐色。花期4月，果期8～9月。

### 豆梨 *Pyrus calleryana* Dcne.

乔木，高5～8米。小枝粗壮，圆柱形，幼时被绒毛，不久毛脱落，二年生枝条灰褐色；冬芽三角状卵形，先端短渐尖，微具绒毛。叶片宽卵形至卵形，稀长椭圆状卵形，长4～8厘米，宽3.5～6厘米，先端渐尖，稀短尖，基部圆形至宽楔形，边缘有钝锯齿，两面无毛；叶柄长2～4厘米，无毛；托叶线状披针形，长4～7毫米，无毛。伞形总状花序，具花6～12朵，直径4～6毫米，总花梗和花梗均无毛，花梗长1.5～3厘米；苞片膜质，线状披针形，长8～13毫米，内面被绒毛；花直径2～2.5厘米；萼筒无毛，萼片披针形，先端渐尖，全缘，长约5毫米，外面无毛，内面具绒毛，边缘较密；花瓣卵形，白色，长约13

毫米，宽约10毫米，基部具短爪；雄蕊20，稍短于花瓣；花柱2，稀3，基部无毛。梨果球形，直径约1厘米，黑褐色，有斑点，萼片脱落，2（3）室，具细长果梗。花期4月，果期8～9月。

木材致密，可做器具。通常用作砧木。

### 川梨 *Pyrus pashia* Buch.-Ham. ex D. Don 别名：棠梨

乔木，高达12米。常具枝刺，小枝圆柱形，幼时被绵状毛，以后毛脱落，二年生枝条褐紫色或暗褐色；冬芽卵形，先端钝圆，鳞片边缘具短柔毛。叶片卵形至长卵形，稀椭圆形，长4~7厘米，宽2~5厘米，先端渐尖或急尖，基部钝圆，稀宽楔形，边缘有钝锯齿，在幼苗或萌生蘗上叶片常具分裂并有尖锐锯齿，幼嫩时绒毛，以后毛脱落；叶柄长1.5~3厘米；托叶膜质，线状披针形，不久毛即脱落。伞形总状花序具花7~13朵，直径4~5厘米，总花梗和花梗均密被绒毛，毛逐渐脱落，果期无毛，或近于无毛；花梗长2~3厘米；苞片线形，膜质，长8~10毫米，两面均被绒毛；花直径2~2.5厘米；萼筒杯状，外面密被绒毛，萼片三角形，长3~6毫米，先端急尖，全缘，内外两面均被绒毛；花瓣全缘，倒卵形，白色，长8~10毫米，宽4~6毫米，先端钝或啮齿状，基部具爪；雄蕊25~30枚，稍短于花瓣；花柱3~5，无毛。果实近球形，直径1~1.5厘米，褐色，有斑点，萼片早落，果梗长2~3厘米。花期3~4月，果期8~9月。

作栽培品种的砧木。

### 褐梨 *Pyrus phaeocarpa* Rehd. 别名：雀梨

乔木，高达8米，树冠冠幅达10米。小枝幼时具白色绒毛，二年生枝条紫褐色，无毛；冬芽长卵形，先端钝圆，鳞片边缘具绒毛。叶片椭圆状卵形至长卵形，长6~10厘米，宽3.5~5厘米，先端具长渐尖头，基部宽楔形，边缘具尖锐锯齿，齿尖向外，不久毛全部脱落；叶柄长2~6厘米，微被柔毛或近于无毛；托叶膜质，绒状披针形，边缘具疏腺齿，内面有稀疏绒毛，早落。伞形总状花序，有花5~8朵，总花梗和花梗嫩时具绒毛，逐渐脱落，花梗长约2.5厘米；苞片膜质，线状披针形，很早脱落。花直径约3厘米；萼筒外面被白色绒毛，萼片三角状披针形，长2~3毫米，内面密被绒毛；花瓣卵形，长1~1.5厘米，宽0.8~1.2厘米，基部具短爪，白色；雄蕊20枚，长约为花瓣之半；花柱3~4，稀2，基部无毛。果实球形或卵形，直径2~2.5厘米，褐色，具斑点，萼片脱落；果梗长2~4厘米。花期4月，果期8~9月。

常作梨的砧木。

### 沙梨 *Pyrus pyrifolla*（Burm. f.）Nakai

乔木，高8～15米。小枝嫩时具黄褐色长柔毛，不久脱落，二年生枝紫褐色或暗褐色，疏生皮孔；冬芽长卵形，先端钝圆，鳞片边缘和先端稍具长绒毛。叶片卵状椭圆形或卵形，长7～12厘米，宽4～6.5厘米，先端长尖，基部圆形或近心形，稀宽楔形，边缘有刺芒锯齿，齿微向内合拢，上下两面无毛或嫩时有褐色绵毛；叶柄长3～4.5厘米，嫩时被绒毛，不久毛脱落；托叶膜质，线状披针形，长1～1.5厘米，先端渐尖，全缘，边缘具有长柔毛，早落。伞形总状花序，具花6～9朵，直径5～7厘米；总花梗和花梗幼时微具柔毛，花梗长3.5～5厘米；苞片线形，边缘有长柔毛；花直径2.5～3.5厘米；萼片三角状卵形，长约5毫米，先端渐尖，边缘有腺齿，外面无毛，内面密被褐色绒毛；花瓣卵形，长15～17毫米，先端啮齿状，基部具爪，白色，雄蕊20枚，长几等于花瓣之半；花柱5，稀4，光滑无毛，约与雄蕊等长。果实近球形，浅褐色，有浅色斑点，先端微向下陷，萼片脱落；种子卵形，微扁，长8～10毫米，深褐色。花期4月，果期8月。

### 蔷薇属 *Rosa*

### 月季花 *Rosa chinensis* Jacq.

直立灌木，高1～2米。小枝粗壮，圆柱形，具短粗的钩状皮刺或无刺，近无毛。小叶3～5（～7）枚，连叶柄长5～11厘米，小叶片宽卵形至卵状长圆形，长2.5～6厘米，宽1～3厘米，先端长渐尖或渐尖，基部近圆形或宽楔形，边缘具锐锯齿，两面近无毛，上面暗绿色，有光泽，下面淡绿色，顶生小叶片有柄，侧生小叶片近无柄，总叶柄较长，具散生皮刺和腺毛；托叶大部分贴生于叶柄，仅顶端离生部分成耳状，边缘常具腺毛。花几朵集生，稀单生，直径4～5厘米；花梗长2.5～6厘米，近无毛或具腺毛；萼片卵形，先端尾状渐尖，有时呈叶状，边缘常具羽状裂片，稀全缘，外面无毛，内面密被长柔毛；花瓣重瓣至半重瓣，红色，粉红色至白色，倒卵形，先端微凹，基部楔形；花柱离生，伸出萼筒口外，与雄蕊近等长。果卵球形或梨形，长1～2厘米，红色，萼片脱落。花期4～9月，果期6～11月。

花、根、叶均入药。花治月经不调、痛经、痛疮肿等。叶治跌打损伤。

### 野蔷薇 *Rosa multiflora* Thunb.

攀缘灌木；小枝圆柱形，通常无毛，有短、粗稍弯曲皮束。小叶5~9，近花序的小叶有时3，连叶柄长5~10厘米；小叶片倒卵形、长圆形或卵形，长1.5~5厘米，宽8~28毫米，先端急尖或圆钝，基部近圆形或楔形，边缘有尖锐单锯齿，稀混有重锯齿，上面无毛，下面有柔毛；小叶柄和叶轴有柔毛或无毛，有散生腺毛；托叶篦齿状，大部贴生于叶柄，边缘有或无腺毛。花多朵，排成圆锥状花序，花梗长1.5~2.5厘米，无毛或有腺毛，有时基部有篦齿状小苞片；花直径1.5~2厘米，萼片披针形，有时中部具2个线形裂片，外面无毛，内面有柔毛；花瓣白色，宽倒卵形，先端微凹，基部楔形；花柱结合成束，无毛，比雄蕊稍长。果近球形，直径6~8毫米，红褐色或紫褐色，有光泽，无毛，萼片脱落。

### 七姊妹 *Rosa multiflora* Thunb. var. carnea Thory

重瓣，粉红色。
栽培供观赏，可作护坡及棚架之用。

### 大花香水月季 *Rosa odorata* （Andr.） Sweet var. gigantea （Crep.） Rehd. et Wils.

常绿或半常绿攀缘灌木。有长匍匐枝，枝粗壮，无毛，有散生而粗钩状皮刺。小叶5～9枚，连叶柄长5～10厘米；小叶片革质，椭圆形、卵形或长圆状卵形，长2～7厘米，宽1.5～3厘米，先端急尖或渐尖，稀尾状渐尖，基部楔形或近圆形，边缘有紧贴的锐锯齿，两面无毛；托叶大部贴生于叶柄，无毛，边缘或仅在基部具腺，顶端小叶片有长柄，总叶柄和小叶柄具稀疏小皮刺和腺毛。花单生，直径8～10厘米；花梗长2～3厘米，无毛或有腺毛；萼片全缘，稀有少数羽状裂片，披针形，先端长渐尖，外面无毛，内面密被长柔毛；花瓣芳香，乳白色，倒卵形；心皮多数，被毛；花柱离生，伸出花托口外，约与雄蕊等长。果实呈压扁的球形，稀梨形，外面无毛，果梗短。花期6～9月。

### 玫瑰 *Rosa rugosa* Thunb.

直立灌木，高达2.5米。茎粗壮，丛生；小枝密被绒毛，并有针刺和腺毛，具直立或弯曲、淡黄色的皮刺，皮刺被绒毛。小叶5～9枚，连叶柄长5～13厘米；小叶片椭圆形或椭圆状倒卵形，长1.5～4.5厘米，宽1～2.5厘米，先端急尖或钝圆，基部圆形或宽楔形，边缘有尖锐锯齿，上面深绿色，无毛，叶脉下凹，有褶皱，背面灰绿色，中脉突起，网脉明显，密被绒毛和腺毛，有时腺毛不明显；叶柄和叶轴密被绒毛和腺毛；托叶大部贴生于叶柄，离生部分卵形，边缘有具腺锯齿，背面被绒毛。花单生于叶腋，或数朵簇生；苞片卵形，边缘具腺毛，外面被绒毛；花梗长5～25毫米，密被绒毛和腺毛；花直径4～5.5厘米；萼片卵状披针形，先端尾状渐尖，常有羽状裂片而扩展成叶状，上面有稀疏柔毛，背面密被柔毛和腺毛；花瓣倒卵形，重瓣至半重瓣，芳香，紫红色至白色；花柱离生，被毛，稍伸出萼筒口外，比雄蕊短很多。果扁球形，直径2～2.5厘米，红黄色或土红色，肉质，平滑，萼片宿存。花期5～6月，果期8～9月。

鲜花可蒸制芳香油，供食用及化妆品用，花瓣可制饼馅、玫瑰酒、玫瑰糖浆，干制后可泡茶，花蕾入药治肝、胃气痛，胸腹胀痛和月经不调。种子含油。

## 悬钩子属 *Rubus*

### 西南悬钩子 *Rubus assamensis* Focke

攀缘灌木。小枝圆柱形，棕褐色至紫褐色具黄灰色长柔毛和下弯小皮刺。单叶，叶片长圆形、卵状长圆形或椭圆形，长6～11厘米，宽3.5～6厘米，先端渐尖，基部圆形，稀近截形，叶面疏生长柔毛，沿叶脉毛较密，背面密被灰白色或黄灰色绒毛，沿叶脉有长柔毛，侧脉5～6对，边缘有具短尖头的不规则锯齿，近基部有时分裂；叶柄长0.5～1厘米，具灰白色或黄灰色长柔毛；托叶分离，宽倒卵形或扇形，长9～11毫米，掌状深条裂，裂片线状披针形或线形，具长柔毛，脱落。圆锥花序顶生或腋生，顶生花序长10～20厘米，侧生者较短小，具多数花朵，下部的花序枝开展；花序轴和花梗被灰白色或黄灰色长柔毛，有时疏生不明显细腺毛；花梗长7～11毫米，苞片倒卵形或近扇形，长6～9毫米；花萼外面密被灰白色或黄灰色绒毛和长柔毛，萼片卵形，长4～6毫米，宽3～4毫米，先端长渐尖，在果期直立；花瓣常缺；雄蕊多数，稍短或几与萼片等长，花丝线形；雌蕊10～15（～20），较雄蕊短，常无毛。果实熟时由红色转为红黑色，近球形，直径约8毫米，具数个小核果；核具皱纹。花期6～7月，果期8～9月。

### 寒莓 *Rubus buergeri* Miq.

直立或匍匐小灌木，茎常伏地生根。匍匐枝长达2米，浅褐色至红褐色，与花枝均密被绒毛状长柔毛，无刺或具稀疏小皮刺。单叶，叶片卵形至近圆形，直径5～11厘米，先端圆钝或急尖，基部心形，叶面微具柔毛或仅沿叶脉有柔毛，背面密被绒毛，沿叶脉具柔毛，成长时下面绒毛常脱落，故老叶背面仅具柔毛，边缘5～7浅裂，裂片圆钝，具不整齐锐锯齿，侧脉2～3对，基部有掌状5出脉；叶柄长4～9厘米，密被绒毛状长柔毛，无刺或疏生针刺；托叶离生，长7～10毫米，掌状至羽状深裂，裂片线形或线状披针形，具柔毛，早落。花排成短总状花序，顶生或腋生，顶生花序长4～6厘米，侧生者较短小，具少数花，有时花数朵生于叶腋；花序轴和花梗密被绒毛状长柔毛，无刺或疏生针刺；花梗长5～9毫米；苞片长7～9毫米，羽状至掌状分裂，裂片线形，具长柔毛；花直径6～10毫米；花萼外面密被浅黄色长柔毛和绒毛，萼片披针形或卵状披针形，长5～8毫米，宽3～5毫米，先端渐尖，外萼片先端浅裂，稀不分裂，内萼片全缘，在果期常直立开展，稀反折；花瓣白色，倒卵形，几与萼片等长，无毛，先端啮蚀状；雄蕊多数，短于花瓣，花丝线形，无毛；雌蕊多数，花柱长于雄蕊，子房无毛。果实紫黑色，近球形，直径6～10毫米，无毛；核具粗皱纹。花期7～8月，果期9～10月。

### 插田泡 *Rubus coreanus* Miq.

灌木，高1~3米。小枝粗壮，圆柱形，红褐色或紫褐色，被白粉霜，无毛，具近直立或钩状扁平皮刺。羽状复叶常具小叶5枚，稀3枚；小叶片卵形，菱状卵形或宽卵形，长（2）3~8厘米，宽2~5厘米，先端急尖，基部楔形至近圆形，叶面无毛或仅沿叶脉有短柔毛，背面被稀疏柔毛或仅沿叶脉具短柔毛，边缘有不整齐或缺刻状粗锯齿，顶生小叶片先端有时3浅裂；叶柄长2~5厘米，顶生小叶柄长1~2厘米，侧生小叶近无

柄，与叶轴均被短柔毛和稀疏钩状小皮刺；托叶线状披针形，长4~7毫米，具柔毛。伞房花序生于侧生小枝先端，长3~4（~5）厘米，具花数朵至30几朵；花序轴和花梗均被灰白色短柔毛；花5~10毫米；苞片线形，与托叶近等长或稍短，有短柔毛；花直径7~10毫米；花萼外面有灰白色短柔毛，萼片长卵形至卵状披针形，长4~6毫米，先端渐尖，边缘具绒毛，花时开展，至果期反折；花瓣淡红色至深红色，倒卵形，与萼片近等长或稍短；雄蕊多数，短于花瓣或与花瓣近等长，花丝带粉红色；雌蕊多数，比雄蕊短，花柱无毛，子房被稀疏短柔毛。果实深红色至紫黑色，近球形，直径5~8毫米，无毛或近无毛；核具皱纹。花期4~6月，果期6~8月。

果实味酸甜可生食，熬糖及酿酒，也可入药，根有止血、止痛之效，叶能明目。

### 三叶悬钩子 *Rubus delavayi* Franch.

直立矮小灌木，高0.4~1米。小枝圆柱形，浅褐色至红褐色，无毛。羽状复叶具小叶3枚；小叶片披针形至狭披针形，长3~7厘米，宽1~2厘米，先端渐尖，基部宽楔形至圆形，两面无毛或背面沿主脉稍具柔毛及小皮刺，边缘具不整齐粗锯齿；叶柄长2~3厘米，顶生小叶柄长5~8毫米，侧生小叶无柄或几无柄，无毛或具疏柔毛，疏生小皮刺；托叶线形，长4~7毫米，幼时微具柔毛，老时脱落。花单生或2~3朵，顶生或腋生；花梗长1~2厘米，具细柔毛或近无毛，疏生小皮刺；苞片线形，稍短于托叶，微具柔毛或几无毛；花直径约1厘米；花萼外面具细柔毛，疏生小皮刺，萼筒宽短，萼片三角状披针形，长6~8（~10）毫米，宽2~3毫米，先端尾尖或长条形，在果期直立；花瓣白色，倒卵形，有细柔毛基部具爪，比萼片短得多；雄蕊多数，短于花瓣，花丝稍宽扁，具细柔毛；雌蕊多数，短于雄蕊，花柱和子房均无毛。果实橙红色，球形，直径约1厘米，无毛；核小，具细皱纹。花期5~6月，果期6~7月。

### 椭圆悬钩子 *Rubus ellipticus* Smith 别名：黄泡、黄托盘

灌木，高1~3米。小枝棕褐色至紫褐色，具较密的紫褐色刺毛或腺毛，并有柔毛和稀疏钩状皮刺。羽状复叶具小叶3枚；小叶片椭圆形，长4~8（~12）厘米，宽3~6（~9）厘米，顶生小叶片比侧生者长大得多，先端急尖或突尖，基部圆形，叶面沿中脉有柔毛，叶脉下陷，背面密被绒毛，叶脉突起，沿叶脉具紫红色刺毛，边缘有不整齐细锐锯齿；叶柄长2~6厘米，顶生小叶柄长2~3厘米，侧生小叶近无柄，均被紫红色刺毛，柔毛和小皮刺；托叶线形，长7~11毫米，具柔毛和腺毛。花数朵至10余朵，密集于短枝先端形成顶生短总状花序，或腋生成束，稀单花生于叶腋；花序轴和花梗被柔毛、刺毛或腺毛；花梗短，长4~6毫米；苞片线形，长5~9毫米，有柔毛，花直径1~1.5厘米，花萼外面有带黄色绒毛和柔毛，或具稀疏刺毛；萼片卵形，长4~6毫米，宽2~4毫米，先端急尖而具短尖头，外面密被黄灰色绒毛，在花果期均直立；花瓣白色或浅红色，匙形，稍长于萼片，边缘啮蚀状，具较密柔毛，基部具爪；雄蕊多数，短于花瓣，花丝扁而宽；雌蕊多数，长于雄蕊，花柱无毛，子房具柔毛。果实金黄色，近球形，直径约1厘米，无毛或小瘦果先端具柔毛；核三角状卵球形，密被皱纹。花期3~4月，果期4~5月。

### 大叶鸡爪茶 *Rubus henryi* Hemsl. et Ktze. var. sozostylus （Focke） Yu et Lu.

叶片基部宽，近楔形或心形，掌状5裂或3裂约至叶片中部或1/3处，裂片较宽短，卵状披针形，边缘具粗锐锯齿；花萼常无腺毛。

### 白叶莓 *Rubus innominatus* S. Moore var. innominatus

灌木，高1～3米。枝拱曲，褐色或红褐色，小枝密被绒毛状柔毛，疏生钩状皮刺。羽状复叶常有小叶3枚，稀于不孕枝上具5枚小叶。顶生小叶片卵形或近圆形，稀卵状披针形，侧生于小叶片斜卵状披针形或斜椭圆形，长4～10厘米，宽2.5～5（～7）厘米，先端急尖至短渐尖，顶生小叶片基部圆形至浅心形，侧生小叶片基部楔形至圆形，上面疏生平贴柔毛或几无毛，背面密被灰白色绒毛，沿叶脉混生柔毛，边缘具不整齐粗锯齿或缺刻状粗重锯齿，顶生小叶边缘常3裂或缺刻状浅裂；叶柄长2～4厘米，顶生小叶柄长1～2厘米，侧生小叶近无柄，与叶柄均密被绒毛状柔毛；托叶线形，长6～8毫米，具柔毛。总状或狭圆锥花序顶生或腋生，长6～13毫米，结果时长达18厘米，腋生花序常为短总状花序；花序轴和花梗密被黄灰色或灰色绒毛状长柔毛和腺毛；花梗长4～10毫米；苞片线状披针形，比托叶稍小，具绒毛状柔毛；花直径6～10毫米；花萼外面密被黄灰色或灰色绒毛状长柔毛和腺毛，具短而宽的萼筒，萼片卵形，长5～8毫米，先端急尖，内萼片边缘具灰白色绒毛，在花果时均直立；花瓣紫红色，倒卵形或近圆形，长5～6毫米，宽4～5毫米，边缘啮蚀状，基部具爪；雄蕊多数，稍短于花瓣；雌蕊多数，短于雄蕊，花柱无毛，子房稍具柔毛。果实橘红色，近球形，直径约1厘米，幼时被稀疏柔毛，成熟时无毛；核具细皱纹。花期5～6月，果期7～8月。

果酸甜可食；根入药，治风寒咳喘。

### 圆锥悬钩子 *Rubus paniculatus* Smith

攀缘灌木，高达3米。小枝圆柱形，棕褐色至红褐色，具黄灰色绒毛状长柔毛，逐渐脱落，有稀疏小皮刺。单叶，叶片心状卵形至长卵形，长9～15厘米，宽6～10厘米，先端渐尖，基部心形，叶面有长柔毛，背面密被黄灰色至灰白色绒毛，沿叶脉具长柔毛，边缘波状或不明显浅裂，具不整齐粗锯齿或重锯齿，叶脉5～7对；叶柄长2～4厘米，有黄灰色或灰白色绒毛状长柔毛，常无刺；托叶长圆形或卵状披针形，长8～11毫米，中部以上分裂，裂片线形。顶生花序为宽大圆锥花序，长10～24厘米，腋生花序近总状，较短小；花序轴和花梗均被黄灰色或灰白色绒毛状长柔毛；花梗长达1.5厘米；苞片椭圆形、长圆形或披针形，长7～9毫米，不分裂或先端浅裂，有长柔毛；花直径达1.8厘米；花萼外面被绒毛和长柔毛，萼片卵形至披针形，长5～7毫米，宽2～3毫米，先端急尖至尾状渐尖，外萼片分裂，内萼片全缘；花瓣白色至黄色，长圆形，直径6～8毫米，比萼片小或几相等；雄蕊多数，短于花瓣，花丝线形，无毛；雌蕊多数，较雄蕊长，子房无毛。果实暗红色至黑紫色，球形；核具明显皱纹。花期6～8月，果期9～10月。

### 茅莓 *Rubus parvifolius* L. 别名：托盘

灌木，高1~2米。小枝呈弓形弯曲，浅灰褐色，红褐色至浅黑褐色，具柔毛和稀疏钩状皮刺；羽状复叶常具小叶3枚，在新枝上偶有5枚小叶；小叶片菱状圆形或倒卵形，长2.5~6厘米，宽2~6厘米，先端圆钝或急尖，基部圆形或宽楔形，叶面伏生疏柔毛，背面密被灰白色绒毛，边缘具不整齐粗锯齿或缺刻状粗重锯齿，常有浅裂片；叶柄长2.5~5厘米，顶生小叶柄长1~2厘米，均被柔毛和稀疏小皮刺；托叶线形，长5~7毫米，具柔毛。花数朵至多数，形成伞房状花序顶生或腋生，稀组成顶生短总状花序；花序轴和花梗具柔毛和稀疏针状小皮刺；花梗长0.5~1.5厘米；苞片线形，长（5）8~13毫米，有柔毛；花直径约1厘米；花萼外面密被柔毛和疏密不等的针刺，萼片卵状披针形或披针形，长5~7（~8）厘米，先端渐尖，有时条裂，在花果期均直立开展；花瓣粉红色至紫红色，卵形至长圆形，长4~5（~6）毫米，宽3~4毫米，基部具爪；雄蕊多数，比雄蕊稍长或两者几等长；子房具柔毛。果实红色，卵球形，直径1~1.5厘米，无毛或有稀疏柔毛；核有浅皱纹。花期5~6月，果期7~8月。

果实酸甜多汁，可供食用、酿酒、制醋等；全株可入药，根和叶可提取栲胶，是用途较广的种类。

### 棕红悬钩子 *Rubus rufus* Focke

攀缘灌木，高达3米。小枝圆柱形，棕褐色至红褐色，具柔毛，棕褐色软刺毛和稀疏针刺。单叶，叶片心状近圆形，直径9~15厘米，叶面沿叶脉有长柔毛，背面密被棕褐色绒毛，沿叶脉有红棕色长硬毛和稀疏针刺，边缘5裂，裂片三角状披针形，先端急尖，近基部的裂片较短，三角形，顶生裂片较大，有不整齐尖锐锯齿，基部具掌状5出脉；叶柄长7~11厘米，棕褐色，具柔毛，棕褐色软刺毛和微弯针刺；托叶长达2厘米，宽可达1.5厘米，梳齿状或掌状深裂，裂片线形或线状披针形，具柔毛和软刺毛，裂片常再次分裂，脱落迟。花少数形成顶生狭圆锥花序或近总状花序，长6~8（~10）厘米，或花团集生于叶腋；花序轴和花梗均密被柔毛，棕褐色软刺毛和稀疏微弯针刺；花梗长7~10毫米；苞片长达1.5厘米，掌状分裂，裂片线形或线状披针形，有柔毛和软刺毛；花直径约1厘米；花萼外面密被棕褐色绒毛和软刺毛，萼筒杯形，萼片披针形，长8~14毫米，宽3.5~6毫米，先端尾尖，外萼片先端常浅条裂，内萼片全缘，在果期直立；花瓣白色，宽椭圆形或近圆形，短于萼片，直径5~7毫米，先端微波状或啮蚀状，无毛，基部具短爪；雄蕊多数，长于或几与花瓣等长，花丝线形或基部稍宽；雌蕊30~40枚，长于雄蕊，子房无毛。果实由少数小核果组成，橘红色，无毛，包藏于宿萼内；核具明显细皱纹。花期6~8月，果期9~10月。

## 川莓 *Rubus setchuenensis* Bureau et Franch.

灌木，高2~3米。小枝圆柱形，幼时黄褐色，老时褐色至红褐色，密被浅黄色绒毛状柔毛，老时毛脱落，无刺。单叶，叶片近圆形或宽卵形，直径7~15厘米，先端圆钝至近截形，基部心形，叶面粗糙，无毛或仅沿叶脉具柔毛，背面密被全缘灰白色绒毛，有时绒毛逐渐脱落，边缘5~7浅裂，裂片先端圆钝或急尖并再浅裂，具不整齐浅钝锯齿，侧脉2~3对，在背面突起，基部有掌状5出脉；叶柄长5~7厘米，有浅黄色绒毛状柔毛，常无刺；托叶离生，形状变异大，卵形、卵状披针形至倒卵形，长7~11毫米，宽大于长，先端细条裂，具绒毛状柔毛，早落。花多数，形成狭圆锥花序，顶生或腋生，长8~14厘米，结果时长达20厘米，腋生花序较短小，花数朵簇生于叶腋；花序轴和花梗密被浅黄色绒毛状柔毛；花梗长约1厘米；苞片长6~10毫米，宽几与长相似，先端细条裂，具绒毛状柔毛；花直径1~1.5厘米；花萼外面密被浅黄色绒毛和柔毛，萼片卵状披针形，长5~9毫米，宽3~5毫米，先端尾尖，全缘或外萼片先端浅条裂，在果期直立，稀反折；花瓣紫红色，倒卵形或近圆形，直径4~6毫米，无毛，基部具爪；雄蕊多数，短于花瓣，花丝线形；雌蕊多数，花柱长于雄蕊，子房无毛。果实黑色，半球形，直径约1厘米，无毛，常包藏于宿萼内；核较小，光滑。花期7~8月，果期9~10月。

果供生食。根供药用，有祛风、除湿、活血等效，又可提制栲胶等用。

## 红腺悬钩子 *Rubus sumatranus* Miq.

直立或攀缘灌木。小枝圆柱形，浅褐色至深红褐色，具长柔毛，紫红色腺毛和钩状皮刺，腺毛长短不等，长者达4~5毫米，短者1~2毫米。羽状复叶具小叶5~7枚，稀3枚；小叶片卵状披针形至披针形，长3~8厘米，宽1.5~3厘米，先端渐尖，基部圆形，两面疏生长柔毛，沿中脉较密，背面沿中脉疏生小皮刺，边缘具不整齐尖锐锯齿；叶柄长3~5厘米，顶生小叶柄长达1厘米，侧生小叶几无柄，与叶轴均被柔毛，腺毛和钩状小皮刺；托叶披针形或线状披针形，长6~8毫米，具柔毛和腺毛。花常3至多朵，组成伞房花序，着生于侧生小枝顶端，长4~7厘米，稀单花；花梗长2~3厘米，被长柔毛，紫红色腺毛和钩状小皮刺；苞片披针形或线形，长5~7毫米，有柔毛和腺毛；花直径1~2厘米；花萼外被长柔毛和长短不等的腺毛，萼片披针形或长圆状披针形，长7~10毫米，宽2~4毫米，先端长尾尖，在果期反折；花瓣白色，长倒卵形或匙形，短于萼片基部具爪；雄蕊多数，花丝线形，短于花瓣；雌蕊多达400枚，着生于呈长圆形凸起的花托上，花柱和子房无毛。果实橘红色，长圆形，长1.2~1.8厘米，宽0.7~1.1厘米，无毛；核具网纹。花期4~6月，果期7~8月。

### 三花悬钩子 *Rubus trianthus* Focke

藤状灌木，高0.5～2米。小枝细瘦，圆柱形，褐色，暗紫色至黑紫色，无毛，疏生皮刺，有时具白粉霜。单叶，叶片卵状披针形或长圆状披针形，长4～9厘米，宽2～5厘米，先端渐尖，基部心形，稀近截形，两面无毛，叶面色较浅，3裂或不分裂，通常不育枝上的叶片较大而3裂，顶生裂片卵状披针形，边缘有不规则或缺刻状锯齿，基部有3脉；叶柄长1～3（～4）厘米，无毛，疏生小皮刺；托叶披针形或线形，长7～9毫米，无毛。花常3朵簇生，有时超过3朵形成短总状花序，着生于侧生小枝顶端，长3～5厘米；花梗长1～2.5厘米，无毛；苞片披针形或线形，长5～7毫米，无毛；花直径1～1.7厘米；花萼外面无毛，萼筒短而宽，萼片三角形或卵状三角形，长5～8毫米，宽2.5～4毫米，先端长尾尖；花瓣白色，长圆形或椭圆形，长于或几与萼片等长，无毛，基部具爪；雄蕊多数，短于花瓣，花丝宽扁；雌蕊约10～50枚，子房无毛。果实红色，近球形，直径约1厘米，无毛；核具皱纹。花期4～5月，果期5～6月。

### 粉枝莓 *Rubus biflorus* Buch.-Ham. ex Smith

攀缘灌木，高1～3米。小枝棕褐色或紫褐色，无毛，具白粉霜，疏生粗壮钩状皮刺。羽状复叶常具小叶3枚，稀5枚；顶生小叶片宽卵形或近圆形，侧生小叶片卵形或椭圆形，长2.5～5厘米，宽1.5～4（～5）厘米，先端急尖或短渐尖，基部宽楔形至圆形，叶面具平贴柔毛，背面密被灰白色或灰黄色绒毛，沿中脉有少数小皮刺，边缘具不整齐粗锯齿或重锯齿，顶生小叶片边缘常3裂；叶柄长2～4（～5）厘米，顶生小叶柄长1～2.5厘米，侧生小叶近无柄，均无毛或位于侧生小枝基部叶之叶柄具疏柔毛和疏腺毛，疏生小皮刺；托叶狭披针形，长6～8毫米，常具柔毛和稀疏腺毛，位于侧生小枝基部叶之托叶，基边缘具疏腺毛。花2～8朵，着生于侧生小枝先端的花较多，常4～8朵组成伞房状花序，长4～6厘米，腋生花序较短小，具花较少，有时花2至数朵，着生于侧生小枝先端或叶腋中；花序轴和花梗无毛，疏生针状小皮刺；花梗长（1）2～3厘米；苞片线形或狭披针形，长4～7毫米，常无毛，稀具疏柔毛，花直径1.5～2厘米；花萼外面无毛，萼片宽卵形或圆卵形，长6～8毫米，宽约5～7毫米，先端急尖并具针状短尖头，在花时直立开展，果期包于果实；花瓣白色，近圆形，直径7～8毫米，比萼片长；雄蕊多数，比花瓣短，花柱线形或基部稍宽；雌蕊多数，短于雄蕊，花柱基部和子房先端密被白色绒毛。果实黄色，球形，包于萼内，直径1～1.5（2）厘米，无毛或先端常有具绒毛的残存花柱；核肾形，有细密皱纹。花期5～6月，果期7～8月。

## 花楸属 *Sorbus*

### 石灰花楸 *Sorbus folgneri*（Schneid）. Rehd.

乔木，高达10米。小枝圆柱形，稍下垂或开展，幼时被灰白色绒毛，逐渐脱落，老时黑褐色，无毛，具少数椭圆形皮孔；芽卵形，先端急尖，外被数枚褐色鳞片，无毛。单叶，叶片卵形至椭圆状卵形，长6～12厘米，宽3～7厘米，先端急尖至短渐尖，基部宽楔形或圆形，叶面深绿色，无毛，背面密被灰白色绒毛，边缘具稍钝至微尖锯齿，新枝上的叶常具重锯齿和浅裂片，侧脉8～15对，直达叶边锯齿先端；叶柄长5～15毫米，密被灰白色绒毛。复伞房花序长3.5～6厘米，直径5～8厘米，具20～30朵密集排列的花；花序轴和花梗被灰白色绒毛，有少数皮孔；花梗长5～8毫米；花直径7～10毫米；萼筒钟形，具灰白色绒毛，萼片三角状卵形，先端急尖，被灰白色绒毛；花瓣白色，卵形，长3～4毫米，宽3～3.5毫米，先端圆钝；雄蕊18～20，几与花瓣等长或稍长；花柱2～3，近基部合生并具绒毛，比雄蕊稍短。果实红色，长圆形或倒卵形，长9～15毫米，直径6～9毫米，平滑无毛，或具少数不明显细小皮孔，2～3室，先端萼片脱落后残留浅圆穴。花期4～5月，果期7～8月。

### 褐毛花楸 *Sorbus ochracea*（Hand.-Mazz.）Vidal

乔木或灌木，高达10～15米。小枝圆柱形，幼时密被锈褐色绒毛逐渐脱落，二年生枝无毛，紫褐色，老枝黑褐色，具灰白色小皮孔；芽卵形，长约5～7毫米，先端稍钝至急尖，具数枚深褐色鳞片，无毛。单叶，叶片卵形或椭圆状卵形，稀椭圆状倒卵形，长9～14厘米，宽5～8厘米，先端短渐尖，稀急尖，基部宽楔形至圆形，幼时两面密被锈褐色绒毛，老时常仅于背面残存少量绒毛，边缘自基部1/3以上部分有圆钝浅锯齿，其余部分几全缘，侧脉10～12对，在叶边稍弯曲结成网状；叶柄长2～3厘米，密被锈褐色绒毛。复伞房花序直径达5～7厘米，具花20～30余朵；花序轴和花梗密被锈褐色绒毛；花梗长3～5毫米；花直径7～10毫米；萼片钟形，具锈褐色绒毛，萼片三角状卵形，长约2毫米，先端急尖，有锈褐色绒毛，花后反折；花瓣黄白色，宽卵形或椭圆形，长3～4毫米，宽约3毫米，先端圆钝或微凹，内面有稀疏柔毛；雄蕊15～20，长短不齐，长者稍长于花瓣，短者比花瓣短；花柱（2）3～4，近基部合生，无毛，稍短于雄蕊。果实近球形，直径约1厘米，具明显小皮孔，3～4室，先端萼片脱落后残留圆穴。花期3～4月，果期7～8月。

## 绣线菊属 *Spiraea*

### 毛枝绣线菊 *Spiraea martini* Levl.

灌木，高1~2.5米。小枝圆柱形，幼时黄褐色，密被绒毛，老时棕褐色；冬芽小，卵形，具数枚鳞片，外被短柔毛。叶片椭圆形至倒卵形，大小不等，大者长8~17毫米，宽5~10毫米，小者长2~5毫米，宽2~3毫米，先端急尖或钝圆，有时常3浅裂，边缘有3~5钝锯齿，基部宽楔形，上面无毛或微被短柔毛，暗绿色，背面密被短柔毛，灰白色，具羽状脉或基部有显著3脉；叶柄极短，长1~2毫米，幼时被黄色柔毛。伞形花序密集于小枝上，无总梗，具5~18花，基部簇生数枚大小不等的叶片；花梗长5~9毫米，无毛；苞片披针形，微被短柔毛或无毛；花直径5~6毫米；萼筒钟状，外面无毛，内面被短柔毛，萼片卵状三角形或三角形，先端急尖，内面微被短柔毛；花瓣近圆形或倒卵形，先端钝圆，长3~4毫米，宽几与长相等，白色；雄蕊20~25枚，比花瓣短；花盘明显，具10个发达的裂片，排成圆环形；子房微被短柔毛，花柱比雄蕊短；蓇葖果张开，沿腹缝稍具短柔毛，花柱近顶生，稍倾斜或直立开展，具直立萼片。花期2~3月，果期4~5月。

### 渐尖叶粉花绣线菊 *Spiraea japonica* L. f. var. acuminata Franch.

叶片长卵形至披针形，先端渐尖，基部楔形，长3.5~8厘米，边缘具尖锐重锯齿，背面沿叶脉具短柔毛。复伞房花序直径10~14厘米，稀达18厘米。花粉红色。

## 红果树属 *Stranvaesia*

### 红果树 *Stranvaesia davidiana* Dcne

灌木或小乔木，高1~10米。枝条密集，小枝粗壮，圆柱形，幼时密被长柔毛，渐落，当年生枝紫褐色，老枝灰褐色，皮孔少；冬芽长卵形，先端短渐尖，红褐色，近无毛。叶片长圆形，长圆状披针形或倒披针形，长2~12厘米；宽2~4.5厘米，先端急尖或突尖，基部楔形至宽楔形，全缘，上面中脉下凹，沿中脉被灰褐色柔毛，背面中脉突起，侧脉8~16对，沿中脉具疏柔毛；叶柄长1.2~2.3厘米；近无毛；托叶膜质，早落。复伞房花序，直径5~9厘米，花多而密；总花梗和花梗均被柔毛，花梗短，长2~4毫米；苞片与小苞片卵状披针形，膜质，早落；花直径5~10毫米；萼筒外面有稀疏柔毛，花萼片三角卵形，先端急尖，全缘，长2~3毫米，长不及萼筒之半，被疏柔毛；花瓣近圆形，直径约4毫米，基部有短爪，白色；雄蕊20，花药紫红色；花柱5，大部分连合，柱头头状，比雄蕊稍短，子房顶端被绒毛。果实近球形，橘红色，直径7~8毫米；萼片宿存，直立；种子长椭圆形。花期5~6月，果期9~10月。

## 胡颓子科 Elaeagnaceae　　胡颓子属 *Elaeagnus*

### 大叶胡颓子 *Elaeagnus macrophylla* Thunb.

常绿直立灌木，高2~3米，无刺；小枝成45度的角开展，幼枝扁棱形，灰褐色，密被淡黄白色鳞片，老枝鳞片脱落，黑色。叶厚纸质或薄革质，卵形至宽卵形或阔椭圆形至近圆形，长4~9厘米，宽4~6厘米，顶端钝形或钝尖，基部圆形至近心脏形，全缘，上面幼时被银白色鳞片，成熟后脱落，绿色，干燥后黑褐色，下面银白色，密被鳞片，侧脉6~8对，与中脉开展成60~80°角，近边缘3/5处分叉而互相连接，两面略明显凸起；叶柄扁圆形，银白色，上面有宽沟，长15~25毫米。花白色，被鳞片，略开展，常1~8花生于叶腋短小枝上，花枝褐色，长2~3毫米；花梗银白色或淡黄色，长3~4毫米；萼筒钟形，长4~5毫米，在裂片下面开展，在子房上骤收缩，裂片宽卵形，与萼筒等长，比萼筒宽，顶端钝尖，内面疏生白色星状柔毛，包围子房的萼管椭圆形，黄色，长3毫米；雄蕊的花丝极短，花药椭圆形，花柱被白色星状柔毛，顶端略弯曲，超过雄蕊。果实长椭圆形，被银白色鳞片，长14~18毫米，直径5~6毫米；果核具8肋，内面具丝状棉毛；果梗长6~7毫米。花期9~10月，果期次年3~4月。

### 胡颓子 *Elaeagnas pungens* Thunb.

常绿直立灌木，高3～4米。具长20～40毫米的刺，有时较短，深褐色，幼枝微扁棱形，密被锈色鳞片，老枝鳞片脱落，黑色，具光泽。叶片革质，椭圆形或阔椭圆形，稀长圆形，长5～10厘米，宽1.8～5厘米，两端钝形或基部圆形，边缘微反卷或皱波状，表面幼时具银白色和少数褐色鳞片，成熟后脱落，具光泽，干燥后褐绿色或褐色，背面密被银白色和少数褐色鳞片，侧脉7～9对，与中脉开展成50～60度的角，近边缘分叉而互相连接，表面显著凸起，背面不甚明显，网状脉在表面明显，背面不清晰；叶柄深褐色，长5～8毫米。花白色或淡白色，下垂，密被鳞片，1～3花生于叶腋锈色短小枝上；花梗长3～5毫米；萼筒圆筒形或漏斗状圆筒形，长5～7毫米，在子房上骤收缩，裂片三角形或短圆状三角形，长3毫米，先端渐尖，内面疏生白色星状毛；雄蕊的花丝极短，花药长圆形，长约1.5毫米；花柱直立，无毛，上端微弯曲，超过雄蕊。果实椭圆形，长12～14毫米，幼时被褐色鳞片，成熟时红色；果核内面具白色丝状棉毛；果梗长4～6毫米。花期9～12月，果期翌年4～6月。

## 鼠李科 Rhamnaceae　　勾儿茶属 *Berchemia*

### 多花勾儿茶 *Berchemia floribunda*（Wall.）Brongn.

藤状或直立灌木。幼枝黄绿色，光滑无毛。叶片纸质，上部叶较小，卵形或卵状椭圆形至卵状披针形，长4～9厘米，宽2～5厘米，先端锐尖，下部叶较大，椭圆形至长圆形，长达11厘米，宽达6.5厘米，先端钝或圆形，稀短渐尖，基部圆形，稀心形，上面绿色，无毛，下面干时栗色，无毛或仅沿脉基部被疏短毛，侧脉9～12对，两面稍凸起；叶柄长1～2厘米，无毛；托叶狭披针形，宿存。花多数，常数个簇生排成顶生宽聚伞圆锥花序，或下部兼腋生聚伞总状花序，长可达15厘米，侧枝长在5厘米以下，花序轴无毛或被柔毛；花芽卵球形，先端急狭成锐尖或渐尖；花梗长1～2毫米。核果圆柱状椭圆形，长7～10毫米，直径4～5毫米，有时先端稍宽，基部宿存的花盘盘状；果梗长2～3毫米。花期7～10月，果期翌年4～7月。

　　根入药；嫩叶代茶。

## 枳 属 *Hovenia*

### 拐枣 *Hovenia acerba* Lindl.

乔木，高10～25米。小枝有白色皮孔。叶片厚纸质至纸质，宽卵形、椭圆形状卵形或心形，长8～17厘米，宽6～12厘米，先端长渐尖或短渐尖，基部截形或心形，边缘常具整齐浅而钝的细锯齿，上部或近先端的叶有不明显的齿，稀近全缘，上面无毛，下面沿脉或脉腋常被短柔毛或近无毛；叶柄长2～5厘米，无毛。二歧式聚伞圆锥花序，被棕色短柔毛；花径5～6毫米；萼片具网状脉或纵条纹；花瓣椭圆状匙形；花盘被柔毛；花柱瓣裂，稀浅裂或深裂。果

近球形，径3.2～4.5毫米，熟时黄褐色或棕褐色；果序轴明显膨大；种子暗褐色或紫褐色。花期5～7月，果期8～10月。

## 猫乳属 *Rhamnella*

### 多脉猫乳 *Rhamnella martinii* （Levl.） Schneid.

灌木或小乔木，高可达8米。幼枝纤细，黄绿色，无毛，老枝黑褐色，具多数黄色皮孔。叶片纸质，长椭圆形、披针状长椭圆形或长圆状椭圆形，长4～11厘米，宽1.5～4.5厘米，先端锐尖或渐尖，基部圆形或近圆形，稍偏斜，边缘具细锯齿，两面无毛，稀下面沿脉被疏柔毛，侧脉6～8对；叶柄长2～4毫米，无毛或被疏柔毛；托叶钻形，基部宿存。腋生聚伞花序，无毛，总花梗极短或长不超过2毫米；花小，果梗长3～4毫米，萼片卵状三角形，先端锐尖；花瓣倒卵形，先端微凹；花梗长2～3毫米。核果近圆柱形，长8毫米，直径3～4毫米，熟时黑紫色。花期4～6月，果期7～9月。

## 鼠李属 *Rhamnus*

### 铁马鞭 *Rhamnus aurea* Heppl.

多刺矮小灌木。幼枝和当年生枝被细短毛，小枝粗糙，灰褐色或黑褐色，互生或兼近对生，枝端有针刺。叶片纸质或近革质，互生，或在短枝上簇生，椭圆形，倒卵状椭圆形或倒卵形，稀长圆形，长1~2厘米，宽0.5~1厘米，先端钝或圆形，稀微凹，基部楔形，边缘常反卷，具细锯齿，上面被短柔毛，下面特别沿脉被基部疣状的密短柔毛，干后常变金黄色；侧脉3~4对，上面多少下陷，下面凸起；叶柄长1.5~3毫米，被密短柔毛。花单性，3~6个簇生于短枝端，4基数，花瓣与雄蕊近等长；花梗长2~3毫米，有短柔毛。核果近球形，黑色，径3~4毫米，基部有宿存的萼筒，具2分核；果梗长2~3毫米，有疏短柔毛；种子背面有长为种子3/4~4/5纵沟。花期4~6月，果期5~8月。

### 川滇鼠李 *Rhamnus gilgiana* Heppl.

多刺灌木。小枝开展，对生，近对生或互生，黑褐色，具细短柔毛，先端具针刺；老枝具不规则纵条裂。叶片纸质至厚纸质，对生或近对生，稀兼互生，或在短枝上簇生，椭圆形或卵状椭圆形，稀披针形或披针状长圆形，长1.5~3厘米，宽0.5~1厘米，先端钝或圆形，有时微凹，稀稍尖，基部楔形，边缘常背卷，具不明显的细锯齿或全缘，侧脉3~4对，几不明显，上面暗绿色，下面淡绿色，干时变黑色，脉腋有簇毛或近无毛；叶柄长1~3毫米，上面具小沟，有微毛；托叶早落。花单性，常3~5个簇生于短枝叶腋，花梗细，长1~3毫米，有微毛，花4基数。核果近球形，径4~5毫米，基部有浅盆状宿存的萼筒，具3或2分核，果梗长2~3毫米，无毛；种子背面有几与种子等长或4/5长的纵沟。花期4~5月，果期6~8月。

### 薄叶鼠李 *Rhamnus leptophylla* Schneid.

灌木。小枝对生，近对生，稀互生，褐色或黄褐色，稀紫红色，平滑无毛，有光泽，芽小，有数个鳞片。叶片纸质，对生或近对生，在短枝上簇生，倒卵形或倒卵状椭圆形，稀椭圆形或长圆形，长3～8厘米，宽2～5厘米，先端短突尖或锐尖，稀近圆形，基部楔形，边缘具圆齿或钝锯齿，上面深绿色，无毛或沿中脉被疏毛，下面淡绿色，仅脉腋有簇毛；侧脉3～5对，具不明显的网脉，上面下陷，下面凸起；

叶柄长2～6毫米，上面有小沟，无毛或有微短毛；托叶早落。花单性，4基数，有花瓣；花梗长4～5毫米，无毛；雄花10至20个簇生于短枝端，雌花数个至10余个簇生于短枝端或长枝下部叶腋。核果球形，径4～6毫米，黑色，基部有宿存的萼筒，具2～3分核；果梗长6～7毫米；种子背面有为种子2/3至3/4长的纵沟。花期3～5月，果期5～10月。

全株药用，有清热、解毒、活血之效。

### 帚枝鼠李 *Rhamnus virgata* Roxb.

灌木。小枝红褐色或紫红色，对生或近对生，帚状，平滑有光泽，幼枝被微柔毛，枝端和分叉处有针刺。叶片纸质或薄纸质，对生或近对生，或在短枝上簇生，倒披针状披针形、倒卵状椭圆形或椭圆形，长2.5～8厘米，宽1.5～3厘米，先端短渐尖或渐尖，稀锐尖，基部楔形，边缘具钝细锯齿，上面或沿脉被疏短柔毛或近无毛，下面沿脉有疏短毛或仅脉腋有簇毛，或近无毛；侧脉4～5对，具明显的网脉，干后常带红色；

叶柄长4～10毫米，上面有小沟，有短微毛；托叶常宿存。花单性，4基数，有花瓣；花梗长3～4毫米；雌花数个簇生于短枝端。核果近球形，黑色，径约4毫米，基部有宿存的萼筒，具2分核；果梗长2～5毫米，有疏短毛；种子背面有长为种子2/3～3/4基部较宽的纵沟。花期4～5月，果期6～10月。

### 山鼠李 *Rhamnus wilsonii* Schneid.

灌木。小枝互生或近对生，银灰色或灰褐色，无光泽，先端具钝刺；顶芽卵形，有数个鳞片，有缘毛。叶片纸质或薄纸质，互生，或稀兼对生，或在短枝上或当年枝基部簇生，椭圆形或宽椭圆形，稀倒卵状披针形或倒卵状椭圆形，长5~15厘米，宽2~6厘米，先端渐尖或长渐尖，尖头直或弯，基部楔形，边缘具钩状圆锯齿，两面无毛，侧脉5~7对，上面稍下陷，下面凸起，有较明显的网脉；叶柄长2~4毫米，无毛。花单性，黄绿色，数个至20余个簇生于当年生枝基部或1至数个腋生，4基数，花梗长6~10毫米，雄花有花瓣。核果倒卵状球形，黑色或紫黑色，径6~8毫米，基部有宿存的萼筒，具2~3分核；果梗长6~15毫米；种子基部至中部有长为种子1/2的沟。花期4~5月，果期6~10月。

## 雀梅藤属 *Sageretia*

### 纤细雀梅藤 *Sageretia gracilis* Drumm. et Sprague

直立或藤状灌木，具刺。叶片纸质或革质，互生或近对生，卵形、卵状椭圆形或披针形，长4~11厘米，宽1.5~4厘米，先端渐尖或钝尖，稀钝，常有小尖头，基部楔形或近圆形，边缘具细锯齿，不反卷，两面无毛，上面略有光泽，下面浅绿色，脉腋无毛，侧脉5~7对，上面稍下陷，下面凸起；叶柄长5~14毫米，无毛或被疏短柔毛。花无梗，黄绿色，无毛，常1~5簇生，疏散排列或上部密集长20厘米以上的穗状圆锥花序；序轴无毛或被疏短柔毛；花瓣白色，子房2~3室，柱头不裂。核果长6~7毫米，熟时红色。花期7~10月，果期翌年2~5月。

盆景植物。

## 枣属 *Ziziphus*

### 枣 *Ziziphus jujuba* Mill.

落叶小乔木，稀灌木。树皮褐色至灰褐色；有长短枝之分，紫红色或灰褐色。托叶刺2枚，长刺可达3厘米，短刺下弯，长4～6毫米，自老枝发出，当年生小枝绿色，下垂，单生或2～7个簇生于短枝上。叶片纸质，卵形或卵状椭圆形，或卵状长圆形，长3～7厘米，宽1.5～4厘米，先端钝或圆形，稀锐尖，具小尖头，基部稍不对称，近圆形，边缘具圆齿状锯齿，上面深绿色，无毛，下面浅绿色，无毛或有疏微毛，基生3出脉；叶柄长1～6毫米，或在长枝上的可达1厘米，无毛或有疏微毛；托叶刺纤细，后期常脱落。花无毛，具短总花梗，腋生聚伞花序；花梗长2～3毫米，无毛；萼片无毛；花盘5裂。核果长圆形或长卵圆形，长2～3.5厘米，直径1.5～2厘米，熟时红色，后变红紫色，中果皮肉质，味甜，内果皮厚，硬骨质，先端锐尖，基部锐尖或钝，2室，具1或2粒种子；果梗长2～5毫米；种子扁椭圆形，长约1厘米，宽8毫米。花期5～7月，果期8～9月。

枣的果实味甜，富含维生素，除鲜食外，常被制成蜜枣、红枣、熏枣、黑枣、酒枣等蜜饯和果脯，还可作枣泥、枣酒等，枣和枣仁可入药，有强身健胃、补气益血、滋补安神之效。枣树还是良好的蜜源植物。

## 榆科 Ulmaceae　　朴属 *Celtis*

### 黑弹树 *Celtis bungeana* Bl.

落叶乔木，高达20米。当年生枝淡棕色，后色较深，二年生枝灰褐色。叶片纸质，狭卵形、卵形或长圆形，长3～7厘米，宽1.2～3厘米，先端渐尖或尾状渐尖，基部多歪斜，一侧楔形，一侧圆形，边缘中部以上具稀疏钝锯齿，上面无毛，下面脉上幼时疏生柔毛，后渐脱落。核果单生，近球形，径约0.3～0.7厘米，熟叶蓝黑色，果核表面平滑；果梗纤细，长1.5～2.5厘米。花期4～5月，果期5～10月。

### 大黑果朴 *Celtis cerasifera* Schneid.

落叶乔木，高达20米。幼枝淡褐色或黄褐色，无毛，老枝色深。叶片革质，卵形，三角状卵形至卵状椭圆形，长5～12厘米，宽3～7厘米，先端渐尖或短尾尖，基部近圆形，稍歪斜，边缘具整齐锯齿，两面光滑，仅下面脉腋有毛；叶柄长5～12毫米，无毛。果单生或2～3个生于极短的总梗上，近球形，直径10～12毫米，成熟时蓝黑色，果核及肋网孔状凹陷；果梗细长，长2.5～4厘米。花期4月，果期9～10月。

### 四蕊朴 *Celtis tetrandra* Roxb. 别名：滇朴、驳果子树

落叶或半常绿乔木，高达25米。当年生幼枝密被黄褐色短柔毛，老后脱落或部分残留。叶厚纸质至革质，卵状椭圆形，长5～12厘米，宽3～5.5厘米，基部多偏斜，先端渐尖或短尾状渐尖，边缘近全缘或具钝齿，幼时两面具黄褐色短柔毛，尤以下面及脉上为多，老时脱净或部分残留；叶柄长0.4～0.6厘米，上面具沟，被毛。果梗常1～2枚生于叶腋（稀为1枚）。其中一枚果梗（实为总梗），常有2果，另一枚具一果，无毛或被短柔毛，长7～14毫米；果成熟时黄色至橙黄色，近球形，径约0.7～0.8厘米，果核具4肋，表面有网孔状凹陷。花期3～4月，果期4～10月。

### 朴树 *Celtis sinensis* Pers.

落叶乔木，高达10米。幼枝密被短柔毛，老枝无毛。叶纸质，卵形或长卵形，长5～10厘米，宽2.5～5厘米，顶端短渐尖、渐尖，基部圆楔，对称或稍偏斜，边缘常在中部以上有锯齿，幼时二面被毛，老时无毛或微被毛，基部3出脉，中脉上的离基侧脉2～3对，基生侧脉与离基侧脉弧曲上升并近平行，网脉及侧脉在叶下面较细弱，叶柄长5～10毫米，被短柔毛。核果近球形，径约0.4～0.5厘米，成熟时红褐色，果柄与叶柄近等长或稍长，疏被柔毛；果核具肋及网孔状凹陷。花期3～4月，果期9～10月。

## 榆属 *Ulmus*

### 毛枝榆 *Ulmus androssowii* Litv. var. subhirsuta （Schneid.）P. H. Huang, F. Y. Gao et L. H. Zhuo

落叶乔木，稀半常绿，高达20米。幼枝密被白色柔毛，老枝有疏柔毛，黄褐色，皮孔明显，有时具膨大而纵裂的木栓层。叶片卵形或椭圆形，稀菱形或倒卵形，长3~8厘米，宽2~3.5厘米，先端渐尖，基部微偏斜，圆形，边缘具重锯齿或单锯齿，上面幼时有硬毛，后留有毛迹，下面幼时密被柔毛，老时无毛或仅脉腋具簇毛；叶柄长2~10毫米，常被毛。花在去年生枝上排成簇状聚伞花序。翅果圆形或近圆形，稀长圆形或倒卵状圆形，长8~15毫米，宽6~12毫米，无毛，果翅淡绿色或淡黄色，果核部分淡红色、红色或淡紫红色，位于翅果中部，上端接近缺口，宿存花被钟形，上端5裂、裂片边缘有毛，果梗较花被为短，被短毛。花期2~3月，果期3~4月。

### 春榆 *Ulmus davidiana* Planch. var. japonica （Rehd.）Nakai Fl. Sylv. Kor.

翅果无毛，树皮色较深。

边材暗黄色，心材暗紫灰褐色，木材纹理直或斜行，结构粗，重量和硬度适中，有香味，力学强度较高，弯挠性较好，有美丽的花纹。可作家具、器具、室内装修、车辆、造船、地板等用材；枝皮可代麻制绳，枝条可编筐。可选作造林树种。

### 大果榆 *Ulmus macrocarpa* Hance

落叶乔木或灌木，高达20米，胸径可达40厘米；树皮暗灰色或灰黑色，纵裂，粗糙，小枝有时（尤以萌发枝及幼树的小枝）两侧具对生而扁平的木栓翅，间或上下亦有微凸起的木栓翅，稀在较老的小枝上有4条几等宽而扁平的木栓翅；幼枝有疏毛，一、二年生枝淡褐黄色或淡黄褐色，稀淡红褐色，无毛或一年生枝有疏毛，具散生皮孔；冬芽卵圆形或近球形，芽鳞背面多少被短毛或无毛，边缘有毛。叶宽倒卵形、倒卵状圆形、倒卵状菱形或倒卵形，稀椭圆形，厚革质，大小变异很大，通常长5~9厘米，宽3.5~5厘米，最小之叶长1~3厘米，宽1~2.5厘米，最大之叶长达14厘米，宽至9厘米，先端短尾状，稀骤凸，基部渐窄至圆，偏斜或近对称，多少心脏形或一边楔形，两面粗糙，叶面密生硬毛或有凸起的毛迹，叶背常有疏毛，脉上较密，脉腋常有簇生毛，侧脉每边6～16条，边缘具大而浅钝的重锯齿，或兼有单锯齿，叶柄长2～10毫米，仅上面有毛或下面有疏毛。花自花芽或混合芽抽出，在去年生枝上排成簇状聚伞花序或散生于新枝的基部。翅果宽倒卵状圆形、近圆形或宽椭圆形，长1.5～4.7（常2.5～3.5）厘米，宽1～3.9（常2～3）厘米，基部多少偏斜或近对称，微狭或圆，有时子房柄较明显，顶端凹

或圆，缺口内缘柱头面被毛，两面及边缘有毛，果核部分位于翅果中部，宿存花被钟形，外被短毛或几无毛，上部5浅裂，裂片边缘有毛，果梗长2～4毫米，被短毛。花果期4～5月。

边材淡黄色，心材黄褐色；木材重硬，纹理直，结构粗，有光泽，韧性强，弯挠性能良好，耐磨损。可供车辆、农具、家具、器具等地用材。翅果含油量高，是医药和轻、化工业的重要原料。种子发酵后与榆树皮、红土、菊花末等加工成芜糊，药用杀虫、消积。

## 榆树 *Ulmus pumila* L.

落叶乔木，高达25米。小枝黄灰色或淡褐色，被白色疏细柔毛，老枝红褐色。叶片卵状椭圆形、椭圆形、椭圆状披针形或长卵形，长2～8厘米，宽1.2～3.5厘米，先端渐尖或长渐尖，基部偏斜或近对称，上面平滑无毛，下面幼时有毛，后变无毛或部分脉腋有簇毛，边缘具重锯齿或单锯齿，侧脉9～16对，齿端常具小尖头；叶柄长4～10毫米；通常上面有短柔毛。花先叶开放，

簇生于去年生枝的叶腋痕内。翅果近圆形，稀倒卵圆形，长1.2～2厘米，除顶端缺口柱头面被毛外，余无毛，果核位于果翅中部，成熟后与翅同色，宿存花被无毛，4浅裂，裂缘有毛。花期2～3月，果期3～5月。

木材坚实耐用；树皮含纤维素16.4%，拉力强，是制绳优良原料；叶可作饲料；树皮、叶及翅果药用，可安神利便。

### 越南榆 *Ulmus tonkinensis* Gagnep.

常绿乔木，高达15米。幼枝密被短柔毛。叶片革质，卵状披针形、椭圆状披针形或卵形，长3~9（~11）厘米，宽（1）1.5~3厘米，先端渐尖，基部微偏斜或偏斜，圆形或楔形，边缘具单锯齿，上面有光泽，侧脉不下凹，除中脉凹陷处有毛外，余无毛，下面无毛；叶柄长2~6毫米，仅上面被毛。花冬季（稀秋季）开放，3~7朵簇生或排成簇状聚伞花序，花被上部

杯状，下部管状，花被片5，裂至中下部。翅果近圆形，宽长圆形或倒卵状长圆形，长1.2~2.3厘米，无毛，果核部分位于翅果中上部，上端接近缺口，基部有短柄，果梗无毛或几无毛。

## 榉属 *Zelkova*

### 大叶榉树 *Zelkova schneideriana* Hand.-Mazz.

落叶乔木，高达35米。当年生枝灰绿色，密生灰白色柔毛；冬芽2个并生。叶片，厚纸质，卵形至椭圆状披针形，长1.5~9厘米，宽1~5厘米，光端渐尖，基部圆形至楔形，边缘具圆齿状锯齿，齿端微尖，上面绿色，被短硬毛，后脱落，下面淡绿色密被白色柔毛，脉上尤显，侧脉7~15对；叶柄长1~4毫米，被柔毛。雄花1~3簇生于叶腋，雌花及两性花常单生于小枝上部叶

腋。核果斜卵状圆锥形，顶部歪斜，直径约3毫米，有棱纹，几无梗。花期4月，果期9~11月。

木材坚硬，纹理美丽，不易伸缩，耐腐，老树木材常带红色，为上等用材。

## 桑科 Moraceae　　构属 *Broussonetia*

### 藤构 *Broussonetia kaempferi* Sieb. var. australis Suzuki

蔓生藤状灌木，树皮黑褐色；小枝显著伸长，幼时被浅褐色柔毛，后脱落。叶互生，螺旋状排列，椭圆形至卵状椭圆形，不裂，稀为2~3裂，长3.5~8厘米，宽2~3厘米，先端渐尖至尾尖，基部心形至截状心形，边缘锯齿细，齿尖具腺体，叶面无毛，稍粗糙；叶柄长8~10毫米，被毛。花雌雄异株；雄花序为短穗状，长1.5~2.5厘米，花序轴长约1厘米；雄花花被片4~3，裂片外面被毛，雄蕊4~3，花药黄色，椭圆球形，退化雌蕊小；雌花序球形头状，雌花花被管状，顶端齿裂，花柱侧生，线形，延长。聚花果球形，直径1厘米。花期4~6月，果期5~7月。

### 楮 *Broussonetia kazinoki* Sieb.

直立灌木，高2~4米。小枝斜升，幼时被柔毛，成长脱落。叶卵形至斜卵形，长3~7厘米，宽3~4.5厘米，先端渐尖至尾尖，基部浅心形或斜楔形，两侧不对称，叶面绿色，粗糙，微被糙毛，背面近无毛，边缘具浅三角形锯齿，不裂或3裂；叶柄长约1厘米。花雌雄同株；雄花序球形头状，直径8~10毫米，花被片4或3裂，裂片三角形，外面被毛，雄蕊4，花药椭圆形；雌花序与雄花序同形，被柔毛，管状，顶部齿裂，花柱线形。聚花果球形，直径8~10毫米；小核果扁球形，龙骨双层，外果皮骨质，表面有瘤点。花期4~5月，果期5~6月。

韧皮纤维可以造纸。

### 构树 *Broussonetia papyifera*（Linn.）L'Hert. ex Vent.

乔木，高10~20米；树皮暗灰色；小枝密生柔毛。叶螺旋状排列，广卵形至长椭圆状卵形，长6~18厘米，宽5~9厘米，先端渐尖，基部心形，两侧常不相等，边缘具粗锯齿，不分裂或3~5裂，小树之叶常有明显分裂，表面粗糙，疏生糙毛，背面密被绒毛，基生叶脉三出，侧脉6~7对；叶柄长2.5~8厘米，密被糙毛；托叶大，卵形，狭渐尖，长1.5~2厘米，宽0.8~1厘米。花雌雄异株；雄花序为柔荑花序，粗壮，长3~8厘米，苞片披针形，被毛，花被4裂，裂片三角状卵形，被毛，雄蕊4，花药近球形，退化雌蕊小；雌花序球形头状，苞片棍棒状，顶端被毛，花被管状，顶端与花柱紧贴，子房卵圆形，柱头线形，被毛。聚花果直径1.5~3厘米，成熟时橙红色，肉质；瘦果具与之等长的柄，表面有小瘤，龙骨双层，外果皮壳质。花期4~5月，果期6~7月。

　　韧皮纤维可作造纸材料，楮实子及根、皮可供药用。

## 柘属 *Cudrania*

### 构棘 *Cudrania cochinchinensis*（Lour.）Nakai

攀缘藤状灌木；枝无毛，灰色；刺直或弯，粗壮，锐尖，刺长约1厘米。叶革质，椭圆状长圆形或披针形，长3~8厘米，宽2~3.5厘米，全缘，先端钝或短渐尖，基部狭楔形，两面无毛，侧脉每边7~10条；叶柄长约1厘米；托叶披针形，早落。花雌雄异株，总花梗长约1厘米，被柔毛；雄花序约6毫米，花被片4，不相等，被柔毛；雄蕊4，与花被片对生；雌花序较雄花序大，花被片顶端增厚为盾形，内面基部有2埋藏的黄色腺体，外面被微柔毛。聚合果肉质，直径3~5厘米，表面被柔毛，成熟时橙红色。花期4~5月，果期6~7月。

　　木材煮汁可作黄色染料，根皮及茎皮药用。

### 柘树 *Cudrania tricuspidata*（Carr.）Bur. ex Lavall é e

落叶灌木或小乔木，高1~7米；树皮灰褐色；小枝无毛，略具棱，有棘刺，刺长5~20毫米；冬芽赤褐色。叶卵圆形至倒卵形，长5~14厘米，宽3~6厘米，全缘，偶为不规则3裂，先端渐尖，基部楔形至圆形，叶面深绿色，无毛，背面浅绿色，通常无毛，稀被毛，侧脉每边4~6条；叶柄长1~2厘米，被微柔毛。花雌雄异株，花序球形头状，单生或成对腋生，总花梗短；雄花序小，直径5毫米；雄花花被片4，苞片附生于花被片上，顶部肥厚，内卷，雄蕊4，在芽时直立，退化雌蕊陷入花被片下部，锥形；雌花序直径1~1.5厘米，花被片4，子房深入花被片下部。聚合果近球形，直径约2.5厘米，肉质，成熟时橘红色。花期4~5月，果期5~6月。

韧皮纤维为优质造纸原料；根皮入药，有清热、凉血、通筋络之功效；木材为黄色染料；叶为幼蚕饲料；聚合果成熟可以生食，也可酿酒。

## 榕属 *Ficus*

### 高山榕 *Ficus altissima* Bl.

大乔木，高25~30厘米，胸径40~90厘米。树皮灰色，平滑；幼枝绿色，直径约10毫米，被微柔毛。叶厚革质，广卵形至广卵状椭圆形，长10~19厘米，宽8~11厘米，先端钝，急尖，基部宽楔形，全缘，两面平滑，无毛，基生侧脉延长，侧脉每边5~7条；叶柄长2~5厘米，粗壮；托叶厚革质，长2~3厘米，外面被灰色绢丝状毛。榕果成对腋生，椭圆状卵圆形，直径17~28毫米，幼时包藏于早落风帽状苞片内，成熟时红色带黄色，顶生苞片脐状突起，基生苞片短宽面钝，脱落后遗留环状疤痕；雄花散生榕果内壁，花被片4，膜质，透明，雄蕊1枚；花药近圆形，花丝粗短；瘿花有柄，花被片4，花柱近顶生，较短；雌花无柄，花被片与瘿花同数，花柱长，柱头棒状，子房斜卵圆形。瘦果表面有瘤体。花期春夏。

栽培，冻害严重。

### 垂叶榕 *Ficus benjamina* Linn.

乔木，高20米，胸径30～50厘米；树皮灰色，平滑，树冠广展；小枝下垂，叶薄革质，卵形至卵状椭圆形，长4～8（～9）厘米，宽2～4（～5）厘米，先端短渐尖，基部圆形或楔形，全缘，侧脉与网脉难于区分，细密成平行展出，直达叶缘，连接形成厚边，两面平滑无毛，干后灰绿色；叶柄长1～2厘米，上面有沟槽；托叶披针形，长约6毫米。榕果成对或单生叶腋，无总梗，球形或卵球形，无毛，成熟时红色至黄色，直径8～15毫米，基生苞片隐藏；雄

花极少数，具柄，花被片4，宽卵形，雄蕊1枚，花丝短；瘿花具柄，多数，花被片3～4，狭匙形，子房卵圆形，平滑，花柱侧生；雌花无柄，花被片与瘿花同数，短匙形。瘦果卵状肾形，短于花柱，柱头棒状，膨大。花果期8～11月。

栽培供观赏，冻害严重。

### 无花果 *Ficus carica* L.

灌木或小乔木，高3～10米。树皮灰色，皮孔圆形，深灰色，明显；小枝粗壮，节间短。叶厚纸质，广卵形，长宽近相等，10～20厘米，通常3～5裂，裂片卵形，边具不规则锯齿，叶面粗糙，背面密生点状钟乳体和灰色短柔毛，基部浅心形，基生叶脉三至五出，侧脉每边5～7条；叶柄长2～5厘米，粗壮；托叶卵状披针形，长约1.5厘米，绿色带微红。雌雄异株，榕果单生叶腋，雄花和瘿花生于同一榕果内壁，雄花生于

近口部，白色，花柄长2～3毫米，花被片4～5，倒披针形，雄蕊2～3（～1）；瘿花花被片与雄花同，子房倒卵形，花柱短；雌花与不育花花被片4～5，白色，子房卵圆形，光滑，花柱侧生，柱头2裂，线形；不育花子房萎缩。榕果（雌花果）大梨形，直径3～5厘米，顶部平压，苞片覆盖，中部以下收缩成长1～3厘米的柄，基生苞片3，宽卵形；总梗短，榕果成熟时紫红色或黄色。花果期6～7月。

榕果成熟时味甜可生食或作蜜饯；鲜叶捣烂用以治痔疮，疗效良好，也可用叶作农药。

### 印度榕 *Ficus elastica* Roxb.

乔木，高达20～30米，胸径25～40厘米；树皮灰白色，平滑；幼时附生；小枝粗壮。叶厚革质，长椭圆形至椭圆形，长8～30厘米，宽（4～）7～10厘米，先端急尖至短渐尖，基部圆钝，全缘，叶面深绿色，有光泽，背面淡绿色，无毛，侧脉多数，明显，近平行展出至边缘网结；叶柄粗壮，长2～5厘米；托叶膜质，深红色，披针形，长10～15厘米，脱落后遗留一环状疤痕。榕果长圆形，长达1.5厘米，无总梗；雄花散生，具柄，花被片4，卵形，雄蕊1枚，花药卵圆形，花丝极短；瘿花花被片4，子房光滑，近球形，花柱短，微弯曲；雌花花柱长，柱头膨大，近头状。瘦果卵球形，表面有小瘤体。花期冬季。

栽培，冻害严重。

### 异叶天仙果 *Ficus heteromorpha* Hemsl.

落叶灌木或小乔木，高2～5米。树皮灰褐色；小枝红褐色，节间短。叶形变异甚大，倒卵状椭圆形、琴形至长椭圆状披针形，长10～18厘米，宽2～7厘米，先端渐尖或急尖，基部圆形或浅心形，叶面粗糙，背面有点状钟乳体，全缘或微波状，基侧脉较短，侧脉每边6～15条，红色；叶柄长1.5～6厘米，红色；托叶披针形，长约1厘米，红色，膜质，无毛。榕果成对腋生，或生于落叶短枝叶腋，无总梗，榕果体球形或为圆锥状球形，光滑，直径6～10毫米，顶生苞片脐状突起，基生苞片3，卵形，成熟榕果紫黑色；雄花和瘿花生于雄株榕果内壁；雄花散生于瘿花中，花被片4～5，红色，匙形，雄蕊2～3，花药椭圆形，黄色，花丝纤细；瘿花花被片5～6，子房光滑，花柱短，侧生；雌花生于雌株榕果中，花被片4～5，包围子房，子房透镜状，花柱较瘿花长，柱头2裂，画笔状，被柔毛。瘦果光滑。花期4～5月，果期5～7月。

茎皮纤维供造纸原料；榕果成熟时可以生食或作果酱。

### 大青树 *Ficus hookeriana* Corner

大乔木，高达25米，胸径40~50厘米。主干通直，树皮深灰色，有纵槽；幼枝绿色微红，粗壮，直径约1厘米，平滑，无毛。叶大，坚纸质，长椭圆形至广卵状椭圆形，长15~20厘米或更长，宽8~12厘米，先端钝圆或具短尖，基部宽楔形至圆形，叶面深绿色，背面绿白色，两面无毛，全缘，侧脉每边6~9条，与主脉几成直角展出，在边缘处网结，干后网脉两面均明显；叶柄粗壮，圆柱形，长3~5厘米，无毛；托叶膜质，深红色，披针形，长约10~13厘米。榕果成对腋生，无总梗，圆柱状至倒卵圆形，长2~2.7厘米，直径1~1.5厘米，顶生苞片脐状突起，基生苞片合生成杯状；雄花散生于内壁，花被片4，披针形，雄蕊1枚，花药椭圆形，与花丝等长；雌花与雄花混生，花被片与雄花同数，花柱近顶生，柱头膨大，单1；瘿花与雌花相似，花柱短而粗。花期4~10月。

### 榕树 *Ficus microcarpa* L. f.

乔木，高15~25米，胸径50厘米。树皮灰色，冠幅广展；老树常有锈褐色气根。叶薄革质，狭椭圆形，长4~8厘米，宽3~4厘米，先端钝尖，基部狭楔形至楔形，叶面深绿色，有光泽，背面浅绿色，两面无毛，基生侧脉延长，侧脉每边3~10条；叶柄长5~10（~15）毫米，无毛；托叶小，披针形，长约8毫米。榕果成对腋生，有时生于已落叶枝叶腋，成熟时黄色微红，扁球形，直径6~8毫米，无总梗，顶生苞片唇形，基生苞片3，广卵形；雄花、雌花、瘿花生于同一榕果内壁，花间有少许刚毛；雄花有或无柄，散生内壁，花被片3，近匙形，雄蕊1枚，花药心形，花丝与花药等长；瘿花花被片3，广匙形，花柱侧生，短；雌花与瘿花相似，但花被片较小，花柱较长。瘦果卵圆形，花柱近顶生，短于子房，柱头棒状。花果期5~7月。

栽培供观赏，冻害严重。

树皮可以提取栲胶。

### 珍珠榕 *Ficus sarmentosa* Buch.-Ham. ex J.E.Smith var. henryi （King ex Oliv.） Corner

木质攀缘或匍匐藤状灌木；幼枝密被褐色柔毛和开展粗毛。叶革质，变异大，卵状椭圆形，有时为斜卵形，长8~12厘米，宽3~5厘米，先端渐尖，基部圆形至楔形，有时不对称，叶面无毛，背面密被褐色或锈褐色柔毛，基生叶脉三出，侧生2脉有时延长至叶片1/3以上，侧脉每边5~7条，网脉在背面呈蜂房状；叶柄长5~10毫米，密被锈褐色毛。榕果成对腋生，圆锥状卵圆形，直径1~2.5厘米，偶见有达3厘米的，表面密被褐色长柔毛，成长渐脱落，顶生苞片直立，长约3毫米，基生苞片卵状披针形，长3~6毫米或更长，无总梗或具甚短的总梗。花果期夏秋季。

瘦果为制冰粉原料。

### 爬藤榕 *Ficus sarmentosa* Buch.-Ham. ex J.E.Smith var. impressa （Champ.） Corner

藤状匍匐灌木。叶革质，披针形，长4~7（~8）厘米，宽1~2（~3）厘米，先端渐尖，基部钝形，叶面绿色，无毛，背面白色至灰褐色，全缘，干后常背卷，侧脉每边6~8条，网脉在背面甚明显；叶柄长5~10毫米。榕果成对腋生或生于已落枝叶腋，球形，直径6~7毫米，被柔毛，顶生苞片呈脐状，但不突起，基生苞片甚小，总梗长约4~5毫米；雄花和瘿花生于雄株榕果内壁；雄花生近口部，花被片3~4，雄蕊2枚，花药具短尖；瘿花生雄花之下，花被片与雄花同数，子房光滑，花柱侧生，短；雌花生雌株榕果内壁，花被片3~4。瘦果长圆形，表面有黏液。

### 白背爬藤榕 Ficus sarmentosa Buch.-Ham. ex J. E. Sm. var. nipponica（Fr. et Sav.）Corner

木质藤状灌木；当年生小枝浅褐色。叶椭圆状披针形，背面浅黄色或灰黄色。榕果球形，直径1～1.2厘米，顶生苞片脐状突起，基生苞片三角卵形，长约2～3毫米；总梗长不超过5毫米。

### 竹叶榕 *Ficus stenophylla* Hemsl.

小灌木，高1～3米；小枝散生灰白色短糙毛，节间短。叶互生，纸质，干后灰绿色，条状披针形，长5～13厘米，通常宽不超过1厘米，先端渐尖，基部楔形至圆形，叶面深绿色，平滑无毛，背面浅绿色，散生点状钟乳体，全缘，侧脉每边7～17条；叶柄长3～7毫米；托叶披针形，长约8毫米，红色，膜质，早落。榕果椭圆状球形，成熟时深红色，直径7～8毫米，顶生苞片微呈脐状突起，基生苞片3，三角形，总梗长2～6毫

米；雄花和瘿花生雄株榕果内；雄花生于近口部，具短柄，花被片3～4，披针形，红色，雄蕊2～3枚，花药椭圆形，花丝短；瘿花具柄，花被与雄花同数，倒披针形，红色，子房透镜状，花柱短，侧生；雌花生于雌株榕果内壁，近无柄，花被片4，条形，顶端钝。瘦果近球形，一侧凹下，花柱生于凹陷处，纤细。花期5月，果期6～7月。

### 地果 Ficus tikoua Bur.

匍匐木质藤本，茎上生细长不定根，节短，膨大；幼枝偶有直立的。叶坚纸质，倒卵状椭圆形，长2～8厘米，宽1.5～4厘米，先端急尖，基部圆形至浅心形，边缘具疏浅圆锯齿，叶面深绿色，疏生短刺毛，背面浅绿色，沿脉有细毛，侧脉每边3～4（～7）条；叶柄长1～2厘米；直立枝的叶柄长达6厘米，叶片也相应长和宽；托叶披针形，长约5毫米，被毛。榕果成对或成簇

生于匍匐茎上，常埋于土中，球形至圆卵形，直径1~2厘米，基部收缢成柄，成熟时红色，表面散生圆形瘤点，顶生苞片微呈脐状，基生苞片3，很小。花雌雄异株，雄花和瘿花生于同一榕果内；雄花生于内壁近口部，无柄，花被片2~6，卵形，雄蕊2~3枚，黄色；雌花生于另一植株榕果内，具短柄，无花被或花被短于子房，子房为黏膜包围。瘦果表面略具瘤点，花柱侧生，长，柱头2裂。花期5~7月，果期7~8月。

榕果成熟时可以生食；又是水土保持植物。

## 变叶榕 *Ficus variolosa* Lindl. ex Benth.

灌木或小乔木，高3~10米。树皮灰褐色，平滑；小枝节间短。叶薄革质，狭椭圆形至椭圆状披针形，长5~12厘米，有时更长，宽1.5~4厘米，先端渐尖或钝尖，基部楔形，叶面深绿色，背面浅绿色，两面均无毛，全缘，侧脉每边7~11（~15）条，与中脉略呈直角展出；叶柄长6~10毫米；托叶三角形，长约8毫米，无毛，早落。榕果成对或单生叶腋，球形，直

径10~12毫米，表面有小瘤体，顶生苞片脐状，基生苞片3，卵状三角形，近基部合生，总花梗长8~12毫米，雄花和瘿花生于同一榕果内壁；雄花散生，花被片3~4，线形，长短不等，雄蕊2~3枚，花药椭圆形，长于花丝；瘿花无梗或具短梗，花被片4~6，披针形，舟状，包围子房；子房卵圆形，花柱侧生，短；雌花生于另一植株榕果内，花被片3~4；子房卵圆形，花柱侧生，长，柱头2裂。瘦果斜卵圆形。花果期6~8月。

### 黄葛树 *Ficus virens* Ait. var. sublanceolata （Miq.）Corner

落叶乔木，有板根和支柱根，幼时附生。叶薄革质，长圆状披针形或近披针形，长可达20厘米，宽4~6厘米，先端渐尖至尾尖，基部圆形至钝形，全缘，两面无毛，叶面无光泽，侧脉每边7~10条；叶柄长2~3（~5）厘米；托叶披针形或卵状披针形，先端急尖，绿色，长5~10厘米，早落。榕果单生或成对生于已落叶枝叶腋，球形，直径7~10毫米，熟时紫红色，无总梗，基生苞片3，宿存；雄花、瘿花、雌花生于同一榕

果内壁；雄花无柄，少数，生于内壁近口部，花被片3~5，披针形，雄蕊1枚，花药广卵圆形，花丝很短；瘿花具柄，花被片3~4，花柱近顶生，短于子房；雌花相似于瘿花，仅花柱长于子房。瘦果有绉纹。花期4月，果期5~6月。

栽培，冻害严重。

## 桑属 *Morus*

### 桑 *Morus alba* L.

乔木或灌木，高3~10米或更高，胸径可达50厘米；树皮厚，黄褐色，有纵裂。叶卵形至宽卵形，长5~15厘米，宽5~12厘米，先端急尖或钝尖，基部圆形至浅心形，稍偏斜，边缘锯齿粗钝，分裂或不分裂，叶面无毛，背面脉腋有丛生毛；叶柄长1.5~2.5厘米，有或无毛；托叶披针形，早落。雄花序下垂，长2~3.5厘米，绿白色，花被片4，宽椭圆形，密被微柔毛，花丝在开花时伸出花被片外，花药球形，黄色；雌花序

长1~2厘米，被毛；雌花无梗，花被片倒卵形，外面和边缘有毛，子房无花柱，柱头2裂，里面有乳头状突起。聚花果卵状椭圆形，长1~2厘米，直径约1厘米，成熟时紫黑色。花期4月，果期5月。

茎皮纤维可供纺织原料，造纸原料；根、皮、叶、果、枝条入药；木材坚硬，可供家具、木器、雕刻等；尤以桑叶为饲蚕重要饲料。

### 鸡桑 *Morus australis* Poir.

灌木，稀为小乔木，树皮灰褐色；冬芽大，圆锥状卵形。叶卵形至斜卵形，先端急尖或为尾状尖，基部楔形或浅心形，叶面粗糙，被平伏刺毛，背面疏生粗毛，边缘具粗或细锯齿，不裂或3～5裂；叶柄长1～1.5厘米，密被柔毛；雄花绿色，具短花梗，花被片外面密被柔毛，卵形，雄蕊4枚，花药黄色，椭圆状球形；雌花序球形，直径约1～1.2厘米，花被片被毛，子房卵圆形，花柱很长，柱头浅2裂，里被毛。聚花果短椭圆形至近球形，成熟时红、紫红或暗紫色。花期3～4月，果期4～5月。

韧皮纤维可以造纸；叶可以饲蚕；果实味甜可生食。

### 花叶鸡桑 *Morus australis* Poir. var. inusitata（Lévl.）C. L. Wu in C. Y. Wu et S. S. Chang

灌木。叶为不规则分裂，裂片边缘有锯齿，干后绿色。雌雄花序均为球形头状，密被白色柔毛。聚花果球形，直径1厘米，被毛；雌花花柱长，被毛。

### 蒙桑 *Morus mongolica*（Bur.）Schneid.

小乔木或灌木，树皮灰褐色，具纵槽。冬芽卵圆形。叶卵状椭圆形至卵形，长8～15厘米，宽5～8厘米，先端尾状，基部心形，分裂或不裂，边缘锯齿三角形，齿尖具长刺芒，两面无毛，基生叶脉三出，侧脉每边5～6条；叶柄长2.5～3.5厘米。花雌雄异株，雄花序长约3厘米；雄花花被片黄色，外面和边缘被柔毛，花药椭圆球形，纵向开裂；雌花序短圆柱形，长1～1.5厘米，总花梗纤细，长1～1.5厘米，雌花花被片外面疏被柔毛，花柱长，柱头里面被乳头状突起。聚花果长1.5厘米，成熟时紫黑色。花期3～4月，果期4～5月。

韧皮纤维为高级造纸原料；根皮可以入药。

### 鲁桑 *Morus multicaulis* Perrott.

乔木或为灌木，多分枝，树皮灰色。幼枝灰绿色，被微柔毛；冬芽卵圆形，芽鳞广卵圆形，先端钝圆，革质，黑褐色，边缘具缘毛。叶大而厚，肉质，广卵形至卵状心形，长达30厘米，叶面深绿色，粗糙，沿叶脉疏生微柔毛，先端锐尖，基部心形，边缘锯齿粗而钝；叶柄甚长，有或无毛；托叶披针形，早落。雄花序圆柱形，长2～3厘米，下垂，花密集，雄花淡紫色，花被片4，卵状长圆形，先端钝，背面被微柔毛，雄蕊4枚；总花梗无毛或近无毛；雌花序短圆柱形或圆筒形，花被片4，卵圆形，外面被柔毛，总花梗被微柔毛，花序轴密被毛。聚花果长1.5～2厘米，直径1.3～1.5厘米，成熟时白色，透明，多汁。花期4月，果期5月。

通称湖桑，为养蚕业最好的饲料。

## 荨麻科 Urticaceae　　水麻属 *Debregeasia*

### 水麻 *Debregeasia orientalis* C. J. Chen

灌木，高1.5～4米；小枝有贴生或近贴生的短毛。叶片纸质，长圆状披针形或线状披针形，长5～18厘米，宽1～2.5厘米，先端渐尖，基部圆形或宽楔形，边缘有细锯齿或细牙齿，上面疏生短糙毛，常有不规则的泡状隆起，下面密被白色、灰白色或蓝灰色毡毛，侧生1对基出脉斜伸至叶片下部1/3或1/2，侧脉3～5对，均在叶缘之内网结，细脉在下面明显可见；叶柄长0.3～1厘米，毛被同小枝；托叶披针形，长5～8毫米，2裂，背面有短柔毛。雌雄异株；花序生于去年生枝条和老枝叶腋，长1～1.5厘米，常2回二岐分枝或二叉分枝；总梗短或无。雄花：花被片（3～）4（～5），长1.5～2毫米；雄蕊4；退化雌蕊倒卵圆形，长约0.5毫米。雌花：花被壶形，长约0.7毫米。果序球形，直径3～7毫米；瘦果的果皮和宿存花被肉质，鲜时橙黄色。花期3～4月，果期5～7月。

茎皮纤维可代麻用和作人造棉原料；果可食用和酿酒；叶作饲料；根、叶可入药，有清热解毒、利湿、止泻和止血之效。

### 长叶水麻 *Debregeasia longifolia*（Burm. f.）Wedd.

灌木或小乔木，高2~3（~6）米；小枝密生伸展的褐色或灰褐色粗毛。叶片纸质，倒卵状长圆形至长圆状披针形或披针形，长9~20厘米，宽2~5厘米，先端渐尖，基部宽楔形至圆形，边缘密生细牙齿或细锯齿，上面被糙毛，有时有泡状隆起，下面被灰色、灰白色或蓝灰色毡毛，脉上有短粗毛，侧生1对基出脉伸至叶片下部1/3，侧脉5~8对，斜伸至近叶缘处网结，细脉在下面可见；叶柄长1~4厘米，被毛同小枝；托叶长圆状或椭圆状披针形，长6~10毫米，2裂至中部，背面有短柔毛。雌雄异株，稀同株；花序生于当年生枝和老枝叶腋，长1~2厘米，具短总梗，2~4回二岐分枝，稀二叉分枝，分枝顶端有1球状团伞花序，序轴被伸展的短毛。雄花：花被片4，长1.5~2毫米；雄蕊4；退化雌蕊倒卵圆形，长约0.6毫米；小苞片较花被片短。雌花：花被倒卵状筒形，下部紧缩呈柄状，长约0.8毫米，顶端有4齿；柱头画笔头状。果序球形，直径3~4毫米；瘦果葫芦状，长1~1.5毫米；宿存花被与果几乎合生，肉质，鲜时橙红色。花期5~8月，果期8~12月。

茎皮纤维可代麻用和作人造棉原料；果可食用和酿酒；叶作饲料；根、叶可入药，有清热解毒、利湿、止泻和止血之效。

## 水丝麻属 *Maoutia*

### 水丝麻 *Maoutia puya*（Hook.）Wedd.

灌木，高1~2米。小枝圆柱形，褐色，上部多少密生白色柔毛和小糙伏毛。叶互生，具柄；叶片椭圆形或卵形，长5~18厘米，宽3~8厘米，先端渐尖，基部宽楔形或近圆形，边缘除基部全缘外余部有三角形的牙齿，上面绿色，粗糙，疏生糙伏毛，下面密生雪白色毡毛，但沿脉上生糙伏毛，钟乳体点状，上面明显，基出3脉，侧生1对基出脉伸至叶片上部1/3或1/4处，侧脉2~4对，脉网在上面凹陷，下面凸起；叶柄长1~5厘米，毛被同茎；托叶干膜质，褐色，2深裂，裂片线状披针形，长7~15毫米，先端近钻形，边缘及背面脉上有疏柔毛。雌雄同株；团伞花序由数朵异性花或同性花组成，疏生于花枝上，排列成长3~5厘米的聚伞圆锥花序，雌花序2个腋生。雄花无梗或具短梗，长1.2~1.5毫米：花被片5，卵形，先端近渐尖，外面被短伏毛；雄蕊5，伸出；退化雌蕊三角状卵珠形，雌花无梗或具短梗，长约0.8毫米：花被片2，小，合生成不对称的浅杯状，贴生于子房的基部，在果时宿存。瘦果卵状三角形，有三棱，长约1毫米，着生花被处稍凹陷，外果皮稍肉质，疏生短伏毛。花期5~10月，果期7~11月。

茎皮含纤维43%~79.27%，纤维质量好，有光泽，芒市一带傣族用作渔网，坚韧耐久，又可供纺织用。

## 壳斗科 Fagaceae　　栗属 *Castanea*

### 板栗 *Castanea mollissima* Blume

落叶乔木，高达15米，胸径达1米，树皮深灰色，不规则深纵裂。幼枝被灰褐色绒毛。叶长椭圆形至长椭圆状披针形，长9～18厘米，宽4～7厘米，顶端渐尖或短尖，基部圆形或宽楔形，边缘有锯齿，齿端有芒状尖头，背面被灰白色短柔毛，侧脉10～18对，叶柄长0.5～2厘米，被细绒毛或近无毛。雄花序长9～20厘米，有绒毛；雄花每簇有花3～5朵，雌花常生于雄花序下部，2～3（～5）朵生于1总苞内，花柱下部有毛。成熟总苞连刺直径4～6.5厘米，苞片针刺形，密被紧贴星状柔毛，坚果通常2～3个，扁球形，侧生两个为半球形，直径2～2.5厘米，暗褐色，顶端被绒毛。花期4～6月，果熟期9～10月。

经济价值很高的干果，果入药有舒筋活血之效；木材纹理直，质坚而硬，耐水湿，供建筑、桩木、地板、矿柱等用材；树皮、总苞含鞣质，可提制栲胶；树皮煎水，外洗可治疮毒；栗花编制成绳用以薰蚊。

### 茅栗 *Castanea seguinii* Dode　别名：野栗子

灌木或小乔木；幼枝被短柔毛；冬芽小，卵形，长2～3毫米。叶长椭圆形或倒卵状长椭圆形，长6～14厘米，宽4～6厘米，顶端渐尖，基部楔形、圆形或近心形，边缘有锯齿，背面被腺鳞，或仅在幼时沿脉上有稀疏单毛，侧脉12～17对，直达齿端；叶柄长6～10毫米，有短毛。总苞近球形，连刺直径3～5厘米，苞片针刺形，密生，坚果常为3个，有时可达5～7个，扁球形，直径1～1.5厘米。花期5月，果熟期9～10月。

坚果含淀，味甘美，可供食用；木材可制家具；树皮含鞣质可提制栲胶；为嫁接板栗的砧木。

## 栲属 *Castanopsis*

### 元江栲 *Castanopsis orthacantha* Franch.

乔木，高达20米。叶卵形或卵状披针形，长6～10（～12）厘米，宽2～4厘米，顶端渐尖或尾尖，基部圆形或宽楔形，略偏斜，两面同为绿色，无毛，侧脉10～12对；叶柄长1厘米。雄花序圆锥状或穗状；每1总苞内有3朵雌花，稀为1朵。果序长6厘米，轴密生皮孔。总苞球形有时倒卵形，连刺直径2.5～3厘米；苞片短刺形，结合成鸡冠状，长3～7毫米，排成4～6环。坚果3个，有时只发育1～2个，圆锥形，一侧扁平，直径1～1.5厘米，密生绒毛，果脐比坚果基部略小。花期5～6月。果熟期翌年10月。

木材坚硬，适作家具、农具用材；树皮含单宁；种仁含淀粉。

## 青冈属 *Cyclobalanopsis*

### 窄叶青冈 *Cyclobalanopsis augustinii*（Skan）Schottky

乔木，高达30米。幼枝有黄褐色绒毛。老时无毛。叶革质，卵状长椭圆形或椭圆形，长16～30厘米，宽6～8厘米，顶端渐尖或尾尖，基部楔形至圆形，边缘1/3以上有锯齿，老叶表面绿色无毛，背面灰白色，有时被绒毛，表面中脉及侧脉凹下，背面凸起，18～25对，背面二次侧脉明显；叶柄长2～4厘米，上面有沟槽。壳斗半球形或扁球形，包坚果2/3或4/5，有时全包，直径5厘米，高达3厘米，被灰黄色绒毛；苞片合生成7～10条宽而薄的同心环带，环带近全缘，成熟时上部分离，并有裂齿。坚果扁球形，直径3～4厘米，高2～3厘米，有绒毛，老后无毛，果脐大，平坦或微凸起，果熟期12月。

### 黄毛青冈 *Cyclobalanopsis delavayi*（Franch.）Schottky

乔木，高达20米，径达1米。小枝密被黄褐色绒毛。叶革质，长椭圆形或卵状长椭圆形，长6~12厘米，宽2~4.5厘米，顶端渐尖或短渐尖，基部楔形或近圆形，边缘中部以上有锯齿，表面无毛，背面密被灰黄色绒毛，表面中脉凹下，背面凸起，侧脉10~13对；叶柄长1~2厘米，密被灰黄色绒毛。雄花序簇生或分枝，长4~6厘米，被黄色绒毛；雌花序腋生，2~5朵疏生于花序轴上，被黄色绒毛，花柱3~5

裂。壳斗浅碗形，包围坚果约1/2，直径1~1.5（~1.9）厘米，高5~8（~10）毫米，内壁有黄色绒毛；苞片合生成6~7条同心环带，环带具浅齿，密被黄色绒毛。坚果近球形或宽卵形，高、径约0.8~1.4（~1.6）厘米，初被绒毛，后期脱落，果脐略凸起，直径6~8毫米。花期4~5月，果实第二年成熟。

木材为辐射孔材，红褐色，材质坚硬，耐腐，供桩柱，桥梁，车立柱，造船，地板，农具柄，水车轴等用材。树皮含单宁。

### 青冈 *Cyclobalanopsis glauca*（Thunb.）Oersted

乔木，高达20米。小枝无毛。叶倒卵状椭圆形或长椭圆形，长6~13厘米，宽2~2.5厘米，顶端渐尖或尾尖，基部近圆形或宽楔形，边缘中部以上有疏锯齿，表面无毛，背面有整齐平贴白色毛，老时渐脱落，常有粉白色鳞秕，侧脉9~13对；叶柄长1.5~2.5（~3）厘米。壳斗碗形，包围坚果1/3~1/2，直径0.9~1.4厘米，高0.6~0.8厘米；苞片合生成5~8条同心环带，环带全缘或有细缺刻，排列紧密，被薄毛。坚果卵形或近球形，直径0.9~1.4厘米，高

1~1.6厘米，无毛，果脐凸起。花期3~4月，果熟期10月。

材质坚重，收缩性较大，供桩柱、车船、工具柄、地板、农机、农具、水车轴、滑轮、运动器械等用材。种子含淀粉，壳斗含鞣质。

### 滇青冈 Cyclobalanopsis glaucoides Schottky

乔木，高达20米。幼枝有绒毛，后渐无毛。叶长椭圆形或倒卵状披针形，长5～12厘米，宽2～4.5厘米，顶端渐尖或尾尖，基部楔形或近圆形，边缘1/3以上有锯齿，齿端有短尖头，幼叶背面密被弯曲黄褐色绒毛，后渐脱落，表面中脉凹下，背面显著凸起，侧脉8～12对；叶柄长约1.5厘米，上面有沟槽。壳斗碗形，包围坚果1/3～1/2，直径0.8～1.2厘米，高6～8毫米，外壁被灰黄色绒毛；苞片合生成6～8条同心环带，环带近全缘。坚果椭圆形至卵形，直径0.7～1厘米，高1～1.4厘米，初被毛，以后脱落，果脐凸起，直径5～6毫米。花期4月，果熟期10月。

材质坚重，收缩性较大，供桩柱、车船、工具柄、地板、农机、农具、水车轴、滑轮、运动器械等用材；干种仁含淀粉，种子供食用或酿酒。

## 石栎属 Lithocarpus

### 窄叶石栎 Lithocarpus confinis Huang et Chang ex Hsu et Jen

乔木或小乔木，高3～7米。小枝无毛。叶椭圆状披针形或长椭圆形，长8～12厘米，宽1.5～2.5厘米，顶端渐尖或短钝尖，基部楔形或宽楔形，沿叶柄下延，全缘，微向外反卷，无毛，背面微有白粉，两面中脉均凸起，侧脉短而密，近乎平行，两面都不明显，约15～24对，二次侧脉不明显；叶柄长0.4～1厘米，无毛，基部明显增粗。雌花序每3朵雌花簇生，轴被淡黄色绒毛。果序长5～12厘米，轴光滑或有绒毛。壳斗盘形，直径1～1.2厘米，高1～4毫米；苞片三角形，与壳斗壁愈合。坚果扁球形或近球形，直径1～1.5厘米，高0.8～1.3厘米，无毛或近顶端有短绒毛。果脐内凹，径0.7厘米。果熟期10～11月。

### 滇石栎　*Lithocarpus dealbatus*（Hook. f. et Thoms）Rehd.

乔木，高达20米。小枝密生灰黄色柔毛。叶长椭圆形，长卵形至椭圆状披针形，长5～12（～14）厘米，宽2～3（～5）厘米，顶端渐尖或短尾尖，基部楔形，全缘，背面常被灰黄色柔毛，有时无毛，侧脉9～12对；叶柄长8～10（～20）毫米，被灰黄色柔毛。果序长10～20厘米，果密集。壳斗3～5个簇生，近球形或扁球形，包坚果2/3～3/4，直径1～1.5厘米，高0.8～1.5厘米，被灰黄色毡毛；苞片三角形，下部和壳斗贴生，上部的分离，长1～2（～3）毫米。坚果近球形或略扁，高、直径1～1.3厘米，顶部圆形或微下凹，有宿存短花柱，有灰黄色细柔毛或脱落，基部和壳斗愈合，愈合面呈锅状凸起，为坚果高度的1/4。花期8～10月，果熟期翌年10～11月。

木材坚硬、甚重、收缩大、耐腐，供农具、枕木、桩木、地板，木制机械、水车轴、运动器械等用。种子含淀粉；树皮含单宁。

### 光叶石栎　*Lithocarpus mairei*（Schottky）Rehd.

乔木或灌木。小枝圆柱形，稍有沟槽。叶卵状椭圆形，椭圆形至披针形，长7～12厘米，宽1.5～4厘米，顶端渐尖至尾尖，基部楔形，全缘，微向外反卷，叶面深绿色，背面密被灰白色鳞秕，无毛，叶面中脉淡褐色，侧脉不明显，背面凸起，10～13对；叶柄长1～1.5厘米，无毛。雌花序每3朵雌花簇生，发育1～3个不等。果序长8～10厘米。壳斗碗形，壁薄，包围坚果一半左右，直径1.5～1.8厘米；苞片三角形水生于壳斗，无毛，有时有灰褐色鳞秕。坚果球形或扁球形，直径1.5～1.8厘米，顶端圆形，无毛，果脐内凹，直径6～8毫米。花期4～5月，果熟期翌年10～11月。

### 大叶苦柯 *Lithocarpus paihengii* Chun et Tsiang

乔木，高达15米，胸径50厘米，枝、叶无毛。叶厚革质，卵状椭圆形或长椭圆形，少有倒卵状椭圆形，长15～25厘米，宽4～9厘米，顶部长尖或短突尖，基部宽楔形，沿叶柄下延，全缘，中脉在叶面至少下半段稍凸起，中央裂槽状，侧脉每边8～13条，支脉不明显或甚纤细，嫩叶背面被黄棕色或红褐色粉末状松散易抹落鳞秕，成长叶干后黄灰色，叶面暗棕色至红褐色，常略有油润光泽；叶柄长2～3厘米，粗壮，干后暗褐至黑褐色，有时有白色粉霜，雄穗状花序单穗腋生或多穗排成圆锥花序，长达20厘米，花序轴被稀疏的灰黄色短柔毛；雌花序长7～13厘米，顶部常着生少数雄花；雌花每3朵一簇，花柱长约1毫米。壳斗圆或扁圆形，包着坚果绝大部分，横径20～28毫米，壳壁厚1.5～2.5毫米，小苞片三角形，紧贴，位于壳斗下部的增大但较模糊，仅顶尖部分钻尖状，有时基部连生成圆环状，外壁有灰色鳞秕层；坚果扁圆形或宽圆锥形，高12～20毫米，宽14～24毫米，被黄灰色细伏毛，果脐凸起，但四周边缘微凹陷，占坚果面积约1/3，柱座四周稍凹陷。花期5～6月，果次年10～11月成熟。

## 栎属 *Quercus*

### 槲栎 *Quercus aliena* Blume

落叶乔木，高达20米。小枝圆筒形，无毛，被圆形淡褐色皮孔。叶长椭圆状倒卵形至倒卵形，长10～20（～30）厘米，宽5～14（～16）厘米，顶端微钝或短渐尖，基部楔形或圆形，边缘有波状钝齿，背面密生灰白色细绒毛，侧脉10～15对；叶柄长1～2.5（～3）厘米，无毛。壳斗碗形，包围坚果约1/2，直径1.2～2厘米，高1～1.5厘米；苞片小，卵状披针形，紧密复瓦状排列，被灰白色短柔毛。坚果椭圆状卵形至卵形，直径1.3～1.8厘米，高1.7～2.5厘米，果脐略凸起。

### 锐齿槲栎　*Quercus aliena* Bl. var. acuteserrata Max.

落叶乔木，高达30米。小枝具沟槽，无毛。叶长椭圆状卵形至卵形，长9~20（~22）厘米，宽5~9（~11）厘米，顶端短渐尖，基部楔形或圆形，边缘有粗大锯齿，齿端尖锐，内弯，背面密生灰白色星状细绒毛，侧脉10~16对，有时更多；叶柄长1~2（~3）厘米，无毛。壳斗碗形，包围坚果1/3，直径1~1.5厘

米，高0.6~1厘米；苞片小，卵状披针形，紧密复瓦状排列，被薄柔毛。坚果长卵形至卵形，直径1~1.4厘米，高1.5~2厘米，顶端有疏毛，果脐微凸起。花期3~4月，果熟期10~11月。

### 川滇高山栎　*Quercus aquifolioides* Rehd. et Wils.

常绿乔木，高达20米，生于开旷山顶时呈灌木状。幼枝被棕黄色绒毛。叶椭圆形或倒卵

形，长3~7厘米，宽1.5~3.5厘米，顶端圆形或有短尖，基部圆形至浅心形，全缘或有刺状锯齿，幼叶被棕黄色柔毛，老时背面有黄色薄毛或粉状鳞粃，中脉上部呈之字形弯曲，侧脉6~8对；叶柄长2~5（~10）毫米，有时几无柄。果序长不及3厘米，着生坚果1~4个。壳斗浅碗形，包围坚果基部，直径0.9~1.2厘

米，高5~6毫米，内壁密生绒毛；苞片卵状长椭圆形至披针形，钝头，顶端与壳斗壁分离。坚果当年成熟，球形，直径1~1.5厘米，无毛。

### 锥连栎　*Quercus franchetii* Skan.

常绿乔木，高5～10米。小枝被灰黄色细绒毛。叶倒卵形或椭圆形，长5～10厘米，宽2.5～5（～7.5）厘米，顶端短尖或钝尖，基部楔形，有时圆形，边缘中部以上有锯齿，齿端有腺点，幼时两面密生黄褐色绒毛，老后仅背面密生灰黄色细绒毛，侧脉8～11对，直达齿端；叶柄长1～1.5（～2.5）厘米，密生灰黄色细绒毛。壳斗碗形，包围坚果1/2，直径1～1.3厘米，高0.7～1厘米，有时盘形，高4毫米；苞片三角形，长2毫米，背面有瘤状凸起，被灰色绒毛。坚果柱状圆形或近球形，顶部平截，凹陷，直径0.9～1.2厘米，高1.1～1.3厘米，露出部分有灰色细绒毛，果脐微凸起。花期2～3月，果熟期9～10月。

### 大叶栎　*Quercus griffithii* Hook. f. et Thoms.

落叶乔木，高达25米。小枝密被灰黄色绒毛，后渐脱落。叶倒卵形至长椭圆状倒卵形，长10～20（～30）厘米，宽4～10厘米，顶端短尖或渐尖，基部圆形或楔形，边缘有粗齿，幼时有毛，老时仅背面密生灰褐色星状短绒毛，侧脉12～18对，直达齿端；叶柄长0.5～2厘米，褐黑褐色绒毛。

壳斗碗形，包围坚果1/3～1/2，直径1.2～1.5厘米，高0.8～1.2厘米，苞片长卵状三角形，紧密复瓦状排列，被灰褐色柔毛。坚果椭圆形或卵状椭圆形，直径0.8～1.2厘米，高1.5～2厘米，果脐微凸起，直径约6毫米。

### 灰背栎　*Quercus senescens* Hand.-Mazz.

常绿灌木或乔木，高达15米，树皮灰褐色不规则块状开裂。幼枝密被污褐色绒毛，后渐脱落。叶长椭圆形、卵形或倒卵形，长3～7厘米，宽1.2～3.5厘米，顶端圆或钝，基部圆形至浅心形，全缘或有数个刺状锯齿，幼时两面密生灰黄色绒毛，侧脉6～8对；叶柄长1～3毫米，密生绒

毛。壳斗碗形，包围坚果约1/2，直径0.7～1.2厘米，高5～8毫米；苞片长三角形，长约1毫米，紧密覆瓦状排列，有灰色绒毛。坚果卵形，直径0.8～1.1厘米，高1.2～1.8厘米，无毛，果脐凸起。花期4～5月，果熟期翌年9～10月。

### 栓皮栎　*Quercus variabilis* Blume

　　落叶乔木，高达30米，胸径可达1米；树皮木栓层很发达。小枝灰棕色，无毛。叶卵状披针形或长椭圆形，长8～15（～20）厘米，宽2～6（～8）厘米，顶端渐尖，基部圆形或宽楔形，边缘具刺芒状锯齿，老叶背面密被灰白色星状绒毛，侧脉13～18对，直达齿端；叶柄长1～3厘米，无毛。壳斗常单生，碗形，包围坚果约2/3，直径约2厘米，高1.5厘米；苞片钻形，反曲，有短毛。坚果近球形或宽卵形，高、径均约1.5厘米，顶端平圆，果脐凸起。花期3～4月，果熟期翌年9～10月。

　　木材性质、用途同麻栎。木栓可作软木，在工业上有多种用途。壳斗含单宁，种子含淀粉，供酿酒或作饲料。

## 杨梅科 Salicaceae　　杨梅属 *Myrica*

### 毛杨梅　*Myrica esculenta* Buch.-Ham. ex D. Don　　别名：大树杨梅

　　常绿乔木，高4～10米，胸径约40厘米，树皮灰色；小枝和芽密被毡毛，皮孔密而明显。叶片革质，楔状倒卵形至披针状倒卵形或长椭圆状倒卵形，长5～18厘米，宽1.5～4厘米，先端钝圆或急尖，基部楔形，渐狭至叶柄，全缘或有时在中上部有少数不明显的圆齿或明显的锯齿，表面深绿色，除近基部沿主脉被毡毛外，其余无毛，背面淡绿色，具极稀疏的金黄色树脂质腺体，中脉及侧脉两面隆起，侧脉每边8～11条，弧曲上升，于边缘网结，细脉网状，明显；叶柄5～20毫米，密被毡毛，雌雄异株；雄花序为多数穗状花序组成的圆锥花序，通常生于叶腋，直立或顶端稍俯垂，长6～8厘米，花序轴密被短柔毛及极稀疏的金黄色树脂质腺体；分枝（即小穗状花序）基部具卵形苞片，苞片背面具上述腺体及短柔毛，具缘毛，分枝长5～10毫米，圆柱形，直径2～3毫米，具密接的覆瓦状排列的小苞片，小苞片背面无毛及腺体，具缘毛，每小苞片腋内具1雄花，每花具3～7枚雄蕊，花药椭圆形，红色；雌花序亦为腋生，直立，长2～3.5厘米，分枝极短，每枝仅有1～4花，因而整个花序仍似穗状，通常每花序上仅有数个雌花发育成果实；每苞片腋内有1雌花；雌花具2小苞片；子房被短柔毛，具2细长的鲜红色花柱。核果椭圆形，略压扁，成熟时红色，外面具乳头状突起，长1～2厘米，外果皮肉质，多汁液及树脂；核椭圆形，长8～15毫米，具厚而硬的木质内果皮。花期9～10月，果期次年3～4月。

　　树皮有消炎止血、收敛止泻之功；可治胃溃疡、胃痛、血崩、痢疾等症。

### 矮杨梅 *Myrica nanta* Cheval.

常绿灌木，高0.5～2米；小枝较粗壮，丛生，褐色，无毛或被稀疏短柔毛。叶薄革质或革质，椭圆状倒卵形或短楔状倒卵形，长2～8厘米，宽1～3.5厘米，先端急尖或钝圆，基部楔形，边缘中部以上具少数粗锯齿，表面亮深绿色，老时具腺体脱落后的凹点，背面淡绿色，具金黄色腺体，两面无毛或有时上面沿中脉疏被柔毛，主脉两面凸起，侧脉每边6～7条，表面平坦，背面凸起，于边缘网结，细脉不明显；叶柄长1～4毫米，无毛或被疏柔毛。雌雄异株，穗状花序单生于叶腋，基部具不明显的分枝；雄花序长1～1.5厘米，直立或上倾，极缩短的分枝具1～3花；雄花无小苞片，具1～3枚雄蕊；雌花序长1.5厘米，上倾，极缩短分枝具2～4枚不孕苞片和2雌花；雌花具小苞片2枚，子房无毛。核果球形，直径1.5～2厘米，红色或绿白色，外果皮肉质，味酸甜，内果皮坚硬。花期2～3月，果期6～7月。

果实味酸，可生食或经盐渍贮存，或糖渍成蜜饯供食用。根入药，有收敛止血和通络、止泻作用；根皮外用治黄水疮、疥癣、水火烫伤，外伤出血等。

### 杨梅 *Myrica rubra*（Lour.）Sieb. et Zucc.

常绿乔木，高可达15米以上，胸径约60厘米；树皮灰色，老时纵裂，树冠圆形；小枝无毛，幼时仅具圆形、盾状着生的腺体，皮孔少而不显著，芽亦无毛。叶片革质，常密集于小枝的上部；生于萌发枝条者为长椭圆状或楔状披针形，长达16厘米以上，先端渐尖或急尖，边缘中部以上具稀疏锐齿，中部以下常全缘，基部楔形；生于孕性枝者为长椭圆状倒卵形或楔状倒卵形，长6～15厘米，宽1.5～5厘米，先端钝或具短尖至急尖，基部楔形，全缘或有时中部以上具疏锐齿，表面亮深绿色，背面淡绿色，疏被金黄色腺体，两面无毛，中脉及侧脉两面隆起，侧脉每边10～15条，伸展，于边缘网结，细脉网状；叶柄长0.5～1厘米。雌雄异株；雄花排列成穗状花序，花序单生或数个丛生于叶腋，长1～3厘米，直径3～5毫米，稀基部具极短分枝，具密而覆瓦状排列的苞片，基部苞片腋内无花，中上部苞片近圆形，背面具腺体，无毛，其腋内生1雄花；每雄花有卵形小苞片2～4枚，雄蕊4～6枚，花药椭圆形，暗红色；雌穗状花序单生于叶腋，长5～15毫米，具密接的覆瓦状苞片，每苞片腋内具1雌花；雌花通常有卵形小苞片4枚，子房卵形，极小，花柱极短，柱头2，细长，红色，其内侧具乳头状突起；每～雌花序顶端的1，稀2雌花发育成果实。核果球形，直径10～15毫米，具乳头状突起，成熟时深红色或紫红色，外果皮肉质，多汁液及树脂，味酸甜；核阔椭圆形或圆卵形，略压扁，内果皮木质，极硬。花期12月至翌年4月，果期6～7月。

果实可食，亦可作清凉饮料；树皮富含鞣质；树皮及根入药，有散瘀止血，止痛的功效；果实有生津止渴的功效。

## 胡桃科 Juglandaceae　核桃属 *Juglans*

### 胡桃　*Juglans regia* Linn.　别名：铁核桃

落叶乔木，高20~25（~30）米。树皮灰白色，老时浅纵裂；小枝灰绿色，无毛，具盾状腺体。奇数羽状复叶长25~30厘米，叶轴及叶柄幼时被极短的短腺毛及腺体；小叶（3~）5~9枚，小叶片椭圆状卵形至长椭圆形，长4.5~15厘米，宽2.5~6厘米，先端钝圆或急尖、短渐尖，基部近圆形，歪斜，全缘，幼树或萌生枝上的叶具不整齐的锯齿，叶面绿色，无毛，背面淡绿色，除脉腋簇生短柔毛外，余无毛，侧脉11~15对；侧生小叶近无柄或具极短的柄，顶生小叶柄长3~6厘米。雄性柔荑花序长5~10（15）厘米，下垂；雄花之苞片，小苞片及花被片均被腺毛；雄蕊6~30枚，花药无毛，黄色。雌性总状花序顶生，具1~3（~4）花；雌花之总苞被极短的腺毛，柱头面淡黄绿色。果序长4.5~6厘米，下垂，具1~3果。果球形，直径4~6厘米，无毛；果核直径2.8~3.7厘米，顶端具短尖头，基部平，具2纵钝棱及浅雕纹。花期5月，果期9~10月。

木材结构细致均匀，纹理直，不翘不裂，耐腐，有光泽，是做枪托、航空器材、雕刻、高级家具等的优良用材；种仁营养丰富，可生食，也可榨油，为优良干果；果仁入药，有补肾固精、温肺定喘、润肠之效；种隔入药，补肾涩精，用于血崩、乳痈、疮癣；叶入药，用于白带、疮毒、象皮腿。果外皮及树皮含鞣质，可提制栲胶。

### 泡核桃　*Juglans sigillata* Dode　别名：漾濞核桃、茶核桃

落叶乔木，高可达30米，胸径达80厘米。树皮灰色，浅纵裂；幼枝绿色，被黄褐色星状毛，后变灰绿色，具白色皮孔；冬芽卵圆形，先端尖，芽鳞被短柔毛；腋芽2枚，长圆形，菠萝状。奇数羽状复叶长15~35（~50）厘米，叶轴及叶柄幼时均被黄褐色短柔毛，后渐脱落，变无毛，具9~11（~15）小叶；小叶片卵状披针形或椭圆状披针形，长6.5~18厘米，宽3~7（~8.5）厘米，先端渐尖，基部歪斜，全缘，叶面绿色，除沿脉被柔毛外，余无毛，背面淡绿色，脉腋簇生柔毛，侧脉15~23对，两面凸起，于边缘附近网结；小叶无柄。雄花序长13.5~18厘米，粗壮；雌花序顶生，具1~3花，花序轴及总苞密被腺毛。果序俯垂，常2~3

果簇生。果近球形或倒卵圆形，长3.4~6厘米，直径3~5.5厘米，幼时绿色，被黄褐色绒毛及密的黄褐色皮孔，成熟后变无毛；果核倒卵形，长2.5~5厘米，直径2~3厘米，两侧稍扁，具2纵棱，表面具雕纹。花期3~4月，果期8~9月。

　　木材结构细致，坚硬，为军工、家具、建筑等用材；种仁营养丰富，可生食，为优质干果；外果皮含鞣质，可提制栲胶；果壳可制活性炭，用于防毒面具；种仁、叶入药，种仁润肺止咳，叶治疮毒。

## 化香树属 *Platycarya*

### 化香树　*Platycarya strobilacea* Sieb. et Zucc.

　　落叶乔木，高2~6（~20）米。树皮灰色，不规则浅纵裂。幼枝实心，被褐色柔毛，后变无毛，具细小皮孔。芽卵形或近球形，芽鳞边缘具短缘毛。奇数羽状复叶长15~30厘米，叶柄远短于叶轴，两者幼时均疏被褐色短柔毛，后变无毛，具小叶7~19（~23）枚；小叶片纸质，卵状披针形或长椭圆状

披针形，长3~14厘米，宽1.5~3.5厘米，先端渐尖，基部歪斜，不等边，边缘具锯齿，叶面绿色，近无毛或沿脉被褐色短柔毛背面淡绿色，沿脉或脉腋被褐色柔毛，侧生小叶无柄，顶生小叶柄长2~3厘米。两性花序与雄花序排成顶生的伞房状花序束，直立；两性花序1条，长5~10厘米，位于中央顶端，雄花序3~8条，位于两性花序下方四周，雌花序位于下部。雄花：苞片宽卵形，长2~3毫米，先端渐尖，外弯，外面下部、内面上部及边缘被短柔毛；无花被片；雄蕊6~8，花丝短，疏被细短柔毛，花药黄色，宽卵形。雌花：苞片卵状披针形，长2.5~3毫米，先端长渐尖，硬而直；花被2片，贴生于子房的两侧，先端分离，背部具翅状纵隆起；花柱短，柱头2裂。果序球果状，卵状椭圆形至长椭圆状圆柱形，长2~5厘米，直径2~3厘米，宿存苞片长7~10毫米，木质；果小坚果状，长4~6毫米，宽3~6毫米，背腹扁，两侧具狭翅。种子卵形，黄褐色。花期5~6月，果期7~8月。

　　树皮、根皮及果序等均富含鞣质，可提制栲胶；树皮纤维可供作绳索及纺织原材；木材可做家具、胶合板、火柴杆、纤维工业原料；枝叶浸液可作农药；叶入药，有理气、解毒、消肿止痛之效；果序入药，有顺气、祛风、消肿止痛之效。

## 枫杨属 *Pterocarya*

### 枫杨 *Pterocarya stenoptera* C. DC.

乔木，高30米，胸径可达1米。幼树树皮红褐色，平滑，老树树皮淡灰色至深灰色，深纵裂。小枝灰绿色或灰色，具皮孔，被柔毛。芽具柄，密被锈色盾状腺体。偶数，稀为奇数羽状复叶，长8~16（~25）厘米，叶柄长2~5厘米，与叶轴均被短柔毛，叶轴具狭翅，具小叶5~8对，稀6~25枚；小叶对生或稀近对生，无小叶柄；小叶片椭圆形至长椭圆状披针形，长5~12厘米，宽2~3厘米，先端钝圆或稀急尖，基部下方圆形，上方1侧楔形至阔楔形，歪斜，边缘具细锯齿，叶面具浅色细小疣状凸起，沿主脉及侧脉被短星状毛，背面幼时疏被短柔毛，后脱落，而具稀疏腺体及脉腋具星状毛丛。花单性，雌雄同株。雄性柔荑花序单生于去年生枝的叶痕腋内，长6~10厘米，疏被星状毛；雄花通常具1（稀2或3）枚发育的花被片；雄蕊5~12枚。雌性柔荑花序生于当年生小枝顶端，长10~15厘米，花序轴密被星状毛和单毛；雌花几无柄；苞片及小苞片基部常被细小星状毛及密的腺体。果序长20~40厘米，果序轴被毛。坚果长椭圆形，长6~7毫米，基部被星状毛；果翅2，斜展，长圆形或长圆状披针形，长12~20毫米，宽3~6毫米，具近平行脉。花期4~5月，果期8~9月。

木材轻软，可供火柴杆、家具和农具等用材；树皮纤维质坚韧，可做绳索、麻袋、造纸和人造棉原料；种子含油，可供工业用油；大树可放养紫胶虫。枝、叶、树皮及果入药，叶用于慢性支气管炎、关节痛、疮疖疔肿、疥癣风痒、皮炎湿疹、烫火伤；果散寒止咳；枝、树皮用于跌打肿痛、骨折等。

## 桦木科 Betulaceae　　桤木属 *Alnus*

### 桤木 *Alnus cremastogyne* Burk.

乔木，高达30米；树皮灰色，平滑；枝条灰褐色，无毛；小枝赤褐色，幼时被白色柔毛；芽具柄，芽鳞2枚。叶互生，厚纸质，倒卵形或倒卵状长圆形，长6~12厘米，宽3.5~7厘米，顶端骤尖，基部楔形或钝楔形，有时两侧不相等，边缘具疏锯齿，叶表面深绿，无毛，背面淡绿，被紫色腺点，脉腋间具髯毛，余无毛，侧脉8~11对；叶柄长1~2厘米，幼时被白色柔毛，后脱落无毛。雄花序单生叶腋，长3~4厘米。果序亦单生叶腋，序梗细长，下垂，长5~8厘米，无毛，稀幼时被毛；果苞木质，长4~5毫米，顶端具5浅裂；小坚果卵形，长约3毫米，果翅膜质，其宽为果的1/2。花期2~3月，果期11~12月。

木材松软，可供铅笔用材及制箱柜等家具；嫩枝叶入药，有清热降火，止水泻等功效；树皮含单宁；宜作薪炭林树种，也可供行道树和河岸护堤林之用。

### 川滇桤木 *Alnus ferdinandi-coburgii* Schneid. 别名：水冬瓜

乔木，高达17米；树皮暗灰色，光滑；枝条灰褐色，无毛；小枝褐色，幼时被黄褐色短柔毛，后渐脱落无毛；芽具柄，芽鳞2枚。叶互生，长卵形或椭圆形，长5~16厘米，宽4~7厘米，顶端骤尖或锐尖，稀渐尖，基部楔形或圆形，边缘具疏锯齿，叶面无毛，背面密被紫色或金黄色腺点，沿脉的两侧被黄色柔毛，脉腋间簇生髯毛，侧脉11~15对；叶柄长1~3厘米，疏被黄色短柔毛或仅沟槽内被毛。雄花序单生叶腋；果序亦单生于叶腋；

序梗粗短，通常直立，长1.5~3厘米，被毛或无毛，果苞木质，长3~4毫米，顶端5裂；小坚果长约3毫米，果翅厚纸质，宽为果的1/4~1/3。花期3月，果期8月。

木材供制家具、器皿等；常作堤岸林、薪炭林栽培。

### 旱冬瓜 *Alnus nepalensis* D. Don

乔木，高约18米；小树树皮光滑绿色，老树树皮黑色粗糙纵裂；枝条无毛，幼枝有时疏被黄柔毛；芽具柄，芽鳞2枚，光滑。叶纸质，卵形，椭圆形，长10~16厘米，顶端渐尖或骤尖，稀钝圆，基部宽楔形，稀近圆形，边缘具疏齿或全缘，叶面翠绿，光滑无毛，背面灰绿，密生腺点，幼时疏被棕色柔毛，沿中脉较密，或多或少宿存，脉腋间具黄色髯毛，侧脉12~16对；叶柄粗壮，长1.5~2.5厘米，近无

毛。雄花序多数组成圆锥花序，下垂。果序长圆形，长约2厘米，直径约8毫米，序梗短，长2~3厘米，由多数组成顶生，直立圆锥状大果序；果苞木质，宿存，长约4毫米，顶端圆，具5浅裂。小坚果，长圆形，长约2毫米，翅膜质，宽为果的1/2，稀与果等宽。花期9~10月，果熟期下年11~12月。

材质细，纹理直，木纹清晰，供制家具、器皿；树皮含单宁，入药可消炎止血，用于治菌痢、腹泻、水肿、肺炎、漆疮等；根寄生固氮细菌，可改良土壤，为林农间作的好树种。

## 鹅耳枥属 *Carpinus*

### 滇鹅耳枥 *Carpinus monbeigiana* Hand.-Mazz.

乔木，高达16米；树皮灰色；小枝紫灰色，幼时密被黄色柔毛，后渐脱落。叶薄革质，长圆状披针形、卵状披针形，稀椭圆形，长5~8厘米，宽2.5~3厘米，顶端渐尖或长渐尖，稀尾状渐尖，基部圆形，微心形或钝楔形，边缘具重锯齿，有时齿尖呈刺毛状，叶面沿中脉被柔毛，其余无毛，背面幼时被柔毛，沿脉尤密，后渐脱落，仅沿脉被长柔毛，腋间有或无髯毛，侧脉13~15对；叶柄粗短，长约1厘米，密被黄色柔毛。果序长5~8厘米，直径约2厘米；序梗长1.5~2厘米，密被黄色柔毛；果苞半卵形，长10~15毫米，背面密被黄色长粗毛，外侧基部无裂片，内侧基部具耳突，稀边缘微内折，中裂片长8~12毫米，外侧边缘具细齿，内侧边缘全缘，顶端钝尖；小坚果，宽卵圆形，长约3毫米，疏被短柔毛，顶端密被长柔毛，密生橙黄色或褐色树脂腺体，稀疏生腺体。花期2~3月，果期7~8月。

### 多脉鹅耳枥 *Carpinus polyneura* Franch.

乔木，高达13米，树皮灰黑色；小枝细瘦，暗紫色，幼时被白色长柔毛，后脱落无毛。叶厚纸质，卵形、卵状披针形或狭长圆形，长4~7厘米，宽1.5~2厘米，顶端渐尖或尾状渐尖，基部钝楔形或近圆形，边缘具整齐的刺毛状单齿，亦或两齿间具1小齿，叶面深绿，幼叶被长柔毛，沿脉被短柔毛，后脱落或宿存，背面浅绿，密被白色或锈色平伏柔毛，或仅沿脉被长柔毛或短柔毛，余无毛，脉腋通常具簇生髯毛，侧脉15~20对；叶柄长5~10毫米，通常无毛。果序长3~5厘米，直径约1厘米，序梗细瘦，长1~2厘米，序梗、序轴均被柔毛。果苞半卵形或半卵状披针形，长8~15毫米，宽4~6毫米，两面沿脉被柔毛，背面较密，外侧基部无裂片，内侧基部边缘微内折，中裂片外侧边缘具不规则的粗锯齿，内侧边缘直，全缘；小坚果卵圆形，长2~3毫米，被绒毛，顶端被长柔毛，具细肋，棕色，无树脂腺体。

## 榛属 *Corylus*

### 滇榛 *Corylus yunnanensis*（Franch.）A.Camus

灌木或小乔木，高1~7米；树皮暗灰色；枝条暗灰色或灰褐色，无毛；小枝褐色，密被黄色柔毛和被或疏或密的刺状腺体。叶厚纸质，近圆形或宽倒卵形，长5~10厘米，宽4~8厘米，顶端骤尖或短尾状，基部心形，边缘具不规则的细锯齿，叶面疏被短柔毛，幼时具刺状腺体，背面密被绒毛，幼时沿主脉下部生刺状腺体，侧脉5~7对；叶柄粗壮，长7~12毫米，密被绒毛，幼时密生刺状腺体。雄花序为葇荑花序，2~3枚排列成总状，下垂；苞鳞三角形，背面密被短柔毛。果单生或2~3枚聚生成极短的穗状；果苞厚纸质钟状，通常与果等长或稍长于果，外面密被黄色绒毛和刺状腺体，上部浅裂，裂片三角形，边缘疏具数齿；坚果球形，长1.5~2厘米，密被绒毛。花期2~3月，果期8~9月。

果可食和榨油用，果苞及树皮含鞣质；萌发力强，宜作为薪炭树种。

## 马桑科 Coriariaceae　　马桑属 *Coriaria*

### 马桑 *Coriaria nepalensis* Wall.

灌木，高1.5~2.5米；分枝开展，小枝四棱形或具四狭翅，幼枝疏被微柔毛，后变无毛，紫色或紫褐色，散生圆形小皮孔。叶对生，纸质至薄革质，椭圆形、阔椭圆形或卵形，长2.5~8厘米，宽1.5~4厘米，先端急尖，基部圆形或浅心形，全缘，两面无毛或沿中脉疏生微柔毛，基出3脉，弧形伸展至顶端，表面微凹，背面突起；叶柄短，长2~3毫米，紫色，疏生微柔毛，基部具垫状突起物。总状花序1~3条生于头年生枝叶腋，雄花序先叶开放，长1.5~2.5厘米，多花密集，花序轴被微柔毛；花梗长约1毫米，无毛；苞片和小苞片卵圆形，长2.5毫米，宽约1毫米，膜质半透明，上部边缘具细齿；萼片卵形，长1.5~2毫米，宽1~1.5毫米，边缘半透明，先端具细齿；花瓣小，卵形，长约0.3毫米，里面龙骨状；雄蕊10，花丝长约1毫米，花后伸长，达3~3.5毫米，花药长圆形，长约2毫米，不育雌蕊细小；雌花序常与叶同出，长4~6厘米，序轴被微柔毛；苞片较大，长达4毫米，带紫色；花梗长1.5~2.5毫米；萼片和花瓣与雄花同；不育雄蕊存在；心皮5，耳形，长约1毫米，侧向压扁，花柱长1~2毫米，柱头外弯，多少肥大，具腺体。果球形，为肉质增大的花瓣包围，成熟后红色至紫黑色。花期2~3月，果期5~6月。

## 卫矛科 Celastraceae    南蛇藤属 *Celastrus*

### 苦皮藤 *Celastrus angulatus* Maxim.

藤状灌木。小枝常有4～6棱，皮孔明显；髓隔片状，白色。叶片革质，长圆状宽卵形或近圆形，长7～16厘米，宽5～15厘米，先端常短尾尖，基部钝形或近心形，边缘具圆齿，上面暗绿色，下面色淡，无毛或沿中脉及侧脉基部两侧被短柔毛，侧脉7对，与中脉在上面稍隆起或扁平，下面显著隆起；叶柄粗壮，长0.6～3厘米，其上与叶片基部常有深褐色腺点。聚伞状圆锥花序顶生，长达15厘米，下部分枝较上部的长；总花梗粗壮，常具淡褐色柔毛，花梗极短，中部以上具关节；花小，黄绿色，直径约5毫米；花萼5裂；花瓣5，先端具缘毛或缺刻，反卷；雄花具雄蕊5；雌花子房近球形，花柱明显，柱头3浅裂；花盘近肉质，常分裂为四角形。蒴果近球形，黄色，直径达1.2厘米。花期4～6月，果期7～9月。

茎皮含纤维，可供造纸及人造棉原料；根入药，有小毒，有消热透疹、舒筋活络之功效。

### 哥兰叶 *Celastrus gemmatus* Loes.

藤状灌木。小枝近圆柱形，皮孔多数，近圆形，白色，常凸起。冬芽较大，圆锥形，长5～12毫米，基部径达5毫米。叶片纸质，多为长圆形或椭圆状卵形，长6～15厘米，宽3～8厘米，先端渐尖或急尖，基部钝形，圆形至截形，边缘具稀疏波状小齿，上面鲜绿色，下面淡绿色，沿脉常具淡黄色小柔毛，侧脉5～7对，向上弯曲，近边缘分叉且网结，两面均显著隆起，小脉两面明显；叶柄1～2厘米。聚伞花序短小总状，有3～10花，总花梗长2～6毫米，花梗长3～8毫米，中部以下具关节；花黄绿色；萼片5，边缘具纤毛或缺刻；花瓣5；雄花具雄蕊5，着生于花盘裂片之间；雌花子房卵形，花柱柱状，柱头3裂，每裂片2浅裂，反卷；花盘薄，5浅裂。蒴果近球形，黄绿色，直径10～12毫米，有细长宿存花柱及平展3裂柱头；种子1～2枚，有红色假种皮，肉质。花期4～6月，果期9～10月。

叶，树皮可作杀虫农药，茎皮可制绳；种子含油脂，可供制皂。

# 卫矛属 *Euonymus*

### 刺果卫矛 *Euonymus acanthocarpus* Franch.

落叶灌木，直立或斜依上升，高2～3米。枝与小枝略硬，干时褐色或灰色。叶片革质，长圆形、长圆状椭圆形，长7～12厘米，宽3～3.5厘米，先端尖或急尖，基部半圆形、圆形、楔形或渐狭，边缘具不规则小齿，侧脉5～8对；叶柄长1～2厘米。花序梗长6～10厘米，常具3回以上分枝，多花；花4数，小，直径6～8毫米；花梗长4～6毫米；萼片近圆形；花瓣黄绿色，倒卵形，基部渐狭；花盘圆形；花丝长2～3毫米；子房具密刺。蒴果近球状，直径1～1.2毫米，褐红色，密具刺，刺长1～2毫米；种子具橘红色假种皮。花期5～8月，果期8～11月。

### 扶芳藤 *Euonymus fortunei*（Turcz）Hand.～Mazz.

常绿亚灌木，斜依上升或附于其他植物体上或岩石上，时而呈矮小灌木状，时而呈藤状而长达数米，体态变化极大。枝与小枝圆，有时呈棱状，常暗绿色，干时灰色。叶片通常卵形至椭圆形，多变异，长2～5.5厘米，宽2～3.5厘米，先端钝或尖，少有平头状，基部常平截，有时则半圆形，边缘具波状纹至小圆锯齿，侧脉4～6对，常不明显；叶柄长2～9毫米，有时甚至无叶柄。花序梗常一回分枝，具数花；花梗短于5毫米；花4数；萼片半圆形；花瓣近圆形，直径约5毫米，绿色或淡白色。蒴果红褐色，直径5～6毫米；种子具鲜红色假种皮。花期4～7月，果期9～12月。

### 大花卫矛　*Euonymus grandiflorus* Wall.

落叶灌木至小乔木，高达15米。枝与小枝坚硬，圆形，灰褐色至灰绿色。叶片近革质，长圆状椭圆形至倒卵状椭圆形，长4～10厘米，宽2～4厘米，先端钝或具短尖，基部长楔形渐狭，边缘具小波状，侧脉10～13对；叶柄长5～10毫米。总花梗单一或成束，长2～3.5厘米，具1～3回分枝及数花至多花；花4数，直径1.7～2.2厘米，花梗长1～1.5厘米，萼片半圆形，宿存；花瓣半圆形，淡黄色至黄绿色。蒴果四棱状，黄褐色至红褐色，直径1.1～1.4厘米，长1.2～1.4厘米；种子常2枚，有时3枚，暗褐色，椭圆状，基部具黄橘色假种皮。花期3～5月，果期8～11月。

### 西南卫矛　*Euonymus hamiltonianus* Wall.

落叶灌木至小乔木，高3～20米，胸径达25厘米。枝与小枝圆形，绿色至淡绿色。叶片薄革质至厚纸质，椭圆形，有时卵状椭圆形，长11～13（15）厘米，宽3～5（7）厘米，先端渐尖，边缘具细小波状齿，两面粗糙，侧脉6～9对；叶柄长9～20毫米。总花梗长3～4.5厘米，具1～3回分枝及数花；花4数，直径9～10毫米；花梗长5～7毫米，萼片卵形；花瓣白色，披针形或长卵形，先端长钝。蒴果四棱状，具4棱与沟，黄褐色至红褐色，直径1.0～1.3厘米，长约8毫米；种子椭圆状，暗褐色，全部被橘红色假种皮所包围。花期4～7月，果期8～11月。

## 冬青卫矛 *Euonymus japonicus* Thunb. 别名：大叶黄杨

灌木，高可达3米；小枝四棱，具细微皱突。叶革质，有光泽，倒卵形或椭圆形，长3~5厘米，宽2~3厘米，先端圆阔或急尖，基部楔形，边缘具有浅细钝齿；叶柄长约1厘米。聚伞花序5~12花，花序梗长2~5厘米，2~3次分枝，分枝及花序梗均扁壮，第三次分枝常与小花梗等长或较短；小花梗长3~5毫米；花白绿色，直径5~7毫米；花瓣近卵圆形，长宽各约2毫米，雄

蕊花药长圆状，内向；花丝长2~4毫米；子房每室2胚珠，着生中轴顶部。蒴果近球状，直径约8毫米，淡红色；种子每室1，顶生，椭圆状，长约6毫米，直径约4毫米，假种皮橘红色，全包种子。花期6~7月，果熟期9~10月。

## 长叶卫矛 *Euonymus kwangtungensis* C. Y. Cheng

小灌木。叶近革质，有光泽，长方披针形，长8~14厘米，宽1.5~3厘米，先端渐窄渐尖，边缘有极浅疏锯齿或近全缘，侧脉5~7，细弱不显，在边缘处常结成疏网，小脉不显；叶柄长5~8毫米。聚伞花序1~2腋生，短小，3至数花；花序梗长2~12毫米；花淡绿色，直径约7毫米；5数；萼片重瓦排列，在内2片较大，边缘常有细浅深色齿缘；花瓣近圆形，长约3毫米；

花盘5浅裂；雄蕊无花丝；子房无花柱，柱头平贴，微5裂。蒴果熟时带红色，倒三角型状，5浅裂，裂片顶端宽，稍外展，基部稍窄，最宽处约1厘米（据未熟果）。

### 游藤卫矛　*Euonymus vagans* Wall.

常绿灌木，斜依上升，高达3米。枝与小枝圆形，暗褐色或褐色。叶片卵状椭圆形或卵圆形，长4~5厘米，宽2.5~3.5厘米，先端近圆形，基部圆形至平截形，侧脉约5对，常于叶面下陷；叶柄长约5毫米。总花序梗长12厘米，具1回分枝及数花；花梗长约6毫米；花4数；萼片半圆形；花瓣近圆形，直径约6毫米，绿色或淡白色。蒴果红褐色，直径约6毫米；种子具红色假种皮。花期5~7月，果期8~11月。

## 雷公藤属　Tripterygium

### 昆明山海棠　*Tripterygium hypoglaucum*（Lévl.）Lévl. ex Hutch.

木质藤本，长达4米。叶片纸质，卵状椭圆形至阔椭圆状卵形或阔卵形，长6~12厘米，宽2.5~6厘米，顶端短渐尖或急尖，小尖头通常钝形，基部圆形或近圆形，常两侧不对称，边缘具疏或密的细圆锯齿或牙齿，上面绿色，下面粉绿色或粉白色，具白霜，沿叶脉初被锈色绒毛，后脱落，侧脉6~7对，纤细，通常弧形向上弯拱，两面明显隆起，网状脉在放大镜下密而显著隆起；叶柄长达1厘米，具

锈色绒毛，腹面有宽槽。花序长10厘米以上，被锈色绒毛；花白绿色，直径5~6毫米；花萼长1毫米，宽约1.2毫米，外面具锈色短绒毛，边缘薄，白色，常有缺刻；花瓣长约2毫米，宽1.2~1.5毫米，边缘具缺刻；雄蕊着生于花盘边缘。蒴果具3片膜质翅，红色，矩圆形，长约1.5厘米，径约1.2厘米，具斜脉纹；种子细柱状，黑色，长约4毫米。花期6~7月，果期7~8月。

## 杜英科 Elaeocsrpaceae　　杜英属 *Elaeocarpus*

### 山杜英　*Elaeocarpus sylvestris*（Lour.）Poir.

乔木，高达15米。嫩枝细，无毛或被极短柔毛，有条纹。叶倒卵形或有时倒卵状长圆形或椭圆形，先端短渐尖，尖头钝，基部楔形，叶基下延，在叶柄上成窄翅，边缘具钝锯齿，干后褐色，长6~12厘米，宽2.5~7厘米，两面无毛，有时在脉腋有腺体；侧脉4~8，纤细，常为4~5，弧曲上升，近边缘分枝网结，上面平，下面突起，网脉疏，上面明显；叶柄长约1.5厘米，稀短至0.5厘米，被疏毛，后变无毛。总状花序生于生长叶或脱落叶的腋部，长4~7厘米，花序梗纤细，被短柔毛，花梗被短柔毛，长约5毫米；萼片5，披针形，两面被疏柔毛；花瓣5，外面无毛，里面疏被柔毛，上部撕裂，小裂片10~12；雄蕊15，花药被短毛，先端无芒无毛丛；花盘腺体5裂，密被绒毛；子房密被绒毛，2~3室，花柱下半部被绒毛。核果椭球形，无毛，长1~1.5厘米，直径7毫米，外果皮不光亮，内果皮近平滑，有3条纵缝。

树皮含鞣质。

## 大戟科 Euphorbiaceae　　大戟属 *Euphorbia*

### 铁海棠　*Euphorbia milii* Ch. des Moulins

蔓生披散灌木。茎多分枝，长60~100厘米，直径5~10毫米，具纵棱，密生硬而尖的锥状刺，刺长1~1.5（~2）厘米，呈3~5列排列于棱脊上。叶互生，通常集中于嫩枝上，叶片倒卵形，长1.5~5厘米，宽0.8~1.8厘米，先端圆，具小尖头，基部渐狭，边全缘；无柄或近无柄；托叶钻形，长3~4毫米，极细，早落。花序2、4或8个组成二歧状复花序，生于枝上部叶腋，复序具长4~7厘米的细柄，每个花序基部具长6~10毫米的柄，柄基部具1枚膜质苞片；苞叶2枚，肾圆形，长8~10毫米，宽12~14毫米，鲜红色，紧贴花序；总苞钟状，高3~4毫米，直径3.5~4.0毫米，边缘5裂，裂片琴形，上部具流苏状长毛，且内弯；腺体5枚，肾圆形，长约1毫米，宽约2毫米，黄红色；雄花数朵，苞片丝状，先端具柔毛；雌花常不伸出总苞外；子房光滑无毛，花柱中部以下合生，柱头2裂。蒴果三棱状卵形，长与直径约4毫米；种子卵柱状，长约2.5毫米，直径约2毫米，灰褐色，具微小的疣点；无种阜。花果期全年。

全草入药，外敷可治瘀痛、骨折及恶疮等。

### 一品红  *Euphorbia pulcherrima* Willd. ex Kl.

灌木，茎高3～4米，无毛。叶互生，叶片卵状椭圆形、长椭圆形或披针形，长6～25厘米，宽4～10厘米，先端渐尖或急尖，基部楔形或渐狭，边全缘或浅裂或波状浅裂，叶上面被短柔毛或无毛，叶下面被柔毛；叶柄长2～5厘米；托叶无；苞叶5～7枚，狭椭圆形，长3～7厘米，宽1～2厘米，常全缘，稀边缘波状浅裂，朱红色；苞叶柄长2～6厘米。花序数个聚伞排列于枝顶；花序柄长3～4毫米；总苞坛

状，淡绿色，高7～9毫米，直径6～8毫米，边缘齿状5裂，裂片三角形；腺体通常1枚，稀2枚，黄色；雄花多数，常伸出总苞之外，苞片丝状，具柔毛；雌花子房光滑，花柱3，中部以下合生，柱头2深裂。蒴果三棱状球形，长1.5～2.0厘米，直径约1.5厘米；种子卵状，长约1厘米，直径8～9毫米，灰色或淡灰色；无种阜。花果期10月至翌年4月。

茎叶入药，有消肿功效，可治跌打损伤。

### 霸王鞭  *Euphorbia royleana* Boiss.

肉质灌木，具丰富乳汁。茎高5～7米，直径4～6厘米，上部多分枝，具不明显的5～7棱，每棱均有棱脊，棱脊具波状齿。叶互生，常密集于枝顶，叶片倒卵形、倒披针形至匙形，长5～15厘米，宽1～4厘米，先端钝或近截平，基部渐狭，全缘，侧脉不明显，肉质；托叶刺状，长3～5毫米，成对着生于叶迹两侧，宿存。花序二歧聚伞状着生于节间凹陷处，基部具长约5毫米的短柄；总苞杯状，高与直径均约2.5毫米，黄色；腺体5，横圆形，暗黄色。蒴果三棱状，直径1～1.5厘米，

长1～1.2厘米。种子圆柱状，长3～3.5毫米，直径2.5～3毫米，褐色，腹面具沟纹，无种阜。花果期5～7月。

全株及乳汁入药，具祛风、消炎、解毒之效。

## 野桐属 *Mallotus*

### 粗糠柴 *Mallotus philippensis*（Lam.）Muell. Arg.

小乔木或灌木，高2～10米，小枝具棱；小枝、嫩叶和花序均密被黄褐色星状微柔毛。叶互生，或有时近小枝顶部的对生，纸质至薄革质，卵状披针形、长圆形或卵形，长5～19厘米，宽3～10厘米，先端渐尖，基部楔形、阔楔形或圆形，边近全缘，上面无毛，下面被灰黄色星状微柔毛，叶脉上具柔毛，散生红色颗粒状腺体；基出脉3条，侧脉4～6对；近基部有褐色斑状腺体2～4枚；叶柄长2～5（～9）厘米，被星状微柔毛。花雌雄异株，花序总状，顶生或腋生，单个或数个簇生；雄花序长5～12厘米，苞片卵形，长约1毫米，雄花1～5朵簇生于苞腋；雄花：花梗长1～3毫米，花萼裂片3～4枚，长圆形，长约2毫米，密被星状微柔毛，具红色颗粒状腺体；雄蕊15～30，药隔稍宽，具红色颗粒状腺体；雌花序长3～8厘米，果时长达16厘米，苞片卵形，长约1毫米；雌花：花梗长1～2毫米；花萼裂片3～5，卵状披针形，外面密被星状微柔毛，长约3毫米；子房被毛，花柱3，长3～4毫米，柱头内面密生羽毛状突起，外面具红色颗粒状腺体。蒴果扁球形，直径8～10毫米，具（2～）3（～4）个分果爿，密被红色颗粒状腺体和粉末状毛；种子卵形或球形，直径3～4毫米，黑色，具光泽。花果期几乎全年。

木材淡黄色，为家具用材；树皮可提取栲胶；种子油可做工业用油；果实的红色颗粒状腺体可做染料，但有毒。

## 蓖麻属 *Ricinus*

### 蓖麻 *Ricinus communis* Linn.

一年生粗壮草本或草质灌木，高达5米。小枝、叶和花序通常被白霜，茎多液汁。叶轮廓近圆形，长和宽达40厘米或更大，掌状7～11裂，裂缺几达中部，裂片卵状长圆形或披针形，先端急尖或渐尖，边缘具锯齿；掌状脉7～11条，网脉明显；叶柄粗壮，中空，长可达40厘米，顶端具2枚盘状腺体，基部具盘状腺体；托叶长三角形，长2～3厘米，早落。总状花序或圆锥花序，长15～30厘米或更长；苞片阔三角形，膜质，早落；雄花：花萼裂片卵状三角形，长7～10毫米；雄蕊束众多；雌花：萼片卵状披针形，长5～8毫米，凋落；子房卵状，直径约5毫米，密生软刺或无刺，花柱红色，长约4毫米，顶部2裂，密生乳头状突起。蒴果卵球形或近球形，长1.5～2.5厘米，果皮具软刺或平滑；种子椭圆形，微扁平，长8～18毫米，平滑，斑纹淡褐色或灰白色；种阜大。花期几乎全年。

蓖麻油在工业上用途广；在医药上做轻泻剂。种子含蓖麻毒蛋白及蓖麻碱，若误食种子过量，即会导致中毒死亡。

## 乌桕属 *Sapium*

### 乌桕 *Sapium sebiferum*（Linn.）Roxb.

乔木，高可达15米，各部均无毛而具乳状汁液；树皮暗灰色，有纵裂纹；枝广展，具皮孔。叶互生，叶片纸质、菱形、菱状卵形、阔卵形或稀有菱状倒卵形，长3~13厘米，宽3~9厘米，先端尾状渐尖或渐尖，基部阔楔形或钝，全缘；中脉两面微凸起，侧脉6~10对，纤细，斜上升，离缘2~5毫米弯拱网结，网状脉明显；叶柄纤细，长2.5~6厘米，顶端具2腺体；托叶先端钝，长约1毫米。花单性，雌雄同株，聚集成顶生总状花序，长6~12（~35）厘米，雌花通常生于花序轴最下部或罕有在雌花下部亦有少数雄花着生，雄花生于花序轴上部或有时整个花序全为雄花。雄花：花梗纤细，长1~3毫米，向上渐粗；苞片阔卵形，长和宽近相等约2毫米，顶端略尖，基部两侧各具1近肾形或浅盘状腺体，每一苞片内具10~25朵花；小苞片3，不等大，边缘撕裂状；花萼杯状，3浅裂，裂片钝，具不规则的细齿；雄蕊2枚，稀3枚，略伸出于花萼，花丝分离，与球状花药近等长；雌花：花梗粗壮，长3~3.5毫米；苞片深3裂，裂片渐尖，基部两侧的腺体与雄花的相同，每一苞片内仅1朵雌花，间有1朵雌花和数朵雄花同聚生于苞腋内；花萼3深裂，裂片卵形至卵状披针形，顶端短尖至渐尖；子房卵球形，平滑，3室，花柱3，基部合生，柱头外卷，密生乳头状突起。蒴果梨状球形，成熟时黑色，直径1~1.5毫米，具3分果，分果爿脱落后而中轴宿存；种子扁球形，黑色，长约8毫米，宽6~7毫米，外被白色、蜡质的假种皮。花果期几乎全年。

树形优美，常用作行道树。木材白色，坚硬，纹理细致，用途广。叶含鞣质8.7%，可制栲胶及黑色染料。根皮和叶入药，能解毒、消肿、逐水、通便，治毒蛇咬伤。白色之蜡质层（假种皮）称皮油，溶解后可制肥皂、蜡烛；种仁含油50%，称梓油、柏油，为重要的工业用油。

## 叶下珠科 Phyllanthaceae　　雀儿舌头属 *Andrachne*

### 雀儿舌头 *Andrachne chinensis* Bunge

直立灌木，高达3米。茎上部和小枝条具棱；除枝条、叶片、叶柄和萼片均在幼时被疏短柔毛外，其余无毛。叶片膜质至薄纸质，卵形、近圆形、椭圆形或卵状披针形，长1~5厘米，宽0.8~2厘米，先端钝或急尖，基部圆至宽楔形，叶上面深绿色，叶下面浅绿色，侧脉每边4~6条，在叶上面扁平，在叶下面稍凸起；叶柄长2~8毫米，托叶小，卵状三角形，边缘被睫毛。花小，雌雄同株，单生或2~4朵簇生于叶腋；萼片、花瓣和雄蕊均为5；雄花：花梗丝状，长6~10毫米；萼片卵形或宽卵形，长2~4毫米，宽1~3毫米，浅绿色，膜质，具脉纹；花瓣白色，舌状，长1～1.5毫米，膜质；花盘腺体5，分离，顶端2深裂；雄蕊离生，花丝丝状，花药宽卵形；雌花：花梗长1.5～2.5厘米；花瓣倒卵形，长1.5毫米，宽0.7毫米；萼片与雄花的相同；花盘环状，10裂至中部，裂片长圆形；子房近球形，3室，每室有胚珠2颗，花柱3，2深裂至近基部。蒴果圆球或扁球形，直径6～8毫米，基部有宿存的萼片；梗长2～3厘米。花期2～8月，果期6～10月。

为水土保持林优良的林下植物，也可做庭园绿化灌木。嫩枝和叶有毒，入药治腹痛；叶可做杀虫农药。

# 白饭树属 *Flueggea*

## 白饭树 *Flueggea virosa*（Roxb. ex Willd.）Voigt

灌木，高1～6米。全株无毛。小枝具纵棱槽，有皮孔。叶片纸质，椭圆形、长圆形、倒卵形或近圆形，长2～5厘米，宽1～3厘米，先端圆至急尖，有小尖头，基部钝至楔形，全缘，下面白绿色，侧脉每边5～8条；叶柄长2～9毫米；托叶披针形，长1.5～3毫米，边缘全缘或微撕裂。花小，淡黄色，雌雄异株，多朵簇生于叶腋；苞片鳞片状，长不及1毫米；雄花：花梗纤细，长3～6毫米；萼片5，卵形，长0.8～1.5毫米，宽0.6～1.2毫米，全缘或有不明显的细齿；雄蕊5枚，花丝长1～3毫米，花药椭圆形，长0.4～0.7毫米，伸出萼片之外；花盘腺体5，与雄蕊互生；退化雌蕊通常3深裂，高0.8～1.4毫米，顶端弯曲；雌花：3～10朵簇生，有时单生；

花梗长1.5～12毫米；萼片与雄花的相同；花盘环状，顶端全缘，围绕子房基部；子房卵圆形，3室，花柱3，长0.7～1.1毫米，基部合生，顶部2裂，裂片外弯。蒴果浆果状，近于圆形，直径3～5毫米，成熟时果皮淡白色，不开裂；种子栗褐色，具光泽，有小疣状凸起及网纹，种皮厚，种脐略圆形，腹部内陷。花期3～8月，果期7～12月。

全株供药用，治风湿关节炎、湿疹、脓泡疮等。

## 叶下珠属 *Phyllanthus*

### 越南叶下珠 *Phyllanthus cochinchinensis*（Lour.）Spreng.

灌木，高达3米。茎皮黄褐色或灰褐色；小枝具棱，长10~30厘米，直径1~2毫米，与叶柄幼时同被黄褐色短柔毛，老时变无毛。叶互生或3~5枚着生于小枝极短的凸起处，叶片厚纸质，倒卵形、长倒卵形或匙形，长1~2厘米，宽0.6~1.3厘米，先端钝或圆，少数凹缺，基部渐窄，边缘干后略背卷，中脉两面稍凸起，侧脉不明显；叶柄长1~2毫米；托叶褐红色，卵状三角形，长约2毫米，边缘流苏状。花雌雄异株，1~5朵着生于叶腋垫伏凸起处，凸起处的基部具有多数苞片；苞片干膜质，黄褐色，边缘撕裂状；雄花：通常单生，花梗长约3毫米；萼片6，倒卵形或匙形，长约1.3毫米，宽1~1.2毫米，不相等，边缘膜质，基部增厚；雄蕊3，花丝合生成柱，花药3，顶部合生，下部叉开，药室平行，纵裂；花粉粒球形或近球形，有6~10个散孔；花盘腺体6，倒圆锥形；雌花：单生或簇生，花梗长2~3毫米；萼片6，外面3枚为卵形，内面3枚为卵状菱形，长1.5~1.8毫米，宽1.5毫米，边缘均为膜质，基部增厚；花盘近坛状，包围子房约2/3，表面有蜂窝状小孔；子房圆球形，直径约1.2毫米，3室，花柱3，长1.1毫米，下部合生成一长约0.5毫米的柱，上部分离，下弯，顶端2裂，裂片线形。蒴果圆球形，直径约5毫米，具3纵沟，成熟后开裂成3个2瓣裂的分果爿；种子长和宽约2毫米，外种皮膜质，橙红色，易剥落，上面密被稍凸起的腺点。花果期4~12月。

## 杨柳科 Salicaceae　　杨属 *Populus*

### 响叶杨 *Populus adenopoda* Maxim.

乔木，高10~30米。小枝圆柱形，被柔毛；芽卵状圆锥形，初有毛，后无毛。叶卵形，长7~15厘米，先端长渐尖，基部截形或圆形，有时微心形或楔形，边缘具内曲圆锯齿，上面深绿色，下面灰绿色，幼时两面被柔毛，下面较密；叶柄侧扁，初被柔毛或绒毛，后无毛，长3~9厘米，顶端有2显著凸起的大腺体。花序轴有毛，苞片条裂，边缘有长毛，花盘无毛，边缘微波状至齿波状；雄花序长6~10厘米；雌花序长4~10厘米，果期长可达25厘米。蒴果2瓣裂，有短梗。花期3~4月，果期4~5月。

### 大叶杨 *Populus lasiocarpa* Oliv.

乔木，高5～20米。树冠塔形或圆形；小枝粗壮而稀疏，有棱脊，幼时被疏柔毛或绒毛，后无毛；芽卵状圆锥形，鳞片有绒毛或柔毛。叶卵形，长10～15（～30）厘米，宽6～12（～18）厘米，先端渐尖，基部深心形，边缘具腺圆齿，上面深绿色。近基都有柔毛，下面淡绿色，具柔毛；叶柄圆柱形或先端微扁，长6～10厘米，具柔毛，顶端叶基上有时有腺体。雄花序长9～12厘米，轴具柔毛，苞片倒披针形，

先端条裂，无毛，雄蕊41～110；果序长10～24厘米，轴具毛。蒴果卵形，3瓣裂，长1～1.7厘米，密被绒毛，有梗，梗有毛或无毛。花期4～5月，果期5～6月。

### 滇杨 *Populus yunnanensis* Dode　　别名：杨柳树

乔木，高20余米。树皮黑褐色，纵裂，树冠宽塔形；小枝有棱脊，无毛，红褐色或绿黄色；老枝棱渐变小，黄绿色；芽椭圆状圆锥形，无毛，有丰富的芽脂。叶卵形，长卵形或椭圆状卵形，长4～16（～26）厘米，宽2～12（～22）厘米，先端长渐尖或渐尖，基部圆形、宽楔形或楔形，极稀浅心形，边缘具腺锯齿，上面绿色，下面绿白色，中脉带红色或黄绿色，从基部向上第

二对侧脉通常在叶片中部以下到达边缘；叶柄半圆柱形，长2～9（～12）厘米，红褐色或黄绿色，上面有沟槽；托叶三角状披针形，长约4～9毫米，早落。雄花序长12～20厘米，轴无毛，苞片掌状条裂，裂片细；花被浅杯状，雄蕊20～40；雌花序长10～15厘米。蒴果3～4瓣裂，无毛，近无梗。花期4月，果期5月。

芽脂为天然的不退色黄褐色染料。

### 小叶杨  *Populus simonii* Carr.

乔木，高5~20米。树皮幼时灰绿色，老时暗灰色，沟裂；树冠近圆形；幼时小枝有棱，无毛，初时红褐色，后变黄褐色，老树小枝圆柱形；芽无毛。叶菱状卵形、菱状椭圆形或菱状倒卵形，长3~12厘米，宽2~8厘米，先端急尖或渐尖，基部楔形、宽楔形或窄圆形，边缘具细锯齿，上面淡绿色，下面微白色或灰绿色，两面无毛；叶柄柱形，长2~4厘米，黄绿色或带红色，无毛。雄花序长2~7厘米，轴无毛，苞片暗褐色，细条裂，雄蕊8~9（~25），雌花序长2~6厘米，果期可达15厘米，苞片淡绿色，裂片褐色，柱头2裂。蒴果无毛，2（~3）瓣裂。花期3~5月，果期5~6月。

树皮含鞣质，可提取栲胶；叶供家畜饲料，嫩叶水炸后供蔬食。

## 柳属 *Salix*

### 垂柳  *Salix babyionica* Linn.

乔木，高6~15米。枝无毛，纤细下垂；芽卵形，无毛，先端尖。叶披针形、狭披针形或线状披针形、长4~10（~10）厘米，宽7~15（~20）毫米，先端渐尖至长渐尖，基部楔形，上面绿色，下面稍淡，两面无毛，或幼时微有毛，边缘具腺锯齿；叶柄长3~8毫米，有短柔毛；托叶线状披针形或卵状披针形，边缘有疏齿，早落。花序先于叶或与叶同时开放，雄花序长1.5~3厘米；序梗长2~5毫米，具2~4小叶，序轴有毛；雄蕊2，花丝离生，基部有毛；苞片披针形，

外面基部有柔毛，内面无毛，有时两面全部有毛，腺体2；雌花序长1~2（~3~5）厘米，序梗2~7毫米，具2~3小叶，轴有柔毛；子房椭圆形，无毛或下部稍有毛，无梗或近无梗，花柱短，2浅裂，柱头2裂；苞片同雄花，或卵状三角形至长卵形。花期2~3月，果期3~4月。

通常为观赏树种。

树皮含鞣质；根、叶和花均入药。

**曲枝垂柳** *Salix babyionica* Linn.f. tortuosa Y. L. Chou

枝卷曲。

**云南柳** *Salix cavaleriei* L é vl.

乔木，高10~25米，胸径可达50厘米。当年生枝有短柔毛，二年生枝无毛，老枝灰褐色；芽卵形，腹部平，背部隆起。叶宽披针形、椭圆披针形或狭卵状椭圆形，长3~11厘米，宽1.5~4厘米，先端长渐尖至长渐尖，基部楔形，稀圆形，幼时中脉两面疏被短柔毛，后无毛，边缘具细腺锯齿；叶柄长5~8毫米，有短柔毛，上部通常有腺体；托叶半心形或斜卵状

三角形，有细腺齿，常早落。花序生去年枝侧，与叶同时开放，序梗长1~2厘米，具2~4叶；雄花序长3~6厘米，径约1厘米，序轴被柔毛，雄蕊6~12枚，花丝无毛；苞片卵状三角形，两面有柔毛，内面较密，腹腺宽，背腺常2~3裂；雌花序长2~4厘米，子房卵形，无毛，有长梗，花柱短或无，柱头2，不裂或微裂；苞片同雄花，腹腺宽，包于子房梗上，背腺常2~3裂，有时与腹腺合生成盘状。蒴果卵形，先端钝，无毛，稍长于果梗；种子12粒。

### 丑柳  *Salix inamoena* Hand. ~ Mazz.

灌木，高1~2米。当年生枝幼时有白色间淡黄色柔毛，后渐脱落，二年生枝淡褐色，无毛；芽卵形，初有柔毛。叶椭圆形，长2~4.5厘米，宽1~2厘米，先端有小尖，有时扭斜，或急尖，基部宽楔形或近圆形，上面暗绿色，幼时有淡黄色柔毛，后渐脱落，仅脉上有短毛，下面浅绿色或苍白色，有淡黄色或锈色柔毛，边缘有明显或不明显的腺齿；叶柄长2~5毫米，有柔毛。花序与叶同时开放，细圆柱形，长约2~6厘米，径约4厘米；序梗长5~10毫米，具2~4小叶；雄蕊2枚，花丝离生，2/3有柔毛，花药近球形；苞片近圆形，黄色或稍褐色，无毛或外面基部有毛，腺体2；子房卵形，密被白色柔毛，无梗，花柱明显，先端2裂，柱头浅2裂；苞片近圆形，外面有疏毛，内面无毛，仅1腹腺。花期4月，果期5月。

### 四籽柳  *Salix tetrasperma* Roxb.

乔木，高3~10米。当年生枝有柔毛，但不固定，从稀疏至稠密，老枝暗褐色，无毛；芽圆锥状狭卵形，无毛。叶卵状披针形或倒卵状披针形，长6~16厘米，宽2~4.5厘米，先端长渐尖或短渐尖，基部楔形或近圆形，上面绿色，无毛或有疏毛，沿中脉较密，下面淡绿色至苍白色，无毛或有疏柔毛，幼时通常两面密被白柔毛，边缘有锯齿，疏密不一，有时全缘；叶柄长3~15毫米，无毛或有短柔毛；托叶小，有腺齿。花与叶同时或于叶后开放，雄花序长5~14厘米，径约6~8毫米，序梗长5~20毫米，有3~6小叶，序轴密被柔毛；雄蕊数目变化较大，在同一花序上4~14不等，通常5~9，花丝下部有柔毛；苞片卵状椭圆形，两面密被短柔毛，腺体2，常多裂，呈假花盘状；雌花序长4~15厘米，序梗长1~4厘米，具2~4叶，上部的常与正常叶相同，序轴密被灰白色短柔毛；子房卵形，无毛，有长梗，梗长与子房几相等，花柱短，2浅裂，柱头微2裂；苞片同雄花，腹腺稍抱梗，无背腺。蒴果卵状球形，长7~10毫米，无毛；种子4粒。花期2~3月和9~11月，每年2次，因地区和环境不同，先后略有差异。

### 秋华柳　*Salix variegata* Franch.

灌木，高1～2.5米。当年生枝有绒毛，去年生枝近无毛，粉紫色。叶形多变，通常倒披针形、长圆状披针形，有时卵状长圆形，长1～2厘米，宽3～7厘米，先端急尖或钝，基部钝圆或渐狭，有时楔形，上面绿色，有疏柔毛，下面淡绿色有绢质长毛，中脉在上面凹下，下面凸起，侧脉在上面不明显，下面微凸起，边缘常外卷，有明显或不明显的腺齿或全缘；叶柄长1～2毫米，有绒毛。花序叶后开放，稀

同时开放，长1.5～3厘米，直径3～6毫米，无梗或有短梗，无叶或有1～2苞片状小型叶，早落；雄蕊2，花丝合生，无毛；苞片椭圆披针形，有长柔毛和缘毛，内面较稀疏；腺体1，腹生，圆柱形；子房卵形至长卵形，密被白至灰白色柔毛，花柱无或近无，柱头2，各2裂；苞片、腺体同雄花；果序长可达5.5厘米。蒴果长卵形，长约5毫米，粉紫色或绿褐色，有灰白色柔毛。花期较长，一般在6～11月。

## 亚麻科 Linaceae　　石海椒属 *Reinwardtia*

### 石海椒　*\*Reinwardtia indica* Dumort.

小灌木，直立，高0.5～1米，无毛。叶互生，倒卵状椭圆形或椭圆形，长2.5～7厘米，宽1～1.5厘米，顶端圆或锐尖，顶具凸尖，基部楔形，全缘或具细钝齿；叶柄短；托叶刚毛状，早落。花单生或数朵丛生于叶腋或枝顶，直径2～2.5厘米；萼片5，宿存；花瓣5或4，黄色；雄蕊10，5枚退化，花丝下部合生；子房3室，花柱3。蒴果较萼片短，球形，红褐色，种子肾形。花期4～5月，果期7～11月。

嫩枝、茎和叶供药用，有清热利尿功能。

## 金丝桃科 Hypericaceae 　金丝桃属 *Hypericum*

### 黄花香 *Hypericum beanii* N. Robson

灌木，高0.6～2米，丛状，有直立或拱弯的枝条。茎红至橙色，初时具4棱及两侧压扁，最后呈圆柱形；节间长0.5～4（～5）厘米，短于或长于叶；皮层红褐色。叶具柄，叶柄长1～2.5毫米；叶片狭椭圆形或长圆状披针形至披针形或卵状披针形，长2.5～6.5厘米，宽1～3.5厘米，先端锐尖或具小尖突至钝形或有时圆形，基部楔形至圆形，边缘平坦，坚纸质至近革质，上面绿色，下面淡绿或苍白

色，主侧脉（2）3～5对，全部分离或上部1对形成1条局部波状的近边缘脉，中脉在上方分枝，第三级脉网稀疏而模糊，腹腺体密生，有时只见于近中脉处，或无腹腺体，叶片腺体点状及短至稍长的条纹状。花序具1～14花，自茎顶端第1节生出，近伞房状，通常其下方有侧生的花枝；花梗长0.3～2厘米；苞片叶状至狭披针形，宿存。花直径3～4.5厘米，星状至杯状；花蕾卵珠状圆锥形至宽卵珠形，先端锐尖至具钝的小尖突。萼片分离，覆瓦状排列（有时明显），在花蕾及结果时直立至开张，卵形至长圆状卵形或宽卵形，等大或近等大，长0.6～1.1（～1.4）厘米，宽0.3～0.65（～1）厘米，先端锐尖或具小尖突至钝形，边缘透明，全缘或上方有细小齿，中脉明显，多少凸起，小脉稀明显，腺体约10～14，线形，上方多少间断。花瓣金黄色，无红晕，开张至较深的内弯，长圆状倒卵形至近圆形，长1.5～3.3厘米，宽1～3厘米，长为萼片的2～4.5倍，边缘全缘至具不规则的啮蚀状小齿，无腺体，有侧生至近顶生的小尖突，小尖突先端钝形至圆形。雄蕊5束，每束有雄蕊40～55枚，最长者长1～1.5厘米，长约为花瓣的1/2～7/10，花药金黄色。子房卵珠状角锥形至狭卵珠状圆柱形，长6～9毫米，宽4～5毫米；花柱长4～9毫米，长为子房的3/5至略长于子房，离生，近直立，近顶端外弯；柱头狭头状至截形。蒴果狭卵珠状圆锥形至卵珠形，长1.5～2厘米，宽0.8～1.1厘米。种子深红褐至深紫褐色，狭圆柱形，长1～1.5毫米，有宽的龙骨状突起和浅的线状网纹。花期5～7月，果期8～9月。

### 西南金丝桃 *Hypericum henryi* Lévl. et Van.

灌木，高0.5～3米，丛状，有直立至拱形或叉开的茎，有时多叶。茎淡红至淡黄色，多少持久地具4纵线棱及两侧压扁，最后具2纵线棱或圆柱形；节间长1～2厘米，通常短于叶；皮层红褐色。叶具短柄，叶柄长至1毫米；叶片卵状披针形或稀为椭圆形至宽卵形，长1.5～3厘米，宽

0.6～1.7厘米，先端锐尖或稀具小尖突至圆形，基部楔形至圆形，边缘平坦，坚纸质，下面绿色，下面很苍白色，主侧脉2～3（4）对，中脉在上方分枝，无或有几不可见的稀疏第三级脉网，腹腺体稀疏至密集，叶片腺体线状及点状。花序具1～7花，自茎顶端第1～2节生出，近伞房状，通常顶端第1节间短，有时在茎的中部有一些具1～2花的枝条；花梗长4～7毫米；苞片狭长圆形至披针形，凋落。花直径2～3.5厘米，杯状；花蕾卵珠形至近圆球形，先端钝形至圆形。萼片离生，覆瓦状排列，在花蕾及结果时直立，宽长圆形或宽椭圆形至宽卵形或圆形，不等大，长4～9毫米，宽2.5～6毫米，先端具小尖突或圆形，边缘全缘至具啮蚀状小齿，透明，中脉分明或不分明，小脉不明显或略明显。花瓣金黄色或暗黄色，有时有红晕，多少开张或内弯，宽卵形，长1～2厘米，宽0.8～1.4厘米，长约为萼片的2～4倍，边缘全缘，有一行近边缘的腺点，有侧生的小尖突，小尖突先端圆形至模糊。雄蕊5束，每束有雄蕊（30～）40～60枚，最长者长0.5～1.3厘米，长约为花瓣的1/2，花药深黄色。子房宽卵珠形至近圆球形，长4.5～5.5毫米，宽3.5～5毫米；花柱长4～5毫米，长约为子房的9/10，直立，向顶端外弯；柱头几不呈头状。蒴果宽卵珠形，长1～1.4厘米，宽0.8～1厘米。种子深褐色，圆柱形，长1～1.2毫米，无或几无龙骨状突起，有浅的线状蜂窝纹。花期5～7月，果期8～10月。

## 千屈菜科 Lythraceae　　萼距花属 *Cuphea*

### 萼距花　*Cuphea hookeriana* Walp.

灌木或亚灌木状，高30～70厘米，直立，粗糙，被粗毛及短小硬毛，分枝细，密被短柔毛。叶薄革质，披针形或卵状披针形，稀矩圆形，顶部的线状披针形，长2～4厘米，宽5～15毫米，顶端长渐尖，基部圆形至阔楔形，下延至叶柄，幼时两面被贴伏短粗毛，后渐脱落而粗糙，侧脉约4对，在上面凹下，在下面明显凸起，叶柄极短，长约1毫米。花单生于叶柄之间或近腋生，组成少花的总状花序；花梗纤细；花萼基部上方具短距，带红色，背部特别明显，密被粘质的柔毛或绒毛；花瓣6，其中上方2枚特大而显著，矩圆形，深紫色，波状，具爪，其余4枚极小，锥形，有时消失；雄蕊11，有时12枚，其中5～6枚较长，突出萼筒之外，花丝被绒毛；子房矩圆形。

## 紫薇属 *Lagerstroemia*

### 紫薇　*Lagerstroemia indica* Linn.

灌木或小乔木，高3～7米，干高1.3～2.6米，直径6～17厘米；树皮平滑，灰褐色；幼枝四棱形，具4翅。叶近革质，椭圆形，倒卵形或卵状椭圆形，长2～6厘米，宽1.5～3厘米，顶端钝而急尖或渐尖，稀圆形，基部钝或近圆形，两面均无毛或仅叶脉上被细柔毛，偶尔背面脉上被短粗毛，侧脉5～7对，网状脉不明显；柄极短，长约1毫米。花红色，紫色或粉红色（稀白色），排成顶生的大圆锥花序，花序长7～20厘米，花序梗常被短绒毛。花萼圆柱形，无附属体，长7～10毫米，无棱，不被毛，裂片直立，三角形，长约为萼管之半，萼管口及裂片边缘有明显的环带；花瓣6片，长12～20毫米，有皱纹，具爪，长5～7毫米；雄蕊36～42枚，5～6枚成束着生于萼管上，其中有6枚（4～7）明显地粗而长；子房卵形，6室。蒴果卵状球形或椭圆状球形，长9～13毫米，直径8～11毫米，种子具翅，长约8毫米。花期6～8月。

观赏植物。

## 石榴属 *Punica*

### 石榴　*Punica granatum* L.

落叶灌木或乔木，高2～7米，稀达10米；幼枝常具棱角，老枝近圆形，顶端常具锐尖长刺。叶对生或近簇生，纸质，长圆形或倒卵形，长2～9厘米，宽1～2厘米，先端钝或微凹或短尖，基部稍钝，叶面亮绿色，背面淡绿色，无毛，中脉在背面凸起，侧脉细而密；叶柄长5～7毫米。花两性，1至数朵生于小枝顶端或叶腋，具短梗；花萼钟形，红色或淡黄色，质厚，长2～3厘米，顶端5～7裂，裂片外展，卵状三角形，长8～13毫米，外面近顶端具1黄绿色腺体，边缘具乳突状突起；花瓣与花萼裂片同数，互生，生于花萼筒内，倒卵形，红色、黄色或白色，长15～3厘米，宽1～2厘米，先端圆形；雄蕊多数，花丝细弱，长13厘米；子房下位，上部6室，为侧膜胎座，下部3室为中轴胎座，花柱长过花丝。浆果近球形，直径6～12厘米，果皮厚，顶端具宿存花萼。种子多数，乳白色或红色，外种皮肉质，可食，内种皮骨质。花期5～7月，果期9～10月。

种子肉质可食，树皮及果皮含单宁，可提制栲胶，也可用以硝皮；树形及花美丽，可供观赏；果皮及根皮入药，有收敛止泻、杀虫之功效，花用于吐血，叶可治急性肠炎。

### 月季石榴　*Punica granatum* L. cv. Nana

低矮小灌木。

## 柳叶菜科 Onagraceae　　倒挂金钟属 *Fuchsia*

### 倒挂金钟　*Fuchsia hybrida* Voss.

灌木状草本，或为灌木。高达2～3米，茎无毛，褐色或淡褐色，多分枝；幼枝红色，被头状腺毛。叶对生，叶面绿色，背面淡绿色，卵形至卵状长圆形，先端渐尖，基部浅心形、截形或圆形，边缘有向上的齿凸，长4～8厘米，宽3～5厘米，无毛，中肋和侧脉淡绿色，有时变淡红色，上表面下凹，背面隆起；叶柄红色，密被头状腺毛和直立的短柔毛，长1.5～2厘米或更长。花单一或成对生枝端叶腋，下垂；花梗淡绿色，圆柱形，长3厘米，无毛；花冠管筒状，近等粗，红色，长1.2厘米，粗5毫米，外面无毛或有散生头状腺毛，内面密生腺毛；萼片4，红色，长圆披针形，渐尖，长约3厘米，宽1厘米，反折；花瓣青紫色，覆瓦状，扁圆形，长1.8厘米，宽2.5厘米；雄蕊8，花丝丝状，红色，垂于花瓣之下，长2.8厘米，花药紫色，长2毫米，花粉粉红色；子房长圆形，顶端钝，长5～6毫米，粗4毫米，疏被腺毛，4室，每室胚珠多数，着生于室内角中轴胎座上；花柱红色，长5厘米，基部围以绿色的杯状花盘，柱头棒锤状，褐色，长3毫米，粗1.5毫米，先端浅4裂，成熟果紫色，短柱状，长约1厘米。花期4～11月。

观赏植物。

## 桃金娘科 Myrtaceae    红千层属 *Callistemon*

### 红千层    *Callistemon rigidus* R. Br.

小乔木；树皮坚硬，暗灰色；幼枝四棱形，初时被白色长丝状毛，后脱落变无毛。叶片坚革质，线形，长4~9厘米，宽0.2~6毫米，先端尖锐，初时被白色丝状毛，后脱落变无毛，腺点明显，干后突出，中脉两面均突出，侧脉明显；叶柄极短，长约0.5毫米。穗状花序稠密，生于枝顶；萼管多少被毛，萼齿半圆形，近膜质；花瓣绿色，宽卵形，外拱，长约6毫米，宽4.5毫米，有透明腺点；雄蕊多数，长2.5厘米，花丝鲜红色，花药暗紫色，椭圆形；花柱长达3厘米，顶部淡绿色，其余红色。蒴果半圆形，直径可达7毫米，木质，顶端平截，3片裂开；种子条状，长1毫米。花期4~5月，果期6~8月。

## 桉属 *Eucalyptus*

### 赤桉    *Eucalyptus camaldulensis* Dehnh.

大乔木；树皮暗灰色，平滑，片状脱落，树干基部有宿存树皮；幼枝红褐色，稍压扁。幼态叶对生，叶片宽披针形，长6~9厘米，宽2.5~4厘米；成熟叶革质，披针形，镰刀状，长7~18厘米，宽1.5~2.5厘米，两面密被黑色腺点，中脉上面平坦，下面微凸出，侧脉多数，斜伸，边脉离叶缘1~1.5毫米，与侧脉均两面明显；叶柄长1~2厘米，纤细。伞形花序腋生，有花5~8朵；总花梗圆柱形，长约1厘米；花梗长约5毫米；花蕾长卵形，长6~8毫米；萼管半球形，长约3毫米；帽状体长4~6毫米，基部近半球形，顶端急剧收缩成喙，有时无喙；雄蕊长5~7毫米，花药椭圆形，纵裂。蒴果近球形，直径5~6毫米，果缘突出约1毫米，果瓣3~4（~5），突出。花期12月至次年3月，果期3~4月。

木材红色，抗腐性强，适用于枕木及木桩等。叶含油。

### 蓝桉 *Eucalyptus globulus* Labill.

大乔木；树皮灰蓝色，片状脱落，幼枝略有棱。幼态叶对生，卵形，长4~6厘米，基部心形，被白粉，无柄；成熟叶互生，叶片革质，披针形，镰刀状，长10~30厘米，宽2~3厘米，有明显腺点，中脉上面平坦，下面微突，侧脉不甚明显，斜伸，边脉离边缘约1毫米；叶柄长1.5~3厘米，稍扁平。花大，径达4厘米，单生或2~3朵聚生叶腋；花梗无或近无；萼管倒锥形，长1~1.5厘米，表面有4条棱突起及小瘤体，被白

粉；帽状体稍扁平，中部为圆锥状突起，较萼管短，2层，外层平滑，早落，内层粗厚，有小瘤体；雄蕊多列，长8~15毫米，花丝纤细，花药椭圆形；花柱粗大，长7~8毫米。蒴果杯状，直径2~2.5厘米，有4棱及明显瘤体或沟纹，果缘厚，果瓣4，不突出。花期10~12月，果期10月至次年2月。

木材用途广泛，但略扭曲，抗腐力强，尤适于造船及码头用材；花是蜜源植物；叶含油，制作桉树油，供药用，有健胃、止神经痛、治风湿、扭伤等效；也作杀虫剂及消毒剂，有杀菌作用。

### 直杆蓝桉 *Eucalyptus maideni* F. v. Muell.

大乔木；幼树皮灰白带红褐色，常有灰白色块状斑；大树皮厚，灰褐色，呈片块状脱落，脱净后树干呈淡黄色，主干通直。幼枝红褐色，四棱形。幼态叶对生，卵形至圆形，长4~12厘米，基部心形，灰色，无柄或抱茎；成熟叶革质，互生，披针形，镰状，长10~19厘米，宽1.5~2.3厘米，先端渐尖，基部楔形，两面多黑色腺点，中脉上面平坦，下面微凸出，侧脉纤细，斜伸，边脉离叶缘约0.5毫米；叶柄扁平，长1~2厘米。花

白色，常3~7朵组成伞形花序，腋生，总梗扁，有棱，长1~1.5厘米；花梗长2~3毫米；花蕾椭圆形，长约1.2厘米，宽8毫米，两端尖；萼管倒锥形，长6毫米，有棱；帽状体三角状锥形，与萼管近等长；雄蕊长8~10毫米，花药倒卵形，纵裂，蒴果钟形或倒锥状，长8~10毫米，宽10~12毫米，果缘较宽，突出约1毫米，果瓣3~5，突出。花期7~8月，果期9~11月。

树干挺直，为理想的树种。

## 野牡丹科 Melastomataceae　　金锦香属 *Osbeckia*

### 假朝天罐　*Osbeckia crinita* Benth. ex Wall.

灌木，高0.2～1.5米，稀达2.5米；茎四棱形，被疏或密平展的刺毛，有时从基部或从上部分枝。叶片坚纸质，长圆状披针形。卵状披针形至椭圆形，顶端急尖至近渐尖，基部钝或近心形，长4～9厘米，稀达13厘米，宽2～3.5厘米，稀达5厘米，全缘，具缘毛，两面被糙伏毛，基出脉5，叶面脉上无毛，背面仅脉上被糙伏毛；叶柄长2～10（～15）毫米，密被糙伏毛。总状花序，顶生，或每节有花两朵，常仅1朵发育，或由聚伞花序组成圆锥花序；苞片2，卵形，长约4毫米，具刺毛状缘毛，背面无毛或被疏糙伏毛；花梗短或几无，花萼长约2厘米，具多轮刺毛状的长柄星状毛，毛长达2.5毫米，裂片4，线状披针形或钻形，长约8毫米；花瓣4，紫红色，倒卵形，顶端圆形，长约1.5厘米，具缘毛；雄蕊8枚，分离，常偏向1侧，花丝与花药等长，花药具长喙，药隔基部微膨大，向前微伸，向后呈短距；子房卵形，4室，顶端有刚毛20～22条，上部被疏硬毛。蒴果卵形，4纵裂，宿存萼坛形，近中部缢缩，顶端平截，长1.1～1.6（～1.8）厘米，上部常具毛脱落后的斑痕，下部密被多轮刺毛状的有柄星状毛。花期8～11月，果期10～12月。

全株入药，有清热收敛止血的功效，亦有用根治痢疾及淋病。又用根与生姜、大蒜、甜酒（又称白酒）煎服，治疯狗咬伤。叶含单宁。

## 光荣树属 *Tibouchina*

### 巴西野牡丹　*Tibouchina seecandra* Cogn.

常绿灌木，高0.6～1.5米。茎四菱形，分枝多，枝条红褐色，株形紧凑美观；茎、枝几乎无毛。叶革质，披针状卵形，顶端渐尖，基部楔形，长3～7厘米，宽1.5～3厘米，全缘，叶表面光滑，无毛，5基出脉，背面被细柔毛，基出脉隆起。伞形花序着生于分枝顶端，近头状，有花3～5朵；花瓣5枚；花萼长约8毫米，密被较短的糙伏毛，顶端圆钝，背面被毛；花瓣紫色，雄蕊白色且上曲；雄蕊明显比雄蕊伸长膨大。蒴果坛状球形。花多且密，单朵花的开花时间长达4～7天；周年几乎可以开花，8月始进入盛花期，一直到冬季，谢花后又陆续抽蕾开花，可至翌年4月。

## 省沽油科 Staphyleaceae 秋枫属 *Bischofia*

### 秋枫 *Bischofia javangca* Bl.

常绿或半常绿大乔木，高达40米，胸径可达2.3米；树干圆满通直，但分枝低，主干较短；树皮灰褐色至棕褐色，厚约1厘米，近平滑，老树皮粗糙，内皮纤维质，稍脆；砍伤树皮后流出汁液红色，干凝后变瘀血状；木材鲜时有酸味，干后无味，表面槽棱突起；小枝无毛。三出复叶，稀5小叶，总叶柄长8～20厘米；小叶片纸质，卵形、椭圆形、倒卵形或椭圆状卵形，长7～15厘米，宽4～8厘米，顶端急尖或短尾状渐尖，基部宽楔形至钝，边缘有浅锯齿，每1厘米长有2～3个，幼时仅叶脉上被疏短柔毛，老渐无毛；顶生小叶柄长2～5厘米，侧生小叶柄长5～20毫米；托叶膜质，披针形，长约8毫米，早落。花小，雌雄异株，多朵组成腋生的圆锥花序；雄花序长8～13厘米，被微柔毛至无毛；雌花序长15～27厘米，下垂；雄花：直径达2.5毫米；萼片膜质，半圆形，内面凹成勺状，外面被疏微柔毛；花丝短；退化雌蕊小，盾状，被短柔毛；雌花：萼片长圆状卵形，内面凹成勺状，外面被疏微柔毛，边缘膜质；子房光滑无毛，3～4室，花柱3～4，线形，顶端不分裂。果实浆果状，圆球气形或近圆球形，直径6～13毫米，淡褐色；种子长圆形，长约5毫米。花期4～5月，果期8～10月。

散孔材，导管管孔较大，直径115～250微米，管孔每平方毫米平均11～12个。木材红褐色，心材与边材区别不甚明显，结构细，质重、坚韧耐用、耐腐、耐水湿，气干比重0.69，可供建筑、桥梁、车辆、造船、矿柱、枕木等用。果肉可酿酒。种子含油量30%～54%，供食用，也可作润滑油。树皮可提取红色染料。叶可作绿肥，也可治无名肿毒。根有祛风消肿作用，主治风湿骨痛、痢疾等。

## 野鸦椿属 *Euscaphis*

### 野鸦椿 *Euscaphis japonica* （Thunb.）Dippel

落叶小乔木或灌木，高（2～）3～6（～8）米，树皮灰褐色，具纵条纹，小枝及芽红紫色，枝叶揉碎后发出恶臭气味。叶对生，奇数羽状复叶，长（8～）12～32厘米，叶轴淡绿色，小叶5～9，稀3～11，厚纸质，长卵形或长椭圆形，稀为圆形，长4～6（～9）厘米，宽2～3（～4）厘米，先端渐尖，基部钝圆，边缘具疏短锯齿，齿尖有腺体，两面除背面沿脉有白色小柔毛外无毛，主脉在上面明显，在背面突出，侧脉8～11，在两面可见；小叶柄长1～2毫米，小托叶线形，基部较宽，先端尖，具微柔毛。圆锥花序顶生，花梗长达21厘米，花多，较密集，黄白色，径4～5毫米，萼片与花瓣均5，椭圆形，萼片宿存，花盘盘状，心皮3，分离。蓇葖果长1.5～2厘米，每一花发育为1～3个蓇葖，果皮软革质，紫红色，有纵脉纹；种子近圆形，直径约5毫米，假种皮肉质，黑色，有光泽。花期5～6月；果期8～9月。

木材可为器具用材；种子油可制皂；树皮可提烤胶；根及干果入药，用于祛风除湿。亦栽培作观赏植物。

## 旌节花科 Stachyuraceae 旌节花属 *Stachyurus*

### 中华旌节花 *Stachyurus chinensis* Franch.

灌木，高1.5～5米。树皮暗灰褐色，小枝圆柱形，具淡色椭圆形皮孔，无毛。叶纸质至膜质，卵形至长圆状卵形，长4～13厘米，宽3～6厘米，先端渐尖至突然渐尖，基部圆形至近心形，边缘具钝锯齿，侧脉每边5～6条，两面凸起，细脉网状，背面无毛或仅沿主脉、侧脉疏被短柔毛；叶柄长1～2厘米。穗状花序腋生，先叶开放，长3.5～8厘米，无柄；花黄色，长约7毫米，近无柄或具短柄；苞片1枚，三角状卵形，长约3毫米，先端急尖，小苞片2枚，卵形，长2毫米，急尖；萼片4枚，卵形，长约3.5毫米，先端钝；花瓣4枚，倒卵形，长约6.5毫米，宽约5毫米，先端圆形；雄蕊8枚，长5.5毫米，花药长圆形，纵裂；子房瓶状，连花柱长5.5毫米，直径2毫米，被短柔毛，柱头头状，不裂。果实球形，直径约7毫米，无毛，具或不具宿存花柱，近无柄或具短柄，基部具花被残留物，花期3～4月，果期5～6月。

茎髓供药用。主治尿路感染，尿闭或尿少，热病口渴，小便黄赤，乳汁不通。

### 西域旌节花  *Stachyurus himalaicus* Hook. f. et Thoms. ex Benth.

灌木或小乔木，高2～5米；小枝栗褐色，具淡白色皮孔。叶坚纸质至革质，长圆形至长圆状披针形，长8～14厘米，宽3.5～5.5厘米，先端具长尾状渐尖或渐尖，基部圆形至近心形，边缘具密而锐尖的细锯齿，齿尖骨质加粗，侧脉5～7条，两面凸起；叶柄长0.5～1.5厘米，红紫色。总状花序腋生，长5～10厘米，直立或下垂，无柄，基部无叶；花黄色，长约6毫米，无柄；苞片1枚，三角形，长不及2毫米，小苞片2枚，阔卵形，长2毫米，基部连合，先端急尖；萼片4枚，阔卵形，长6毫米，先端钝；雄蕊8枚，长约6毫米；子房卵状长圆形，连花柱长约6毫米，柱头头状。果实近球形，直径7～8毫米，无柄或具短柄，具宿存花柱。 花期3～4月，果期5～8月。

茎髓白色，作中药"通草"，有利尿、催乳、清湿热功效，治水肿、淋病等症。

### 云南旌节花  *Stachyurus yunnanensis* Franch.

常绿灌木，高1～4米；树皮暗灰色，小枝圆形，具淡色皮孔。叶革质至近革质，卵状长圆形至倒卵状披针形，长6～1.2厘米，宽2～4厘米，先端渐尖至尾状渐尖，基部楔形至钝，边缘具细锯齿，齿尖骨质，上面绿色，稍具光泽，背面淡绿带紫色，两面无毛，主脉两面凸起，侧脉每边6～7条，两面凸起，背面紫色，细脉网状，不明显；叶柄长1～2厘米。总状花序腋生，长（1～）3～6厘米，具短柄，长约5毫米，有花12～22朵；花长5～6毫米，无柄，苞片1枚，三角形，长约2毫米，急尖；小苞片2枚，卵形，急尖，长约2.5毫米；萼片4枚，卵形，长约3～4毫米；花瓣4枚，白色至黄色，倒卵形，长5.5～6毫米，宽3.5～4毫米，先端钝至圆形；雄蕊8枚，长2.5～4.5毫米；子房和花柱长4～4.5毫米，无毛，柱头头状，直径约1毫米。果实球形，绿色，直径6～7毫米，具宿存花柱，基部具2宿存苞片及花丝残存物，几无柄。 花期3～4月，果期5月。

## 漆树科 Anacardiaceae　　黄连木属 *Pistacia*

### 黄连木　Pistacia chinensis Bunge

落叶乔木，高达20余米；树干扭曲，树皮暗褐色，鳞片状剥落，幼枝灰棕色，具细小皮孔，疏被微柔毛或近无毛。奇数羽状复叶互生，有小叶5~6对，叶轴具条纹，被微柔毛，叶柄上面平，被微柔毛；小叶对生或近对生，纸质，披针形或卵状披针形或线状披针形，长5~10厘米，宽1.5~2厘米，先端渐尖或长渐尖，基部偏斜，全缘，两面沿中脉和侧脉被卷曲微柔毛或近无毛，侧脉和细脉两面突起；小叶柄长1~2毫米。花单性异株，先花后叶，圆锥花序腋生，雄花序排列紧密，长6~7厘米，雌花序排列疏松，长15~20厘米，均被微柔毛；花小，花柄长约1毫米，被微柔毛；小苞片披针形或狭披针形，内凹，长1.5~2毫米，外面被微柔毛，边缘具睫毛；雄花：花被片2~4，覆瓦状排列，披针形或线状披针形，不等长，长1~1.5毫米，边缘具睫毛；雄蕊3~5，花丝极短，长不到0.5毫米，花药长圆形，长约2毫米，无退化子房；雌花：花被片7~9，2轮排列，长短不等，长0.7~1.5毫米，宽0.5~0.7毫米，外轮2~4片，远较狭，披针形或线状披针形，外面被柔毛，边缘具睫毛，内轮5片，卵形或长圆形，外面无毛，边缘具睫毛；无退化雄蕊；子房球形，无毛，径约0.5毫米，花柱3，柱头3裂，厚，肉质，红色。核果倒卵状球形，略压扁，径约5毫米，成熟时紫红色，后变为紫蓝色，干后外面具纵向细条纹，具细尖的花柱残迹。

木材鲜黄色，质坚致密，可作家具和细工用材。种子油可作润滑油和制皂，亦可食用，但味不佳。幼叶作蔬菜并可代茶。

### 清香木　*Pistacia weinmannifolia* J. Poisson ex Franch.

灌木或小乔木，高1~8米，稀达10~15米；树皮灰色，小枝具棕色小皮孔，幼枝被灰黄色微柔毛。偶数羽状复叶互生，有小叶4~9对，叶轴具狭翅，上面具槽，被灰色微柔毛，叶柄被微柔毛；小叶革质，长圆形或倒卵状长圆形，较小，长1.3~3.5厘米，宽0.8~1.5厘米，稀较大（5×1.8厘米），先端微缺，具芒刺状硬尖头，基部略不对称，阔楔形，全缘，略背卷，两面中脉上被

极细微柔毛，侧脉在叶面微凹，在叶背明显突起；小叶柄极短。花序腋生，与叶同出，为密穗状花序组成的圆锥花序，雌花序排列较疏，被黄棕色柔毛和红色腺毛，花小，紫红色，无柄；小苞片1，卵圆形，内凹，直径约1.5毫米，外面被棕色柔毛，边缘具细睫毛；雄花：花被片5~8，2轮排列，长圆形或长圆状披针形，长1.5~2毫米，膜质，半透明，先端渐尖或略呈流苏状，外轮花被片边缘具细睫毛；雄蕊5枚，稀7，花丝极短，花药长圆形，先端细尖；有退化子房存在；雌花：花被片7~10，2轮排列，卵状披针形，长1~1.5毫米，膜质，先端细尖或略呈流苏状，外轮边缘具细睫毛；无退化雄蕊；子房圆球形，径约0.7毫米，无毛，花柱极短，柱头3裂，扩展而外弯。核果球形，长约5毫米，宽约6毫米，成熟时红色，先端具细尖的花柱痕迹。

叶可提芳香油；叶及枝供药用，有消炎解毒、收敛止泻之效。民间亦有用叶研粉作香。树脂固齿祛臭之效。

## 盐肤木属 *Rhus*

### 盐肤木 *Rhus chinensis* Mill.

落叶小乔木或灌木，高2~10米；小枝棕褐色，被锈色微柔毛，具圆形小皮孔。奇数羽状复叶互生，有小叶（2~）3~6对，叶轴具宽和狭的叶状翅，上部小叶较大，每对小叶间距3~6厘米，叶轴和叶柄密被锈色柔毛；小叶多形，卵形，卵状椭圆形或长圆形，长6~12厘米，宽3~7厘米，先端急尖，基部圆形，顶生小叶基部楔形，边缘具圆齿或粗锯齿，叶面暗绿色，无毛或中脉上被疏柔毛，叶背粉绿

色，略被白粉，被锈色短柔毛，脉上较密，侧脉和细脉在叶面凹陷，在叶背突起；小叶无柄。圆锥花序顶生，宽大，多分枝，雄花序长30~40厘米，雌花序长15~20厘米，密被锈色柔毛；苞片披针形，长约1毫米，被疏柔毛，小苞片极小；花白色；花柄长约1毫米，被微柔毛；雌花：花萼5裂，裂片三角状卵形，长约0.6毫米，外面被微柔毛，边缘具睫毛；花瓣5，椭圆状卵形，长1.6毫米，边缘具睫毛，里面下部被疏柔毛；雄蕊极短；花盘盘状，无毛；子房卵形，长约1毫米，密被白色微柔毛，花柱3，稀4，柱头头状；雄花：花萼裂片长卵形，长约1毫米，背面被微柔毛，边缘具睫毛；花瓣倒卵状长圆形，长约2毫米，开花时外卷；雄蕊伸出花冠之外，花丝线形，长约2毫米，无毛，花药卵形，长约0.7毫米，背着药，成熟时纵裂；子房不育，花柱3，长约1毫米。核果球形，微压扁，直径约4~5毫米，被具节毛和腺毛，成熟时红色，果核直径约3~4毫米。

为五倍子蚜虫的主要寄主植物，在幼枝和叶上形成虫瘿，即为五倍子，可供鞣革、医药、塑料和墨水等工业上用。树皮可作染料。幼枝及叶可作土农药，有杀虫的功效。果未熟前可泡水代醋用，生食酸、咸止渴。种子可榨油。根、叶及花、果均可供药用。

### 青麸杨  *Rhus potaninii* Maxim.

落叶乔木，高5~10米，树皮灰褐色；小枝无毛。奇数羽状复叶互生，有小叶3~4对，叶轴无翅，被微柔毛；小叶卵状长圆形或长圆状披针形，长5~10厘米，宽2~4厘米，先端渐尖，基部多少偏斜，圆形，全缘，叶两面沿中脉被微柔毛或近无毛；小叶具短柄。圆锥花序顶生，长10~20厘米，为叶长之半，被微柔毛；苞片钻形，长约1毫米，被微柔毛；花白色，径约

2.5~3毫米；花柄长约1毫米，被微柔毛；花萼5裂，裂片卵形，长约1毫米，外面被微柔毛，边缘具睫毛；花瓣5，卵形或卵状长圆形，长1.5~2毫米，宽约1毫米，两面被微柔毛，边缘具睫毛，开花时先端外卷；雄蕊5枚，花丝线形，长约2毫米，在雌花中较短，花药卵形；花盘厚，无毛；子房球形，直径约0.7毫米，密被白色绒毛，花柱3，柱头平截。核果近球形，略压扁，径3~4毫米，密被具节柔毛和腺毛，成熟时红色；种子压扁，径2~3毫米。

虫瘿富含鞣质，供工业和药用。叶和树皮可提栲胶。木材白色质坚，可制家具和农具。种子油作润滑油和制皂，油饼为喂猪的良好饲料。树皮可作土农药。亦可作绿化和观赏树种栽培。

## 漆树属  *Toxicodendron*

### 小漆树  *Toxicodendron delavayi*（Franch.）F. A. Barkley

小灌木，高0.5~2米；树皮灰褐色，具椭圆形突起的小皮孔，幼枝紫色，常被白粉，无毛。奇数或偶数羽状复叶互生，有小叶2~3对，长达13厘米，叶轴上面平，叶轴和叶柄无毛，叶柄长3.5~5厘米；小叶对生，纸质，卵状披针形或披针形，较小，长3~5.5厘米，宽1.2~2.5厘米，先端急尖或渐尖，基部略不对称，阔楔形或圆形，全缘或上半部具疏锯齿，两面无毛，叶背粉绿

色，侧脉12～16对，斜升，两面突起；小叶具短柄，长1～2毫米或近无柄，顶生小叶基部渐狭而成长约1毫米的翅状柄。花序腋生，由具3花的小聚伞花序组成疏花的总状花序，比叶短，长约6～8.5厘米，无毛；花序柄纤细而长，长4～5厘米，小聚伞花序柄长2～4厘米；苞片狭三角状披针形，长约1毫米；花小，淡黄色，直径约2毫米；花柄长约1毫米；花萼无毛，裂片三角形，先端钝，长约0.8毫米，具1～3条褐色纵脉；花瓣长圆形或倒卵状长圆形，先端钝，长约2毫米，具褐色羽状脉；雄蕊长约1.5毫米，花丝线状锥尖，花药长圆形，与花丝等长；花盘浅杯状，不明显10裂；子房卵圆形，径约1毫米，无毛，花柱1，长约0.8毫米，柱头3，头状，褐色。核果斜卵形，略压扁，直径约6毫米，外果皮黄绿色，无毛，具光泽，薄，中果皮蜡质，具纵向褐色树脂道，果核淡黄色，坚硬。

种子油可制肥皂或作润滑油。

## 野漆  *Toxicodendron succedaneum*（L.）O. Kuntze

落叶乔木或小乔木，高达10米；小枝粗壮，无毛；顶芽大，紫褐色，里面被棕黄色绒毛；奇数羽状复叶互生，常聚生枝顶，无毛，长25～35厘米，有小叶4～7对，叶轴和叶柄圆柱形，叶柄长6～9厘米；小叶对生或近对生，坚纸质或近革质，长圆状椭圆形、阔披针形或卵状披针形，长5～16厘米，宽2～5.5厘米，先端渐尖或长渐尖，基部稍偏斜，圆形或阔楔形，全缘，两面无毛，背面粉绿色，常被白粉，

侧脉15～22对，弧形上升，两面略突；小叶柄短，长2～5毫米。圆锥花序腋生，较短，长7～15厘米，为叶长之半，无毛，少花，疏散，花序具短柄；花黄绿色，直径约2毫米；花柄长约2毫米；花萼无毛，裂片阔卵形，先端钝，长约1毫米；花瓣长圆形，先端钝，长约2毫米，中部具不明显的羽状脉或近无脉，开花时外卷；雄蕊伸出，花丝线形，长约2毫米，花药卵形，长约1毫米；花盘5裂；子房球形，径约0.8毫米，无毛，花柱1，短，柱头3裂，褐色。核果大，偏斜，压扁，先端偏离中心，直径约7～10毫米，外果皮薄，淡黄色，无毛，具光泽，成熟时不规则开裂，中果皮厚，蜡质，果核坚硬，压扁。

根、叶及果入药，清热解毒、散瘀生肌、止血、杀虫，治跌打内伤、骨折、湿疹疮毒，毒蛇咬伤，又可治尿血、血崩、白带、外伤出血、子宫下垂等。种子油可制肥皂或掺合其他干性油作油漆。中果皮的蜡质称白蜡或漆蜡，可制蜡烛、膏药和头发蜡等。树皮可提栲胶。树干乳液可代生漆用。木材坚硬致密，可作家具，玩具等细工用材。乳液有毒，含漆酚，接触易引起皮肤红肿、丘疹、误食引起呕吐、疲倦、瞳孔放大、昏迷等中毒症状。

## 无患子科 Sapindaceae　　槭属 *Acer*

### 三角槭　*Acer buergerianum* Miq.

落叶乔木，高5~10（~20）米；树皮褐色或深褐色；小枝纤细，幼枝密被淡黄色或灰色绒毛，老枝灰褐色，微被蜡粉；冬芽小，鳞片腹面被长柔毛。叶纸质，轮廓椭圆形或倒卵形，长与宽均5~6厘米，基部近圆形或楔形，通常3浅裂，裂片向前延伸，中央裂片三角状卵形，侧裂片短钝尖或甚小，以至不发育，裂片边缘常全缘，稀具少数锯齿，叶面深绿色，无毛，背面黄绿色，疏被柔毛，初生脉3（~5）条，背面明显，侧脉不显著；叶柄纤细，

长2.5~5厘米，被白粉。花多数，常组成顶生的伞房花序，序轴长1.5~2厘米，被短柔毛；萼片5，卵形，长约1.5毫米，无毛；花瓣5，狭披针形，或匙状披针形，长约2毫米；雄蕊8，长为花瓣的2倍，花盘无毛，微分裂，位于雄蕊外侧；子房密被淡黄色长柔毛，花柱短，无毛，2裂，柱头平展或微反卷；花梗纤细，长5~10毫米，幼时被长柔毛，老则近无毛。小坚果球形，直径约6毫米；翅黄褐色，连同小坚果长2~2.5（~3）厘米，中部最宽，张开成钝角。花期4月，果期9月。

### 厚叶槭　*Acer crassum* Hu et Cheng

常绿乔木，高8~12米；树皮黑褐色，粗糙；小枝圆柱形，当年生枝紫绿色，具皮孔，密被短柔毛。叶厚革质，长圆状椭圆形或椭圆形，稀长圆状倒卵形，不裂，长8~14厘米，宽3.5~6厘米，全缘，基部楔形或阔楔形，先端锐尖或钝，具长6~12毫米的尖头，叶面深绿色，有光泽，背面灰绿色，微被白粉；主脉在叶面明显，在背面隆起，侧脉8~10对，在背面微可见；叶柄长1~2厘米，无毛。花杂性，雄花与两性花同株，组成伞房花序，序轴长5~6

厘米，密被淡黄色长柔毛；萼片5，淡绿色，长圆形或长圆状倒卵形，长3~3.4毫米，外侧被长柔毛；花瓣5，披针形或倒披针形，长3~4毫米，淡黄色，先端凹陷；雄蕊8，较萼片短；花盘无毛，位于雄蕊外侧；子房紫色，被淡黄色长柔毛，花柱很短；花梗纤细，被淡黄色长柔毛。翅果幼时紫色，成熟后呈黄褐色；小坚果球形，翅连同小坚果长2.8~3.2厘米，顶部较宽，最宽处约1厘米；翅直立。花期4~5月，果期9月。

### 青榨槭　*Acer davidii* Franch.

落叶乔木，高6～15（～20）米；树皮黑褐色或灰褐色，常纵裂成蛇皮状；小枝纤细，无毛，当年生枝绿褐色，具皮孔，老枝黄褐色或灰褐色；冬芽腋生，长卵形，长约5～8毫米，具柄，柄长达1厘米，鳞片外侧无毛。叶纸质，长圆形或长圆状卵形，长5～14厘米，宽4～9厘米，先端渐尖，常具尖尾，基部钝圆或浅心形，边缘具不整齐的钝圆齿；叶面深绿色，无毛，背面淡绿色，幼时沿脉被紫褐色的短柔毛，渐老则脱落；主脉在叶面明显，在背面隆起，侧脉11～12对，在叶面微可见，在背面明显；叶柄纤细，长2～8厘米，幼时被红褐色的短柔毛，渐老则脱落。花杂性，黄绿色，雄花与两性花同株，组成下垂的总状花序；雄花的花梗长3～5毫米，通常9～12朵组成长4～7厘米的总状花序；两性花的花梗长1～1.5厘米，通常13～28朵组成长7～10厘米的总状花序；萼片5，椭圆形，长约4毫米，先端钝；花瓣5，倒卵形，与萼片等长，先端钝圆；雄蕊8，无毛，在雄花中略长于花瓣，在两性花中发育不良；花药黄色，球形，花盘无毛，位于雄蕊内侧；子房被红褐色的短柔毛，在雄花中不发育，花柱纤细，无毛，柱头反卷。翅果幼时淡绿色，成熟后黄褐色，翅连同小坚果长2.5～3厘米，宽1～1.5厘米，张开成钝角或几水平。花期4～5月，果期9月。

绿化和造林树种。树皮纤维长，含单宁，可作为工业原料。

### 飞蛾槭　*Acer oblongum* Wall. ex DC.

常绿乔木，常高10米以上，稀达20米，树皮灰色或深灰色，粗糙，常成片状脱落；小枝纤细，近圆柱形，幼枝紫色或紫绿色，无毛。叶革质，长圆状卵形，长5～7厘米，宽3～4厘米，全缘，基部钝或近圆形，先端渐尖，背面具白粉，主脉在叶面显著，在背面隆起，侧脉6～7对，基部的一对长达叶片的1/3～1/2；叶柄黄绿色，长2～3厘米，无毛。花杂性，绿色或黄绿色，雄花与两性花同株，组成伞房花序，序轴被短毛；萼片长圆形，5数，长约2毫米；花瓣5，倒卵形，长约3毫米；雄蕊8枚，花丝纤细，无毛，花药圆形；花盘微裂，位于雄蕊外侧；子房被短柔毛，在雄花中不发育，花柱短，无毛，2裂，柱头反卷；花梗纤细，长1～2厘米。翅果幼时绿色，成熟时淡黄褐色；小坚果突起成四棱形，长约7毫米，宽5毫米；翅连同小坚果长1.8～2.5厘米，张开成近直角。花期4月，果期9月。

### 五裂槭　*Acer oliverianum* Pax

　　落叶小乔木，高4～6米；树皮淡绿色或灰绿色，平滑，常被蜡粉；小枝纤细，无毛或微被短柔毛，当年生枝紫绿色，多年生枝淡褐绿色。叶纸质，长4～8厘米，宽5～9厘米，基部近心形或略平截，5裂，裂片三角状卵形或长圆状卵形，先端锐尖，边缘具紧密的细齿，裂片间的凹缺锐尖，叶面绿色或带黄色，无毛，背面淡绿色，除脉腋被束毛外无毛；主脉在叶面显著，在背面隆起，侧脉在两面可见；叶柄长2.5～5厘米，纤细，无毛或近顶部有短柔毛。花杂性，雄花与两性花同株，组成伞房花序，序轴无毛；萼片5，紫绿色，卵形或椭圆状卵形，先端钝圆，长3～4毫米；花瓣5，淡白色，卵形，先端钝圆，长3～4毫米；雄蕊8，生于雄花者比花瓣稍长，花丝无毛，花药黄色，雌花的雄蕊很短；花盘微裂，位于雄蕊外侧；子房微有长柔毛，花柱无毛，长2毫米，2裂，柱头反卷。翅果常生于下垂的伞房果序上；小坚果突起，长约6毫米，宽约4毫米，脉纹显著；翅幼时淡紫色，成熟时黄褐色，镰刀形，宽约1厘米，连同小坚果长3～3.5厘米，张开近水平。花期5月，果期9月。

### 鸡爪槭　*Acer palmatum* Thunb.

　　落叶小乔木。树皮深灰色。小枝细瘦；当年生枝紫色或淡紫绿色；多年生枝淡灰紫色或深紫色。叶纸质，外貌圆形，直径7～10厘米，基部心脏形或近于心脏形稀截形，5～9掌状分裂，通常7裂，裂片长圆卵形或披针形，先端锐尖或长锐尖，边缘具紧贴的尖锐锯齿；裂片间的凹缺钝尖或锐尖，深达叶片的直径的1/2或1/3；上面深绿色，无毛；下面淡绿色，在叶脉的脉腋被有白色丛毛；主脉在上面微显著，在下面凸起；叶柄长4～6厘米，细瘦，无毛。花紫色，杂性，雄花与两性花同株，生于无毛的伞房花序，总花梗长2～3厘米，叶发出以后才开花；萼片5，卵状披针形，先端锐尖，长3毫米；花瓣5，椭圆形或倒卵形，先端钝圆，长约2毫米；雄蕊8枚，无毛，较花瓣略短而藏于其内；花盘位于雄蕊的外侧，微裂；子房无毛，花柱长，2裂，柱头扁平，花梗长约1厘米，细瘦，无毛。翅果嫩时紫红色，成熟时淡棕黄色；小坚果球形，直径7毫米，脉纹显著；翅与小坚果共长2～2.5厘米，宽1厘米，张开成钝角。花期5月，果期9月。

红槭　*Acer palmatum* Thunb. forma atropurpureum （Van Houtte）

Schwerim

金沙槭　*Acer paxii* Franch.

常绿乔木，高5～10（～15）米；树皮褐色或深褐色，粗糙；小枝纤细，无毛；当年生枝紫色或紫绿色；多年生枝灰绿色或褐色。叶厚革质，轮廓长圆状卵形、倒卵形或圆形，长7～11厘米，宽4～6厘米，基部阔楔形，全缘或3裂；中裂片三角形，先端渐尖或短渐尖，侧裂片短渐尖，通常向前直伸，裂片边缘全缘，稀浅波状，叶面深绿色，无毛，平滑，有光泽，背面淡绿色，密被白粉；主脉3条；叶柄长3～5厘米，紫绿色，无毛。

花绿色，杂性，雄花与两性花同株，多数组成伞房花序，序长3～4厘米；萼片5，黄绿色，披针形，长约4毫米，无毛；花瓣5，白色，线状披针形或倒披针形，长6～8毫米，宽约1毫米；雄蕊8，在雄花中通常长约8毫米，伸出花瓣外，在两性花中极短，花丝无毛，花药黄色，圆形；花盘无毛，位于子房外侧；子房初被白色绒毛，花开后毛被渐落，在雄花中不发育，仅在花盘中间有丛毛，花柱长2毫米，无毛，2裂，柱头平展或微反卷；花梗长2厘米，纤细，无毛。翅果幼时黄绿色或绿褐色；小坚果卵圆形，长约8毫米，翅长圆形，连同小坚果长3厘米，张开成钝角，稀成水平。花期3月，果期8月。

### 青楷槭　*Acer tegmentosum* Maxim.

落叶乔木，高10～15米。树皮灰色或深灰色，平滑，现裂纹。几小枝无毛，当年生小枝紫色或紫绿色，多年生枝黄绿色或灰褐色。冬芽椭圆形；鳞片浅褐色，无毛，叶纸质，近于圆形或卵形，长10～12厘米，宽7～9厘米，边缘有钝尖的重锯齿。基部圆形或近于心脏形，3～7裂，通常5裂；裂片三角形或钝尖形，先端常具短锐尖头；裂片间的凹缺通常钝尖，上面深绿色，无毛，下面淡绿色，脉腋有淡黄色的丛毛；主脉5条，由基部生出，侧脉7～8对，均在上面微现，在下面显著；叶柄长4～7厘米，稀达13厘米，无毛。花黄绿色，杂性，雄花与两性花同株，赏成无毛的总状花序；萼片5，长圆形，先端钝形，长3毫米，宽1.5毫米；花瓣5，倒卵形，长3毫米，宽2毫米；雄蕊8枚；无毛，在两性花中不发育；花盘无毛，位于雄蕊的内侧；子房无毛，在雄花中不发育，花柱短，柱头微被短柔毛，略弯曲。翅果无毛，黄褐色；小坚果微扁平；翅连同小坚果长2.5～3厘米，宽1～1.3厘米，张开成钝角或近于水平；果梗细瘦，长约5毫米。花期4月，果期9月。

花期4月，果期9月。

## 车桑子属　*Dodonaea*

### 坡柳　*\*Dodonaea viscosa*（L.）Jacq.　　别名：车桑子

灌木或小乔木，高1～5米，树皮棕褐色，多少被胶状物质；小枝纤细，下部稍圆柱状，上部压扁，具棱角。单叶互生，膜质，叶稍大，倒卵状长圆形或倒披针形或披针形，长7～10厘米，宽1.5～2厘米，先端锐尖或短渐尖，基部渐狭而成柄，全缘，略反卷，两面无毛，中脉在背面明显隆起，侧脉细密，在叶背隆起，网脉略显，叶两面多少被胶状物质。圆锥花序或总状花序短而顶生，长2～4厘米；花单性异株，绿黄色，直径约3毫米；花柄纤细，长2～5毫米，果时增长；萼片4，镊合状排列，卵形或卵状椭圆形，长约3毫米，边缘具睫毛；无花瓣；花盘不明显；雄蕊5～9枚，花丝长约1毫米，花药长圆形，长约2.5毫米；子房长约2毫米，花柱长4～6毫米。蒴果大，膜质，近圆形，边缘延伸成一膜质翅，连翅长1.5厘米，宽约1.8厘米，先端倒心形，基部微凹或平截，幼时赤红色，老时黄褐色，无毛，具脉纹；种子黑色，光滑，径2～3毫米。花期6～9月，果期9～12月。

耐旱，萌发力强，为固沙保土的树种。种子油可作肥皂，民间用以点灯。叶研粉可治烫伤和咽喉炎；全株用治风湿；根有大毒，可杀虫、毒鱼、毒狗。

## 栾树属 *Koelreuteria*

### 回树　*Koelreuteria bipinnata* Franch.　　别名：复羽叶栾树

大乔木，高达20米以上；小枝圆柱状，红褐色至暗褐色，密生浅黄色皮孔。2回羽状复叶，长60～70厘米，叶轴和叶柄上面有2槽，槽间棱上被微柔毛，叶柄长6～10厘米；羽片对生，有小叶9～15枚；小叶互生，纸质或近革质，斜卵形或斜卵状长圆形，长4.5～9厘米，宽2～3厘米，先端短渐尖，基部圆形，边缘具锯齿或幼叶锯齿不明显，两面沿中脉和侧脉被微柔毛，叶背脉腋具髯毛，中脉两面隆起，侧脉10～14对，在表面微凹，叶背隆起，网脉在叶背略显；小叶柄长约3毫米。圆锥花序顶生，宽大，长15～25厘米，被黄色微柔毛；花黄色，基部紫色；花柄长约2毫米，被短柔毛；花萼5深裂，裂片长卵形，长约1.5毫米，顶端钝，外面疏被微柔毛，边缘有小睫毛；花瓣4，线状披针形，长约9毫米，宽约1.5毫米，明显具爪，爪长约4毫米，被白色长柔毛，上部具2枚耳状小鳞片，鳞片无毛；花盘稍偏斜；雄蕊8，花丝长约7毫米，被白色长柔毛，在雌花中较短；子房长圆形，被白色长柔毛。蒴果椭圆状卵形，长6～7厘米，宽4～4.5厘米，顶端浑圆而有小尖头，成熟时紫红色；种子球形，褐色，径约5毫米。花期7月，果期10月。

根入药，有消肿、止痛、活血、驱蛔之功，亦治风热咳嗽。花入药，能清肝明目，清热止咳，又可作黄色染料。种子油供工业用。

## 无患子属 *Sapindus*

### 无患子　*Sapindus mukorossi* Gaertn.

乔木，高10～15米；小枝圆柱状，幼时被微柔毛，后渐无毛。羽状复叶长20～25厘米，小叶4～7（～8）对（通常5对）；互生或近对生，小叶纸质，卵状披针形或长圆状披针形，长8～15厘米，宽3～5.5厘米，先端急尖或渐尖，基部偏楔形，两面无毛，叶面略具光泽，侧脉纤细，侧脉和网脉两面隆起；小叶柄长约3～5毫米，上面微具2槽；叶轴和叶柄上面具2槽，叶柄长6～9厘米。圆锥花序顶生，尖塔形，长15～30厘米，被灰黄色微绒毛，分枝开展，纤细；花小，绿白色或紫色（？），芽时径不过2毫米；萼片5，卵圆形，外面基部被微柔毛，边缘有白色小睫毛，外面2枚较小，长约0.8毫米，里面3枚长约1.5毫米；花瓣5，披针形，长约2毫米，边缘有小睫毛，瓣爪内侧有被白色长柔毛的小鳞片2；花盘环状，无毛；雄蕊8枚，伸出，花丝下部被白色长柔毛；子房倒卵状三角形，长约1毫米，无毛，花柱短。果为肉质核果，幼果球形，微被毛，老时无毛，黄色，干时微亮，薄壳质；种子近球形，光滑，种脐线形。花期4月。

果皮含无患子皂素，可代肥皂用；种核油供制皂及润滑油用。木材可制器具，玩具，箱板，尤宜制梳。根、果入药，有小毒，能清热解毒，化痰止咳。

## 芸香科 Rutaceae　　柑橘属 *Citrus*

### 酸橙　*Citrus aurantium* L.

乔木，高3～6米；分枝多，小枝具棱，刺细小。叶互生，翼叶小，不明显；叶片阔卵形至阔椭圆形，长5～10厘米，宽2.5～5厘米，顶端狭而钝或急渐尖，基部阔楔形，革质或具微波状齿，两面无毛，叶柄短，具狭翅，关节不显。花两性，常兼有少量雄花，总状花序或兼有腋生单花或2～3花簇生，白色，芳香；花萼有时被毛，且花后增大呈肉质并紧贴果皮，萼片5，浅裂；花瓣5，覆瓦状排列，披针形，长1.2～1.4厘米，宽4～5毫米；雄蕊20～25，花丝基部连合；花柱棒状，柱头膨大，头状，子房短圆形，无毛。果近球形，横径7～8厘米，橙黄色，果皮粗糙，油胞大；果皮厚，囊瓣10～12，果肉甚酸，略带苦；萼宿存并果后增大；种子多，通常单胚。花期春季，果期冬季。

花是生产香水的上等原料。近成熟果实和幼果入药可作枳壳和枳实用，有破气消积，行痰除痞的功效；因果肉味酸，通常不食用；多作砧木。

### 代代花　*Citrus aurantium* var. daidai Makino

翼叶明显；果实在当年冬季变为橙黄色，翌年夏季又变青；花萼在果后增厚，肉质。

### 橘 *Citrus reticulata* Blanco

小乔木，高2～4米；枝条柔软，通常有小刺。叶披针形至卵状披针形，长5～9.5厘米，宽1.5～4厘米，顶端渐尖，基部楔形，全缘或具细锯齿，叶柄细，长5～7毫米，翅极小但明显，叶柄顶端有关节。花淡黄白色，单生或簇生于叶腋内；萼片5，呈五角星状；花瓣5；雄蕊18～24枚，花丝常时有合生；子房9～15室，每室内有胚珠数颗。柑果，扁圆球形，横径5.5～10厘米，成熟时桔红色或橙黄色，果皮薄，易剥离，松软，瓤囊极易分离，9～13瓣，液胞汁多，果皮内壁附生淡白色脉络；种子卵形，顶端尖，外有滑润的胶质；子叶乳白色，多胚。花期夏季，果期秋、冬季。

果皮入药，即中药陈皮，能理气化痰、止咳健脾，并治红白痢疾；种仁及叶能活血散瘀、消肿。

## 吴茱萸属 *Euodia*

### 檬树 *Euodia glabrifolia*（Champ.）D. D. Tao

乔木，高10～13米，最高可达20米，胸径30～60厘米；树皮灰褐色，皮孔圆形，微凸出，枝圆柱形，无毛或几无毛。奇数羽状复叶，对生，长15～35厘米，叶轴圆柱形，无毛或几无毛；小叶通常9片，稀为3或11片，对生，稀为不严整的对生，卵状长圆形，披针形或为卵形，厚纸质，长5.5～13厘米，宽2～4.5厘米，先端长渐尖或为长尾状渐尖，基部偏斜，楔尖；小叶柄长4～15毫米，叶缘常为浅波状或具极细小的钝圆锯齿，稀全缘，叶面深绿色，叶背微带粉白色或青灰色，全不被毛，极少数在中脉（两面）被极疏短毛，腺点仅在叶缘缺缝处才显，其他甚不明显。聚伞圆锥花序式的伞房花序，顶生，长8～10厘米，宽14～16厘米；苞片早落；花轴被甚疏短柔毛或几无毛；花5数，萼片5裂，星状，裂片卵状三角形，长、宽约1毫米，端尖，外被短柔毛，边缘被睫毛；花瓣长圆形或长椭圆形，长2.5～4毫米，端尖，外面无毛，里面被微疏毛，基部较密；雄花的雄蕊5，开花时伸出花瓣外，长5～6毫米，花丝线形，中部以下被长柔毛，花药广椭圆形，长1.5毫米，退化子房圆柱形，长2～3毫米，先端4深裂，裂瓣基部被短疏柔毛；雌花的花瓣较大，白色，退化雄蕊鳞片状，极细小（通常不易看见），子房球形，不被毛，花柱长不及0.5毫米，柱头头状；心皮通常为5数，少有3～4数，枯褐色；果㼛4，每果㼛上部2裂，外果皮被油腺，开裂的断面上被灰微柔毛，内果皮骨质，在干燥时不规则卷裂；种子卵珠形，每分果㼛有1枚种子，长约3.5毫米，厚2～3毫米，紫黑色，具光泽。

果实入药，治胃病、头痛；叶治游走性肿瘤。

## 九里香属 *Murraya*

### 麻绞叶 *Murraya koenigii*（L.）Spreng.

灌木或小乔木，高1.5～6米；嫩枝密被短柔毛，老枝无毛，皮孔及油腺明显。奇数羽状复叶，长8～18厘米，小叶（9）13～15对，叶轴浑圆，被淡黄褐色短柔毛；小叶互生或对生，狭披针形或狭卵形，偏斜，长2～6厘米，宽7～17毫米，顶端渐尖或尖，钝头有时微凹，基部偏斜，圆形或楔形，叶缘有微小圆锯齿，齿缝内有腺点1颗，叶柄长3～4毫米，被稀疏柔毛，叶脉在背面微凸起，被疏柔毛。伞房花序顶生或腋生于枝条顶部，花多而密集，淡黄绿色至白色，花序轴密被褐色短柔毛；花萼裂片5，萼片卵状三角形，长不及1毫米，外面被褐色毛；花瓣5，长圆形至倒披针形，长约6～8毫米，具腺点；雄蕊10枚，长短相间，花丝线形，顶端钻形，花药卵圆形；子房棒状，花柱比子房长，但短于花丝，柱头头状。浆果状核果，紫色转红色，椭圆形至圆球形，长10～14毫米，粗7毫米，内有种子1～2颗，种皮薄，平滑。花期3～4月，果期6～7月。

小叶及果实均可提取芳香油。

### 千里香 *Murraya paniculata*（Linn.）Jack

灌木或小乔木，高4～6米，稀为10米。木栓较发达，淡灰色，分枝多；小枝浑圆，光滑无毛。小型羽状复叶，叶轴不具翼，腹部成浅沟，光滑无毛，小叶3～7片，纸质或厚纸质或革质，卵形或卵状披针形，长3～8.5厘米，宽1.5～3厘米，顶端渐尖或短尾状渐尖，钝头而微凹，基部近圆形至宽楔形，叶面深亮绿色，背面淡绿色，叶脉在背后凸起，中脉上被白色棉毛，近全缘。花组成顶生短而小的伞房花序，花序轴几无毛，花梗被微柔毛及灰色瘤状腺体；花萼裂片5，三角形，长约2毫米，具疏柔毛，宿存；花大而芳香，花瓣5，白色，狭长圆形，长1.3～2厘米，稀有2厘米以上，宽5～7毫米，端尖而具疏毛；雄蕊10，5长5短，花丝线形而扁，顶端钻尖，无毛；花药长圆形，长约1毫米，药隔顶端无腺体；雌蕊长8～9毫米，花柱棒状增粗，头状；子房长柱形，与花柱无明显区别，无毛，2～5室，每室有1～2胚珠，上下叠生。果朱红色至紫红色，橄榄形、球形、纺锤形各式，变化大，长10～15毫米，粗5～10毫米，内有种子1～2颗，种皮有绵毛。花期4～6月，果期9～11月。

可治感冒。

## 茵芋属 *Skimmia*

### 茵芋 *Skimmia reevesiana* Fort.

小灌木，高约1米。叶狭长圆形或长圆形，长7~11厘米，宽2~3厘米。中脉在叶面浮凸且密被微柔毛。花白色，芳香，常两性，5基数；果倒卵形至长圆形，深红色，2~4室，有分核2~3个，长约8毫米。花期5月，果期8月。

枝、叶味苦，有毒。用作草药，治风湿。治肾炎、水肿。

## 飞龙掌血属 *Toddalia*

### 飞龙掌血 *Toddalia asiatica*（L.）Lam.

木质粗壮藤本，常蔓生或小灌木，高可达3米。老茎及小枝具有锋利的倒勾刺及短柔毛，刺呈圆锥状，皮孔明显，表皮纵皱。复叶，3小叶，具短柄，被微柔毛；小叶片倒卵状长圆形或倒卵形或长圆形，纸质或近革质，顶端短尾状尖或骤狭的急尖而钝头，有时微凹，基部楔形，有时略偏斜，长2~9厘米，宽1~3厘米，具透明腺点，表面深绿色，中脉在两面突起，嫩时微具疏毛，侧脉斜上举，密集而近于平行，于边缘网结，叶缘具细钝锯齿，齿缝有腺点；几无柄。花淡黄绿色或淡白色；雄花组成聚伞花序或为聚伞圆锥花序，腋生；苞片及萼片近同形，萼片5，卵状三角形，长、宽约1毫米，几无毛；花瓣5，窄长椭圆形，长2.5~3毫米，宽约1.2毫米，内面具有糠粉状毛；雄蕊5枚，稀为4，较花瓣长；花丝线形，长约5毫米，花药广椭圆形，退化子房微小，黑色，无毛；花梗长2.5毫米；雌花常集生为聚伞圆锥花序，花较少，退化雄蕊4~5枚，长不及雌蕊的一半；子房被毛。果球形，直径约1~1.5厘米，表面平滑，有3~5条微凸起的肋脊，5室，每室通常有种子1粒，果皮橘黄色至紫红色，具有下陷的腺点，可食；种子肾形，长5~6毫米，宽约4毫米，果肉黏胶质，种皮软骨质，黑色，具光泽。花期10~12月，果期12月至翌年2月。

根、茎入药，有祛瘀、止痛之效，治风湿骨痛，肋间神经痛，疖疮肿毒。可代金鸡纳霜治疟疾；也是做黄色染料的原材料。果大如樱桃，甘甜可口，是天然黄色素及柑果的理想资源植物。

## 花椒属 *Zanthoxylum*

### 毛刺花椒 *Zanthoxylum acanthopodium* var. timbor Hook. f.

小乔木或灌木，高2～5米。小枝密被锈色微柔毛；小叶上面被柔毛，背面密被长柔毛。花期3月，果期6月。

### 竹叶椒 *Zanthoxylum armatum* DC.

小乔木或大灌木，高2～10米，有皮刺，水平或弯斜，基部扁而宽。奇数羽状复叶，叶轴、叶柄具翼，翼宽4～8毫米，背面有时具皮刺，无毛；小叶2～4对，对生，叶片纸质，披针形或为椭圆状披针形，稀卵形，长2.5～9.5厘米，宽1.5～4.5厘米，顶端渐尖或急尖，基部狭尖或楔形，两面无毛，边缘具细小的圆锯齿，侧脉不显，在背面微凸起，中脉在叶面微凹或近于平坦，在叶背基部两侧有小丛毛。聚伞圆锥花序生于叶腋内或生于

小枝顶端，长2.5～6.5厘米，花枝开展，通常不被毛或被微柔毛，花小，淡黄绿色，花被6～8，三角形，顶端尖，长约1毫米或更小，雄花的雄蕊6～8枚，花丝细尖，长约2～3毫米，花药广椭圆形，药隔顶端有腺点一颗，退化心皮顶端2裂；雌花的心皮2～3或4，花柱略侧生，外弯，分离，柱头略呈头状，成熟心皮1～2枚，稀为3枚，红色，外果皮具粗大而凸起的腺点，缝线不显；种子卵珠形，直径3.5～4毫米，黑色发亮。花期3～5月，果期6～8月。

果实粉碎后当健胃药使用。

### 花椒 *Zanthoxylum bungeanum* Maxim.

灌木或小乔木，高3~7米；老茎干上通常有粗壮的皮刺，茎干木质坚硬而细致，灰色或褐灰色，嫩枝上有细小的皮孔及皮刺，基部扁平。奇数羽状复叶，叶轴腹面具有不明显的叶翼，无毛或有时被微柔毛，背面常着生小皮刺；小叶5~9片，有时为3或11片，对生，几无柄，纸质，卵形或卵状长圆形至广卵圆形，长1.5~7厘米，宽8~30毫米，顶端圆或为短渐尖，基部圆形或钝，稍不对称，生于叶轴顶部的小叶片通常较大，基部的较小，叶缘具钝锯齿或有时为疏圆锯齿，齿

缝处着生大而透明的腺点，叶背中脉常有斜生软皮刺，其基部两侧通常密生长的曲柔毛，其余无毛。聚伞圆锥花序顶生于侧枝上或腋生，花序长2~6厘米，花序轴被疏短柔毛，花枝开展，苞片小，早落；雄花与叶同时生出，花梗短，长约1毫米，苞片披针形，花被4~8，排列成一轮，长约1~2毫米，狭长的披针形，雄蕊4~8枚，花丝钻形，花药广卵圆形，药隔中央顶端有腺点一颗，退化子房存在，花盘环形而增大；雌花花序较大，长2~6厘米，心皮4~6，通常3~4，子房上通常有大而凸起的腺点，花柱侧生，柱头头状，子房无柄；果红色至紫红色，密生粗大而凸出的腺点，成熟心皮2~3，果梗长5毫米；种子圆珠形，黑色光亮。花期4月，果期7~10月。

花椒为传统佐料。具有开胃健脾之功效。

### 石山花椒 *Zanthoxylum calcicola* Huang

藤状灌木；茎伸展，高2~4米；小枝浑圆，粗壮，灰色，被微柔毛，油腺不甚明显，具有稀疏细小皮刺，勾刺向下，长约1毫米，基部增宽。奇数羽状复叶，连叶柄长10~25厘米，小叶5~7对；小叶近对生，革质或近革质，长圆形或卵状长圆形至椭圆形，通常长2.5~7厘米，宽1.5~3厘米，顶端短尖或短渐尖，顶端钝，不明显凹入，基部宽楔形或近圆形，有时偏斜，全缘或具细小圆齿，叶面亮绿色，中脉被微柔毛，其余无毛，背面灰绿色，侧脉6~10对，叶轴背部着生锋利、

下勾的皮刺；具短柄，长1~2毫米，增粗，被稀疏微柔毛。聚伞圆锥花序腹生，长2~3厘米，花后增大，总花梗及花梗甚粗，被微柔毛，花梗短，长不足1毫米（果期伸长2.5毫米），粗1~1.5毫米；雄花淡绿色；萼片4或5，广卵形，长0.5~1毫米，顶端尖，边缘被睫毛；花瓣4或5，长圆形，长2~3毫米，端钝或圆形，微反折，边缘具睫毛；雄蕊4或5枚，未开放时与花瓣等长，花丝钻形，光滑无毛；花药卵珠形，长1~1.5毫米，退化子房无毛，顶端2叉。果红色，果梗在果期明显增粗，内、外果皮不剥离，厚实，外果皮上被腺点；成熟心皮通常2~4，稀为1或3；种子卵形，长4~4.5毫米，厚3~3.5毫米，亮黑色。花期3~4月，果期9~10月。

### 异叶花椒　*Zanthoxylum ovalifolium* Wight

灌木或小乔木，高2～6米。枝灰褐色，粗糙，油腺凸起，具纵皱，稀有皮刺。叶二型，有单叶及3小叶，稀3～5小叶，叶柄比叶片短，小叶片广卵形至长圆形，长2～12厘米，宽1～5厘米，顶端渐尖或急尖，基部下延成狭楔尖或阔楔形，革质，两面光滑无毛，边缘具有钝锯齿，齿缝内的腺点较大，叶片上密被腺点；小叶柄短，基部略增大，略具关节，被柔毛；侧脉浮凸。聚伞圆锥花序腋生或腋生于顶部的枝条上，长2～6.5厘米，花序小而狭，被黄色微柔毛；花被7～8，大小不等，长宽约1.5毫米，淡黄色；雌花的雄蕊4～5枚，插生于花盘四周，短小，长不及1毫米，有圆形的药襄而无花粉，花盘环形，密被柔毛；心皮2，分离，广椭圆形，具有稀疏下凹腺点，红色；花柱宿存，侧生或弯生，成熟心皮1～2，紫红色，圆球形，如豆大，直径4～6毫米，内果皮淡黄色，坚纸质；种子圆球形，直径4～5毫米，黑色，具光泽。花期4月，果期9月。

### 微柔毛花椒　*Zanthoxylum pilosulum* Rehd. et Wils.

灌木，高1～4米；茎干黑色，当年生小枝表面红色，被极稀疏短柔毛，老茎上生有扁平、增宽的皮刺，宽可达4～8毫米，刺近水平射出。奇数羽状复叶，长4～9厘米，叶轴腹面下陷成浅沟，背面有时着生皮刺；小叶2～5对，近无柄，纸质，卵状椭圆形、卵形或披针形，长1～3.5厘米，宽5～12毫米，顶端短渐尖或短尖，钝尖而微凹，基部楔形，两侧近相等，两面无毛，边缘具细而明显的钝锯齿，齿缝内有透明而粗大的腺点。伞房状聚伞花序，顶生于当年生小枝上，长3.5～4厘米，花序梗、花梗均被细柔毛；萼片4，细小，长不及1毫米，端尖；花瓣4，卵状长圆形，长约3毫米，两端钝；雌花的雄蕊4枚，开花时远远伸出花瓣之外，花丝线形，花药广椭圆形，退化心皮锥状，上部伸长，顶端2叉；雌花的心皮4，通常仅有2～3枚成熟，红色或紫红色，外果皮上具有大而明显的淡黄红色腺点，果柄长达15毫米；分果爿先端有喙状尖，长约1毫米；种子卵珠形，直径3～5毫米，黑色发亮。花期6～7月，果期9～10月。

## 胡椒木  *Zanthoxylum piperitum*

奇数羽状复叶，叶基有短刺2枚，叶轴有狭翼，小叶对生，倒卵形，革质，叶面浓绿富光泽，全叶密生腺体；雌雄异株，雄花黄色，雌花橙红色，果实椭圆形，红褐色。

## 花椒簕  *Zanthoxylum scandense* Bl.

常绿藤状灌木，粗壮，高1~2米。小枝圆柱形，暗灰色，密被短柔毛，后变无毛，着生细小下弯的皮刺，长约1~2毫米，基部略扁，或无刺。奇数羽状复叶，长（8）15~（37）20厘米，叶轴无毛至有短柔毛；小叶2~4（~12）对，近对生至互生，叶片卵形至椭圆状披针形，长（~1）2.5~6厘米、宽1~4厘米，基部楔形至圆形，两侧不等，革质，叶面光滑，微具光泽，背面淡棕褐色，叶脉背面凸起，全缘或在顶端具有不明显的锯齿。聚伞花序组成圆锥花序，

被黑褐色微柔毛，顶生或腋生、长4~8厘米；雌花为4基数，总花梗及花梗圆柱形，密被短柔毛，苞片细小，被短柔毛，线形；萼片开展，卵形，顶端尖，长约2毫米，微被短柔毛，花瓣长圆形，先端尖或钝，长2~3毫米，内折，边缘被短睫毛，退化雄蕊甚小，长不及1毫米；子房近圆球形，长1.5~2毫米，花柱长约1毫米，柱头头状；花未开。果梗长3~8毫米；心皮4，成熟时常为1~3，直径约4~5毫米，顶端具短喙嘴状尖，长0.5~1毫米，具腺点，红色；种子卵珠形，长3~3.5毫米，黑色发亮。花期3~4月，7~8月。

可代花椒作调味品。

## 苦木科 Simaroubaceae  臭椿属 *Ailanthus*

### 臭椿 *Ailanthus altissima*（Mill.）Swingle

落叶乔木，高10～30米，树皮具浅纵裂，灰色或淡褐色。奇数羽状复叶，叶轴长30～90厘米，小叶6～12对，卵状披针形，长7～13厘米，宽3～4厘米，先端短尖或渐尖，基部常截头状而不等边，全缘，近基部两侧有粗齿1～2对，每粗齿背面有1腺体，两面近于无毛，或背面沿脉腋被微柔毛，小叶柄长5～10毫米。花小，杂性，白色带绿，排成多分枝的圆锥花序；花瓣长约2.5厘米，内外两面均

被柔毛，雄花有雄蕊10枚，长于花瓣，花丝线形，基部被粗毛；雌花中雄蕊短于花瓣，子房具5心皮，花柱扭曲，粘合，柱头5裂。翅果长圆状椭圆形，长3～4.5厘米，宽9～12毫米，微带红褐色，上翅扭曲；种子1枚，位于翅果的近中部。花期6月；果期7～10月。

常栽植，可作荒山造林先锋树种。木材绿白色或黄色，轻而软，易于施工、刨光，屈翘性强，适于制造农具、车辆等，亦可供制纸原料；叶可饲养樗蚕；根皮入药，有清热利湿、收敛止痢之效。种子含油。

### 刺臭椿 *Ailanthus vilmoriniana* Dode

乔木，高6～16米，可达40米；幼枝被无数软刺。叶长50～90厘米，小叶8～17对，披针状长圆形，长9～12（～15）厘米，先端渐尖，近基部具2～4粗齿，齿背具腺体，表面无毛或有短柔毛。背面粉白色具短柔毛；叶柄及叶轴有时红色，具软刺。圆锥花序长约30厘米。果长约4.5～5厘米，先端扭曲。

## 楝科 Meliaceae　　　米仔兰属 *Aglaia*

### 米仔兰　*Aglaia odorata* Lour.

灌木或小乔木，高3～8米，小枝幼部被星状锈色鳞片，后变无毛，多分枝。叶长5～12厘米，总轴有极狭的翅；小叶3～5枚，对生，纸质，倒卵形至长椭圆形，长2～6厘米，宽1.5～2.5厘米，顶生小叶较大，先端急尖而钝，基部狭楔形，两面均无毛，侧脉7～8对，极纤细。圆锥花序腋生，长5～10厘米，稍疏散，无毛，有披针形小苞片；花黄色，极香，干时黑红色，直径约2毫米，各部无毛；花梗纤细，长2～2.5毫米；萼5裂，裂片圆形，花瓣5，长圆形或近圆形，长1～1.5毫米，雄蕊管坛状，短于花瓣且与花瓣分离；花药5，卵形；无花盘，子房卵形，密被黄色粗毛；花柱极短，柱头长卵形，无毛，有散生的星状鳞片；种子有肉质假种皮。花期6月和11月。

花为熏茶的香料，亦可提取芳香油；木材纹理细致，为雕刻及家具等用材。枝、叶入药，治跌打、痈疮。

## 楝属 *Melia*

### 楝　*Melia azedarach* L.

乔木，高达25米；树皮灰褐色，纵裂，皮孔显著；枝条广展，疏被短柔毛，后渐无毛，叶痕明显。2～3回羽状复对，长20～30（～40）厘米，总轴被微柔毛或无毛；小叶多数，对生，膜质至纸质，卵形、椭圆形至披针形，两面无毛，先端渐尖，基部多少偏斜，边缘有锯齿、浅钝齿或具缺刻，稀全缘，侧脉12～16对，广展，向上斜举；侧生小叶较小，长3～4.5（～7）厘米，宽0.5～1.5（～3）厘米，柄长0.1～0.5（～1）厘米；顶生小叶长3.5～6（～9）厘米，柄长0～1厘米。圆锥花序长15～25，常与叶近等长，无毛或略被淡褐色粉状星毛；花淡紫白、白色、有香味；萼片卵形或长椭圆状卵形，被柔毛；花瓣倒卵状匙形，长约0.8～1厘米，外面被微柔毛，内面无毛；雄蕊管紫色，无毛或近无毛，长7～8毫米，边缘有锥尖、3裂的狭裂片10枚，花药长椭圆形，稍凸尖；子房近球形，5～6室，无毛，每室有胚珠2颗；核果黄绿色，球形至椭圆形，长1～3厘米，宽1.5厘米，核4～5室，每室有种子1颗；种子椭圆形。花期4～5月（中部及南部）～9月（南部），果11～12月成熟。

良好造林树种。木材为家具、用器、枪柄、箱板等用材。根、茎皮、果入药，可提取川楝素，治小儿蛔虫、钩虫。生药外用消肿、接骨、杀虫；花可提芳香油；叶、树皮、花、种子作农药；花铺席下，可驱蚤虱。根、茎皮可提制栲胶。种子含油，可制肥皂、油漆、润滑油等。茎皮纤维造纸或纺织麻袋。

### 川楝　*Melia toosendan* Sieb. et Zucc.

乔木，高8~25米；小枝幼嫩部分密被褐色星状鳞片，迅变无毛，呈暗红色至黑褐色，叶痕和皮孔明显。叶具长柄，连柄长35~45厘米，被细柔毛；2次羽状复叶，每1羽片通常有小叶4~5对；小叶对生，膜质，椭圆状披针形，先端长渐尖，基部楔形，通常全缘，两面无毛，侧脉12~14对，侧生小叶和顶生小叶大小相差无几，长4~8厘米，宽2~3.5厘米。圆锥花序聚生于小枝顶部，长6~15厘米，约为叶长的一半，密被淡褐色星状鳞片。花较大，淡紫色或白色，较密集；萼片狭长，椭圆形至披针形，两面被柔毛；花瓣匙形，长1~1.3厘米，外面被疏柔毛，内面无毛；雄蕊管紫色，边缘有3裂的齿10~12枚；花药长椭圆形，无毛，长约1.5毫米，略突出于管外；花盘近杯状；子房近球形，无毛，6~8室；花柱近圆柱状，无毛，柱头不明显的6齿裂，内藏于雄蕊管内。核果大，成熟时淡黄色，椭圆状球形，长2.5~4厘米，宽2~3厘米；果皮薄；核6~8室。花期3~4（~7）月，果10~11月成熟。

木材为家具、用器、枪柄、箱板等用材。果实、根、茎皮入药，比楝更良效。

## 香椿属 *Toona*

### 滇红椿　*Toona ciliata* Roem. var. yunnanensis（C. DC.）C. Y. Wu

小叶长4~11厘米，宽2.5~5厘米，最下一对卵形、最小，上部的卵状长圆形至卵状披针形，急渐尖，基部上侧圆形、较长，下侧渐狭；小叶柄长0.5~1.5厘米。花瓣长5毫米，宽3毫米，外面多少被微柔毛。果长1.5~2.5厘米，椭圆形，褐色，具细小皮孔。

### 香椿　*Toona sinensis*（A. Juss.）Roem.

落叶乔木，高10～15米，稀达30米，木材红色；小枝干时红褐色，无毛，具苍白色皮孔。叶为偶数羽状复叶，长30～50厘米，叶轮被微柔毛或无毛；小叶8～10对，对生或互生，纸质，卵状披针形至卵状长圆形，长9～15厘米，宽2.5～4厘米，上、下两对远较小，先端尾尖，基部一侧浑圆，他侧楔尖，边缘有稀疏的小锯齿或稀全缘，除背面脉腋偶有束毛外，两面无毛，无斑点，背面常呈粉绿色，侧脉约18对，背面略突起；小叶柄长5～10毫米。圆锥花序与叶等长或更长，无

毛或被小柔毛，多花。花白色，长4～5毫米；萼杯状，具5钝齿或浅波状，被微柔毛及缘毛；花瓣长椭圆形，先端钝，长4～5毫米，宽2.5～3毫米，无毛；除5枚能育雄蕊外，尚有假雄蕊（退化雄蕊）5枚，长约为能育雄蕊之半，花丝均无毛；花丝无毛，近念珠状；子房圆锥形，有细沟纹5条，无毛，每室有胚珠8颗，花柱长于子房，柱头盘状，蒴果狭椭圆状，深褐色，光亮，基部狭，长2～3.3厘米，径1～1.5厘米，有极稀疏的苍白色皮孔，果瓣薄；种子基部通常钝，上端有长而膜质的翅。花期6～8月，果10月以后成熟。

　　木材黄褐色而有红色环带，纹理美丽，坚重而有光泽，为上等家具、室内装饰和造船用材，种子可榨油制肥皂；根皮及果入药：果有收敛止血、去湿止痛之效，可治肠炎、痢疾、胃炎、胃溃疡、便血脱肛、血崩、白带、遗精、风湿骨痛，发表透疹；根能开窍，止痢去湿：治子宫出血、产后出血、肠出血；嫩叶治痔疮，也供蔬食。根的木屑可提芳香油作赋香剂。茎皮纤维可制绳索。

## 鹧鸪花属　*Trichilia*

### 鹧鸪花　*Trichilia connaroides*（W. et A.）Bentvelzen

乔木，高5～10米；枝无毛，干时黑色或深褐色，但幼嫩部分被黄色柔毛，有少数皮孔。叶为奇数羽状复叶，通常长20～36厘米，有小叶3～4对，叶轴圆柱形或具棱角，无毛；小叶对生，膜质，披针形或卵状长椭圆形，长（5～）8～16厘米，宽（2.5～）3.5～5（～7）厘米，先端渐尖，基部下侧楔形，上侧宽楔形或圆形，偏斜，叶面无毛，背面苍白色，无毛或被黄色微柔毛，侧脉每边8～12条，近互生，向上斜举，上面平坦，背面明显凸起；小叶柄长4～8毫米。圆

锥花序略短于叶，腋生，由多个聚伞花序所组成，被微柔毛，具很长的总花梗；花小；长3～4毫米；花梗约与花等长，纤细，被微柔毛或无毛。花萼5裂，有时4裂，裂齿圆形或钝三角形，外被

微柔毛或无毛；花瓣5，有时4，白色或淡黄色，长椭圆形，外被微柔毛或无毛；雄蕊管被微柔毛或无毛，10裂至中部以下，裂片内面被硬毛，花药10，有时8，着生于裂片顶端的齿裂间；子房无柄，近球形，无毛，花柱约与雄蕊管等长，柱头近球形，顶端2裂。蒴果椭圆形，有柄，长2.5~3厘米，宽1~2.5厘米，无毛；种子1粒，具假种皮，干后黑色。花期4~6月，果期5~6月和11~12月。

果实可能对鸟类有毒，叶汁对猩红热有帮助，树皮汁可毒杀蛙类。种子含油较多，虽可榨油但不能食用。

## 锦葵科 Malvaceae　　苘麻属 *Abutilon*

### 金铃花　*Abutilon striatum* Dickson.

常绿灌木，高约1米。叶掌状3~5深裂，直径约5~8厘米，裂片卵状渐尖形，先端长渐尖，边缘具锯齿或粗齿，两面均平滑无毛，或仅下面疏被星状柔毛；叶柄长3~5厘米，无毛；托叶钻形，长约8毫米，常早落。花腋生，单生，下垂，钟形，桔黄色，具紫色条纹，长3~5厘米，直径3厘米；花梗长7~10厘米，无毛；花萼钟形，长2厘米，5裂，裂片

卵状披针形，深裂达萼长的3/4，密被褐色星状短柔毛；花瓣5，倒卵形，外面疏被柔毛；雄蕊柱长3.5厘米，花药多数，褐黄色，集生于柱端；子房钝头，被毛，花柱枝10，紫色，柱头头状，突出于雄蕊柱端。果未见。花期5~10月。

园林绿化观赏用。

## 木棉属 *Bombax*

### 木棉　*Bombax malabaricum* DC.

落叶大乔木，高可达25米，树皮灰白色，幼树的树干通常有圆锥状的粗刺；分枝平展。掌状复叶，小叶5~7片，长圆形至长圆状披针形，长10~16厘米，宽3.5~5.5厘米，顶端渐尖，基部阔或渐狭，全缘，两面均无毛，羽状侧脉15~17对，上举，其间有1条较细的Ⅱ级侧脉，网脉极细密，二面微凸起；叶柄长10~20厘米，小叶柄长1.5~4厘米；托叶小。花单生枝顶叶腋，通常红色，有时橙红色，直径约10厘米；萼杯状，长2~3厘米，外面无毛，内面密被淡黄色短绢毛；萼齿3~5，半圆形，高1.5厘米，宽2.3厘米；花瓣肉质，倒卵状长圆形，长8~10厘米，宽3~4厘

米，二面被星状柔毛，但内面较
疏；雄蕊管短，花丝较粗，基部
粗、向上渐细，内轮部分花丝上
部分2叉；中间10枚雄蕊较短，
不分叉；外轮雄蕊多数，集成5
束，每束花丝10枚以上，较长；
花柱长于雄蕊。蒴果长圆形，
钝，长10～15厘米，粗4.5～5厘
米，密被白灰色长柔毛和星状柔
毛；种子多数，倒卵形，光滑。
花期3～4月，果夏季成熟。

　　花可供蔬食，入药清热除
湿，能治菌痢，肠炎，胃痛；根
皮祛风湿，理跌打；树皮为滋补药，亦用于治痢疾和月经过多，果内绵毛可作枕、褥、救生圈等
填充材料。种子油可作润滑油、制肥皂。木材轻软，可用作蒸笼、箱板、火柴梗、造纸等用。花
大而美，树姿巍峨，可植为栽培，冻害严重。

## 木槿属 *Hibiscus*

### 木芙蓉　*Hibiscus mutabilis* Linn.

　　落叶灌木或小乔木，高2～5
米；小枝、叶柄，花梗和萼均
密被星状毛与直毛相混的细绵
毛。叶卵圆状心形，直径10～15
厘米，常5～7裂，裂片三角形，
先端渐尖，边缘具钝圆锯齿，上
面疏被星状细毛和点，下面密被
星状细绒毛；主脉7～11条；叶
柄长5～20厘米；托叶披针形，
长5～8毫米，常早落。花单生于
枝端叶腋间，花梗长5～8厘米，
近端具节；小苞片8，线形，长
10～16毫米，宽2毫米，密被星

状绵毛，基部合生；萼钟形，长2.5～3厘米，裂片5，卵形，渐尖头；花初开时白色或淡红色，后
变为深红色，直径约8厘米，花瓣近圆形，直径约4～5厘米，外面被毛，基部具髯毛；雄蕊柱长
2.5～3厘米，平滑无毛；花柱枝5，疏被毛。蒴果扁球形，直径2.5厘米，被淡黄色刚毛及绵毛，
果爿5；种子肾形，背被长柔毛。花期8～10月。

　　花型大而美丽，供园林观赏用；花叶入药，有清肺、凉血、散热和解毒之功。

### 朱槿 *Hibiscus rosa-sinensis* Linn.

常绿灌木，高1～3米；小枝圆柱形，疏被星状柔毛。叶阔卵形或狭卵形，长4～9厘米，宽2～5厘米，先端渐尖，基部圆形或楔形，边缘具粗齿或缺刻，两面除背面沿脉上有少许疏毛外均无毛；叶柄长5～20毫米，上面被长柔毛；托叶线形，长5～12毫米，被毛。花单生于上部叶腋间，常下垂，花梗长3～7厘米，疏被星状柔毛或几平滑无毛，近端有

节；小苞片6～7，线形，长8～15毫米，疏被星状柔毛，基部合生；萼钟形，长2厘米，被星状柔毛，裂片5，卵形至披针形；花冠漏斗形，直径6～10厘米，玫瑰红色或淡红、淡黄等色，花瓣倒卵形，先端圆，外面疏被柔毛；雄蕊柱长4～8厘米，平滑无毛；花柱枝5。蒴果卵形，长2.5厘米，平滑无毛，有喙。花期全年。

花大色艳，四季常开，为热带和亚热带地区常见的园林观赏植物。

### 重瓣朱槿 *Hibiscus rosa-sinensis* var. rubro～plenus Sweet

花重瓣，有红、淡红、橙黄等色。

### 木槿 *Hibiscus syriacus* Linn.

落叶灌木，高约2～4米，小枝密被星状绒毛。叶菱状卵圆形，长3～7厘米，宽2～4厘米，常3裂，先端钝，基部楔形，边缘具不整齐齿缺，下面沿叶脉微有毛或几无毛；叶柄长约5～25毫米，上面被星状柔毛；托叶线形，长约6毫米，疏被柔毛。花单生于枝端叶腋间，花梗长4～14毫米，被星状短绒毛；小苞片6～7，线形，长6～15毫米，宽1～2毫米，密被星状疏柔毛；萼钟形，长14～20毫米，密被星状短绒毛，裂片5，三角形；花冠钟形，淡紫色，直径约5～6厘米，花瓣倒卵形，长3.5～4.5厘米，外产面疏被纤毛和星状长柔

毛；雄蕊柱长3厘米；花柱枝平滑无毛。蒴果卵圆形，直径12毫米，密被金黄色星状绒毛；种子肾形，背部被黄白色长柔毛。花期7～10月。

供园林观赏或作绿篱材料；茎皮富含纤维，供造纸原料；入药治疗皮肤癣疮。

### 牡丹木槿 *Hibiscus syriacus* var. syriacus f. paeoniflorus

### 紫花重瓣木槿 *Hibiscus syriacus* var. syriacus f. violaceus

## 悬铃花属 *Malvaviscus*

### 垂花悬铃花　*Malvaviscus arboreus* Cav. var. penduliflocus （DC.） Schery

　　小灌木，高约1米；嫩枝被长柔毛。叶卵状披针形，长约6~12厘米，宽约2.5~6厘米，先端长尖，基部广楔形至几圆形，边缘具钝齿，两面近于无毛或仅脉上有星状疏柔毛，主脉3条；叶柄长约1~2厘米，上面被长柔毛；托叶线形，长约4毫米，早落。花单生于叶腋，花梗长约1.5厘米，被长柔毛；小苞片匙形，长约1~1.5厘米，边缘具长硬毛，基部合生；萼钟形，直径约1厘米，裂片5，较小苞片略长，被长硬毛；花冠红色，长约5厘米，下垂，筒状，仅于上部略开展；雄蕊柱长约7厘米；花柱枝10。果未见。花期夏秋季。

　　栽培观赏。

## 瓜栗属 *Pachira*

### 瓜栗　*Pachira macrocarpa* （Cham. et Schlecht.） Walp.

　　小乔木，高4~5米，树冠较松散，幼枝栗褐色，无毛。小叶5~11，具短柄或近无柄，长圆形至倒卵状长圆形，渐尖，基部楔形，全缘，上表面无毛，背面及叶柄被锈色星状茸毛；中小叶长13~24厘米，宽4.5~8厘米，外侧小叶渐小；中肋表面平坦，背面强烈隆起，侧脉16~20对，几平伸，至边缘附近连结为一圈波状集合脉，其间网脉细密，均于背面隆起；叶柄长11~15厘米。花单生枝顶叶腋；花梗粗壮，长2厘米，被黄色星状茸毛，脱落；萼杯状，近革质，高1.5厘米，直径1.3厘米，疏被星状柔毛，内面无毛，截平或具3~6枚不明显的浅齿，宿存，基部有2~3枚圆形腺体；花瓣淡黄绿色，狭披针形至线形，长达15厘米，上半部反卷；雄蕊管较短，分裂为多数雄蕊束，每束再分裂为7~10枚细长的花丝；花丝连雄蕊管长13~15厘米，下部黄色，向上变红色；花药狭线形，弧曲，长2~3毫米，横生；花柱长于雄蕊，深红色，柱头小，5浅裂。蒴果近梨形，长9~10厘米，直径4~6厘米，果皮厚，木质，黄褐色，外面无毛，内面密被长绵毛，开裂，每室种子多数。种子大，不规则的梯状楔形，长2~2.5厘米，宽1~1.5厘米，表皮暗褐色，有白色螺纹，内含多胚。花期5~11月，果先后成熟，种子落地后自然萌发。

　　果皮未熟时可食，种子可炒食，能榨油。

## 梭罗树属 *Reevesia*

### 梭罗树　*Reevesia pubescens* Mast.

乔木，高达16米；树皮灰褐色，有纵裂纹；小枝幼时被星状短柔毛。叶薄革质，椭圆状卵形，长圆状卵形或椭圆形，长7~12厘米，宽4~6厘米，顶端渐尖或急尖，基部钝形、圆形或浅心形，叶面被稀疏的短柔毛或几无毛，背面密被星状短柔毛。聚伞状伞房花序顶生，长约7厘米，被毛；花梗比花短，长8~11毫米；萼倒圆锥状，长8毫米，5浅裂，裂片广卵形，先端急尖；花瓣白色或淡红色，条状匙形，长1~1.5厘米，外面被短柔毛，雌雄蕊柄长2~3.5厘米。蒴果梨形或长圆状梨形，长2.5~3.5厘米（有些可达5厘米），有5棱，密被淡褐色短柔毛。种子连翅长约2.5厘米。花期5~6月。

　　枝条上的纤维可用于造纸或编绳。

## 黄花稔属 *Sida*

### 拔毒散　*Sida szechuensis* Matsuda

直立亚灌木，高1米，小枝被星状长柔毛。叶下部生的宽菱形或扇形，长2.5~5厘米，宽近似，先端短尖或浑圆，基部楔形，边缘具2齿，叶上部生的长圆形或长圆状椭圆形，长2~3厘米，两端钝或浑圆，上面疏被星状毛或糙伏毛或几无毛，下面密被灰色星状毡毛；叶柄长5~10毫米，被星状柔毛；托叶钻形，较叶柄为短。花单生或簇生于枝端，花梗长1厘米，密被星状毡毛，中部以上有节；花萼杯形，长7毫米，疏被星状柔毛，萼裂三角形；花冠黄色，直径约1~1.5厘米，花瓣倒卵形，长8毫米；雄蕊柱长5毫米，被长硬毛。蒴果近球形，直径约6毫米，分果爿8~9，疏被星状柔毛，具短芒；种子长2毫米，黑褐色，平滑，种脐被白色疏柔毛。花期夏秋季。

　　茎皮富含纤维，供编织绳索料。全株入药，有消炎、拔毒生肌之功，治急性乳腺炎、急性扁桃体炎、肠炎、菌痢、跌打损伤等症。

## 椴树属 *Tilia*

### 华椴  *Tilia chinensis* Maxim.

乔木，高达15米。嫩枝无毛或被微柔毛；芽无毛。叶纸质，宽卵形，长6～12厘米，宽5～10厘米，先端尾尖，花1～1.5厘米，基部斜心形或斜截形，边缘具整齐细锯齿，上面无毛，下面密被灰色星状绒毛，基出脉5条，侧脉7～8对，下面小横脉较明显；叶柄长3～8厘米，被星状灰绒毛。聚伞花序1～2歧，有花3～6朵，花序柄长4～5厘米，花柄长1～1.5厘米，无明显棱突，疏被星状绒毛；苞片长圆形，长4～8厘米，两面疏被星状毛，下面略密，下半部与花序柄合生，基部无柄或近无柄；萼片长卵形，长约7毫米，两面均被绒毛，里面基部具簇毛；花瓣卵形，长6～7毫米；退化雄蕊近匙形，长约5毫米，具柄长1毫米；雄蕊30～45枚，花丝先端常分叉，药室分离；子房密被绒毛，花柱无毛，柱头略膨大，3裂。果椭圆形，长1厘米，直径约8毫米，密被灰褐色绒毛，具明显5棱，果壁厚约1毫米。花期6～7月，果期8～9月。

茎皮纤维坚韧，可代麻用；木材轻软，易于加工，供制胶合板、火柴杆及造纸用。

## 梵天花属 *Urena*

### 地桃花  *Urena lobata* Linn.

直立亚灌木状草本，高1米，小枝被星状绒毛。叶下部的近圆形，长4～5厘米，宽5～6厘米，先端通常浅3裂，基部圆形至近心形，边缘具锯齿；中部的叶卵形，长5～7厘米，宽3～6.5厘米；上部的叶长圆形至披针形，长4～7厘米，宽1.5～3厘米；叶上面被柔毛，下面被灰白色星状绒毛；叶柄长1～4厘米，被灰白色星状毛；托叶线形，长2毫米，早落。花腋生，单生或稍丛生，淡红色，直径15毫米；花梗长3毫米，被绵毛；小苞片5，长6毫米，基部1/3处合生；花萼杯状，裂片5，较小苞片略短，两者均被星状柔毛；花瓣5，倒卵形，长15毫米，外面被星状柔毛；雄蕊柱长15毫米，无毛；花柱枝10，微被长硬毛。果扁球形，直径1厘米，分果爿被星状短柔毛和锚状刺。花期7～10月。

茎皮纤维坚韧，供制绳索，也供纺织料，可为麻类的代用品；根入药，煎水点酒服可治白痢。

## 瑞香科 Thymelaeaceae　　瑞香属 *Daphne*

### 毛花瑞香　*Daphne bholua* Buch.~Ham. ex D. Don

灌木，高1~2.5米；小枝初具短刚毛，后逐渐变为近无毛。叶互生，线状披针形、狭椭圆形或椭圆形，长7~17厘米，宽1.7~2.6（~5）厘米，先端锐尖，稀为钝形、渐尖至急尖，基部渐狭，楔形，全缘，边缘内卷，两面均无毛，侧脉在两面可见；叶柄短，长约5毫米，或难与叶片分开。能育鳞芽宽披针形，外面无毛，内面被紧贴长柔毛，在花开放时早落。头状花序顶生，具7~12朵花，花序基部被鳞芽所包，花极芳香；花萼内面白色，外面红色或紫红色，稀全为白色，萼筒长约1厘米，外面被长柔毛，裂片4，卵形，长约6毫米，先端常凹缺，外面被疏柔毛；雄蕊8枚，2列，上着4枚，着生于萼筒近喉部。下列4枚，着生于萼筒中部以上，花丝长约0.5毫米，花药长约2毫米；花盘环状，高约0.5毫米；子房卵形，长约4毫米，无毛，花柱短，柱头头状。浆果卵形，成熟时黄色。花期4~5月，果期7~9月。

### 瑞香　*Daphne odora* Thunb.

常绿直立灌木；枝粗壮，通常二歧分枝，小枝近圆柱形，紫红色或紫褐色，无毛。叶互生，纸质，长圆形或倒卵状椭圆形，长7~13厘米，宽2.5~5厘米，先端钝尖，基部楔形，边缘全缘，上面绿色，下面淡绿色，两面无毛，侧脉7~13对，与中脉在两面均明显隆起；叶柄粗壮，长4~10毫米，散生极少的微柔毛或无毛。花外面淡紫红色，内面肉红色，无毛，数朵至12朵组成顶生头状花序；苞片披针形或卵状披针形，长5~8毫米，宽2~3毫米，无毛，脉纹显著隆起；花萼筒管状，长6~10毫米，无毛，裂片4，心状卵形或卵状披针形，基部心脏形，与花萼筒等长或超过之；雄蕊8，2轮，下轮雄蕊着生于花萼筒中部以上，上轮雄蕊的花药1/2伸出花萼筒的喉部，花丝长0.7毫米，花药长圆形，长2毫米；子房长圆形，无毛，顶端钝形，花柱短，柱头头状。果实红色。花期3~5月，果期7~8月。

### 滇瑞香　*Daphne feddei* Lévl.

常绿灌木，高1～2米；枝黄灰色，幼枝无毛或几无毛。叶互生，叶片狭披针形或倒披针形，长7～12厘米，宽1.5～3厘米，先端渐尖，基部狭楔形，全缘，两面无毛。花8～12朵聚生于枝端，苞片背面被丝状微柔毛，通常早落；花芳香，花被筒状，长12～15毫米，宽1.5～2.5毫米，密被短柔毛，先端4裂，裂片通常为筒长的三分之一，外面通常无毛或沿中脉被极疏的微柔毛。果橙红色，圆球形，直径约4.5毫米，种子1～2枚。花期3月，果期5月。

树皮纤维韧性甚强，可作打字蜡纸、皮纸原料。

### 少花瑞香　*Daphne depauperata* H. F. Zhou ex C. Y. Chang

常绿灌木，高约1.2米；当年生小枝淡褐色，具条纹，密被黄绿色绒毛，多年生枝灰褐色，几无毛；冬芽小，芽鳞卵形，顶端具淡黄色柔毛，边缘具纤毛。叶互生，革质，窄椭圆形或披针形，稀倒披针形，长2～5.5厘米，宽0.7～1.5厘米，顶端钝形，尖头圆钝，基部楔形，边缘全缘，微反卷，表面深绿色，微具光泽，背面淡绿色，两面无毛，中脉在表面下陷，在背面明显隆起，侧脉7～8对，不规则，与中脉成55度的角开展，在表面稍下陷，在背面明显；叶柄长1.5～2毫米，基部膨大，无毛。花序为头状花序，具3～4花，顶生；无苞片；总花梗长约3毫米，密被黄褐色绒毛，花梗长约1.5毫米，密被黄褐色绒毛；花白色；花萼管圆筒状，长8～10毫米，外面散生绒毛，裂片4，卵状披针形，长约6毫米，顶端渐尖；花瓣缺；雄蕊8枚，2轮，上轮着生于萼管喉部，下轮4枚，着生于萼管中部以上，花丝极短，花药伸出，花药卵状长圆形，长2.1毫米，顶端渐尖，基部圆形；花盘盘状，高约0.6毫米；子房无柄或其极短的柄，无毛，长圆状锥形，长约2.5毫米，花柱长约0.5毫米，柱头膨大，头状，无毛或微具乳突。核果卵球形，直径约5毫米，花柱通常宿存。花果期8月。

## 檀香科 Santalaceae　　沙针属 *Osyris*

### 沙针　*Osyris wightiana* Wall.

直立灌木，枝条伸展，高2~3米，幼枝淡绿色，具棱纹。叶螺旋式散生在小枝近顶端处，椭圆形至披针形，长2.5~4.5厘米，宽1~1.5厘米，顶端锐尖，基部楔形，全缘，近厚纸质，叶面绿色，背面稍淡，两面无毛；脉不显；叶柄基部下延，于小枝处留棱迹。腋生杂性小花，黄绿色，雄花呈聚伞花序；花被裂片3~4枚，三角形，雄蕊4枚少有3枚，花丝短，着生于裂片基部，药室2，花盘有角，三角形；雌花单生于叶腋内，具短柄，苞片2枚，无毛，花被裂片3~4，镊合状排列，稍厚；柱头3裂，子房近圆锥形，外面被微柔毛，1室，胚珠2~4枚，仅有1枚发育。浆果状核果，球形，熟时桔红色，内果皮脆；胚乳丰富，粉质，含油脂。

## 桑寄生科 Loranthaceae　　寄生属 *Loranthus*

### 椆寄生　*Loranthus delavayi* Van Tiegh.

灌木，高约1米，全株无毛，小枝灰黑色，有时具腊质白粉。叶对生或近对生，纸质或革质，卵形至长椭圆形，稀长圆状披针形，长6~10厘米，顶端钝圆或钝尖，基部钝或阔楔形，侧脉5~6对；叶柄长5~10毫米。花黄绿色，单性，雌雄异株，穗状花序，腋生，具花8~16朵，花序轴在花着生处稍下陷，苞片匙状；雄花：花托钟状，长约1毫米；副萼环状；花瓣6，匙状披针形，长4~5毫米；花丝长1~2毫米，花药近球形，4室；不育雌蕊的花柱线状或柱状，长1.5~2毫米，顶端渐尖或浅2裂；雌花：花托如同雄花，花瓣6，披针形，长2.5~3毫米，不育雄蕊长约1毫米；花柱柱状，长约2.5毫米，柱头头状。果椭圆形或卵形，淡黄色，长约5毫米，果皮平滑。花期1~3月，果期5~7月。

## 梨果寄生属 *Scurrula*

### 红花寄生 *Scurrula parasitica* Linn. var. parasitica

灌木，高0.6~1米，幼嫩枝、叶密被锈色星状茸毛，不久毛脱落，枝，叶变无毛。叶厚纸质，卵形至长卵形，长5~8厘米，宽2~4厘米，顶端钝，基部阔楔形；叶柄长5~6毫米。总状花序，长1~2毫米，腋生，被茸毛，具花3~5朵，排列密集；花梗长2~3毫米；苞片三角形；花红色，花托陀螺状，长2~2.5毫米；副萼环状；花冠芽时管状，弯曲，长2~2.5厘米，下半部膨胀，顶部长圆形，急尖，裂片4，

披针形；花丝长2~3毫米，花药长1.5~2毫米；花柱线状，柱头头状。果梨形，红黄色，长约10毫米，顶端钝圆，直径约3毫米，下半部渐狭呈长柄状，平滑。 花期10月至翌年1月。

全株药用，对风湿性关节炎及胃痛，有一定疗效，以寄生柚、桔、桃树的为佳。

### 梨果寄生 *Scurrula philippensis*（Cham. et Schlecht.）G. Don

灌木，高约1~2米，幼嫩枝、叶，花序和花密被灰白色或灰黄色星状茸毛及树枝状毛。叶薄革质或纸质，卵形或长圆形，长5~9厘米，宽3~6厘米，顶端钝，基部阔楔形或钝圆，下面密被茸毛；叶柄长7~10毫米。总状花序，腋生，长5~8毫米，具花5~7朵，花梗长1.5~2毫米；苞片卵状三角形；花红色；花托长卵形，长约2.5毫米；副萼环状；花冠芽时，弯曲，通常长2.2~2.5厘米，下半部稍

膨胀，顶部长圆形，渐尖，裂片4，披针形；花丝长1毫米，花药长2.5（~3）毫米；花柱线状，柱头长圆形。果梨形，长约8毫米，顶部直径3.5毫米，近基部渐狭，被疏毛。 花期7~8月，果期11~12月。

## 槲寄生属 *Viscum*

### 槲寄生 *Viscum coloratum*（Kom.）Nakai

灌木，高0.3～0.8米；茎、枝均圆柱状，二歧或三歧、稀多歧地分枝，节稍膨大，小枝的节间长5～10厘米，粗3～5毫米，干后具不规则皱纹。叶对生，稀3枚轮生，厚革质或革质，长椭圆形至椭圆状披针形，长3～7厘米，宽0.7～1.5（～2）厘米，顶端圆形或圆钝，基部渐狭；基出脉3～5条；叶柄短。雌雄异株；花序顶生或腋生于茎叉状分枝处；雄花序聚伞状，总花梗几无或长达5毫米，总苞舟形，长5～7毫米，通常具花3朵，中央的花具2枚苞片或无；雄花：花蕾时卵球形，长3～4毫米，萼片4枚，卵形；花药椭圆形，长2.5～3毫米。雌花序聚伞式穗状，总花梗长2～3毫米或几无，具花3～5朵，顶生的花具2枚苞片或无，交叉对生的花各具1枚苞片；苞片阔三角形，长约1.5毫米，初具细缘毛，稍后变全缘；雌花：花蕾时长卵球形，长约2毫米；花托卵球形，萼片4枚，三角形，长约1毫米；柱头乳头状。果球形，直径6～8毫米，具宿存花柱，成熟时淡黄色或橙红色，果皮平滑。花期4～5月，果期9～11月。

全株入药，即中药材槲寄生正品，具治风湿痹痛，腰膝酸软，胎动、胎漏及降低血压等功效。

### 麻栎寄生 *Viscum articulatum* Burm. f.

亚灌木，高50～100厘米，茎绿色，二歧或三歧分枝，披散或悬垂，小枝的节间扁平，长1.5～2.5（3～4）厘米，宽2～3（～3.5）毫米，边缘薄，干后中肋和2条侧纵肋明显。叶鳞片状。聚伞花序，1～3个，腋生，花序梗几无，总苞舟形，宽1.5毫米，具花1～3朵，雌花位于中央，通常仅1朵雌花或雄花；雄花：圆形，长0.5～1毫米，萼片4，花药圆形；雌花：长圆形，长0.7～1.5毫米，萼片4，柱头垫状。果球形，浅黄色或青白色，直径2～3毫米。花果期6～12月。

### 枫香寄生　*Viscum liquidambaricolum* Hayata

亚灌木，高50～70厘米，茎绿色，二歧或三歧分枝，小枝的节间扁平，通常长2～4厘米，宽4～6（8～10）毫米，干后纵肋5～7条明显。叶鳞片状。聚伞花序1～3个，腋生，花序梗几无，总苞舟状，宽1.5～2毫米，具花1～3朵，雌花位于中央，侧生的为雄花，通常仅1朵雄花或雌花发育；雄花：近圆形，长约1毫米，萼片4，花药圆形，贴生于萼片的下部；雌花：长圆形，长约2毫米，花托长卵形，长1.5毫米，萼片4，柱头乳头状。果橙色或黄色，长圆形，长5～7毫米，直径3～3.5毫米，有时卵圆形，直径约5毫米，果皮平滑。花期4～12月。

　　全株药用，治风湿性关节炎，关节疼痛，以寄生枫香树的为佳，又治尿路感染，腰肌劳损，外用治牛皮癣。

## 青皮木科 Schoepfiaceae　　青皮木属 *Schoepfia*

### 青皮木　*Schoepfia jasminodora* Sieb. et Zucc.

落叶小乔木，高达14米；树皮灰褐色，小枝嫩时红色，老时灰褐色。叶纸质，卵形或卵状披针形，长3.5～10厘米，宽2～5厘米，先端渐尖或近尾尖，基部圆形，稀微凹或宽楔形，上面绿色，下面淡绿色，干时上面黑色，下面淡黄褐色；侧脉4～5对，略呈红色；叶柄长2～3毫米，红色。花与叶同时开放，无梗，2～9花排成2～6厘米长的穗状式的聚伞花序；花萼杯状，贴生于子房，宿存；花冠钟形，白色或淡黄色，芳香，长5～7毫米，宽3～4毫米，顶端4～5裂，外卷，内面近雄蕊处生一束丝状体；雄蕊与花冠裂片同数，无退化雄蕊；子房半下位，柱头3裂，通常伸出花冠之外。核果椭圆形，长约1～1.2厘米，直径5～8毫米，熟时紫黑色。花期3～5月，果期4～6月。

　　木材软脆，易折；树冠圆形，绿叶葱笼，古朴雅致，开花时芳香，宜配置于庭园、建筑物周围。

## 柽柳科 Tamaricaceae　柽柳属 *Tamarix*

### 柽柳　*Tamarix chinensis* Lour.

落叶灌木或小乔木，高5～7米。枝条紫红色、暗红色或淡棕色，嫩枝纤细，下垂。叶钻形或卵状披针形，长1～3毫米，先端尖，背面有瘤状突起物。总状花序组成顶生圆锥花序；苞片线状凿形，基部膨大。花柄纤细；萼片5，狭长卵形；花瓣5，紫红色，通常卵状椭圆形，较萼长，果时宿存；花盘10或5裂，紫红色，肉质；雄蕊5，长于花瓣，着生于花盘的裂片之间；子房圆柱形，柱头3，棒状。蒴果长3.5毫米。花果期6～10月。

嫩枝、叶、花可入药，有解毒、祛风去湿之功效，也是优良的固沙及庭园观赏植物。

## 蓼科 Polygonaceae　酸模属 *Rumex*

### 戟叶酸模　*Rumex hastatus* D. Don

灌木，高50～90厘米，老枝木质，暗紫褐色、具沟槽；一年生枝草质，绿色，具浅沟槽，无毛。叶近革质，互生或簇生，戟形，叶中裂片线形或狭三角形，先端尖，两侧裂片向上弯曲；长1.5～3厘米，宽1.5～2毫米，叶柄与叶片等长或比叶片长。花序圆锥状，顶生，分枝稀疏；花梗细弱，中下部具关节；花杂性，花被片6，成2轮，雄花的雄蕊6；雌花的外花被片椭圆形，果期反折，内花被片膜质，果期增大，圆形或肾状圆形，半透明，淡红色，先端圆钝或微凹，基部深心形，边缘近全缘，基部具极小的小瘤。瘦果卵形，具3棱，长约2毫米，褐色，有光泽。花期2～12月，果期2～12月。

## 紫茉莉科 Nyctaginaceae    叶子花属 *Bougainvillea*

### 光叶子花    *Bougainvillea glabra* Choisy

粗大藤状灌木，高可达10米；枝常下垂，无毛或被微柔毛。叶纸质，卵形至阔卵形或卵状披针形，长4~14厘米，宽2.5~5厘米，先端渐尖或急尖，基部圆形或阔楔形，全缘，叶面深绿色，无毛，背面淡绿色，无毛或幼时被微柔毛，侧脉5~6对；叶柄长1~1.5厘米。花顶生，常3花簇生，每花藏于1苞片内；苞片叶状，长圆形或椭圆形，长2.5~4.5厘米，宽2~2.5厘米，紫色或红色，具脉，被微柔毛；花萼筒长1.5~2.5厘米，绿色，具5棱，被顶端卷曲的短柔毛，中部收缩，顶端无浅裂；雄蕊6~8，内藏；花柱线形，侧生，柱头尖。果纺锤形，长8~15毫米，具5棱，无毛。

为庭园观赏植物。

花入药，有调经活血、收敛止带之功效。

### 叶子花    *Bougainvillea spectabilis* Willd.

枝、叶密被柔毛，叶卵形，先端圆钝，长6~10厘米，宽4~6厘米或更大，两面或背面密被柔毛；苞片椭圆状卵形，鲜红色，花萼筒密被展开的直柔毛，棱角不明显。果密被柔毛，长11~14毫米。

供观赏。

## 仙人掌科 Cactaceae    仙人掌属 *Opuntia*

### 单刺仙人掌    *Opuntia monacantha*（Willd）. Haw.

肉质灌木或小乔木，高1.3~6米，老株常具圆柱状主干。分枝多数，鲜绿色至深绿色，有光泽；节片倒卵形、倒卵状长圆形或倒披针形，长10~30厘米，宽7.5~12.5厘米，嫩枝薄而波皱，基部渐狭至柄状，无毛，疏生小窠；小窠显著突出，具短绵毛、倒刺刚毛和刺；刺针状，灰色，具黑褐色尖头，单生或2（~3）根聚生，直立，长1~5厘米，基部宽0.2~1.5毫米，有时嫩小窠无刺，老时生刺，主干小窠可具10~12根刺，刺长达7.5厘米，短绵毛和褐色倒刺刚毛宿存。叶钻形，长2~4毫米，早落。花辐状，直径5~7.5厘米，深黄色，外轮花被片卵圆形至倒卵形，具红晕和红色中肋，内轮花被片倒卵形至长圆状倒卵形；花丝长12毫米，淡绿色，花药长约1毫米，淡黄色；花柱长12~20毫米，直径约1.5毫米，柱头6~10，长4.5~6毫米，黄白色。浆果梨形或倒卵球形，长5~7.5厘米，直径4~5厘米，顶端凹陷，基部狭缩成柄状，表面无毛，紫红色，每侧具10~15（~20）个小窠，小窠突出，具短绵毛和倒刺刚毛，通常无刺。种子多数，肾状椭圆形，长约4毫米，宽约3毫米，厚1.5毫米。

通常作围篱，浆果酸甜可食，茎为民间草药。

## 梨果仙人掌 *Opuntia ficus-indica*（L.）Mill.

肉质灌木或小乔木，高1.5~4米，有时基部具圆柱状主干。分枝多数，淡绿色至灰绿色，无光泽；节片宽椭圆形、倒卵状椭圆形至长圆形，长（20~）25~60厘米，宽7~20厘米，老节片厚达2~2.5厘米，表面平坦，无毛，具多数小窠；小窠略呈垫状，通常无刺，偶具1~6根开展的白色刺，短绵毛和黄色倒刺刚毛早落；刺针状，基部略背腹扁，稍弯曲，长0.3~3.2厘米，宽

0.2~1毫米。叶锥形，长3~4毫米，早落。花辐状，直径7~8厘米，深黄色、橙黄色或橙红色，外轮花被片宽卵圆形至倒卵形，内轮花被片倒卵形至长圆状倒卵形；花丝长约6毫米，淡黄色，花药长1.2~1.5毫米，黄色；花柱长15毫米，直径2.5毫米，柱头（6~）7~10，长3~4毫米，黄白色。浆果椭圆球形至梨形，长5~10厘米，直径4~9厘米，顶端凹陷，表面平滑无毛，橙黄色，每侧有25~35个小窠，小窠有少数倒刺刚毛，无刺或有少数细刺。种子多数，肾状椭圆形，长4~5毫米，宽3~4毫米，厚1.5~2毫米，边缘较薄，无毛，淡黄褐色。花期5~6月。

浆果可食；植株可放养胭脂虫，生产天然洋红色素。

## 山茱萸科 Cornaceae　　八角枫属 *Alangium*

### 八角枫　*Alangium chinense*（Lour.）Harms

落叶乔木或灌木，高3~5米，稀达15米，胸高直径20厘米。小枝略呈"之"字形，幼枝紫绿色，无毛或有稀疏的柔毛；冬芽锥形，生于叶柄的基部内，鳞片细小。叶片纸质，近圆形或椭圆形、卵形，长13~26厘米，宽9~22厘米，先端短锐尖或钝尖，基部两侧常不对称，一侧微向下扩张，另一侧向上倾斜，阔楔形、截形或近心脏形，不分裂或3~7（~9）裂，裂片短锐尖或钝尖，叶上面深绿色，无毛，下面淡绿色，除脉腋有丛状毛外，其余部分近无毛；基出脉3~7，成掌状，侧脉3~5对；叶柄长2.5~3.5厘米，紫绿色或淡黄色，幼时有微柔毛，后无毛。聚伞花序腋生，长3~4厘米，被稀疏微柔毛，有7~30（~50）花，花梗长5~15毫米；小苞片线形或披针形，长3毫米，常早落；总花梗长1~1.5厘米，常分节；花冠圆筒形，长1~1.5厘米，花萼长2~3毫米，顶端分裂为6~8枚齿状萼片，长0.5~1毫米，宽2.5~3.5毫米；花瓣6~8，线形，长1~1.5厘米，宽1毫米，基部粘合，上部开花后反卷，外面有微柔毛，初为白色，后变黄色；雄蕊和花瓣同数而近等长，花线略扁，长2~3毫米，有短柔毛，花药长6~8毫米，药隔无毛；花盘近球形；子房2室，花柱无毛，疏生短柔毛，柱头头状，常2~4裂。核果卵圆形，长约5~7毫米，直径5~8毫米，幼时绿色，成熟后黑色，顶端有宿存的萼齿和花盘，种子1颗。花期5~10月，果期7~11月。

药用，根名白龙须，茎名白龙条，治风湿、跌打损伤、外伤止血等；树皮纤维可编绳索；木材耐腐可做板料。

## 桃叶珊瑚属 *Aucuba*

### 花叶青木　*Aucuba japonica* Thunb.

var. variegata D'ombr.

常绿灌木，高2~3米；叶片有大小不等的黄色或淡黄色斑点。

栽培为观赏植物。

## 喜树属 *Camptotheca*

### 喜树　*Camptotheca acuminata* Decne.

落叶乔木，高可达25米，径围2米，枝下高约10米；树皮淡灰色至灰黑色，平滑、浅裂成纵沟；小枝圆柱形，幼时密被平伏微柔毛，老渐无毛，变褐色，明显散生白色皮孔。叶纸质，椭圆形至长圆状卵形，长10~20厘米，宽6~10厘米，全缘至微波状，先端渐尖，基部阔楔形，微偏斜，渐狭成柄，表面深绿色，背面较淡，幼时多少密被极短伏毛，老时表面无毛，背面滑中肋稍密被，沿侧脉微被短柔毛，近脉腋经久不脱，中肋在表面微凹，背面隆起，侧脉13~15对，表面显著，背面微凸；叶柄长（1.5~）2~3厘米，扁平或具沟槽，被微柔毛。球形头状花序径1.5~2

厘米，雌花者顶生，雄花者腋生，总梗长4~6厘米，幼时被微柔毛，老渐脱落；苞片3，三角卵形；长2.5~3毫米，内外被毛；萼5裂，裂片三角形，缘具睫毛；花瓣5，淡绿色，长圆至长圆卵形，长2毫米，外面密被短柔毛；雄蕊10，2轮，外轮较长，花丝纤细，无毛，花药4室；花盘显著，微裂；子房仅在雌花中发育，花柱无毛，长4毫米，先端2（~3）裂，裂片卷曲，有时再分裂。果序头状，翅果状干果扁长圆状披针形，长（1.75~）2~2.8（~3）厘米，顶端有宿存花柱、干后黄褐色，有光泽；种子1粒。花期5~6月，果期7~10月。

树形美观、生长迅速，常栽培为行道树，亦供庭园观赏。

果实可榨油，供工业用；木材白而轻软，可供燃料；但也宜造纸或制器。根皮树皮及果实均有毒，含生物碱，可提取作抗癌药，治白血病、胃癌、风湿关节痛。

## 梾木属 *Cornus*

### 长圆叶梾木 *Cornus oblonga* Wall.

常绿灌木或小乔木，高2~6米；树皮灰褐色，无毛；小枝黑灰色，被淡黄色短柔毛，后渐变光滑，具有稀疏皮孔及半月形叶痕。叶对生，革质，长圆状披针形或长圆状椭圆形，长7~14厘米，宽2.5~5厘米，顶端渐尖或尾尖，基部楔形，边缘微反卷，表面深绿色，无毛，有光泽，背面粉白色，疏被淡灰色平贴柔毛，侧脉4~5对，叶面微凹，背面微突起；叶柄长6~25毫米，疏被短柔毛。伞房状聚伞花序顶生，高5~7

厘米，直径6~8厘米，被平贴短柔毛；花小，白色，直径约8毫米；萼小，4齿裂，裂片三角形卵状，背部疏被平贴短柔毛，高于或等高于花盘，花瓣4，长圆形，长约4毫米；雄蕊4，长于花瓣；花丝线形，长约5毫米，无毛；花药2室，紫黄色；花盘垫状，微裂，光滑；子房下位；花柱圆柱形，近于无毛，长约3毫米，柱头小，近于头状。核果椭圆形或近球形，长约5~7毫米，直径4~6毫米，黑色。花期6~9月，果期10月至翌年5月。

韧皮部含芳香油；树皮可提取单宁；果实可榨油并可代枣皮（山茱萸）入药。

### 高山楝木 *Cornus hemsleyi* Schneid. et Wanger.

灌木或小乔木，高2～5米；小枝紫红色，微呈四棱形，疏被柔毛，后渐变光滑并具有圆形皮孔。叶对生，纸质，卵状椭圆形，长6.5～12厘米，宽3～5厘米，顶端渐尖或短渐尖，基部圆形，偶有阔楔形，微不对称，边缘微波状，叶面深绿色，疏被贴生短柔毛，背面灰绿色，粗糙，密被灰白色贴生短柔毛及细小乳突，侧脉7～9对，弯拱上升，近边缘网结，小脉横出；叶柄细长，1.5～2.5厘米，淡红色。伞房状聚伞花序顶生，直径5～8厘米，高达9厘米，被浅棕色短柔毛；花小，白色，具柄，长3～5毫米，被毛；萼小，4齿裂，裂片三角形，高于花盘，背部被柔毛，花瓣4，长圆形，长2.5～4毫米，背部有贴生短柔毛，雄蕊4，长4～6.5毫米，伸出花外；花丝线形，无毛；花药卵状长圆形，浅兰色至灰白色，2室；花盘垫状，无毛或略有小柔毛；花柱圆柱形，长1.8～3毫米，近无毛；柱头扁头形。核果近圆形，黑色，直径约4毫米；果核扁圆形，有明显的肋纹。花期6月，果期8月。

### 小楝木 *Cornus paucinervis* Hance

落叶灌木，通常高达2米；树皮光滑，灰黑色，具棱角；小枝绿黄色或褐灰色，无毛。叶对生，纸质，椭圆形披针状、披针形，稀长圆状卵形，长3.5～5.5厘米，宽1～2.5厘米，顶端钝尖或渐尖，基部楔形，全缘，叶面深绿色，散生平贴短柔毛，背面淡绿色，密被平贴柔毛，无乳突，侧脉常为3对，偶有2对或4对；叶柄黄绿色，长5～8毫米，被有短柔毛。伞房状聚伞花序顶生，略小，被短柔毛，高约3厘米，直径约6厘米；总梗长达4厘米；花小，白色至淡黄色，直径9～16毫米；花萼4齿裂，裂片披针状三角形至尖三角形，高于花盘，背部被紧贴短柔毛，花瓣4，狭卵形至披针形，长约6毫米，质地稍厚，背部有贴生小柔毛；雄蕊4，长约5毫米；花丝淡白色，无毛，花药淡黄色，长圆状卵形；花盘垫状，微浅裂；花柱棒状，长3.5毫米，近无毛，柱头小，截形，具3（～4）小突起；花梗淡绿色，长2～9毫米，被毛。核果圆形，直径约4毫米，成熟时黑色；核骨质，近圆形，具6条不明显肋纹。花期7月，果期9月。

果实可榨油，供工业用，叶可治烫伤及火烧伤。

## 四照花属 *Dendrobenthamia*

### 头状四照花 *Dendrobenthamia capitata*（Wall.）Hutch.

常绿小乔木，高10～15米；树皮深褐色或深灰色；幼枝粗状，圆柱形，被紧贴白色粗毛，老枝疏被粗毛。叶革质或近革质，长圆形或长圆状倒卵形，稀为披针形，长7～9（～12）厘米，宽2～3.5厘米，顶端锐尖，基部楔形或阔楔形，叶面深绿色，初时被毛，老时变光滑，背面密被灰白色粗柔毛，中脉在叶面微凹，在背面突起，侧脉通常4对，偶有5对，内弯；叶柄长6～12毫米，被细毛。花小，无柄，多花组成头状花序，直径达1.2厘米；苞片4，倒卵形，长达3～4（～5）厘米，宽2～3厘米，顶端突尖，幼时绿色，成熟时白色，老时变黄色，两面均被细毛；花萼管状，4裂，裂片近圆形，外卷；花瓣4，倒卵形，外凸，内凹，长2～2.5毫米，外面疏被细毛；雄蕊4，短于花瓣，花丝无毛；花药椭圆形，花盘垫状，4浅裂；子房下位；花柱圆柱形，被粗毛，柱头截形。果序扁球形，幼时紫红色，成熟时紫黄色或淡黄色，被细毛，直径2.5～3.5厘米；总果梗粗壮，圆柱形，长4～6厘米，初时被毛，后渐变光滑。花期5～7月，果期7～10月。

树皮与叶可入药，有消肿、镇痛之功效；果、花入药可治肝炎，驱蛔虫等；果可生食、酿酒、制醋。

## 绣球花科 Hydrangeaceae    溲疏属 *Deutzia*

### 紫花溲疏 *Deutzia purpurascens*（Franch. ex L. Henry）Rehd.

灌木，高1～2米。老枝圆柱形，无毛，表皮常片状脱落；花枝长5～12厘米，具2～4叶。叶纸质，宽卵状披针形或卵状长圆形，长4～9厘米，宽2～3厘米，先端渐尖，稀急尖，基部宽楔形或圆形，边缘具细锯齿，上面深绿色，疏被3～5辐线星状毛，常具中央长辐线，下面浅绿色，疏被4～10辐线星状毛。伞房状聚伞花序，长4～6厘米，宽5～7厘米，有花3～12朵，被星状毛；花蕾椭圆形；花冠直径1.5～2厘米；花梗长0.5～3厘米；萼筒杯状，高2.5～3.5毫米，直径约4毫米，疏被星状毛，裂片披针形，或长圆状披针形，长4～4.5毫米，疏被毛，紫红色；花瓣粉红色，倒卵形或椭圆形，长1.2～1.5厘米，宽0.5～0.8厘米，先端钝，全缘或波状，外面疏被星状毛，花蕾时镊合状排列；外轮雄蕊长5～8毫米，花丝先端有2齿，齿长超过花药，花药长圆形，具短柄，内轮雄蕊稍短，花丝先端2～3浅裂，花药从花丝内侧中部伸出；花柱3～4，与雄蕊近等长。蒴果球形，直径约4.5毫米，疏被8～10辐线星状毛，先端有宿存萼片。花期4～6月，果期7～10月。

## 绣球花属 *Hydrangea*

### 中国绣球　*Hydrangea chinensis* Maxim.

灌木，高0.5~2米。小枝红褐色，初时被短柔毛，后渐变无毛，老后树皮呈薄片状脱落。叶纸质，长圆形或狭椭圆形，有时近倒披针形，长6~12厘米，宽2~4厘米，先端尾状渐尖或短渐尖，基部楔形，边缘中部以上具疏齿或小齿，两面被疏短柔毛或仅于脉上被毛，下面脉腋间常有髯毛；侧脉6~7对，纤细，于下面微凸出，小脉疏网状，下面较明显；叶柄长0.5~2厘米，被短柔毛。伞形状或伞房状聚伞花序，顶生，长和宽3~7厘米，结果时达10~14厘米，顶端平截，被短柔毛；不育花萼

片3~4，椭圆形、倒卵形或扁圆形，结果时长和宽1~3厘米，边全缘或具数小齿；孕性花萼筒杯状，长约1毫米，宽1.5毫米，萼齿披针形或三角状卵形，长0.5~2毫米；花瓣黄色，椭圆形或倒披针形，长3~3.5毫米，先端略尖，基部具短爪；雄蕊10~11枚，近等长，盛花时长3~4.5毫米；子房近半下位，花柱3~4，结果时长1~2毫米，柱头通常增大呈半杯状。蒴果卵球形，长3.5~5毫米，宽3~3.5毫米，顶端突出部分长2~2.5毫米，稍长于萼筒；种子淡褐色，椭圆形或近圆形，长0.5~1毫米，宽约0.5毫米，无翅，表皮具网状脉纹。花期5~6月，果期9~10月。

### 西南绣球　*Hydrangea davidii* Franch.

灌木，高1~2.5米，小枝圆柱形，初时密被淡黄色短柔毛，后渐变无毛，树皮呈片状脱落。叶纸质，长圆形或狭椭圆形，长7~15厘米，宽2~4.5厘米，先端尾状长渐尖，基部楔形或微钝，边缘具粗齿或小锯齿，上面疏被小糙伏毛，后毛脱落仅脉上有毛，下面脉上被长柔毛，脉腋间密被丛生柔毛；侧脉7~11对，弧曲上升，于上面凹入，下面微凸；叶柄长1~1.5厘米，被柔毛。伞房状聚伞花序顶生，直径7~10厘米，结果时达14厘米，分枝3，中间1条常较粗和长，密被

黄褐色短柔毛；不育花萼片3~4，阔卵形、三角状卵形或扁卵圆形，不等大，较大的长1.3~2.3厘米，宽1~3厘米，先端略尖或圆，边全缘或具小齿；孕性花深蓝色，萼筒杯状，长0.5~1毫米，宽1.5~2毫米，萼齿狭披针形或三角状卵形，长0.5~1.5毫米；花瓣狭椭圆形或倒卵形，长2.5~4毫米，宽1~1.5毫米，先端渐尖或钝，基部具爪，爪长0.5~1毫米；雄蕊8~10枚，长1.5~2.5毫米，花药长圆形或近圆形，长0.5~1毫米；子房近半上位或半上位，花柱3~4，花期长约1毫米，果期伸长达1.5~2毫米，外弯，柱头增大，沿花柱内侧下延。蒴果近球形，连花柱长3.5~4.5毫米，直径2.5~3.5毫米，顶端突出部分长1.2~2毫米，与萼筒长度近相等；种子淡褐色，倒卵形或椭圆形，长约0.5毫米，无翅，表皮具网状脉纹。花期5~6月，果期7~10月。

### 绣球 *Hydrangea macrophylla*（Thunb.）Ser.

灌木，高1～3米。茎常于基部成丛发出，形成一圆形灌丛；枝条圆柱形，粗壮，紫灰色至淡灰色，无毛，具少数长形皮孔。叶纸质或近革质，倒卵形或宽椭圆形，长6～15厘米，宽4～11厘米，先端急尖，基部钝圆或宽楔形，边缘具粗齿，上面亮绿色，下面浅绿色，两面无毛，或下面中脉两侧疏被卷曲短柔毛，侧脉6～8对，弧曲上升，上面平坦，下面微凸，小脉网状，两面明显；叶柄粗壮，长1～3.5厘米，无毛。伞房状聚伞花序近球形，直径8～20厘米，总花梗短，分枝粗壮，近等长，密被紧贴短柔毛，花密集，多数不育；不育花萼片4，宽倒卵形、近圆形或宽卵形，长1.5～2.5厘米，宽1～2.5厘米，粉红色、淡蓝色或白色；孕性花极少数，具长2～4毫米的花梗；萼筒倒圆锥形，长1.5～2毫米，与花梗均疏被卷曲短柔毛，萼齿卵状三角形，长约1毫米；花瓣长圆形，长3～3.5毫米；雄蕊10枚，近等长，花药长圆形，长约1毫米；子房大半下位，花柱3，结果时长约1.5毫米，柱头稍扩大，半环状。蒴果长陀螺形，连花柱长4.5毫米，顶端突出部分长约1毫米。花期5～8月，果期9～10月。

## 山梅花属 *Philadelphus*

### 昆明山梅花 *Philadelphus kunmingensis* S. M. Hwang

灌木，高约4米。幼枝紫色，密被灰黄色糙伏毛，老枝深紫色，疏被毛或无毛。叶片纸质，卵形或卵状披针形，长4～6厘米，宽1.5～3厘米，先端渐尖，基部圆形，边全缘或具疏小齿，上面疏被长柔毛，背面密被糙伏毛；叶脉稍离基出3～5条；叶柄长5～10毫米，被毛。总状花序长5～8厘米，有花5～13朵，花序轴与花梗均密被灰黄色糙伏毛；花梗长达12毫米，上部的常渐短；花萼筒杯状，外面密被灰黄色糙伏毛，裂片卵形或卵状披针形，长4～5毫米，宽3～3.5毫米，先端渐尖，尖头长约1毫米，沿内面边缘及先端被柔毛，中部无毛；花冠盘状，直径2.5～3厘米；花瓣白色，倒卵形或近圆形，长4～5毫米，宽3～3.5毫米，基部骤狭缩；雄蕊27～30枚，长达7毫米；花柱较雄蕊短，先端不分裂或微分裂，无毛，柱头棒形，长约2毫米，与花药近相等。蒴果陀螺形，长约7毫米，直径6毫米，成熟时灰褐色；种子长约2.5毫米，具短尾。花期6～7月，果期8～9月。

## 五列木科 Pentaphylacaceae　　柃木属 *Eurya*

### 米碎花　*Eurya chinensis* R. Br.

灌木，高1~3米，多分枝；茎皮灰褐色或褐色，平滑；嫩枝具2棱，黄绿色或黄褐色，被短柔毛，小枝稍具2棱，灰褐色或浅褐色，几无毛；顶芽披针形，密被黄褐色短柔毛。叶薄革质，倒卵形或倒卵状椭圆形，长2~5.5厘米，宽1~2厘米，顶端钝而有微凹或略尖，偶有近圆形，基部楔形，边缘密生细锯齿，有时稍反卷，上面鲜绿色，有光泽，下面淡绿色，无毛或初时疏被短柔毛，后变无毛，中脉在上面凹下，下面凸起，侧脉6~8对，两面均不甚明显；叶柄长2~3毫米。花1~4朵簇生于叶腋，花梗长约2毫米，无毛。雄花：小苞片2，细小，无毛；萼片5，卵圆形或卵形，长1.5~2毫米，顶端近圆形，无毛；花瓣5，白色，倒卵形，长3~3.5毫米，无毛；雄蕊约15枚，花药不具分格，退化子房无毛。雌花的小苞片和萼片与雄花同，但较小；花瓣5，卵形，长2—2.5毫米，子房卵圆形，无毛，花柱长1.5~2毫米，顶端3裂。果实圆球形，有时为卵圆形，成熟时紫黑色，直径3~4毫米；种子肾形，稍扁，黑褐色，有光泽，表面具细蜂窝状网纹。花期11~12月，果期次年6~7月。

### 细齿叶柃　*Eurya nitida* Korthals

灌木或小乔木，高2~5米；幼枝具2棱，无毛，黄绿色，一年生枝灰褐色；顶芽无毛。叶薄革质，长圆形或倒卵状椭圆形，长4~6厘米，宽1.2~2.5厘米，先端短渐尖或渐尖，顶端钝，基部楔形至阔楔形，边缘具细锯齿，叶面深绿色至黄绿色，往往有金黄色腺点，背面淡绿色或略带黄绿色，两面无毛，中脉在叶面凹陷，背面突起，侧脉9~12对，两面略突或不显；叶柄长2~3毫米，无毛。花1~4朵簇生叶腋，花梗长2~3毫米，无毛；雄花：小苞片近圆形，长约1毫米，无毛；萼片近圆形，长1.5~2毫米，先端圆，无毛；花瓣倒卵形，长3.5~4毫米；雄蕊13~17枚，花药不具分格；退化子房无毛；雌花小苞片和萼片与雄花同，稍小；花瓣长圆形，长2~2.5毫米；子房卵球形，无毛，花柱长1.5~3毫米，先端3浅裂。果圆球形，直径3~4毫米，成熟后蓝紫色。花期11~12月，果期次年7~8月。

## 厚皮香属 *Ternstroemia*

### 厚皮香 *Ternstroemia gymnanthera* （Wigth et Arn.） Sprague

灌木或小乔木，高1.5～10（～15）米；小枝圆柱形，淡紫红色，无毛。叶革质，倒卵形、倒卵状椭圆形或长圆状倒卵形，长4～9厘米，宽1.5～3.5厘米，先端钝或钝急尖，基部楔形，全缘或少有上半部具疏钝齿，叶面深绿色，有光泽，背面淡绿色，干后多少变暗红色，中脉在叶面凹陷，背面突起，侧脉5～7对，两面不显；叶柄长7～13毫米，上面具槽。花淡黄白色，径约1厘米，花梗长约1厘米，通常向下弯曲；小苞片2，互生于花梗上部或与花萼邻接，披针形，长1.5～2.5厘米，边缘具腺体；萼片卵圆形或阔椭圆形，长约7毫米，宽3～4毫米，先端圆形，边缘具腺体；花瓣倒卵形，长约6毫米，先端微凹；雄蕊长3.5毫米；子房圆球形，2室，花柱2裂。果圆球形，径8～10毫米，紫红色，果梗长1～1.2厘米，略具2棱；种子每室2颗，卵形，长约6毫米，宽约4毫米。花期5～7月，果期10～11月。

## 柿树科 Ebenaceae 柿属 *Diospyros*

### 石柿 *Diospyros dumetorum* W. W. Sm.

灌木，高3～10米，多分枝，小枝纤细，密被黄色绒毛，老枝红褐色，疏被短绒毛或几无毛，皮孔小而明显。叶互生，近革质，披针形、卵状披针形或倒披针形，长1.8～3厘米，宽0.8～1.6厘米，先端渐尖，稀钝或圆形，基部宽楔形或圆形，上面初时具细长毛，后仅沿中脉被毛，干时为蓝褐色，下面沿中脉疏被柔毛，余部几无毛，干后为浅棕色，中脉两面突出，侧脉及网脉均不显；叶柄长约2毫米，初时密被黄色绒毛，后渐变稀。雄花通常3朵组成聚伞花序，序梗长1.5～2毫米，与花梗均密被污黄色绒毛；花梗长约1.5毫米；花萼长3毫米，两面被糙伏毛，4深裂，裂片披针形，长约2.5毫米，花冠管长约4毫米，外面有4条棱，沿棱被浅黄色糙伏毛，里面无毛，4裂，裂片三角状卵形，长约1.5毫米，外面沿中肋被浅黄色糙伏毛，里面无毛，反折，雄蕊16，排成2列，花丝丝状，长1～1.5毫米，无毛，内列较短，退化子房顶端密被黄色伏毛。果单生叶腋，圆球形，径约6毫米，外面疏被柔毛，萼4裂，裂片三角状披针形，长3毫米，两面疏被短柔毛，不反折，果梗长约2毫米，被短柔毛。花期4～5月，果期5月以后。

### 柿　*Diospyros kaki* Thunb.

落叶乔木，高达10米以上；树皮鳞片状开裂；小枝被褐色短柔毛，老枝无毛，具长圆形皮孔。叶互生，卵状椭圆形、阔椭圆形或倒卵形，长7～15厘米，宽4.5～8厘米，先端渐尖或急尖，基部楔形、阔楔形或近圆形，上面深绿色，有光泽，沿中脉被污黄色短柔毛，下面粉绿，疏被污黄色短柔毛，侧脉5～7对，与中脉上面凹陷，下面突出，网脉仅下面明显；叶柄长1～1.5厘米，腹凹背凸，腹面密被背面疏被短柔毛。雄花通常3朵组成聚伞花序，花序序梗短，长3～5毫米，与花梗密被棕色柔毛；花梗长2～3.5毫米；雄花花萼钟状，外面疏被柔毛，里面基部极密被棕色柔毛，4深裂，裂片披针形，长6～8毫米，宽2～3毫米；花冠坛状，花冠管长约1厘米，两面无毛，4裂，裂片宽卵形，长约4毫米，宽3毫米，反折，两面于肋上被棕色伏毛；雄蕊16～24，着生花冠基部，花丝扁平，长约2毫米，被疏柔毛，花药线形，先端尖，药隔上被白色伏毛。雌花通常单生叶腋，退化雄蕊8枚；子房8室；花柱自基部分离，被短柔毛。果卵球形或扁球形，径2.5～7厘米，果皮薄，熟时橙黄色或深橙红色；果萼直径3～4厘米；果梗长1厘米，被短柔毛。 花期4～6月，果期7～11月。

栽培。

果成熟可鲜食或作柿饼、柿蒂、柿漆，柿霜可入药，治气隔不通，气隔反胃；果皮可贴疗疮无名肿毒；花晒干研末，搽痘疮破烂；根能清热凉血。木材质硬，略重，纹理细致，心材褐带黑色，可作工具柄、器具、文具及雕刻细工等。

### 野柿　*Diospyros kaki* Thunb. var. sylvestris Makino

小枝及叶柄密生黄褐色短柔毛，叶及果实均较小。

树皮和未成熟的果实含鞣料；果可提制柿漆。

### 毛叶柿　*Diospyros mollifolia* Rehd. et Wilson

小乔木，高2～8米；枝条纤细，幼时极密被锈色尘状短绒毛，老枝褐色，近于无毛，皮孔明显。叶互生，纸质，椭圆形、卵形或卵状披针形，长1.5～6厘米，宽1～2.3厘米，上部渐尖或急尖，顶端钝，具小芒尖，基部楔形或圆形，幼时两面密被锈色尘状绒毛，老时上面毛被逐渐脱落，仅沿中脉被毛，余部为泡状突起，下面毛被不变。雄花通常3朵组成腋生的聚伞花序，总梗极短，与花梗极密被锈色绒毛；花梗长1～2毫米；花萼4～5深裂，裂片卵状披针形，长2～2.5毫米，外面密被里面疏被锈色绒毛；花冠坛状，长6～7毫米，沿肋被贴伏柔毛，4～5裂，裂片宽三角形，；雄蕊16，着生花冠筒基部，花丝丝状，被疏柔毛，花药披针形，先端具小芒尖，药隔上被柔毛。雌花单生叶腋，梗极短，长约1毫米，密被锈色绒毛；花萼长约5毫米，外面密被锈色绒毛，里面中部以上被短柔毛，中部以下无毛，4～5深裂，裂片披针形，长3.5毫米；花冠坛状，长5～7毫米，外面沿肋被黄色贴伏毛，里面无毛，4裂，裂片宽三角状宽形，反折，退化雄蕊4，线形，被疏柔毛；子房扁球形，密被淡黄色糙伏绒毛。花柱4，基部合生，无

毛。果卵球形，直径0.5～1厘米，幼时密被锈色绒毛，成熟时脱落；果萼4～5深裂，裂片卵形，长4毫米，两面被短柔毛，微反折；果梗极短，长约1毫米，密被锈色柔毛。 花期4～5月。果期6～12月。

叶治小儿消化不良，慢性腹泻，疮疖、烧烫伤。

## 君迁子　*Diospyros lotus* Linn.

乔木，高达15米；树皮光滑不开裂；幼枝灰绿色，有短柔毛，老枝灰褐色，无毛，皮孔明显。叶互生，纸质，椭圆形至长圆形，长5.5～12厘米，宽3～5厘米，先端短渐尖，基部宽楔形至截形，上面深绿色，光亮，下面粉绿，幼时两面被柔毛，后脱落变无毛。雄花通常3朵组成下弯的聚伞花序，序梗长1.5毫米，与花梗疏被柔毛；花梗长1毫米；花萼钟状，径约3毫米，高3毫米，外面无毛，里面被白色短柔毛，4裂，裂片宽三角形，

长1毫米；花冠坛状，花冠筒长5毫米，两面无毛，4裂，裂片宽卵形，粉红色，长2.5毫米，无毛，反折；雄蕊16，排成2列，着生花冠筒基部，花丝扁平，长0.5毫米，无毛，花药披针形，长约3毫米，在药隔上被白色伏毛。雌花单生叶腋，下弯，花梗粗短，长2毫米；花萼盘状，径1.5厘米，4裂，裂片宽卵形，长8毫米，向外反成波状褶，外面无毛，里面中下部被白色短柔毛，花冠宽坛状，淡黄色，无毛，花冠管长4毫米，4裂，裂片宽卵形，与冠管等长或稍长，反折；退化雄蕊8，狭三角形，被白色柔毛；子房圆球形，无毛，8室，花柱4，裂至基部，基部有白色柔毛。果球形，直径1～1.5厘米，熟时为蓝黑色，外面有白蜡层，果萼反折；果梗粗短，长2～3毫米，无毛。花期4～5月，果期5～10月。

果可生食或酿酒制醋；果实和叶可提制维生素丙，供食品和医药用；木材可供文具，家具等用；幼株可作柿的砧木。

## 报春花科 Primulaceae  紫金牛属 *Ardisia*

### 硃砂根  *Ardisia crenata* Sims

灌木，高1~2米，稀达3米；茎粗壮，无毛，除特殊侧生花枝外不分枝。叶革质或坚纸质，椭圆形、椭圆状披针形至倒披针形，长7~15厘米，宽2~4厘米，顶端急尖或渐尖，基部楔形，常微微下延，边缘具皱波状或波状齿，具明显的边缘腺点，两面无毛，有时背面具极小的鳞片，侧脉12~18对，不甚明显，构成不规则的边缘脉；柄长约1厘米。伞形花序或聚伞花序，着生于特殊侧生或腋生花枝顶端，花枝常近顶端有2~3叶或更多的叶或无叶，长4~16厘

米；花梗长0.7~1厘米，几无毛；花长4~6毫米，花萼仅基部连合，萼片长圆状卵形，顶端圆形或钝，长1.5厘米或略短，稀达2.5毫米，全缘，两面无毛，具腺点；花瓣白色，稀微带粉红色，盛开时反卷，卵形，急尖，具褐色腺点，外面无毛，里面有时近基部具乳头状突起；雄蕊较花瓣短，花药三角状披针形，背面常具腺点；雌蕊与花瓣近等长或略长，无毛。果球形，直径6~8毫米，鲜红色，光滑，具腺点。花期5~6月，果期10~12月。

根煎水服治腹痛。根、叶可祛风除湿、散瘀止痛、通经活络；治跌打肿痛、处伤骨折、风湿骨痛、消化不良、胃痛、咽喉炎、牙痛及月经不调等症；果可食，榨油可制肥皂。

## 铁仔属 *Myrsine*

### 铁仔  *Myrsine africana* Linn.

灌木，高0.5~1.5米；小枝圆柱形，叶柄下延而多少成棱角，幼嫩时被锈色微柔毛。叶革质或坚纸质，通常为椭圆状卵形，有时呈近圆形、倒卵形、长圆形或披针形，长1~2厘米，稀达3厘米，宽0.7~1厘米，顶端广钝或近圆形，具短刺尖，基部楔形，边缘常从中部以上具锯齿，齿端常具短刺尖，两面无毛，背面常具小腺点，尤以边缘较多，侧脉很少，不明显，不连成边缘脉；柄短或几无，下延至小枝上。花簇生或近伞形花序，腋生；花梗

长0.5~1.5毫米，无毛或被腺状微柔毛；花4数，长2~2.5毫米；花萼长约0.5毫米，基部短短连合

或近分离，萼片广卵形至椭圆状卵形，两面无毛，具缘毛和腺点；花冠在雌花中长为萼的2倍或略长，花冠管为全长的1/2或更多，两面无毛，裂片卵形或广卵形，具缘毛和腺点，尤以顶端为多；雄蕊微微伸出花冠，花丝基部连合成管，与花冠管等长，基部与花冠管合生，上部分离，管口具缘毛，里面无毛；花药长圆形，与花冠裂片等大且略长；雌蕊长出雄蕊，具长卵形或圆锥形子房；花柱伸长，柱头点尖、微裂、二半裂或边缘流苏状，无毛；花冠在雄花中长为萼的1倍左右，花冠管为全长的1/2或略短，外面无毛，里面与花丝合生部分被微柔毛，裂片卵状披针形，具缘毛及腺点；雄蕊伸出花冠很多，花丝基部连合成管，与花冠管等长，且合生，上部分离，长为花药的1/2或略短，被微柔毛，花药长圆状卵形，伸出花冠约2/3；雌蕊退化。果球形，直径达5毫米，红色变紫黑色，光亮。花期2～3月，有时5～6月，果期10～11月，有时2月或6月。

枝、叶药用，治风火牙痛、咽喉痛、脱肛、子宫脱垂、肠炎、痢疾、红淋、风湿、虚劳等；叶捣碎外敷，治刀伤；皮、叶可提栲胶；种子可榨油，油可供工业用。

## 山茶科 Theaceae　　山茶属 *Camellia*

### 云南连蕊茶　*Camellia forrestii*（Diels）Cohen Stuart

灌木，高1～4米；幼枝密被短硬毛，多少宿存。叶薄革质，椭圆形、椭圆状卵形或长卵形，长2～4.5（～7）厘米，宽1～2（～2.5）厘米，先端钝或钝急尖，基部圆形至阔楔形，边缘具细锯齿，叶面深绿色，有光泽，沿中脉被微硬毛，背面淡绿色，幼时疏生柔毛，后变无毛或近无毛，中脉两面突起，侧脉6～9对，两面略突或

不显；叶柄长2～4毫米，密被短硬毛。花单生或成对生于小枝上部叶腋，花梗长2～2.5毫米；小苞片3～4，革质，卵圆形，长1～1.5毫米，边缘具睫毛，宿存；花萼浅杯状，长4～5毫米，萼片半圆形、宽卵形或近圆形，长3～4毫米，具宽膜质边缘，外面无毛，里面被平伏柔毛，边缘具睫毛，宿存；花冠长1～1.5厘米，基部多少连合，长2～3毫米，花瓣阔倒卵形，长6～12毫米，宽5～11毫米，先端微凹；雄蕊长9～11毫米，无毛，外轮花丝合生成2～3.5毫米长的短管；雌蕊长1～1.4厘米，无毛，子房球形，径1～2毫米，花柱长8～11毫米，先端3深裂，长2.5～6毫米。蒴果卵球形，径1～1.5厘米，果皮薄，厚约1毫米，果梗长3～5毫米；种子淡褐色。花期1～3月，果期9～10月。

### 西南山茶 *Camellia pitardii* Cohen Stuart

灌木或小乔木，高3~9米；幼枝疏生柔毛或无毛，一年生枝淡棕色，老枝灰褐色。叶薄革质，长圆状椭圆形、长圆状倒披针形或椭圆形，长（4.5）6~10厘米，宽（2~）2.5~3.5厘米，先端尾尖，基部楔形至阔楔形，边缘具尖锐细密锯齿，叶面深绿色，无光泽，背面淡绿色，两面无毛，侧脉在表面清晰或略突，背面突起；叶柄长7~15毫米，无毛或近无毛。花单生于小枝近顶端，红色或粉红色，径5~6厘米；无花梗；小苞片和萼片9~11枚，半圆

形或近圆形，长2~20毫米，外面无毛或被白色绢毛，花后脱落；花瓣5~6枚，倒卵形或阔倒卵形，长3.5~4.5厘米，宽2.5~3.5厘米，先端凹入，基部连合；雄蕊长2~3厘米，无毛或内轮花丝偶有稀疏柔毛，外轮花丝下半部或2/3合生；子房密被白色绒毛，3室，花柱与雄蕊近等长，无毛或基部被柔毛，先端3浅裂。蒴果扁球形或近球形，径3.5~5厘米，高2.5~3.5厘米，3室；种子半球形或球形，径1~1.5厘米，褐色。花期2~3月，果期9~10月。

### 油茶 *Camellia oleifera* Abel

灌木或小乔木，高1~5（~8）米；幼枝密被短柔毛，一年生枝变无毛，紫褐色或灰褐色。叶革质或厚革质，椭圆形、长圆状椭圆形或倒卵状椭圆形，长4~9厘米，宽2~4厘米，先端渐尖或急尖，基部阔楔形，边缘具锯齿，叶面深绿色，具光泽，沿中脉被微硬毛或变无毛，背面淡绿色，干后呈黄绿色，无毛或近基部疏生柔毛，中脉两面突起，侧脉两面不显或在表面略突；叶柄长4~7毫米，被短柔毛。花1~2朵生于小枝上部叶腋，白色，径3~5厘米，无花梗；小苞片和萼片9~11枚，自外向内增大，星月形、半圆形或卵圆形，长1~11毫米，

外面常被金黄色绢状绒毛，里面无毛，花后脱落；花瓣5~7枚，基部近离生，倒卵形或倒披针状楔形，长2.5~3.5厘米，宽1.5~2厘米，先端倒心形或2深裂；雄蕊长1~1.5厘米，无毛，外轮花丝基部多少连合，长3~5毫米；子房密被绒毛，花柱长约1厘米，无毛或基部略被毛，先端3浅或深裂。蒴果近球形，径2~3.5厘米，3室，果瓣木质，厚3~5毫米；种子半球形，褐色，有光泽。花期11月至次年1月，果期9~10月。

重要的木本油料植物，种子含油量高，是优良的食用油；果壳富含单宁、皂素和糠醛。

### 滇山茶 *Camellia reticulata* Lindl.

灌木或乔木，高3～15米；幼枝粗壮，被柔毛或变无毛，淡棕色。叶革质，阔椭圆形、椭圆形或长圆状椭圆形，长7.5～12厘米，宽3～6厘米，先端急尖或短渐尖，基部楔形或阔楔形，稀近圆形，边缘具细锯齿，叶面深绿色，有光泽，背面淡绿色，常被柔毛或变无毛，侧脉和网脉两面突起；叶柄粗壮，长约1厘米，疏生柔毛或无毛。花腋生或近顶生，单生或2（～3）朵簇生，鲜红色，径6～8（～10）厘米；无花梗；小苞片和萼片约10枚，圆形或阔卵形，下部的较小，长约3毫米，最大的长达2厘米，外面密被黄色绵毛或绒毛，少有近无毛，里面被黄色绢毛，花后脱落；花瓣5～7枚（栽培品种为重瓣），倒卵形，长4～6厘米，宽3～5厘米，先端凹入，基部连合，长约1厘米；雄蕊多数，长3～4厘米，无毛，外轮花丝下半部合生；子房球形，被白色绒毛，3（～5）室，花柱与雄蕊近等长，无毛或基部被绒毛，先端3（～4～5）浅裂。蒴果球形或扁球形，径4～7厘米，3室，每室有种子1～2颗，果皮厚6～10毫米；种子半球形或球形，径1～1.5厘米，褐色。花期1～2月，果期9～10月。

世界著名观赏花。

花可入药，种子含油量高，可食用。

### 怒江山茶 *Camellia saluenensis* Stapf ex Bean

多分枝小灌木，高1～4米；幼枝疏生短柔毛或近无毛，一年生枝淡棕色，老枝灰褐色。叶片常密集排列于小枝上部，硬革质，长圆形，长2.5～5.5厘米，宽1～2.2厘米，先端急尖或钝，基部楔形至近圆形，边缘具细锯齿，叶面深绿色，有光泽，无毛或近无毛，背面淡绿色，沿中脉被长柔毛，中脉两面突起，侧脉在表面微凹，背面突起；叶柄长约5毫米，疏生柔毛。花单生或成对生于小枝近顶端，红色，直径4～5厘米；无花梗；小苞片和萼片约10枚，外面1～2片较小，星月形或半圆形，长约2毫米，外面无毛，里面的卵圆形，长1.5～2厘米，外面无毛或被白色绢毛，与花瓣同时脱落；花瓣5～6，倒卵形或倒卵状椭圆形，长3～4厘米，先端凹入，基部连合；雄蕊多数，长1.5～2.5厘米，无毛，外轮花丝2/3合生；子房密被白色绒毛，3室，花柱与雄蕊近等长，无毛或基部被毛，先端3浅裂。蒴果球形，径约2.5厘米，3室，每室有种子1～2颗，果皮多少木质；种子球形或半球形，直径约1厘米，褐色。花期2～3月，果期9～10月。

### 茶梅　*Camellia sasanqua* Thunb.

灌木或小乔木，高1～5米；幼枝被短柔毛或短硬毛，一年生枝变无毛。叶薄革质，椭圆形、阔椭圆形或长圆状椭圆形，长3.5～6厘米，宽1.5～3厘米，先端急尖或钝，基部楔形或阔楔形，边缘具圆齿或锯齿，叶面显著具光泽，沿中脉被微硬毛或变无毛，背面淡绿色，干后呈淡棕色，中脉附近有稀疏柔毛或变无毛，中脉、侧脉和网脉通常在两面突起；叶柄长3～5毫米，被柔毛或变无毛。花顶生或近顶生，白色至粉红色，径3～5厘米；无花梗；小苞片和萼片8～10枚，自

外向内增大，外层呈星月形或半圆形，长2～8毫米，宽5～10毫米，内层近圆形，长达14毫米，薄革质，外面近先端被灰白色柔毛，黑面无毛，边缘具睫毛，花后脱落；花瓣5～8（栽培品种为重瓣），基部近分离，倒卵状楔形或倒披针状楔形，长2～3.5厘米，宽1.5～2.5厘米，最宽处位于近先端，先端多少凹入；雄蕊长1～1.5厘米，外轮花丝基部合生，长1～3毫米，并与花瓣贴生；子房密被绒毛，球形，直径约2毫米，花柱长6～10毫米，3深裂或分离达基部，无毛。蒴果近球形，直径1.5～2厘米，（1～）3室，果皮薄，厚约1.5毫米；种子半球形，长1～1.5厘米，褐色，无毛。花期10～11月，果期次年8月。

观赏花木。

### 茶　*Camellia sinensis*（L.）O. Kuntze

灌木或小乔木，高1～5（～9）米；幼枝紫褐色，被灰色柔毛，一年生枝变无毛，黄褐色；顶芽密被白色绢毛。叶革质，椭圆形、长圆状椭圆形或长圆形，长5～9厘米，宽2～3.5厘米，先端钝，基部楔形，边缘具细锯齿，叶面深绿色，无毛，有光泽，背面淡绿色，幼时被平伏柔毛，后变无毛，侧脉7～9对，中脉和侧脉两面突起；叶柄长4～7毫米，被柔毛或变无毛。花单生和2～3朵簇生叶腋，白色，径2.5～3.5厘米；花梗长6～10毫米，向上增粗，无毛；小苞片2，生于花

梗中部，卵形，长约2毫米，早落；萼片5，不等大，阔卵形，长3～5毫米，外面无毛，里面被细绢毛。边缘具睫毛，宿存；花瓣7～8，阔倒卵形或近圆形，长1.5～2厘米，宽1.2～2厘米，先端圆形，基部略连合；雄蕊多数，长8～13毫米，无毛，外轮花丝基部合生，长1～2毫米；子房球形，密被白色绒毛，3室，花柱长约1厘米，无毛或基部被毛，先端3裂，长2～4毫米。蒴果扁3球形或双球形，褐色，宽2～3厘米，高1～1.5厘米，（2～）3室，每室有种子1颗，果皮薄，厚约1毫米；种子球形，径1～1.4厘米，灰褐色，无毛。花期10～12月，果期次年8～10月。

茶叶是世界著名饮料，又可入药。

### 山茶 *Camellia japonica* L.

灌木或小乔木，高达9米；幼枝淡绿色，无毛，一年生枝红褐色，老枝灰褐色，树皮片状剥落。叶革质，椭圆形，长6~8厘米，宽3~4厘米，先端钝急尖，基部楔形或阔楔形，边缘具锯齿，叶面深绿色，有光泽，背面淡绿色，干后带黄绿色，具褐色腺点，两面无毛，平滑，中脉两面突起，侧脉纤细，两面清晰或略突；叶柄长约1厘米，无毛。花1~2朵生于小枝近顶端，红色，径5~6厘米；无花梗；小苞片和萼片9~13枚，最外面的半圆形，长约1毫米，宽约2.5毫米，里面较大的卵圆形，长约2厘米，淡绿色，具褐色边缘，两面被白色绢毛，花后逐渐脱落，幼果期多少残存；花瓣5~7枚（栽培品种大多重瓣），倒卵形或阔倒卵形，长2~4厘米，先端圆形或微凹，基部连合；雄蕊多数（达200枚），长2.5~3.5厘米，无毛，外轮花丝下半部合生；子房无毛，3室，花柱与雄蕊近等长，先端3浅裂。蒴果球形，直径3~4厘米，3室，每室有种子（1~）2（~3）颗，果皮厚8~10毫米；种子半球形，褐色。花期2~3月，果期9~10月。

世界著名观赏花木。花蕾入药，有凉血散瘀、收敛止血之效。

## 大头茶属 *Gordonia*

### 云南山枇花 *Gordonia chrysandra* Cowan

灌木或小乔木，高3~8米；顶芽小，被灰黄色绢毛，幼枝纤细，被平伏短柔毛，老枝灰褐色，树皮褐色，纵向剥落。叶薄革质，倒卵状椭圆形至长倒卵形，长6~11厘米，宽2.5~4.5厘米，先端钝，顶端微凹，基部楔形，略下延，边缘明显具锯齿，近基部全缘，叶面有光泽，深绿色，干后多少呈黄绿色，背面淡绿色，干后不变色，中脉在叶面凹陷，背面突起，侧脉两面不显或有时在表面略突，无毛或幼叶背面近基部疏生短柔毛；叶柄短，长3~5毫米，被平伏短柔毛。花密集排列于当年生枝的叶腋，单生或有时为3~5朵花的短总状花序，花白色，直径4~5厘米；花梗短，长2~3毫米；小苞片较多，6~7枚，早落；萼片5，近圆形，直径约1厘米，外面下半部或近基部被白色粉状细绢毛，上部紫褐色，无毛，边缘膜质，里面无毛；花瓣5，近圆形，长和宽约3厘米，先端凹入，基部合生约长3毫米；雄蕊长约1.5厘米，无毛，花丝基部与花瓣贴生；子房卵球形，长约3毫米，密被白色绒毛，花柱长约1.2厘米，下半部被绒毛，具5槽，柱头5，头状。蒴果圆柱形，长2.5~3.5厘米，宽约1.5厘米，5室，成熟后5瓣裂，每室有种子5枚，果瓣木质，先端尖，中轴宿存，果梗增长达1厘米；种子连翅长约2厘米，宽约5毫米。花期11~12月，果期次年8~9月。

## 木荷属 *Schima*

### 银木荷　*Schima argentea* Pritz.

乔木，高6~15米；顶芽密被白色绢毛；小枝褐色，无毛，疏生白色皮孔，幼枝被白色平伏柔毛。叶薄革质，长圆形至披针形，长（5.5~）8~14厘米，宽2~5厘米，先端渐尖至长渐尖，基部楔形，全缘，略反卷，叶面绿色，有光泽，无毛，背面常有白霜，疏生平伏柔毛或变无毛，中脉在叶面平，背面突起，侧脉约10对，纤细，两面清晰或略突；叶柄长1~1.5厘米，疏生柔毛或近无毛。花腋生，单生或3~8朵排列成伞房状总状花序；花梗长1~2（~3.5）厘米，纤细，多

少向内弯曲，被白色平伏柔毛；小苞片2，早落；萼片近圆形，宽2~3毫米，外面除近基部被白色柔毛外，其余无毛，褐色，边缘具睫毛，里面密被绒毛；花瓣阔倒卵形，长1.5~1.8厘米，宽1~1.5厘米，先端圆形，基部略合生，外面近基部被白色绢毛；雄蕊长8~10毫米，无毛，花丝基部与花瓣贴生；子房球形，中下部密被白色柔毛，上部无毛，花柱与雄蕊近等长，无毛，柱头5，头状。蒴果球形，直径1~1.5厘米，有白色皮孔，5瓣裂；种子肾形，连翅长6~9毫米，宽4~4.5毫米。花期7~9月，果期12月至次年2月。

## 山矾科 Symplocaceae　　山矾属 *Symplocos*

### 华山矾　*Symplocos chinensis*（Lour.）Druce

落叶灌木。幼枝、叶柄、叶背及花序均密被灰黄色皱曲柔毛。叶片纸质，椭圆形或倒卵形，长4~7（10）厘米，宽2~5厘米，先端急尖或短尖，有时圆，基部楔形或圆形，边缘有密的细尖锯齿，叶面有短柔毛，中脉和侧脉在叶面凹下，侧脉每边4~7条，网脉在叶面微凹或不明显。圆锥花序顶生或腋生，长4~7厘米，花序、苞片、萼外面均密被灰黄色皱曲柔毛；苞片早落；花萼长2~3毫米，裂片长圆形，长于萼筒；花冠白色，芳香，长约4毫米，5深裂几达基部；雄蕊

50~60枚，花丝基部合生成五体雄蕊；花盘具5个凸起的腺点，无毛；子房2室。核果卵状圆球形，歪斜，长5~7毫米，被贴伏的柔毛，熟时蓝黑色，顶端宿萼裂片向内伏。花期4~5月，果期8~9月。

根药用，可治疟疾、急性肾炎；叶捣烂，外敷治疮疡、跌打；叶研成末，治烧伤及外伤出血；取叶鲜汁，冲酒内服治蛇伤；种子油可制肥皂。

### 黄牛奶树　*Symplocos laurina*（Retz）Wall.

乔木，高3～9米。小枝无毛，芽被褐色柔毛。叶片革质，倒卵状椭圆形或狭椭圆形，长7～14厘米，宽2～5厘米，先端急尖或渐尖，基部楔形或宽楔形，边缘有细小的锯齿，叶两面均无毛，中脉在叶面凹下，侧脉通常在叶面微凹或微凸，每边5～7条，网脉在叶面不明显；叶柄长1～1.5厘米。穗状花序长3～6厘米，基部通常1～4分枝，花序轴常被柔毛，在结果时毛渐脱落；苞片和小苞片外面均被柔毛，边缘有

腺点，苞片阔卵形，长约2毫米，小苞片长约1毫米；花稀疏，花萼长约2毫米，无毛，裂片宽卵形，短于萼筒；花冠白色，长约4毫米，5深裂几达基部；雄蕊约30枚，花丝长3～5毫米，基部稍合生；花柱粗壮，子房3室；花盘环状，无毛。核果球形，直径4～6毫米，顶端宿萼裂片直立。花期8～12月，果期翌年3～6月。

木材作板料及木尺；种子油作润滑油或制成肥皂；树皮药用治感冒。

### 白檀　*Symplocos paniculata*（Thunb.）Miq.

落叶灌木或小乔木。幼枝具灰白色柔毛，老枝无毛。叶片膜质或纸质，阔倒卵形、椭圆形、椭圆状倒卵形或卵形，长3～11厘米，宽2～4厘米，先端急尖或渐尖，基部阔楔形或近圆形，边缘有密的细尖锯齿，叶面无毛或有柔毛，叶背通常有柔毛或仅脉上有柔毛，中脉在叶面凹下，侧脉在叶面平坦或微凸起，每边4～8条；叶柄长3～5毫米。圆锥花序长5～8厘米，通常有柔毛；苞片

早落，通常条形，有褐色腺点；花萼长2～3毫米，萼筒无毛或有疏柔毛，裂片半圆形或卵形，稍长于萼筒，淡黄色，有纵脉纹，边缘有毛；花冠白色，长4～5毫米，5深裂几达基部；雄蕊40～60枚；子房2室；花盘具5个凸起的腺点。核果熟时蓝色，卵状球形，稍偏斜，长5～8毫米，顶端宿萼裂片直立。花期3～6月，果期8～10月。

## 野茉莉科 Styracaceae    野茉莉属 *Styrax*

### 大花野茉莉  *Styrax grandiflora* Griff.

乔木或小乔木，高达12米；小枝圆柱形，灰褐色，幼枝被稀疏星状毛，后变无毛。叶膜质或薄纸质，长圆形或倒卵形或倒卵状长圆形，长4～11.5厘米，宽2～5.5厘米，先端短渐尖至急尖，具细尖头，基部楔形，稀阔楔形，全缘或上部具不明显疏离小锯齿，两面脉上被稀疏星状毛，叶背脉腋具明显腋窝，被簇毛，侧脉5～6对；叶柄长5～8毫米，被稀疏星状毛。单花腋生或排列成短总状花序生于侧枝顶端，长达9厘米，被灰黄色星状绒毛；苞片线状披针形，早落；花白色，长2～2.5厘米，花梗长（1～）1.5～2.5厘米，被灰黄色绒毛；花萼杯状，长约6毫米，宽约5毫米，边缘平截，具不整齐的小齿，外面被淡黄色星状绒毛，萼缘近无毛，里面无毛；花冠长约2厘米，管长约5毫米，裂片覆瓦状排列，长圆形或椭圆形或卵状长圆形，长约1.5厘米，宽6～8毫米，外面密被灰黄色星状毛，里面较疏；雄蕊10，内藏，花丝花离部分长约6毫米，下半部被毛，花药长6～7毫米，药室边缘被星状毛；子房倒卵形，被灰黄色星状毛，花柱与花冠等长，基部被毛。果倒卵形或椭圆形，长约1.5厘米，径约1厘米，外面被灰黄色绒毛，略具条纹，先端短尖，基部为宿萼所托；种子具纵棱和槽，棕褐色，外面具不规则疣状突起。

## 猕猴桃科 Actinidiaceae    猕猴桃属 *Actinidia*

### 猕猴桃  *Actinidia chinensis* Planchon

攀缘灌木，长达10米。幼枝红褐色，和叶柄密被褐色柔毛或刺毛，老枝无毛，具淡色皮孔；髓大，片状，白色。叶纸质，圆形（花枝上），阔卵形或倒卵形至椭圆形（不孕枝上），长9～15厘米，宽7.5～13.5厘米，先端突尖，微凹或平截，基部圆形至近心形，边缘具刺毛状锯齿，叶面仅沿脉被疏柔毛，背面密背白色星状毛，侧脉每边6～8，网结，第三次脉平行，较明显；柄长3.5～7.5（～10）厘米，多少被密柔毛。聚伞花序腋生，密被浅褐色柔毛，总花梗长0.5～1.5厘米，花梗长1厘米；萼片5，卵形，长约5～10毫米，宽约4～7毫米，先端钝，两面被浅褐色绒毛；花瓣5，花开时白色，后变黄色，倒卵形，长9～15毫米，宽8～9毫米，先端圆形；

花丝长5~7毫米，花药黄色，长圆形，长2毫米；子房近球形，直径约6~7毫米，密被褐色长柔毛。浆果近球形至椭圆形，长5厘米，直径3~4厘米，褐色，密被褐色至白色硬毛。花期5~6月，果期8~9月。

根、藤及叶药用，清热利水，散瘀止血，配方可治癌症。果实富含糖类和维生素，可生食和药用，制果酱，果脯，并可酿酒，熬糖。茎枝纤维可制高级纸，茎皮及髓含胶质，故鲜藤或根浸汁，可作造纸用胶料，茎煮汁可治稻螟和茶毛虫。花可提制香精，供食品工业用，又是优良蜜源植物。

## 杜鹃花科 Ericaceae　　金叶子属 *Craibiodendron*

### 金叶子　*Craibiodendron yunnanense* W. W. Smith

灌木或小乔木，高3~4（~6）米；小枝灰褐色，无毛。叶片革质，椭圆状披针形，长4~5（~8）厘米，宽1.6~2（~3）厘米，先端近钝头而渐尖，基部宽楔形，全缘，两面无毛，上面亮绿色，背面淡绿色并疏生黑褐色腺点，中脉在上面下陷，在背面隆起，侧脉及网脉在两面可见；叶柄长2~3（~6）毫米，无毛。总状花序，常组成圆锥状花序，多花，花轴长达10厘米，无毛，花淡黄白

色，花梗粗壮，长约2毫米，基部具一苞片，中部具一小苞片，小苞片长2~1.5毫米，无毛；花萼5深裂，长1~2毫米，无毛，裂片宽卵形；花冠钟形，长约4.5毫米，宽约2.5毫米，檐部紧缩，浅裂；裂片5，直立，三角形，无毛；雄蕊10，长为花冠之半，花丝无毛，中部内弯，花药无附属物，子房上位，5室，花柱长1毫米，无毛。蒴果卵形，不为平顶的球形，长8~9毫米，宽6毫米，具5棱；种子小，一侧有翅，长5~6毫米，宽2~3毫米。花期4~7月，果期8~10月。

全株有麻醉作用。根入药治跌打损伤，叶有毒。树皮可提栲胶。

## 白珠树属 *Gaultheria*

### 滇白珠 *Gaultheria leucocarpa* Bl. var. *crenulata*（Kurz）T. Z. Hsu

常绿灌木，高1~3米，稀达5米，树皮灰黑色；枝条细长，左右曲折，具纵纹，无毛。根带褐色。叶革质，芳香，卵状长圆形，或稀为卵形、长卵形，长7~9（~12）厘米，宽2.5~3.5（~5）厘米，先端尾状长渐尖，尖尾长达2厘米，基部钝圆或心形，边缘具锯齿，稍向外反折，上面绿色，背面淡绿色，两面无毛，背面密被褐色斑点，主脉在背面隆起，在上面凹陷，侧脉4~5对，弧形上举，连同网脉在两面明显；叶柄短，粗壮，长5毫米，无毛。总状花序腋生，轴长5~7（~11）厘米，纤细、被柔毛，花10~15朵，疏生；轴基部为鳞片状苞片所包；花梗长约1厘米，被白色柔毛；苞片卵形，长3~4毫米，突尖，被白色缘毛，小苞片2，对生或近对生，着生于花梗上部近萼处，披针状三角形，长1.5毫米，微被缘毛；萼片5，卵状三角形，钝头，边缘具缘毛；花冠白绿色，钟形，长约6毫米，5裂，裂片长宽均2毫米；雄蕊10，着生于花冠基部；花丝短而粗，花药每室顶端具2芒，芒顶部2裂；子房球形，被毛，花柱无毛，短于花冠。浆果状蒴果球形，直径约5毫米，或达1厘米，黑色，5裂；种子多数。花期5~6月，果期7~11月。

枝叶含芳香油，主要成分为水杨酸甲脂，供调配牙膏、牙粉、食用香精。入药，祛风除湿，活血散瘀，祛痰止咳。

## 珍珠花属 *Lyonia*

### 米饭花 *Lyonia ovalifolia*（Wall.）Drude

落叶小乔木，高4~5（~10）米，或为灌木，枝无毛。叶坚纸质，椭圆形或卵形，长5~10（~13）厘米，宽2.7~6（~8）厘米，急尖或短渐尖，基部常圆形，或稀为心形，全缘，边缘略反卷，上面绿色，有光泽，无毛，背面无毛，或脉上多少有柔毛，主脉在背面隆起，侧脉6~8对，连同网脉在上面可见，在背面明显；叶柄粗壮，长4~10毫米，无毛。总状花序腋生，长4~10厘米，具微柔毛，下部常有数片小叶，每花序上有花15~25朵，花梗长3~4毫米，下弯，疏被柔毛；萼片5，披针状三角形，长2~3毫米，疏被柔毛：花冠椭圆形，长7~10毫米，白色，有香气，外面被微柔毛，5浅裂，裂片三角状卵形，微反折；雄蕊10，花丝纤细，长约8毫米，弯曲，具白色柔毛，顶端有2距，花药顶孔开裂；各室顶端具耳状小片，几与药室等大；子房球形，径约2毫米，花柱长约9毫米，伸出花冠，无毛。蒴果球形，直径4~5毫米，5室，室背开裂，缝线加厚。花期6~7月，果期8月。

### 毛叶米饭花 *Lyonia villosa*（Wall.）Hand.~Mazz.

落叶灌木，高2~3米，树皮灰色或深灰色，常成薄片脱落；枝条粗壮，幼枝有灰色细毛，老枝无毛，褐黑色。叶互生，倒卵形，长圆状倒卵形，或稀为卵形，长3~5（~7）厘米，宽2~3（~3.8）厘米，先端钝，有短尖头，向下部稍变狭，基部圆形至宽楔形，有时心形，全缘且略反卷，上面疏被柔毛，背面被短柔毛，脉上尤多，中脉在上面下凹，在背面凸出、侧脉6~9对；叶柄长3~6（~10）毫米，具疏细毛。总状花序腋生，花序长4~5（~7）厘米，通常有花8~15朵，密生于有黄褐色的微柔毛的总轴上，花梗长3（~5）毫米，下弯，具微柔毛；花萼深裂成5萼片，萼片狭披针形，长3~4毫米，绿色，被微毛，具3（~5）纵纹：花冠卵状坛形，乳黄色，长约8毫米，外面疏被灰色细毛，5浅裂，裂片三角形；雄蕊10，长4毫米，花丝纤细，弯曲，被灰色柔毛；花药黄色，顶孔开裂，子房被毛，花柱粗壮，无毛。蒴果球形，直径约4毫米，等于或略长于宿存的萼片，被疏微柔毛。花期6~7月；果期8月。

## 马醉木属 *Pieris*

### 美丽马醉木 *Pieris formosa*（Wall.）D. Don

常绿灌木或小乔木，高3~5米；老枝灰绿色，有时有纵纹，无毛，小枝圆柱形，无毛；芽褐色，芽鳞卵形，小，无毛。叶互生，常集生枝顶，革质，披针形、椭圆状披针形或椭圆状长圆形，长5~12厘米，宽1.5~3（~4）厘米，先端渐尖，基部渐狭或稍略圆，边缘具锯齿，有时干后反卷，两面无毛，主脉明显，在两面均隆起，侧脉和网脉在上面明显，在背面尤著；叶柄粗壮，长6~8毫米，无毛，上面具槽，常黑红色。顶生圆锥花序，疏松或紧密，序轴长12~15厘米，稀达20厘米，幼时有微毛，小花梗粗壮，长2毫米，无毛，苞片线状三角形，长1.8毫米，背面有微柔毛，边缘有缘毛，2小苞片常着生于小花梗中部两侧；花下垂，花萼深裂，革质，长卵形或卵状披针形，长1.8毫米，无毛，先端渐尖；花冠白色或淡红色，壶形，长6~7（~8）毫米，短而钝的5浅裂；雄蕊10，内藏，长5.5毫米，花丝长3毫米，向基部渐宽，被白色柔毛；花药顶孔开裂，其背部有2下弯的芒：子房球形，径约1.5毫米，无毛，基部具蜜腺10枚，长约0.7毫米，5室，每室有数个胚珠；花柱长5.5毫米，比花冠短，无毛。蒴果近球形，径约5.5毫米，无毛，具5棱，花柱及花萼宿存，种子细小，纺锤形，长2~2.5毫米，常有3棱，褐色，悬垂于中轴上。

## 杜鹃花属 *Rhododendron*

### 蝶花杜鹃　*Rhododendron aberconwayi* Cowan

常绿灌木，高约1~1.5米；枝条细瘦，有密集的叶着生；幼枝被疏绒毛及腺体；老枝光滑无毛，叶痕明显。叶小，厚革质，卵状椭圆形或卵状披针形，长2.5~5厘米，宽1~1.8厘米，先端急尖，有小尖头，基部宽楔形或圆形，边缘明显的向下反卷，上面亮绿色，平滑无毛，下面淡绿色，有散生的红色小点，中脉在上面下陷成沟纹，在下面显著隆起，侧脉8~9对，在上面不明显，在下面微隆起；叶柄圆柱状，长5~10毫米，上面平坦，中央有浅沟，微被绒毛。总状伞形花序，有花7~11朵；总轴粗壮，长1~2.5厘米，密被淡黄色绒毛，无腺体；花梗长1.5~3.5厘米，有短柄腺体；花萼小，盘状，5浅裂，裂片长仅1毫米，外面及边缘有硬毛及腺体；花冠碗状或钟状，开展近成蝶形，长2~3厘米，口部直径3~4厘米，白色或粉红色，有深红色斑点，5裂，裂片近圆形，长1.3厘米，宽1.5厘米，顶端圆形，微有凹缺；雄蕊10，不等长，长1~1.5厘米，花丝无毛，花药长圆形，长达3毫米；子房圆锥形，长约4毫米，直径约2毫米，密被短柄腺体及硬毛，花柱短于花冠，长约1.3厘米，通体被腺体，柱头微膨大。蒴果粗壮，长约1.8厘米，直径约1厘米，成熟后开裂，9~10室。花期5月，果期10月。

### 迷人杜鹃　*Rhododendron agastum* Balf. f. et W. W. Smith

灌木或小乔木，高1~6米；幼枝疏生丛卷毛，混生少数腺体，粗5~7毫米。叶革质，倒披针形，长6~13.5厘米，宽2~4厘米，先端钝或急尖，基部钝或阔楔形，叶面无毛，中脉凹陷，侧脉15~18对，微凹，叶背被灰白色不连续蛛丝状毛被，中脉极隆起，侧脉纤细，侧脉和网脉多少突起；叶柄长1~2厘米，疏生灰色丛卷毛和腺体，后变光滑，上面具槽。花序总状伞形，有花10~20朵；总轴长1.5~2.5厘米，具腺体和丛卷毛；花梗长1~1.5厘米，密生腺体和多少有丛卷毛；花萼小，长2~3毫米，5~7裂，裂片阔卵形，外面和边缘具腺体；花冠筒状钟形，长4~5厘米，蔷薇红色，里面基部具深红色斑，筒部上方具多数紫红色点子和条纹，裂片5（~7），长约1.5厘米，宽约2厘米，先端微凹；雄蕊10，少有14，长2.5~4.5厘米，花丝下部或基部被白色微柔毛；雌蕊长4~5厘米，子房密生短柄腺体和少数糙伏毛，花柱通顶有腺体，有时混生有毛。蒴果长约3厘米，粗约9毫米，微弯。花期4~5月。

### 睫毛萼杜鹃  *Rhododendron ciliicalyx* Franch.

灌木，高1~2米。幼枝褐色，疏被鳞片，明显密被黄褐色刚毛，老枝灰白色,茎皮剥裂状，鳞片和毛被不存在。叶片长圆状椭圆形、狭倒卵形至长圆状披针形，长4.5~7（~9）厘米，宽1.5~3（~4.5）厘米，顶端锐尖，基部变狭成楔形，幼叶边缘疏被睫毛状刚毛，以后脱落，上面幼时疏生鳞片，网脉脉纹明显，下面灰绿色，密被褐色鳞片，鳞片略不等大，相距为其直径的1/2至1.5倍，中脉在上面下陷，在下面明显凸起，侧脉纤细，约8对，在上面下陷或有时不明显，在下面明显凸起或不明显；叶柄长0.6~1厘米，疏被鳞片，幼时于两侧明显着生黄褐色刚毛。花序有花2~3朵；花梗长0.6~1厘米，伞形着生，密被鳞片；花萼长1~2毫米，外面密被鳞片，波状5裂或裂片三角状，稀裂片大小有变异长可达6毫米，边缘有长刚毛或有时无缘毛；花冠淡紫色、淡红色或白色，宽漏斗状，长3~5厘米，花冠筒部外面无鳞片，至基部被微柔毛，花冠裂片约与筒部近等长，裂片卵形，边缘波状，有时外面于中部被少数鳞片，其余无鳞片；雄蕊10，不等长，不伸出花冠，花丝下部约1/3被疏柔毛，花药长6毫米；子房5室，稀6室，密被鳞片，花柱不长于花冠，与雄蕊近等长，略弯，下部约1/2被鳞片。蒴果褐色，长圆状卵形，长1~2厘米，密被鳞片。花期4月，果期10~12月。

### 大白花杜鹃  *Rhododendron decorum* Franch.

灌木或小乔木，高1~8米；幼枝绿色，多少被白粉，粗5~8毫米。叶革质，长圆形或长圆状倒卵形，长5~15厘米，宽3~5厘米，先端钝或圆形，具凸尖头，基部楔形或钝，有时圆形或近心形，叶面无毛，具光泽，中脉凹陷，侧脉12~16对，叶背粉绿色，无毛，具细小红点或不显，中脉隆起，侧脉清晰；叶柄长1.5~3厘米，无毛，上面具槽。花序伞房状，有花8~10朵；总轴长2.5~4厘米，疏生腺体；花梗长2~4厘米，疏生腺体；花萼小，杯状，长2~4毫米，6~7裂，外面和边缘疏生腺体；花冠漏斗状钟形，长3~5厘米，白色或边缘带淡蔷薇色，里面基部被微柔毛，筒部上方有淡绿色或粉红色点子，外面有时具腺体，裂片6~8，长1.5~2厘米，宽2~2.5厘米，先端微凹；雄蕊12~16枚，不等长，长2~3.5厘米，花丝基部被微柔毛；雌蕊长4~4.5厘米，子房圆柱形，长约7毫米，密生腺体，花柱通顶有白色或淡黄色腺体。蒴果长圆柱形，长达4厘米，粗约1.5厘米，具腺体。花期4~7月，果期10~11月。

### 马缨花  *Rhododendron delavayi* Franch.

灌木或小乔木，高达12米，树干直；幼枝被灰白色绵毛，后变无毛，粗5～8毫米。叶革质，长圆状披针形或长圆状倒披针形，长7～16厘米，宽2～5厘米，先端急尖或钝，基部楔形至近圆形，叶面无毛，皱，多少具光泽，中脉和侧脉显著凹陷，侧脉14～18对，叶背被灰白色至淡棕色厚绵毛，表面疏松，中脉隆起，被丛卷毛和有时混生腺体，侧脉不为绵毛所覆盖；叶柄长1.5～2厘米，被灰白色至黄棕色绵毛，多少混生腺体。花序多花密集，有花10～20朵；总轴长1～2厘米，密被淡棕色绒毛；花梗长约1厘米，密被绒毛，有时混生少数腺体；花萼小，长约2毫米，被绒毛和腺体，5齿裂；花冠钟形，深红色，多少肉质，长4～5厘米，里面基部具5个暗红色蜜腺囊，筒部上方有少数暗红色点，裂片5，长约1.5厘米，宽2～2.5厘米，先端极凹入；雄蕊10，不等长，长2～4厘米，花丝无毛；雌蕊长3.5～4.5厘米，子房圆锥形，长4～7毫米，密被淡黄至红棕色绒毛，花柱无毛，红色。蒴果长圆柱形，长约2厘米，粗约8毫米，被红棕色绒毛，10室。花期3～5月，果期9～11月。

### 云锦杜鹃  *Rhododendron fortunei* Lindl.

常绿灌木或小乔木，高3～12米；主干弯曲，树皮褐色，片状开裂；幼枝黄绿色，初具腺体；老枝灰褐色。顶生冬芽阔卵形，长约1厘米，无毛。叶厚革质，长圆形至长圆状椭圆形，长8～14.5厘米，宽3～9.2厘米，先端钝至近圆形，稀急尖，基部圆形或截形，稀近于浅心形，上面深绿色，有光泽，下面淡绿色，在放大镜下可见略有小毛，中脉在上面微凹下，下面凸起，侧脉14～16对，在上面稍凹入，下面平坦；叶柄圆柱形，长1.8～4厘米，淡黄绿色，有稀疏的腺体。顶生总状伞形花序疏松，有花6～12朵，有香味；总轴长3～5厘米，淡绿色，多少具腺体；总梗长2～3厘米，淡绿色，疏被短柄腺体；花萼小，长约1毫米，稍肥厚，边缘有浅裂片7，具腺体；花冠漏斗状钟形，长4.5～5.2厘米，直径5～5.5厘米，粉红色，外面有稀疏腺体，裂片7，阔卵形，长1.5～1.8厘米，顶端圆或波状；雄蕊14，不等长，长18～30毫米，花丝白色，无毛，花药长椭圆形，黄色，长3～4毫米；子房圆锥形，长5毫米，直径4.5毫米，淡绿色，密被腺体，10室，花柱长约3厘米，疏被白色腺体，柱头小，头状，宽2.5毫米。蒴果长圆状卵形至长圆状椭圆形，直或微弯曲，长2.5～3.5厘米，直径6～10毫米，褐色，有肋纹及腺体残迹。花期4～5月，果期8～10月。

### 露珠杜鹃　*Rhododendron irroratum* Franch.

灌木或小乔木，高1~9米；幼枝被绒毛和短柄腺体，粗3~5毫米。叶革质，披针形或倒披针形，长6~12厘米，宽2~3.5厘米，先端急尖，基部钝或楔形，边缘多少皱波状，叶面无毛，中脉凹陷，侧脉12~16对，凹陷，叶背无毛，具腺体脱落后的红色小点，中脉极隆起，侧脉突起；叶柄长1.5~2厘米，具丛卷毛和腺体，后变光滑，上面具槽。花序总状伞形，有花10~15朵；总轴长1.5~3厘米，疏生红色腺体；花梗长1.2~2.5厘米，密生红色腺体；花萼小，长约2毫米，密生腺体，5裂，裂片圆形或三角形，边缘具腺体；花冠筒状钟形，长3~5厘米，乳黄色、白色带粉红或淡蔷薇色，筒部上方具绿色至红色点子，外面多少具腺体，裂片5，长1.5~2厘米，宽2.5~3厘米，先端微凹；雄蕊10枚，不等长，长2.5~3.5厘米，花丝基部被微柔毛；雌蕊长3.5~4.5厘米，子房圆锥形，密生红色腺体，花柱通顶有腺体。果长圆柱形，长2.5~3厘米，粗约8毫米，有腺体。花期3~5月，果期9~11月。

### 线萼杜鹃　*Rhododendron linearilobum* R. C. Fang et A. L. Chang

常绿灌木，高1米。幼枝密被锈黄色绵毛，老枝渐少，毛被下面疏生小而不明显的鳞片。叶片狭长圆状倒卵形，长4~7.5厘米，宽1.5~2.5厘米，顶端钝，具短尖头，基部楔形渐狭，上面无鳞片，沿中脉被绵毛，下面密被鳞片，鳞片褐色，近等大，相距为其直径的1~2倍，或小于直径但不邻接，有时沿中脉疏被绵毛，成长叶的中脉、侧脉和网脉在上面下陷或下面凸起；叶柄长0.6~1.8厘米，密被锈黄色绵毛，毛被覆盖有小鳞片。花序顶生，2~4朵花，伞形着生花梗粗壮，长0.6~1.5厘米，被鳞片和微柔毛或疏被锈黄色绵毛；花萼发达，5裂至基部，裂片带红色，线形，长6~12毫米，宽约2毫米，边缘密生锈黄色长纤毛，以后渐脱落，外面疏生鳞片，至基部较密；花冠，狭漏斗状，长约4厘米，花冠管长2厘米，外面全部不被鳞片，仅花冠管基部被微柔毛；雄蕊10枚，不等长，短于花冠，花丝基部有微柔毛；子房5室，外面密被鳞片，花柱伸出花冠外，基部有少数鳞片和短柔毛。蒴果椭圆形，长5~9毫米，短于或等于宿存萼裂片。花期3月，果期10~11月。

### 亮毛杜鹃 *Rhododendron microphyton* Franch.

常绿灌木，通常高0.3～2米，偶有高达3～5米。全株不被鳞片。分枝稠密，枝条短，有时细长，褐色或暗褐色，密被扁平红棕色糙伏毛。叶片密集枝条上部，椭圆形、长卵形或长卵状披针形，长1～4.5厘米，宽0.6～2厘米，顶端锐尖、短渐尖或渐尖，偶或钝圆，有短尖头，基部短楔形或略钝，边缘向上贴生褐色扁平刚毛，两面疏生褐色、平伏的细长刚毛，沿中脉较密，中脉在两面稍明显，侧脉和网脉均不明显；叶柄长1～5毫米，被毛与茎相同。花芽鳞外无胶质花序顶生，有花3～6朵，有时从顶生花序的侧面又有1、2个花序；花梗长2～6毫米，密被扁平红棕色光亮的糙伏毛；花萼小，不裂或不明显裂，密覆扁平红棕色长糙伏毛，以至覆盖了花萼；花冠淡紫红色、淡紫色、粉红色或鲜紫色，上方裂片内面常有红色或紫色斑点，漏斗状，略呈两侧对称，长1.2～2厘米，花冠筒部直径2～3毫米；比花冠裂片长，裂片长圆形，展开，花冠外洁净；雄蕊5枚，长于花冠，花丝下部被微柔毛，子房5室，外面密被扁平红棕色长糙伏毛，花柱细长，超出花冠，洁净或基部被与子房相同的毛。蒴果卵形，长5～9毫米，外面密被与子房相同的红棕色毛。花期3～5月，有时10～11月二次开花。

### 白杜鹃 *Rhododendron mucronatum* (Bl.) G. Don

半落叶灌木，高0.6～1.5（～3）米。全株不被鳞片。分枝稠密，开展，枝条通常轮生，幼枝绿色，密被灰白色长而扁平的糙伏毛，混生短腺毛，老枝褐色至灰褐色，毛被变褐色，密被。叶聚生近似轮生状，春叶早落，夏叶宿存；叶片长圆形或长圆状披针形，长2～3.5厘米，顶端锐尖或钝头，具小短尖头，基部楔形，上面暗绿色，被褐色疏长伏生柔毛，并混生短腺毛，中脉、侧脉和网脉在上面下陷，在下面隆起或明显可见；叶柄长2～5毫米，被与茎相同的毛。花芽鳞外多胶质。花序顶生，有1～2（～3）朵花；花芽鳞卵圆形，外面有胶质，密被褐色糙伏毛，花开后脱落或不落；花梗长0.5～1.6厘米，密被腺毛，混生扁平的糙毛；花萼绿色，裂片披针形，长1～1.2厘米，外面密生腺毛；花冠白色，内面无色斑，外面洁净，宽漏斗状，长3.5～4.5厘米，近中部或中部以下5裂，裂片长圆形，展开；雄蕊10枚，不等长，近与花冠等长，花丝下部被微柔毛；子房5室，外面密被白色长糙伏毛，混生具腺头的毛，花柱长出花冠，无毛。花期早春至初夏。

### 腋花杜鹃  *Rhododendron racemosum* Franch.

小灌木，高0.15～2米，分枝多。幼枝短而细，被黑褐色腺鳞，无毛或有时被微柔毛。叶片多数，散生，揉之有香气，长圆形或长圆状椭圆形，长1.5～4厘米，宽0.8～1.8厘米，顶端钝圆或锐尖，具明显的小短尖头或不明显具有，基部钝圆或楔形渐狭，边缘反卷，上面密生黑色或淡褐色小鳞片，下面通常灰白色，密被褐色鳞片，鳞片中等大小，近等大，相距不超过其直径也不相邻接，侧脉在两面均不明显，网脉在上面明显或不显，在下面不明显；叶柄短，长2～4毫米，被鳞片。花序腋生枝顶或枝上部叶腋，每一花序有花2～3朵；花芽鳞多数覆瓦状排列，于花期仍不落；花梗纤细，长0.5～1厘米，密被鳞片；花萼小，环状或波状浅裂，被鳞片；花冠小，宽漏斗状，长0.9～1.4厘米，粉红色或淡紫红色，中部或中部以下分裂，裂片开展，外面疏生鳞片或无；雄蕊10，伸出花冠外，花丝基部密被开展的柔毛；子房5室，密被鳞片，花柱长于雄蕊，洁净，或有时基部有短柔毛。蒴果长圆形，长0.5～1厘米，被鳞片。花期3～5月。

### 柔毛杜鹃  *Rhododendron pubescens* Balf. f. et Forrest

小灌木，高约1米多，多分枝；幼枝短而细弱，带黄色，密被短柔毛和较长的细刚毛，并杂生红色或桔红色凹陷的鳞片，老枝深灰色，并余留毛被。叶多数，散生枝上和聚集在顶芽的外围，这些迟生的叶变小，紧贴如芽的外被物，叶片厚革质，狭长圆形、倒披针形或披针形，长约2.2厘米，宽约6毫米，顶端锐尖，具短尖头，边缘反卷，基部楔形，上面深绿色，密被白色短柔毛和较长的刚毛，并疏生少数鳞片，下面色较淡，灰绿色，密被（较叶上面更密）疏柔毛和细刚毛，被鳞片，中脉在上面下陷，在下面隆起；叶柄长约3毫米，毛被与茎相同。花序数个腋生于枝顶叶腋，从不顶生；花芽鳞革质，圆形，有小短尖头，外面密被鳞片和微柔毛，边缘有短睫毛；花序近于伞形，有3～4朵花；花梗长6～8毫米，被短柔毛、刚毛和鳞片；花萼小，有不明显的裂片，外面密被柔毛和鳞片，裂片边缘多少有细刚毛；花冠小，淡红色，长约8毫米，具短漏斗状花冠管和开展的裂片，裂片长于花冠管，外面被鳞片；雄蕊8～10枚，不等长，长雄蕊稍长于花冠，花丝基部无毛，稍上被短柔毛；子房5室，被鳞片和微柔毛，花柱洁净。蒴果长圆形，长约6毫米，有鳞片和疏柔毛。花期5～6月。

### 锦绣杜鹃 *Rhododendron pulchrum* Sweet

半常绿灌木，高1.5～2.5米；枝开展，淡灰褐色，被淡棕色糙伏毛。叶薄革质，椭圆状长圆形至椭圆状披针形或长圆状倒披针形，长2～5（～7）厘米，宽1～2.5厘米，先端钝尖，基部楔形，边缘反卷，全缘，上面深绿色，初时散生淡黄褐色糙伏毛，后近于无毛，下面淡绿色，被微柔毛和糙伏毛，中脉和侧脉在上面下凹，下面显著凸出；叶柄长3～6毫米，密被棕褐色糙伏毛。花芽卵球形，鳞片外面沿中部具淡黄褐色毛，内有粘质。伞形花序顶生，有花1～5朵；花梗长0.8～1.5厘米，密被淡黄褐色长柔毛；花萼大，绿色，5深裂，裂片披针形，长约1.2厘米，被糙伏毛；花冠玫瑰紫色，阔漏斗形，长4.8～5.2厘米，直径约6厘米，裂片5，阔卵形，长约3.3厘米，具深红色斑点；雄蕊10，近于等长，长3.5～4厘米，花丝线形，下部被微柔毛；子房卵球形，长3毫米，径2毫米，密被黄褐色刚毛状糙伏毛，花柱长约5厘米，比花冠稍长或与花冠等长，无毛。蒴果长圆状卵球形，长0.8～1厘米，被刚毛状糙伏毛，花萼宿存。花期4～5月，果期9～10月。

### 锈叶杜鹃 *Rhododendron siderophyllum* Franch.

常绿灌木，高1～2（～4）米；幼枝褐色，密生褐色鳞片。叶散生，叶片硬纸质，椭圆形或椭圆状披针形，长3～7（～11）厘米，宽1.2～3.5厘米，顶端渐尖、锐尖或略钝，基部楔形渐狭以至钝圆，上面密被下陷的小鳞片，无毛，或中脉偶有微柔毛，下面密被褐色鳞片，鳞片小或中等大小，大小略不相等或近于等大下凹，相距为其直径的1/2～1（～2）倍，或有时相邻接，中脉在叶面略下陷或近于平坦，在下面隆起，侧脉和网脉在两面均不明显；叶柄长0.5～0.8（～1.5）厘米，密被鳞片。花序顶生或顶生和腋生于枝顶叶腋，短总状，每花序3～5朵花；花梗长0.3～1.3厘米，密生或疏生鳞片；花萼不发育，环状不分裂或略呈波状5裂，外面密被鳞片，无缘毛或有长睫毛；花冠较小，白色、淡红色、淡紫色或偶见玫瑰红色，内面上方通常有黄绿色、污红色或杏黄色斑点或无斑点，长1.6～3厘米，外面无鳞片或花冠裂片上疏生少数鳞片；雄蕊10枚，不等长，长雄蕊伸出花冠外，花丝基部被短柔毛或近于不被毛；子房5室，密被鳞片，花柱细长，伸出花冠，洁净（贵州标本见有基部被短柔毛）。蒴果长圆形，长1～1.6厘米，密被鳞片。花期3～6月。

### 杜鹃 *Rhododendron simsii* Planch.

半常绿或落叶灌木，高0.6~2（~3）米。全株不被鳞片。分枝多，枝条细长，幼枝密被亮褐色扁平糙伏毛。叶片密集枝条上部，椭圆形、卵形、长卵状披针形，长2~6厘米，宽1~2.5厘米，顶端锐尖、渐尖或略钝，具短尖头，基部楔形，有时钝圆，边缘贴生向上的褐色扁平刚毛，两面疏生褐色、平伏的细长刚毛，沿中脉较密，中脉在两面稍明显，侧脉和网脉均不明显；叶柄长2~6（~10）毫米，被毛与茎相同。花芽鳞外面无胶质。花序顶生，有花2~3朵，稀5~6朵簇生枝顶；花梗长约5~8毫米，密被亮褐色扁平糙伏毛；花萼发育，5深裂，裂片卵形至披针形，绿色，长3~7毫米，外面密被亮褐色扁平糙伏毛；花冠鲜红色、砾红色、紫色或深紫色，上方1~3裂片内面有深红色斑点，宽漏斗状，长3~5厘米，花冠筒部比裂片略长，裂片宽卵形，展开，花冠外洁净；雄蕊10枚，有时少于10，近与花冠等长，花丝下部被微毛；子房5室，密被亮褐色扁平长糙伏毛，花柱细长，超出花冠，无毛。蒴果卵形，长1~1.2厘米，外面密被棕色毛。花期4~5月或9~10月。

### 碎米花 *Rhododendron spiciferum* Franch.

小灌木，高0.25~0.6（~2）米，多分枝；枝条细瘦，幼枝密被灰白色短柔毛和伸展长硬毛，以后渐脱落。叶常绿，散生枝上，叶片坚纸质，狭长圆形或长圆状披针形，长1.2~4厘米，宽0.4~1.2厘米，顶端钝圆或锐尖，有短尖头，基部短楔形或略钝，边缘反卷，上面深绿色，密被短柔毛和长硬毛，下面黄绿色，密被灰白色短柔毛，沿脉毛较长，并密被金黄色腺鳞，中脉在叶面下陷，在背面隆起，侧脉在上面略下陷或近于平坦，在背面略显；叶柄长1~3毫米，被与幼枝相同的毛。花序多个，生于枝条顶部叶腋；花芽鳞外面被灰白色绢毛并密生鳞片，边缘密被短纤毛，于开花时仍不落；花序短总状，有花3~4朵，花具短梗，梗长4~7毫米，密被鳞片和柔毛，有时并疏生有长硬毛；花萼5裂，裂片卵形、长圆状卵形或长圆状披针形，长0.5~2毫米，外面密被灰白色短柔毛，疏生鳞片，边缘密生睫毛状粗毛；花冠粉红色，漏斗状，长1.3~1.6厘米，外面疏生淡黄色腺鳞；雄蕊10枚，不等长，近于与花冠等长，花丝下部被短柔毛；子房5室，密被灰白色短柔毛及鳞片，花柱细长，伸出花冠外，下部或近基部被柔毛，或有时洁净。蒴果长圆形，长0.6~1厘米，被毛和鳞片。花期2~5月。

### 爆仗花 *Rhododendron spinuliferum* Franch.

常绿灌木，高0.5~1（~3.5）米；幼枝被灰色短柔毛和疏生长刚毛，老枝褐红色，近无毛。叶散生，坚纸质，倒卵形、椭圆形、椭圆状披针形或披针形，长3~10.5厘米，宽1.3~3.8厘米，顶端通常渐尖，稀锐尖，具短尖头，基部楔形，上面黄绿色，有柔毛，近边缘有短刚毛，或叶面通常近于无毛，下面色较淡，密被灰白色柔毛和鳞片，中脉、侧脉及网脉在上面凹陷而呈皱纹，脉纹在下面明显隆起；叶柄长3~6毫米，或多或少着生柔毛、刚

毛和鳞片。花序生于枝顶叶腋，往往成假顶生；花芽鳞外面，及边缘密被白色柔毛，外面密被鳞片，花开后脱落；花序伞形，有2~4朵花，花梗长0.2~1厘米，连同花萼密被灰白色柔毛和鳞片；花萼浅杯状，无萼裂片；花冠碟红色、鲜红色或橙红色，筒状，两端略狭缩，长1.5~2.5厘米，于上部5裂，裂片卵形，直立，花冠外面无毛也无鳞片，稀于裂片中部至筒部条状被短柔毛；雄蕊10枚，不等长，略伸出花冠外，花药紫黑色，花丝无毛，稀基部有短柔毛；子房5室，密被茸毛并覆有鳞片，花柱长伸出花冠外，无毛稀基部被短柔毛。蒴果长圆形，长1~1.4厘米，被较疏的茸毛并可见鳞片。花期2~6月。

### 粉红爆仗花 *Rhododendron* × *duclouxii* Lévl.

小灌木，高0.3~1米。花期2~4月。

### 云南杜鹃　*Rhododendron yunnanense* Franch.

　　落叶、半落叶或常绿灌木，偶成小乔木，高1～2（～4）米。幼枝疏生鳞片，被微柔毛或无毛，老枝灰色变光滑。叶通常向下倾斜着生，叶片长圆形、披针形、长圆状披针形或倒卵形，长2.5～7厘米，宽0.8～3厘米，先端渐尖或锐尖，有小短尖头，基部渐狭成楔形，上面无鳞片或适度被鳞片，无毛或沿中脉被微柔毛偶或叶面全被微柔毛并疏生刚毛，下面绿色或灰绿色，疏生鳞片，鳞片中等大小，相距为其直径的2～6倍，稀相距相当于其直径，边缘无毛或疏生刚毛，中脉在上面平坦，侧脉和网脉在两面稍明显；叶柄长0.3～0.7厘米，疏生鳞片，被微柔毛或有时生少数刚毛。花序顶生或顶生和腋生枝顶叶腋，3～6朵花近于出自同一水平或成短总状；花梗长0.5～2（～3）厘米，疏生鳞片或有时无鳞片；花萼不发育，环状或5裂，裂片小，长0.5～1毫米，被鳞片或有时连同花梗均无鳞片，边缘无毛或疏生缘毛；花冠白色带淡粉红色或淡紫色，内面通常有红色、褐红色或黄色斑点，宽漏斗状，略呈两侧对称，长1.8～3.5厘米，外面无鳞片或疏生鳞片，或有时仅于裂片中部疏生鳞片；雄蕊10枚，不等长，长雄蕊伸出花冠外，花丝基部或多或少被短柔毛；子房5室，密被鳞片，花柱伸出花冠外，洁净。蒴果长圆形，长0.6～2厘米。花期4～6月。

## 越橘属　*Vaccinium*

### 苍山越橘　*Vaccinium delavayi* Franch.

　　常绿小灌木，有时附生，高0.5～1米，分枝多，短而密集；幼枝有灰褐色短柔毛，混生褐色具腺疏长刚毛。叶密生，叶片革质，倒卵形或长圆状倒卵形，长0.7～1.5厘米，宽0.4～0.9厘米，顶端圆形，微凹缺，基部楔形，边缘有软骨质狭边，通常具疏而浅的不明显的小齿，或近于全缘，疏生易脱落的具腺短缘毛，近基部两侧各有1腺体，两面无毛，中脉和侧脉在叶面凹入，在背面平坦，仅中脉稍突起；叶柄长1～1.5毫米，被短柔毛。总状花序顶生，长1～3厘米，有多数花；序轴上毛被与茎相同；苞片卵形，长5～6毫米，早落，小苞片披针形，长3毫米；花梗长2～4毫米，被微柔毛；萼筒无毛，萼齿短，宽三角形，长不及1毫米，通常有短缘毛；花冠白色或淡红色，坛状，长3～5毫米，外面无毛，内面上部有短柔毛，裂片短小，通常直立；雄蕊比花冠短，长约2.5毫米，花丝扁平，长约1毫米，顶部有少数疏柔毛，下部无毛或有时近无毛，药室背部有2斜伸的短距，药管与药室近于等长。浆果直径4～8毫米，成熟时紫黑色。花期3～5月，果期7～11月。

### 南烛  *Vaccinium bracteatum* Thunb.

常绿灌木或小乔木，高2～6米，分枝多；幼枝被短柔毛或无毛，老枝紫褐色。叶片薄革质，椭圆形、菱状椭圆形、披针状椭圆形至披针形，长4～9厘米，宽2～4厘米，顶端锐尖、渐尖，稀长渐尖，基部楔形、宽楔形，稀钝圆，边缘有细锯齿，叶面平坦有光泽，两面无毛，侧脉5～7对，斜伸至边缘的内网结，与中脉、网脉在叶面和背面均稍微突起；叶柄长2～8毫米，通常无毛，有时被微毛。总状花序顶生和腋生，长4～10厘米，有多数花，序轴密被短柔毛或无毛；苞片披针形，长0.4～1.3厘米，两面被微毛或无毛，宿存或脱落，小苞片2，线形或卵形，长1～2毫米，被微毛或无毛；花梗短，长1～4毫米，被短毛或无毛；萼筒密被短毛稀无毛，萼齿短小，三角形，长约1毫米，密被短毛或无毛；花冠白色，筒状，长约5毫米，外面密被短柔毛或无毛，内面有疏柔毛，口部裂片短小，三角形，外反；雄蕊内藏，长约4毫米，花丝细长，长约2.5毫米，密被毛，药室背部无距，药管长为药室的1.5～2倍；花盘密生短毛。浆果直径5～6毫米，熟时紫黑色，外面通常被短毛或无毛。花期6～7月，果期8～11月。

果实成熟后酸甜可食；果实可入药，有强筋益气、益肾固精之效；枝、叶也可药用，功效同果实；根有散瘀，消肿，止痛之效。

### 云南越橘  *Vaccinium duclouxii*（Lévl.）Hand.～Mazz.

常绿灌木或小乔木，高1～5（8～10）米，分枝多；幼枝有棱，无毛。叶片革质，卵状披针形、长圆状披针形或卵形，长3～7（～13）厘米，宽1.7～2.5（～3.5）厘米，顶端渐尖、锐尖或长渐尖，基部宽楔形、钝圆，稀楔形渐狭，边缘有细锯齿，两面无毛，中脉在两面突起，侧脉纤细，于两面稀突起，或于叶面平坦不显或微凹；叶柄长3～6毫米，无毛。总状花序生于枝顶叶腋和下部叶腋，长1.5～8厘米；序轴无毛；苞片卵形或宽卵形，长5～7毫米，顶端尾尖，两面无毛，早落；小苞片2，卵形，长约1.5毫米，着生花梗上部紧贴萼筒；花梗极短，长0.5～2.5毫米，无毛；萼筒球形，无毛，萼齿三角形，长约1毫米，齿缘有时有疏而细的短纤毛或具腺体流苏；花冠白色或淡红色，筒状坛形，口部稍缢缩，长6～8毫米，外面无毛，内面有微毛，于口部稍密，裂齿三角形，直立或通常反折；雄蕊内藏，花丝有疏柔毛，药室背部有短距，药管与药室近等长；花柱略微伸出花冠。浆果熟时紫黑色，直径6～7毫米。花期2～5月，果期7～11月。

### 樟叶越橘  *Vaccinium dunalianum* Wight

常绿灌木，稀为藤状灌木，高1～4米，偶成乔木，高3～4（～17）米，通常陆生，稀附生；幼枝紫褐色，有细棱，无毛。叶片革质或厚革质，椭圆形、长圆形、长圆状披针形或卵形，长4.5～13厘米，宽2.5～5厘米，顶端尾状渐尖，尾尖部分可达3厘米长，基部楔形或钝圆，全缘，叶面无毛，背面散生贴伏的具腺短毛，侧脉3～4对，自叶片下部向上斜升，连同中脉在两面突起；叶柄长5～7毫米，通常无毛，有时密生短柔毛。花序腋生，总状，多花，长3～6厘米，无毛；苞片卵形，长7～10毫米，早落；花梗长5～8毫米，稍粗壮；萼筒无毛，萼齿三角形，长1毫米许；花冠淡绿带紫红色或淡红色，宽钟状，长约6毫米，裂片三角形，开展或上部反折，外面无毛，内面被疏柔毛；雄蕊鲜黄色，与花冠近等长，花丝扁平，长约1毫米，疏生短柔毛，药室背部有开展的距，药管长为药室的2倍。浆果直径4～12毫米，成熟时紫黑色，被白粉。花期4～5月，果期9～12月。

全株药用，有祛风除湿、舒筋活络的功效。

### 乌鸦果  *Vaccinium fragile* Franch.

常绿矮小灌木，高20～50厘米，有时高1米以上；地下有木质粗根，有时粗大成疙瘩状，茎多分枝，有时丛生，枝条或疏或密被具腺长刚毛和短柔毛。叶片革质，长圆形或椭圆形，长1.2～3.5厘米，宽0.7～2.5厘米，顶端锐尖、渐尖或钝圆，基部钝圆或楔形渐狭，边缘有细锯齿，齿尖锐尖或针芒状，两面被刚毛和短柔毛，或仅有少数刚毛，或仅有短柔毛，或两面近于无毛，除中脉在两面略突起外，侧脉均不明显；叶柄短，长1～1.5毫米。总状花序生枝条下部叶腋和生枝顶叶腋而呈假顶生，长1.5～6厘米，有多数花；序轴被具腺长刚毛和短柔毛，有时仅有短柔毛；苞片叶状，有时带红色，长4～9毫米，两面被毛，边缘有齿或有刚毛，小苞片卵形或披针形，长2.5～4毫米，着生花梗中、下部，毛被同苞片；花梗长1～2毫米，被毛；花萼通常绿色带暗红色，萼齿三角形，长约1毫米，密被短毛或有时近无毛；花冠白色至淡红色，有5条红色脉纹，长5～6毫米，口部缢缩，裂齿短小，直立或反折，外面无毛或有时有短柔毛，内面密生白色短柔毛；雄蕊内藏，药室背部有2短距，药管与药室近等长，花丝被疏柔毛；花柱内藏。浆果绿色变红色，成熟时紫黑色，外面被毛或无毛，直径4～5毫米。花期春、夏以至秋季，果期7～10月。

果熟时味酸甜可食；全株药用，有舒经络、祛风湿、镇痛作用。

## 杜仲科 Eucommiaceae    杜仲属 *Eucommia*

### 杜仲 *Eucommia ulmoides* Oliv.

落叶乔木，高达20米，胸径约50厘米；树皮灰褐色，粗糙，内含树胶，折断拉开有多数细丝。嫩枝有黄褐色毛，不久脱落，老枝有明显的皮孔。芽体卵圆形，外面发亮，红褐色，有鳞片6~8，边缘有微毛。叶椭圆形、卵形或长圆形，薄革质，长6~15厘米，宽3.5~6.5厘米，基部圆形或宽楔形，先端渐尖，叶面暗绿色，初时有褐色柔毛，不久变秃净，老叶略有皱纹，背面淡绿，初时有褐色毛，以后仅在脉上有毛，侧脉6~9对，与网脉在叶面下陷，在背面稍突起，边缘有锯齿；叶柄长1~2厘米，上面有槽，散生长毛。花生于当年枝基部。雄花无花被；花梗长约3毫米，无毛；苞片倒卵状匙形，长6~8毫米，顶端圆形，边缘有睫毛，早落；雄蕊长约1厘米，无毛，花丝长约1毫米，药隔突出，花粉囊细长，无退化雌蕊。雌花单生，苞片倒卵形，花梗长8毫米，子房无毛，1室，扁而长，先端2裂，子房柄极短。翅果扁平，长椭圆形，长3~3.5厘米，宽1~1.3厘米，先端2裂，基部楔形，周围具薄翅；坚果位于中央，稍突起，子房柄长2~3毫米，与果梗相接处有关节。种子扁平，线形，长1.4~1.5厘米，宽3毫米，两端圆形。早春开花，秋后果实成熟。

国家二级重点保护植物。树皮药用，作为强壮剂及降血压药，并能医腰膝痛，风湿及习惯性流产等；树皮分泌的硬橡胶供工业原料及绝缘材料，抗酸、碱及化学试剂腐蚀的性能高，可制造耐酸、碱容器及管道的衬里；种子含油；木材供建筑及制家具。

## 茜草科 Rubiaceae    虎刺属 *Damnacanthus*

### 虎刺 *Damnacanthus indicus* Gaertn. f.

具刺灌木，高约0.3~1米，具肉质链珠状根。茎多分枝，枝常屈曲，小枝被糙硬毛，逐节生针状利刺，刺长0.4~2厘米。叶纸质或薄革质，常大小叶对相间，大叶长1~3厘米，宽1~1.5厘米，小叶长小于0.4厘米，卵形、阔卵形、心形或圆形，先端锐尖，基部常歪斜，钝圆、截平或心形，叶面光亮，无毛，背面仅脉上被疏短柔毛，中脉在叶两面均凸起，侧脉纤细，2~4对，常不明显；叶柄长约1毫米，被短柔毛；托叶小而有3凸尖，脱落。花1或2朵近枝顶腋生，有时在顶部叶腋常6朵组成具短总花梗的聚伞花序；花梗长1~8毫米，基部两侧各具苞片1枚；苞片小，披针形或线形；花萼钟状，长约3毫米，几无毛，花萼裂片4，常大小不等，三角形或钻形，先端渐尖，长约1毫米，宿存；花冠白色，管状漏斗形，长约1厘米，外面无毛，冠管喉部至上部密被柔毛，花冠裂片4，椭圆形，长3～5毫米；雄蕊4，着生于冠管上部，花丝短，花药紫红色，内藏或伸出；花柱伸出或内藏，柱头3～5浅裂。核果红色，近球形，直径4～6毫米，具1～4颗分核。花期3～5月，果期冬季至翌年春季。

根药用，有祛风止痛、活血、利湿等功效，可治急性肝炎、风湿筋骨痛、水肿等症。

## 香果树属 *Emmenopterys*

### 香果树 *Emmenopterys henryi* Oliv.

落叶大乔木，高达30米，胸径达1米；树皮灰褐色，鳞片状。小枝有皮孔，粗壮，扩展。叶纸质或革质，阔椭圆形或阔卵形、卵状椭圆形，长6～30厘米，宽3.5～14.5厘米，顶端短尖或骤然渐尖，稀钝，基部短尖或阔楔形，全缘，叶面无毛或疏被糙伏毛；背面较苍白，有柔毛或无毛而脉腋内常有簇毛，侧脉5～9对，在背面凸起；叶柄长2～8厘米，无毛或有柔毛；托叶大，三角状卵形，早落。圆锥状的聚伞花序顶生；花芳香，花梗长约4毫米；萼管长约4毫米，萼裂片近圆形，具缘毛，脱落；变态的叶状萼裂片白色、淡红色或淡黄色，纸质或革质，匙状卵形或广椭圆形，长1.5～8厘米，宽1～6厘米，有纵平行脉数条，有长1～3厘米的柄；花冠白色或黄色，漏斗状，长2～3厘米，被黄白色绒毛，花冠裂片近圆形，长约7毫米，宽约6毫米；花丝被绒毛。蒴果长圆状卵形或近纺锤形，长3～5厘米，径1～1.5厘米，无毛或有短柔毛，有纵细棱；种子多数，小而有阔翅。花期6～8月，果期8～11月。

国家二级重点保护植物。树干高耸，花美丽，可作庭园观赏树。树皮纤维柔细，是制蜡纸及人造棉的原料。木材无边材和心材的明显区别，纹理直，结构细，供制家具和建筑用。耐涝，可作固堤植物。

## 栀子属 *Gardenia*

### 白蟾 *Gardenia jasminoides* Ellis var. fortuneana（Lindl.）Hara

常绿灌木，株高1～2米。花期3～7月，果期5月至第二年2月。

果实：清热解毒，凉血，止血。花：用于妇女产后子宫收缩疼痛。

## 石丁香属 *Neohymenopogon*

### 石丁香 *Neohymenopogon parasiticus*（Wall.）S. S. R. Bennet

附生多枝小灌木，高0.3~2米。枝常弯曲，常生根，嫩枝有紧贴的柔毛。叶纸质或膜质，常生于短缩的枝顶，椭圆状披针形、倒披针形或倒卵形，长5~25厘米，宽1.5~11厘米，先端钝或短尖，稀渐尖，基部渐狭，全缘，有时有缘毛，干时常呈灰黑色，叶面有紧贴的短柔毛，有时近无毛，背面在叶脉上密被紧贴的柔毛，中脉在叶面平，在背面稍凸起，侧脉多而密，15~28对，弧形上升，在叶面稍明显，在背面凸起；叶柄长0.4~2厘米，有紧贴的柔毛；托叶宽卵形或近圆形，先端骤尖或钝，长8~12毫米。花序大，顶生，疏散，长达18厘米，宽达24厘米，三歧分枝，花序轴和分枝有黄褐色绒毛，有数枚白色、具长柄的大型叶状苞片；叶状苞片长圆形，长3~10厘米，宽1.5~3.3厘米，柄长2.5~4厘米，均有柔毛；花梗长0.8~1.2厘米，有柔毛；花萼被柔毛，萼管长约3毫米，萼裂片披针形，长6~10毫米，结果时反折；花冠白色，长2.5~7厘米，高脚碟状，外面被紧贴的皱卷长柔毛，花冠裂片椭圆形，长0.5~1厘米；雄蕊内藏；柱头2裂。蒴果长圆形，顶端截平，冠以宿存的萼裂片，基部渐狭，长1.5~3厘米，宽0.6~1厘米，绿褐色，被柔毛，有纵棱，室间开裂为2果爿，果柄长0.5~1厘米，有柔毛；种子多数，叠生，种皮向两端延伸成尾状。花期6~8月，果期9~12月。

全株入药，治营养不良性水肿、跌打损伤、湿疹、肾虚、腰痛。

## 龙船花属 *Ixora*

### 红花龙船花 *Ixora chinensis* Lam.

灌木，高0.8~2米，无毛；小枝初时深褐色，有光泽，老时呈灰色，具线条。叶对生，有时由于节间距离极短几成4枚轮生，披针形、长圆状披针形至长圆状倒披针形，长6~13厘米，宽3~4厘米，顶端钝或圆形，基部短尖或圆形；中脉在上面扁平成略凹入，在下面凸起，侧脉每边7~8条，纤细，明显，近叶缘处彼此连结，横脉松散，明显；叶柄极短而粗或无；托叶长5~7毫米，基部阔，合生成鞘形，顶端长渐尖，渐尖部分成锥形，比鞘长。花序顶生，多花，具短总花梗；总花梗长5~15毫米，与分枝均呈红色，罕有被粉状柔毛，基部常有小型叶2枚承托；苞片和小苞片微小，生于花托基部的成对；花有花梗或无；萼管长1.5~2毫米，萼檐4裂，裂片极短，长0.8毫米，短尖或钝；花冠红色或红黄色，盛开时长2.5~3厘米，顶部4裂，裂片倒卵形或近圆形，扩展或外反，长5～7毫米，宽4～5毫米，顶端钝或圆形；花丝极短，花药长圆形，长约2毫米，基部2裂；花柱短伸出冠管外，柱头2，初时靠合，盛开时叉开，略下弯。果近球形，双生，中间有1沟，成熟时红黑色；种子长、宽4～4.5毫米，上面凸，下面凹。花期5～7月。

栽培观赏。

## 野丁香属 *Leptodermis*

### 野丁香 *Leptodermis potanini* Batalin

灌木，高约0.5～2米。枝浅灰色，嫩枝常淡红色，有二列柔毛。叶疏生或稍密挤，较薄，卵形、披针形、长圆形或椭圆形，长1～2厘米，先端钝或近圆，有时有短尖头，基部楔形，两面被白色短柔毛，叶背面苍白，常近无毛，侧脉3～4对，在叶背面凸起，网脉明显；叶柄短；托叶膜质，阔三角形，先端渐尖，有刺状短尖头。聚伞花序顶生，无总花梗，3花，稀1或2朵花，中央的花无花梗，两侧的花有花梗；花梗红色，有2列硬毛或柔毛；小苞片2，比萼管短，先端短尖或针形，合生，外面密被硬毛或柔毛；萼管倒圆锥形，上部和萼裂片均密被硬毛或柔毛，花萼裂片5或6，狭三角形，先端短尖，长为宽的3倍，被缘毛；花冠漏斗状，长达1.5厘米，冠管外面被柔毛或近无毛，内面上部及冠管喉部密被硬毛，冠檐伸展，比冠管短3倍，花冠裂片5或6，镊合状排列，先端圆，其膜质边缘，无色，无毛；雄蕊5或6，生于冠管中部以上，无毛，花丝比花药稍长，花药伸出，线状长圆形；雌蕊长为花冠之半，柱头3～4，子房3室。蒴果自顶5裂至基部，有宿存萼裂片。花期5月，果期秋冬。

## 六月雪属 *Serissa*

### 六月雪 *Serissa japonica*（Thunb.）Thunb.

灌木，高约60～90厘米，有臭味。叶革质，卵形或倒披针形，长6～22毫米，宽3～6毫米，先端短尖或长尖，基部楔形，两面无毛；叶柄短。花单生或数朵丛生于小枝顶部或腋生；苞片被柔毛，边缘浅波状；花萼裂片锥形，被柔毛，比冠管短；花冠淡红色或白色，长6～12毫米，花冠裂片扩展，先端3裂；雄蕊伸出冠管喉部外；花柱长伸出，柱头2，直，稍分开。花期5～7月。

常栽培作观赏。

## 龙胆科 Gentianaceae　　灰莉属 *Fagraea*

### 灰莉 *Fagraea ceilanica* Thunb.

攀缘灌木或小乔木，高4~10（~15）米，树皮灰色。小枝粗厚，圆柱形，叶椭圆形或倒卵形，长5~25厘米，宽2~10厘米，顶端渐尖或急尖，基部窄楔形，革质，全缘，叶面中脉扁平，叶背微突起，侧脉4~8对，不显著；叶柄近圆形，长1~4厘米，基部具有由托叶形成的腋生鳞片，常多少与叶柄合生。二岐聚伞花序顶生，长6~12厘米，花梗长1~3厘米，通常粗壮，多棱角；侧生小聚伞花序，由3~9（~13）朵花组成，近无柄。花萼褐色，

革质，长1~1.5厘米，基部合生；花冠质薄，肉质，长2.5~5厘米，花冠裂片上部内侧具突起花纹；雄蕊内藏；花药长圆形；花柱纤细，柱头倒圆锥状或稍呈盾形。浆果卵形或近球形，直径2~4厘米，顶端具短喙，淡绿色，有光泽，基部藏于宿萼中。种子椭圆状肾形，长3~4毫米，藏于果肉内。花期5月，果期10月。

栽培，冻害严重。

## 夹竹桃科 Apocynaceae　　南山藤属 *Dregea*

### 苦绳 *Dregea sinensis* Hemsl.

攀缘木质藤本；茎具皮孔；幼枝具褐色绒毛。叶纸质，卵状心形或近圆形，基部心形，长5~11厘米，宽4~6厘米，叶面被短柔毛，老渐无毛，叶背被绒毛；侧脉每边约5条；叶柄长1.5~4厘米，被绒毛，顶端具丛生小腺体。伞状聚伞花序腋生，着花多达20朵；萼片卵圆形至卵状长圆形，内面基部有腺体；花冠辐状，直径达1.6厘米，外面白色，内面紫红色，冠片卵圆形，长6~7毫米，宽4~6毫米，顶端钝而有微凹，有缘毛；副花冠裂片肉质肿胀，端部内角锐尖；

花药顶端有膜片；花粉块长圆形，直立；子房无毛，心皮离生，柱头圆锥状，基部五角形，顶端2裂。蓇葖果狭披针形，长5~6厘米，直径约1.2厘米，外果皮具波纹，被短柔毛；种子扁平，卵状长圆形，长9毫米，宽5毫米，顶端种毛长2厘米。花期4~8月，果期7~10月。

茎皮纤维坚韧，可编织绳索和人造棉；种毛可作填充物。

## 钉头果属 *Gomphocarpus*

### 钉头果 *Gomphocarpus fruticosus*（Linn.）R. Br.

灌木，有乳汁；茎被微毛。叶线形，长6~10厘米，宽5~8毫米，顶端渐尖，基部渐狭而成叶柄，无毛，叶缘反卷；侧脉不明显。聚伞花序生于枝的顶端叶腋间，长4~6厘米，着花多朵；萼片披针形，外面被微毛，内面基部有腺体；花蕾圆球状；花冠宽卵圆形或宽椭圆形，反折，被缘毛；副花冠红色，兜状；花药顶端具薄膜片；花粉块长圆状，下垂。蓇葖果肿胀，卵圆状，长5~6厘米，直径约3厘米，端部渐尖成喙状，外果皮具软刺，刺长1厘米；种子卵圆形，顶端种毛约3厘米。花期夏季，果期秋季。

全株可药用，浸剂治小儿肠胃病；茎皮可作催嚏剂；叶磨成粉末，嗅吸治肺痨病；乳汁可作灌肠剂，对心脏有毒，用时需注意。茎皮与种毛均含纤维素，用作填充物。

## 夹竹桃属 *Nerium*

### 夹竹桃 *Nerium indicum* Mill.

常绿直立大灌木，高可达5米；枝条灰绿色，含水液。叶3~4枚轮生，枝下部对生，窄披针形，长11~15厘米，宽2~2.5厘米；侧脉两面扁平，纤细，每边达120条，密生而平行，直达叶缘；叶柄扁平，长5~8毫米。花序着花数朵；总花梗长约3厘米，被微毛；花梗长达1厘米；苞片披针形；萼片披针形，长3~4毫米，宽1.5~2毫米，红色；花冠深红色或粉红色，栽培演变有白色或黄色，花冠为单瓣呈5裂时，其花冠为漏斗状，长和直径约3厘米，花冠筒长1.6~2厘米，内面被长柔毛，花冠裂片倒卵形，长1.5厘米，宽1厘米，顶端圆形；花冠为重瓣呈15~18枚时，裂片组成三轮，内轮为漏斗状，外面两轮为辐状，分裂至基部或每2~3片基部合生，裂片长2~3.5厘米，宽1~2毫米；副花冠呈5枚鳞片状裂片组成，着生于花冠筒的喉部，并伸出喉部之外，每裂片顶端撕裂；雄蕊着生于花冠筒中部以上，花丝被长柔毛，花药顶端渐尖，药隔延长呈丝状，被柔毛；子房被柔毛，花柱丝状，柱头近圆球状，顶端凸尖。蓇葖果长圆状，长10~23厘米，直径6~10毫米，双生平行，两端较窄，绿色；种子长圆形，种皮被锈色短柔毛，顶端种毛长约1厘米。花期几乎全年，果期冬春季。

观赏植物。茎皮纤维为优良混纺原料；种子含油，供作润滑油。叶、树皮、根、花、种子均含有多种配醣体，毒性极强，人、畜误食能致死。叶、茎皮可提制强心剂，供药用，但有剧毒，用时需慎重。

## 杠柳属 *Periploca*

### 黑龙骨 *Periploca forrestii* Schltr.

藤状灌木，长达10米，有乳汁，全株无毛。叶革质，披针形，长3.5～7.5厘米，宽5～10毫米；中脉两面略凸起，侧脉纤细，密生，几平行，两面扁平，在叶缘前连结成1条边脉；叶柄长1～2毫米。聚伞花序腋生，比叶短，着花1～3朵；花序梗和花梗柔细；花小，直径约5毫米，黄绿色；萼片卵圆形或近圆形，长1.5毫米，无毛；花冠近辐状，花冠筒短，花冠裂片长圆形，长2.5毫米，两面无毛，中间不加厚，不反折；副花冠裂片丝状，被微毛；花粉器匙形；子房无毛，柱头圆锥状，基部五棱。蓇葖果双生，长圆柱形，长达11厘米，直径5毫米；种子长圆形，扁平，顶端种毛长3厘米。花期3～4月，果期6～7月。

植株有小毒。叶含强心甙。全株供药用，可舒筋活络、祛风除湿；治风湿性关节炎、跌打损伤、胃痛、消化不良、闭经、疟疾等。

## 络石属 *Trachelospermum*

### 络石 *Trachelospermum jasminoides*（Lindl.）Lem.

常绿木质藤本，长达10米；茎有皮孔；小枝幼时被柔毛，老渐无毛。叶革质或近革质，椭圆形至卵状椭圆形，或宽倒卵形，长2～10厘米，宽1～4.5厘米，叶面无毛，叶背被疏短柔毛，老渐无毛；侧脉每边6～12条；叶柄短，被短柔毛，老渐无毛。二歧聚伞花序腋生和顶生，着花多朵，花朵与叶等长或较长；总花梗长2～5厘米，被柔毛，老渐无毛；花蕾顶端钝；苞片和小苞片披针形，长1～2毫米；花萼外面被长柔毛，内面基部有10个鳞片状腺体，萼片线状披针形，长2～5毫米，顶端反卷；花冠白色，花冠筒中部膨大，外面无毛，内面在雄蕊着生背面花冠筒上及花冠筒喉被短柔毛，花冠筒长5～10毫米，花冠裂片倒卵状长圆形，长5～10毫米，无毛；雄蕊着生于花冠筒中部，花药顶端内藏；花盘环状5裂，与子房等长；心皮离生，无毛，花柱圆柱状，柱头卵圆形，顶端全缘。蓇葖果双生，叉开，线状披针形，长达20厘米，直径达1厘米，无毛；种子线形，长达2厘米，直径约2毫米，褐色，中间凹陷，顶端种毛长达3厘米。花期3～7厘米，果期7～12月。

根、茎、叶供药用，能祛风通络，活血止痛，主治风湿性关节炎、腰腿痛、跌打损伤，痈疖肿毒；外用治创伤出血。花芳香，可提取芳香油，称络石浸膏。茎皮纤维坚韧，可制绳索及人造棉。种毛可作填充物。

## 紫草科 Boraginaceae　　基及树属 *Carmona*

### 基及树　*Carmona microphylla* （Lam.）G. Don

灌木，高1~3米，具褐色树皮，多分枝；分枝细弱，节间长1~2厘米，幼嫩时被稀疏短硬毛；腋芽圆球形，被淡褐色绒毛。叶革质，倒卵形或匙形，长1.5~3.5厘米，宽1~2厘米，先端圆形或截形、具粗圆齿，基部渐狭为短柄，上面有短硬毛或斑点，下面近无毛。团伞花序开展，宽5~15毫米；花序梗细弱，长1~1.5厘米，被毛；花梗极短，长1~1.5毫米，或近无梗；花萼长4~6毫米，裂至近基部，裂片线形或线状倒披针形，宽0.5~0.8毫米，中部以下渐狭，被开展的短硬毛，内面有稠密的伏毛；花冠钟状，白色，或稍带红色，长4~6毫米，裂片长圆形，伸展，较筒部长；花丝长3~4毫米，着生花冠筒近基部，花药长圆形，长1.5~1.8毫米，伸出；花柱长4~6毫米，无毛。核果直径3~4毫米，内果皮圆球形，具网纹，直径2~3毫米，先端有短喙。

适于制作盆景。

## 破布木科 Cordiaceae　　破布木属 *Cordia*

### 破布木　*Cordia dichotoma* Forst. f.

乔木，高3~10（~24）米，小枝灰白色。叶片近革质，卵形至椭圆形，长6~12（~18）厘米，宽4~8（~13）厘米，先端钝或钝渐尖，基部楔形至圆，边缘全缘，或在中部以上浅波状或深波状，有时为不规则的粗齿，叶面通常无毛，有时具白色或褐色乳突，有时具腊质的斑块，背面仅沿脉被淡褐色绒毛，中脉和侧脉在背面隆起，在表面稍隆起，第一次侧脉3~5对，斜上升，第二次侧脉近平行；叶柄圆柱形，上面略具沟，长2~4（~6）厘米，被微绒毛。聚伞花序顶生于短侧枝上，二歧分枝，排列疏松，长6~10厘米，宽3~8厘米；花序梗长1~3厘米，被淡黄色或褐色绒毛。花二型，异株；雄花：花萼钟状，长4~5毫米，两面被微绒毛，裂齿不整齐；花冠白色或淡黄色，长7~8毫米，裂片狭倒卵状长圆形；花丝长3~4.5毫米，下部与花冠管贴生，中部略被毛，花药长圆形，长1.5~2毫米；子房近球形，长约2毫米，无毛，顶生1不发育的短花柱；两性花：花萼长3~6毫米，花冠长6~10毫米，雄蕊着生于花冠管喉部，花丝长1~2毫米，子房长2.5~4毫米，花柱长4~6毫米，合生部分长1~1.5毫米，分枝扁平，其他同雄花。核果近球形，通常黄色，有时橙色或浅红色，直径10~15毫米，中果皮粘胶质，下面托以1花后增大的碟状宿存萼。种子通常1枚。花期2~5月。

## 厚壳树科 Ehretiaceae　　厚壳树属 *Ehretia*

### 滇厚朴　*Ehretia corylifolia* C. H. Wright

灌木或乔木，高2~18米。树皮棕灰色，小枝褐色，具皮孔，嫩枝绿色，被绒毛。叶片坚纸质，卵形至椭圆形，长7~15（~18）厘米，宽4~10（~12）厘米，先端急尖或渐尖，基部常心形，有时圆或稀钝，边缘具锯齿，叶面绿色，被糙伏毛，背面淡绿色，密被柔软且弯曲的绒毛，有时稀疏，极稀近无毛，第一次侧脉6~8对，和中脉在背面隆起，第二次和第三次脉均明显且网结；叶柄圆柱形，上面具凹槽，被绒毛。圆锥花序顶生，长4~9厘米，宽5~8厘米，密被绒毛。花多、密集；花梗1~1.5毫米，密被绒毛；花萼长3~4毫米，5深裂，裂片披针形，长2~3毫米，外面密被绒毛；花冠白色，稀淡黄或淡红色，长9~12毫米，5裂片，狭卵形或近三角形，长约3毫米，常外弯或反折，外面尤其先端被细绒毛，管圆筒形，向上逐渐开展；花丝圆柱形，向上渐狭，长4~5毫米，着生于管基部以上4毫米处，花药卵形，长1~1.5毫米；子房小，花柱圆柱形，长7~8毫米，疏被紧贴的细绒毛，先端2裂，柱头棕色。核果近球形、椭圆形或卵形，长5~7毫米，绿色转黄色至橙色，表面光滑，成熟时分裂成各具2种子的2个核。花果期4~9月。

树皮可制棉纸，可代厚朴，嫩叶和果可食，叶可喂猪。木材供建筑、家具、造船。

## 旋花科 Convolvulaceae　　飞蛾藤属 *Porana*

### 大果飞蛾藤　*Porana sinensis* Hemsl.

攀援灌木，幼枝被短柔毛，老枝圆柱形，暗褐色，近无毛。叶阔卵形，纸质，长约5~10厘米，宽约4~6.5厘米，先端锐尖或骤渐尖，基部心形，上面疏被下面密被短柔毛，掌状脉5，基出，上面稍突出，下面突出，侧脉1~2对；叶柄腹面具槽，稍扁，长2~2.5厘米。花淡蓝色或紫色，较密集，2~3朵簇生组成单一的总状花序，有时长约30厘米；无苞片，花柄较花短，长约5~6毫米，密被污黄色绒毛，先端具2~3小苞片，卵形，锐尖，长3毫米；萼片被污黄色绒毛，极不相等，两个较大的长圆形，钝，3个较短，卵状渐尖；花冠宽漏斗形，长1.5~2厘米，张开时宽达2.5厘米，管短，长约8毫米，外面被短柔毛；雄蕊近等长，无毛，较花冠短，着生于管中部以下；花丝丝状，花药箭形；子房中部以上被疏柔毛，1室，4胚珠；花柱下半部被疏柔毛，柱头头状。蒴果球形，成熟时两个萼片极增大，长圆形，长约6.5~7厘米，宽1.2~1.5厘米，先端圆形，基部稍缢缩，两面疏被短柔毛，具5条明显平行纵贯的脉，3个较小的近等长，先端近锐尖，被短疏柔毛，微具小齿；种子1，黄褐色，压扁，不规则圆形。

## 茄科 Solanaceae　　曼陀罗木属 *Brugmansia*

**曼陀罗木**　***Brugmansia arborea***（L.）Steud.　　**别名：木本曼陀罗**

　　小乔木，高2米左右。茎粗壮，直立，圆柱形于上部分枝。叶互生或双生大小不相等，卵状披针形、长圆形或卵形，先端渐尖或急尖，基部楔形或宽楔形，偏斜，全缘、微波状或为不规则缺刻状齿，两面均被微柔毛，侧脉每边7~9条，长9~22厘米，宽3~9厘米；叶柄长1~3厘米。花单生，俯垂，花梗长3~5厘米；花萼佛焰苞状，向顶端逐渐扩大，长8~12厘米，直径约2~2.5~3厘米，不裂或少数浅裂；花冠白色，具绿色脉纹，漏斗状，中部以下较细小，向上渐扩大成喇叭状，长达23厘米，直径约8~10厘米，裂片先端具尾状渐尖头；雄蕊5，内藏，花丝下部与花冠筒紧贴，花药长达3厘米，花柱内藏或伸出于花冠筒外，柱头稍膨大。果浆果状，平滑、广卵形，长达6厘米。

## 树番茄属 *Cyphomandra*

**树番茄**　***Cyphomandra betacea*** Sendtn.

　　小乔木或有时为灌木，高达3米；枝粗壮，密被短柔毛。叶卵状心形，长5~15厘米，宽5~10厘米，先端短渐尖或急尖，基部稍偏斜作深弯缺，弯缺的2角常靠合而呈心形，全缘或微波状，叶面深绿，背面淡绿，被短柔毛，侧脉每边5~7条，叶柄长3~7厘米，被短柔毛。蝎尾式聚伞花序，2~3歧分枝，近腋生或腋外生。花梗长1~2厘米，被短柔毛；花萼辐状，直径约6毫米，被短柔毛，5浅裂，裂片三角形，先端急尖；花冠辐状，粉红色，直径约1.5~2厘米，5深裂，裂片披针形；雄蕊5，靠合，花丝长约1毫米，花药长圆形，长约6毫米；子房卵形，直径约1.5毫米，花柱圆柱形，较雄蕊稍长，柱头不明显膨大。果梗粗壮，长3~5厘米；果卵形多汁，长5~7厘米，表面光滑，橘黄色或带红色。种子多数，圆盘形，直径约4毫米，周围有狭翅。

　　有栽培。

　　果味如番茄，可食，用以作蔬菜及水果。

## 枸杞属 *Lycium*

### 枸杞　*Lycium chinense* Mill.

多分枝灌木；枝条细弱，常弯曲或俯卧，淡灰色，有纵棱，具棘刺，刺长0.5～2厘米，小枝顶端常锐尖而成棘刺状。叶纸质（栽培者叶较厚），单叶互生或2～4枚簇生，卵形、卵状菱形、长椭圆形、卵状披针形或披针形，先端急尖或钝，基部下延到叶柄成楔形，全缘，长1.5～5厘米，宽0.5～2.5厘米（栽培的较大，可长达10厘米，宽达4厘米）；叶柄有狭翅，长0.4～1厘米。花在长枝上单生于叶腋，在短枝上常1～4朵与叶簇生；花梗长0.5～1.5厘米。花萼钟状，长3～4毫米，3裂或4～5齿裂，裂片多少有缘毛；花冠漏斗状，长9～12毫米，淡紫色，筒部向上骤然扩大，稍短或近等于檐部裂片，常5深裂，裂片卵形，先端圆钝，平展或稍向外反曲，边缘有缘毛，基部具耳片；雄蕊较花冠稍短，或因花冠平展而伸出花冠外，在花丝基部密被一圈绒毛，绒毛交织成椭圆形或近球形的毛丛，与毛丛相等长的花冠筒内壁亦密生长绒毛；花枝稍长于雄蕊，上端弓弯，柱头绿色。浆果红色，卵形、长圆状或长椭圆状，先端尖或钝，长0.7～1.5厘米（栽培者可达2.2厘米）直径约0.5～0.8厘米。种子肾形，扁压，长约2.5毫米，黄色。花果期：6～10月。

果实药用称枸杞子，有补肝肾、明目之效，根皮药用称地骨皮，可用以解热止咳；嫩叶作蔬菜，兼能清热去火。

## 茄属 *Solanum*

### 珊瑚樱　*Solanum pseudo-capsicum* Linn.

小灌木，多分枝，高0.3～1.5米。小枝幼时被树枝状簇生绒毛，后渐脱落。叶互生，有时双生，大小极不相等，椭圆状披针形，长2～5厘米，稀达6厘米，宽1～1.5厘米或稍宽，先端钝或短尖，基部下延到叶柄，叶面无毛，背面沿脉常有树枝状簇生绒毛，边全缘或微波状，中脉在背面凸出，侧脉每边4～7条，在背面明显，叶柄长约2～5毫米，幼时被树枝状簇生绒毛，后逐渐脱落。花序短，腋生，通常具1～3花，单生或成蝎尾状，花梗长约5毫米，花小白色，直径约8～10毫米，萼5深裂，裂片卵状披针形，长约5毫米，先端钝，花冠筒隐于萼内，长约1.5毫米，冠檐长约6～8毫米，5深裂，裂片卵圆形，长约4～6毫米，宽约4毫米，端尖或钝，雄蕊5，着生于花冠筒喉部，花丝长约1毫米，花药长圆形约为花丝长度的2倍，顶孔略向内；子房近圆形，直径约1.5毫米，花柱长约4～6毫米，柱头截形。浆果单生，少数为双生，圆球形，珊瑚红色或橘红色，直径1～2毫米，种子扁平，直径约3毫米。花期4～7月；果熟期8～12月。

全草入药，消积、利膈、下热毒、治风湿麻痹，湿热痒疮。

### 假烟叶树　*Solanum verbascifolium* Linn.

小乔木，高1.5～10米，小枝密被白色具柄头状簇绒毛。叶大而厚，卵状长圆形，长10～29厘米，宽4～12厘米，先端短渐尖，基部阔楔形或钝，上面被具短柄3～6不等长分枝的簇绒毛，下面毛被较厚，被具柄的10～20不等长分枝的簇绒毛，边全缘或略作波状；叶柄粗壮，密被与叶背相似的毛被。聚伞花序多花，形成近顶生圆锥状平顶花序，毛被与叶背面相似。花白色，直径约1.5厘米，萼钟形，直径约1厘米，外面密被与叶背相似的毛被，内面被疏柔毛及少数簇生绒毛，萼齿卵形；花冠筒隐于萼内，长约2毫米，冠檐深5裂，裂片圆形；雄蕊5枚，着生于花冠筒喉部，花丝长约1毫米，花药长约为花丝的2倍，子房卵形；直径约2毫米，密被硬毛状簇绒毛，花柱长约4～6毫米，柱头头状。浆果球形，具宿萼，直径约1.2厘米，黄褐色，初被星状绒毛，后渐脱落；种子扁平，直径约1～2毫米，具细致凸起的网纹。全年开花结果。

根茎入药，性温，味苦，有毒；有消炎解毒，祛风散表之功，常外用于治结膜炎，白内障，敷疮毒，洗癣疥。也有用于截疟。

## 木犀科 Oleaceae　　流苏树属 *Chionanthus*

### 流苏树　*Chionanthus retusus* Lindl. et Paxt.

落叶灌木或乔木，高可达20米；小枝近圆柱形，幼时有沟槽，近无毛。叶片对生，革质，椭圆形，卵形或倒卵形，长3～9厘米，宽2～4.5厘米，先端锐尖、或钝或微凹，基部楔形至宽楔形或近圆形，全缘，少数有小锯齿（有时在同一枝上出现），叶面深绿色，沿中脉被短柔毛，其余无毛，背面灰绿色，沿中脉密被（尤其近基部），其余疏被黄色柔毛或近无毛；中脉叶面凹陷，背面突出，侧脉4～6对，与网脉两面均凸出；叶柄长1～1.5厘米，密被黄色柔毛。聚伞状圆锥花序，疏散，顶生，长5～12厘米，无毛；花单性，雌雄异株，花梗长8～10毫米；花萼杯状，4深裂，裂片披针形，长1～1.5毫米，无毛；花冠白色，4深裂，裂片条状披针形，长10～20毫米，花冠管长2～3毫米；雄蕊2，藏于花冠管内或稍伸出，花药狭三角形，药隔顶端突出。果椭圆形，长10～15毫米，直径8～10毫米，成熟时黑色。花期4～5月，果期6～7月。

木材可制器具；嫩叶可代茶叶，故有茶叶树之称；种子含油，可供食用及制皂。

## 梣属 *Fraxinus*

### 白蜡树 *Fraxinus chinensis* Roxb.

乔木，高5~8米；小枝圆柱形，灰褐色，无毛。复叶长12~28厘米，叶轴节上疏被微柔毛；小叶5~9枚，以7枚为多见，革质，椭圆形或椭圆状卵形，长3~10厘米，宽1.2~4.5厘米，先端渐尖，基部楔形，边缘有锯齿或波状浅齿，叶面黄绿色，无毛，背面白绿色，沿中脉及侧脉被短柔毛，有时仅在中脉的中部以下被毛；中脉叶面凹陷，背面凸出，侧脉7~12对，叶面平坦或微凹陷，背面凸出，网脉两面明显凸出；侧生小叶近无柄或具短柄，柄长不超过3毫米。圆锥花序顶生和侧生，疏散，长7~12厘米，无毛；花萼管状钟形，无毛，长1.5毫米，不规则裂开，裂片极短，无花冠。翅果倒披针形，长3~4厘米，宽4~6毫米，顶端圆或微凹。花期5~6月，果期7~10月。

为行道、护堤树种；可放养白蜡虫，木材可做农具、家俱等。叶煎水可治皮炎、皮肤过敏等症。

### 白枪杆 *Fraxinus malacophylla* Hemsl.

乔木，高5~10米；幼枝压扁，密被锈色绒毛，老枝褐色，近圆柱形，微被柔毛或几无毛，皮孔明显。复叶长6~20厘米，叶轴密被锈色绒毛；小叶5~11枚，革质，长圆形、长圆状披针形、披针形或倒披针形，长4~12厘米，宽2~3.5厘米，先端急尖或钝，基部楔形，偏斜，两面被锈色软绒毛，以背面最密，边缘微波状；侧脉8~14对，与中脉叶面凹陷，背面凸出；侧生小叶近无柄。聚伞状圆锥花序顶生及腋生，长8~13厘米，花序轴及花梗均密被锈色绒毛，花梗长1~2毫米；苞片宿存，线形，长约2毫米，密被锈色绒毛；花萼钟状，长约1毫米，基部被柔毛，浅裂，裂片近三角形或近于平截；花冠白色，无毛，裂片4，长圆形，长约3毫米，宽1.2毫米，顶端狭尖，边缘内弯；雄蕊2，着生花冠基部，花丝长约1.5毫米，无毛、花药椭圆形，长1.5毫米，先端圆。翅果匙形，长3~4厘米；宽5~7毫米，顶端钝或微凹，与宿存萼均被柔毛。花期5~6月，果期8~11月。

根皮、树皮或须根入药，有消炎、利尿、通便，消食、健胃、除寒止痛的功效。可用于感冒头痛、便秘腹张、消化不良、口舌生疮等。木材可供农具、家具及器物柄。

## 素馨属 *Jasminum*

### 红素馨 Jasminum beesianum Forrest & Diels

缠绕木质藤本；幼枝四棱形，具条纹，无毛或有时疏被短柔毛。单叶对生，纸质，卵形、椭圆状卵形或卵状披针形，长1.2～4厘米，宽0.4～1.3厘米，先端渐尖，基部圆或截形，叶面深绿色，疏被短柔毛或仅沿中脉被短柔毛或全部无毛，背面黄绿色，沿中脉凹陷处被短柔毛，中脉叶面凹陷，背面凸出，侧脉不明显；叶柄扁平，长0.5～1.5毫米，被柔毛。聚伞花序由数花组成或有时为单花，顶生；花芳香，总梗极短，长不及1毫米；花梗长

5～10毫米，疏被柔毛或无毛；花萼钟状，无毛，萼管长2～3毫米，裂片6，线形锥尖，长5～8毫米；花冠紫红色，管长1.2～1.5厘米，裂片6～8，长卵圆形，长度约为花冠管的1/2。果球形，直径5毫米，光亮，成熟时紫黑色。花期5～8月，果期9～11月。

### 矮探春 Jasminum humile L.

直立分枝灌木，高1.5～2米；幼枝四棱形，有柔毛或变无毛。叶互生，三出复叶或羽状复叶（5～9小叶），叶轴被柔毛或近无毛；小叶片狭披针形、卵形或椭圆形至宽椭圆形，顶生小叶长1～4厘米，宽0.5～2厘米，侧生小叶1～3厘米长，宽0.4～2厘米，先端长渐尖至钝，基部楔形或宽楔形，叶面深绿色，背面色淡，两面均幼时被短柔毛或近无毛，边缘反卷且有短柔毛；中脉叶面凹陷，背面凸出，侧脉及网脉不显；侧生小叶近无柄，顶生小叶

柄长6～8毫米，被短柔毛。聚伞花序顶生，有花5～10（～25）朵；花梗长1.5～3厘米，被短柔毛或近无毛；苞片线形，长约2毫米，被短柔毛；花萼钟状，长2～2.5毫米，被短柔毛或近无毛，裂片5，三角形或钻形，长约1毫米；花冠黄色，管长8～12毫米，裂片4，近圆形，长6～7毫米，先端钝或圆；花药椭圆状披针形，长约3毫米，顶端有1小尖突；子房球形，直径1.5毫米，花柱纤细，长7～8毫米，无毛，柱头头状。果长圆形，长7毫米，直径6毫米，成熟时黑褐色。花期4～7月，果期8～10月。

### 野迎春　*Jasminum mesnyi* Hance

常绿攀缘状灌木，高1～3米；幼枝四棱形，无毛。叶对生，三出复叶，小叶片近革质，上面深绿色，下面浅绿，两面无毛；叶柄长约1厘米，腹面有沟槽；小叶长卵形或长卵状披针形，先端钝或圆，顶端有1小尖突，基部楔形；中脉叶面凹陷，背面凸出，侧脉及网脉不显。顶生小叶较侧生者大，长3～5厘米，宽1～2厘米，具柄，柄长1～2.5毫米；侧生小叶长2.5～3.5厘米，宽7～10毫米，无柄；花单生叶腋，具梗，梗长5毫米；苞片2～5枚，叶状，长卵形或倒卵形，长5毫米，宽2毫米；花萼钟状，绿色，萼管长2.5～3毫米，裂片5～8，披针形，长5～6毫米，宽约1.5毫米，先端尖；花冠黄色，直径1.5～2.5厘米，管长1～1.2厘米，裂片6，有时为重瓣，倒卵状椭圆形，长1.2～1.5厘米，先端圆或钝，有黄红色的脉纹；雄蕊2，花丝扁平，长1.5～2毫米，花药长圆形或披针形，长4.5～5.5毫米，顶端有1小尖突；子房球形，直径1.5毫米，花柱丝状，长4～5毫米，无毛，柱头头状，2浅裂。果未见。花期2～4月。

全株入药，有清热消炎之功效，可治支气管炎、腮腺炎、牙痛等；鲜叶捣烂，投入厕所或池塘内，可灭蚊蝇幼虫。

### 多花素馨　*Jasminum polyanthum* Franch.

攀缘状木质藤本；小枝下垂，近圆柱形，无毛。羽状复叶对生，长5～10厘米，叶轴腹凹背凸，腹面被短柔毛或近无毛，背面无毛；叶柄长1～1.5厘米，有极窄的翅，近无毛。小叶通常5～7，坚纸质，卵形至卵状披针形，通常长2～5厘米，宽1～2.5厘米（顶生小叶较大），先端渐尖或短尖，基部圆或歪斜的浅心形，叶面绿色，无毛，背面黄绿色，除脉腋被浅黄色柔毛外，其余无毛；3基出脉，中脉及侧脉叶面凹陷，背面凸出；顶生小叶柄长1～1.5厘米，侧生小叶柄通常长2～4毫米。聚伞圆锥花序顶生及腋生，长5～10厘米，无毛；苞片披针形，长2～5毫米，无毛；花梗长1～2厘米；花萼杯状，无毛，萼管长1.5～2.5毫米，裂片5，线形，长1～1.5毫米；花冠白色或粉红色，管长1.5～2厘米，裂片5，长圆形，长1～1.2厘米，宽4～6毫米，先端锐尖，脉纹明显。果球形，直径4～6毫米，成熟时黑红色。花期3～4月，果期8～10月。

全株入药，治睾丸炎、淋巴结核等；花可提取芳香油；亦可栽培作观赏植物。

### 茉莉花　*Jasminum sambac*（L.）Aiton

攀缘状灌木，幼枝圆柱形，近节处扁平，被柔毛或近无毛。单叶对生，纸质，宽卵形或椭圆形，有时近倒卵形，长2.5～9厘米，宽3～5.5厘米，顶端急尖或钝而具小凸尖，基部阔楔形、近圆形或近心形，叶面绿色，光亮，背面稍淡，两面被疏柔毛或无毛，背面脉腋间有浅黄色簇毛；中脉叶面凹陷，背面凸出，侧脉5～6对，叶面不显，背面突出；叶柄长约5毫米，被短柔毛或无毛。聚伞花序顶生，通常有花3朵；总梗长1～3厘米，被柔毛；花梗较粗壮，长5～10毫米，被柔毛；苞片锥尖，刚毛形，长4～6毫米，被柔毛；花芳香，常重瓣；花萼钟状，略被短柔毛或无毛，裂片线形，长约5毫米；花冠白色，管长1～1.2厘米，裂片长圆形，长9毫米，宽5毫米，顶端圆钝。果未见。花期春秋两季。

为观赏植物，花极芳香，可提制香精或薰茶。叶、花、根可入药。叶有镇痛的功效。花有清热解表的功效。治外感发热、腹痛、疮毒疽瘤、眼红肿。根有毒，有镇痛、麻醉的功效，外敷治跌打骨折。

## 女贞属 *Ligustrum*

### 日本女贞　*Ligustrum japonicum* Thunb.

大型常绿灌木，高3～5米，无毛。小枝灰褐色或淡灰色，圆柱形，疏生圆形或长圆形皮孔，幼枝圆柱形，稍具棱，节处稍压扁。叶片厚革质，椭圆形或宽卵状椭圆形，稀卵形，长5～8（～10）厘米，宽2.5～5厘米，先端锐尖或渐尖，基部楔形、宽楔形至圆形，叶缘平或微反卷，上面深绿色，光亮，下面黄绿色，具不明显腺点，两面无毛，中脉在上面凹入，下面凸起，呈红褐色，侧脉4～7对，两面凸起；叶柄长0.5～1.3厘米，上面具深而窄的沟，无毛。圆锥花序塔形，无毛，长5～17厘米，宽几与长相等或略短；花序轴和分枝轴具棱，第二级分枝长达9厘米；花梗极短，长不超过2毫米；小苞片披针形，长1.5～10毫米；花萼长1.5～1.8毫米，先端近截形或具不规则齿裂；花冠长5～6毫米，花冠管长3～3.5毫米，裂片与花冠管近等长或稍短，长2.5～3毫米，先端稍内折，盔状；雄蕊伸出花冠管外，花丝几与花冠裂片等长，花药长圆形，长1.5～2毫米；花柱长3～5毫米，稍伸出于花冠管外，柱头棒状，先端浅2裂。果长圆形或椭圆形，长8～10毫米，宽6～7毫米，直立，呈紫黑色，外被白粉。花期6月，果期11月。

### 女贞 *Ligustrum lucidum* Aiton

常绿乔木，高4~8米，最高可达15米；小枝圆柱形，无毛，皮孔明显。叶片革质而脆，卵形、宽卵形、椭圆形或卵状披针形，长6~15厘米，宽3~7厘米，先端急尖或狭，基部圆形或近圆形或宽楔形，叶面深绿色，光亮，背面绿白色，两面无毛，中脉叶面凹陷，背面突出，侧脉6~8对，两面均微凸出；叶柄长1.5~2厘米，无毛。圆锥花序顶生，长10~20厘米，无毛；花梗近无；花萼钟状，无毛，长约1毫米，顶端近于平截；花冠白色，管与萼近等长或稍长，裂片4，椭圆形，长度与管近相等，外反；花丝与花冠裂片等长，花药椭圆形。核果长圆形，长6~8毫米，直径3~4毫米，微弯曲，成熟时蓝黑色。花期6~8月，果期9~11月。

用作绿篱及放养白蜡虫；木材作细工材料；种子及叶含丁香素、苦杏仁酶、转化酶，性苦平，无毒，入药可治肝肾阴亏；叶可治口腔炎；树皮研末调茶抽涂烫火伤或治痈肿；根或茎基部泡酒，治风湿。

### 长叶女贞 *Ligustrum compactum*（Wall.）Hook. f. et Thoms. ex Brand.

灌木或小乔木，高3~5米，有时可达10米；小枝圆柱形，幼时被短柔毛，老时变无毛，皮孔明显。叶纸质，椭圆状披针形至披针形，长5~15厘米，宽2.5~4厘米，先端渐尖或急尖，稀钝，基部宽楔形或近圆形，叶面深绿色，背面稍淡，两面无毛，中脉叶面凹陷，背面凸出，侧脉8~15对，两面微凸出；叶柄长1~1.5厘米，无毛。圆锥花序顶生，无毛；花近于无梗，花萼钟状，无毛，长1.2毫米，顶端近于平截，花冠管与萼等长或长于萼，裂片4，椭圆形，与花冠管等长或稍长，外反；花丝长约1毫米，无毛，花药椭圆形，长与花冠裂片相等；花柱长约1.2毫米，无毛，柱头棒状，2浅裂，子房球形，直径1毫米。核果椭圆形，长7~10毫米，直径4~5毫米，成熟时蓝黑色。花期5~6月，果期7~10月。

### 小叶女贞 *Ligustrum quihoui* Carr.

灌木，高2~3米；小枝灰褐色，圆柱形，幼时被短柔毛，后变无毛。叶薄革质，长椭圆形、倒卵状长圆形，稀披针形，长1.5~4厘米，宽0.7~1.5厘米，先端钝或圆，基部楔形或狭楔形，叶面深绿色稍有光泽，背面淡绿，略暗，两面无毛，边缘略反卷，中脉叶面凹陷，背面凸出，侧脉及网脉均不明显；叶柄长1.5~5毫米，无毛。圆锥花序顶生，近圆柱状，长4~11（~21）厘米，被灰黄色柔

毛；苞片倒卵形，长1.5毫米，具缘毛，花近无梗；花萼钟状，长约1.5毫米，无毛，裂片4，钝三角形，有不规则浅齿；花冠白色，管长2.5~3毫米，裂片4，椭圆形，长1.5~3毫米，先端钝，伸展或近外反，花丝与花冠裂片等长，花药椭圆形，长1.5毫米。核果椭圆形，长5~7毫米，直径4~5毫米，微弯曲，成熟时黑色。花期5~8月，果期9~12月。

### 粗壮女贞 *Ligustrum robustum* （Roxb.）Bl.

灌木或小乔木，高3~10米；小枝圆柱形，无毛，有密集的白色皮孔。叶近革质或革质，椭圆形或近卵形，长6~10厘米，宽3~4厘米，先端渐尖，基部楔形，两面无毛，中脉叶面凹陷，背面突出，侧脉8~10对，两面微凸出；叶柄长3~10毫米，无毛。圆锥花序顶生，金字塔形，长11~20厘米，序轴被短柔毛，花梗短，长1~2毫米；花萼杯状，无毛，长1.5毫米，不等4裂或近平截；花冠白色，管与萼近等长或稍长，花冠裂片4，椭圆形，

与管等长或稍长，外反；花丝长约1.5毫米，花药长圆形，长1毫米。核果长圆形，长8~10毫米，直径5~6毫米，基部微弯曲。花期6~7月，果期7~10月。

### 小蜡 *Ligustrum sinense* Lour.

灌木或小乔木，高2~4.5米。小枝圆柱形，幼时密被淡黄色短柔毛，老时近无毛。叶薄革质，卵形、椭圆形或卵状披针形，长2~6厘米，宽1.5~2.5厘米，先端锐尖或钝，基部宽楔形或近圆形，幼时两面被短柔毛，老时叶面几无毛或沿中脉被短柔毛，背面沿中脉密被柔毛，其余疏被毛或近无毛，侧脉5~8对，与中脉叶面凹陷，背面凸出，网脉不显；叶柄长2~5毫米，被浅黄色柔毛。圆锥花序通常由当年生枝条的叶腋及枝顶抽出，长4~8厘米，序轴密被淡黄色柔毛。花白色，微芳香，具梗，梗长1~3毫米，被柔毛，花萼钟状，被短柔毛，长约1毫米，有不等4齿或近平截；花冠管长1~1.5毫米，裂片4，长圆形，长约2毫米，先端圆钝，外反；花丝与花冠裂片等长，花药长圆形，长约1毫米；花柱长1毫米，柱头头状。核果球形，直径3~4毫米。花期5~6月，果期7~9月。

果实可酿酒，种子榨油供制皂；茎皮纤维可制人造棉；药用于抗感染，止咳。

## 木犀榄属 *Olea*

### 油橄榄 *\*Olea europaea* L.

常绿小乔木，高可达6.5米；小枝四角形，被银灰色粃鳞。叶对生，近革质，披针形或椭圆形，长3~6厘米，宽7~15毫米，先端稍钝，有小凸尖，基部渐窄或楔尖，叶面深绿色，微被银灰色粃鳞，背面灰白色，极密被银灰色粃鳞，全缘，边缘反卷；中脉两面凸出，侧脉不甚明显；叶柄长3~5毫米，被银灰色粃鳞。圆锥花序腋生，长2~6厘米，序轴四角形，被银灰色粃鳞；花两性，黄白色，芳香；花萼钟状，长1.5毫米，裂片短，阔三角形或近截形；花冠长4毫米，4裂，裂片卵形，长2.5~3毫米，宽1.5毫米；雄蕊2，花丝短，长约0.5毫米，花药椭圆形；子房近球形，无毛，花柱短，长约0.5毫米，柱头头状，顶端2浅裂。核果椭圆形至近球形，长2~2.5厘米或更长，成熟时紫黑色。花期4~5月，果期6~9月。

果实可榨油和食用，油脂作食用、医药及工业用油。

### 云南木樨榄  *Olea yunnanensis* Hand. ~ Mazz.

灌木或小乔木，高3～10米；小枝圆柱形，灰黄色，无毛，幼枝稍压扁，褐色，被微柔毛。叶革质，倒披针形或椭圆形，长3～12厘米，宽1.5～5厘米，先端短渐尖或急尖，稀钝头，基部渐狭或楔形，叶面深绿，背面浅绿，两面无毛，全缘或具不规则的浅齿，边缘略反卷，中脉叶面凹陷，背面凸起，侧脉8～10对，叶面不明显，背面微凸出；叶柄长5～10毫米，无毛。圆锥花序腋生，长1.5～5.5厘米，稍疏散，被微柔毛或变无毛，有时成总状花序或伞形花序式，杂性异株；花梗长1～4毫米，无毛；花萼长1～1.3毫米，被微柔毛，裂片4，宽三角形或宽卵形，长约0.6毫米，先端短尖或钝；花冠白色或淡黄色，长2.5～4毫米，裂片4，宽三角形，长约为花冠的1/3，先端钝或圆形；雄蕊2，着生花冠管近基部，花丝短，长0.5毫米，花药椭圆形，长约1毫米；子房圆锥形，顶部渐狭形成锥尖的短花柱，柱头碟形。核果椭圆形或长椭圆形，长7～11毫米，直径3～6毫米，顶端有一短尖头。花期4～7月，果期7～11月。

种子可榨油，供食用或工业用油。

## 木犀属 *Osmanthus*

### 管花木犀  *Osmanthus delavayi* Franch.

常绿灌木，高1～3米；小枝圆柱形，幼时密被灰黄色短柔毛，老时无毛。叶片厚革质，宽椭圆形或卵形，长1～3厘米，宽0.8～2厘米，先端急尖或钝，基部楔形，边缘具锐锯齿，叶面深绿色，除沿中脉被短柔毛外，其余无毛，背面色淡，无毛；中脉两面中部以下凸出，中部以上近顶端处消失，侧脉每边约4条，不明显；叶柄长2～4毫米，被微柔毛。花4～5朵簇生叶腋或枝顶，芳香；花梗长2～5毫米，无毛；苞片宽卵形，长约2毫米，边缘膜质，具缘毛；花萼钟状，无毛，长2～4毫米，裂片4，卵形，边有微齿和缘毛；花冠白色，管长8～12毫米，中部以上稍膨大，裂片4，倒卵状椭圆形，长约5毫米，宽2.5毫米，先端圆；雄蕊2，着生花冠管上部，花丝长1毫米，无毛，花药椭圆形，长约2.5毫米，顶端有一小尖突；子房卵球形，光滑，花柱长1～2毫米，无毛，柱头头状，2浅裂。果椭圆状卵形，长7～10毫米。直径5～7毫米，顶端有一小尖突，成熟时蓝黑色。花期4～5月，果期6～10月。

### 桂花　*Osmanthus fragrans*（Thunb.）Lour.

常绿灌木或小乔木，高可达10米；小枝圆柱形，灰褐色，无毛。叶片革质，椭圆形或椭圆状披针形，长4~10厘米，宽2~4厘米，先端渐尖或急尖，基部楔形，叶面深绿色，光亮，无毛，有细而密的泡状隆起，背面色淡，无毛。全缘或上半部疏生细锯齿；侧脉6~10对，与中脉叶面凹陷，背面凸起；叶柄长1~1.5厘米，无毛。花极芳香，白色或黄白色，簇生叶腋，花梗纤细，长3~12毫米，无毛；苞片卵形，长3~4毫米，先端急尖；

花萼盘状，直径约1毫米，裂片4，边缘啮蚀状；花冠蜡质，管长1~1.5毫米，裂片4，椭圆形，长2~3毫米，先端圆钝；雄蕊2，着生花冠管近顶部，花丝长约0.5毫米，花药长圆形，长1毫米，顶端有一小尖突；子房卵形，长1.5毫米，花柱粗短，长0.5毫米，柱头2浅裂。果椭圆形，长1~1.5厘米，直径8~10毫米。花期8~9月，果期9~11月。

花可提取芳香油，用于配制香精。花极芳香，民间常用花直接混入米面中制作糕点。还可用盐或糖浸渍后长期保存，作为食品香料，也可熏茶及药用。种子可榨油。

### 蒙自桂花　*Osmanthus henryi* P. S. Green

灌木或小乔木，高3~7米；小枝圆柱形，灰白色，被微柔毛或近无毛。叶片革质，椭圆形或倒披针形，长5~10厘米，宽2~3.2厘米，先端长渐尖，基部狭楔形，两面无毛，全缘边缘微背卷或具疏尖刺齿，齿长约0.5毫米；中脉叶面平坦，背面凸出，侧脉6~8对，两面微凸，网脉不显；叶柄长5~10毫米，无毛或被微柔毛。花簇生叶腋，花梗长3~5毫米，无毛；花萼长1毫米，裂片4，三角形，不等大，边缘具齿，花冠白色，管长约

1毫米，裂片4，卵形，长2毫米；雄蕊2，着生花冠管中部，花丝长1毫米，花药长圆形，长1.5毫米，顶端有一小尖突；子房卵形，长1.5~2毫米，无毛，花柱长1.5毫米，柱头头状，2浅裂。果未见。花期9~10月。

### 网脉木犀 *Osmanthus reticulatus* P. S. Green

常绿灌木或小乔木，高3~8米，最高可达12米。枝灰白色，小枝黄白色，具较多皮孔。叶片革质，椭圆形或狭卵形，长6~9厘米，宽2~3.5厘米，先端渐尖，略呈尾状，基部圆形或宽楔形，全缘或约有15对锯齿，多达30对，齿端具锐尖头，腺点在两面均极明显，中脉在上面凹入，下面凸起，幼时上面被柔毛，侧脉6~9对，稀可达12对，与小脉连成网状，在两面均明显凸起；叶柄长0.5~1.5（~2）厘米，无毛。花序簇生于叶腋；苞片无毛，或被少数柔毛，长2~3毫米；花梗长3~5毫米，稀可达7~8毫米，无毛；花萼长约1毫米，具不等的短裂片；花冠白色，长3.5~4毫米，花冠管长约2毫米，裂片长1.5~2毫米；雄蕊着生在花冠管中部，花丝长约1毫米，花药长1~1.5毫米，药隔明显延伸成一小尖头；雌蕊长约2毫米，子房圆锥形，花柱长约0.8毫米，柱头头状，2裂，极浅。果长约1厘米，呈紫黑色。花期10~11月，果期5~6月。

## 苦苣苔科 Gesneriaceae　　芒毛苣苔属 *Aeschynanthus*

### 上树蜈蚣 *Aeschynanthus buxifolius* Hemsl.　　别名：黄杨叶芒毛苣苔

附生小灌木，匍地或上升，高约0.5米；茎分枝，茎、枝均无毛，纤弱，褐色或灰褐色，有皱折或疣状突起。叶对生或3叶轮生，密集，无毛；叶片长圆状椭圆形、椭圆形或长圆状披针形，有时近圆形，长（1）1.3~2厘米，宽0.6~0.9厘米，先端钝，基部宽楔形或近圆形，全缘而反卷，革质，叶面榄绿色，背面白绿色，中脉在叶面凹陷，背面凸起，侧脉两面不明显；叶柄长1~2毫米，腹面具槽。花单朵生于枝上部叶腋；花梗纤细，长4~10毫米，略压扁，无毛，其下承以钻状线形的小苞片；花萼长5~6.5毫米，无毛，5裂至基部，裂片钻状线形，先端略钝；花冠红色，长3~3.5厘米，外面无毛，具细的乳突，冠筒筒状，弯曲，向口部渐增大，至口部宽达8毫米，檐部斜，不明显二唇形，裂片内面被短柔毛；雄蕊4，高伸出花冠外，着生于花冠筒中部以上，花丝被疏柔毛，花药长圆形，长约2毫米；花盘环状；子房线形，无毛，具柄，花柱伸出花冠外，无毛，柱头盾状。蒴果具柄，长约7.5厘米，棍棒状，略弧状弯曲；种子长圆形，长约2毫米，锈色，具乳突，每端有1条白毛，毛长0.5~0.75毫米。花期8~9月，果期10~12月。

## 长冠苣苔属 *Rhabdothamnopsis*

### 长冠苣苔 *Rhabdothamnopsis chinensis*（Franch.）Hand.～Mazz.

纤弱小灌木，高达50厘米，粗达3毫米，自下部分枝；茎、枝纤细，近圆柱形，老枝有黄褐色条状剥落的皮层，小枝被疏柔毛。叶对生，常较节间为长，具短柄，叶柄长达3毫米，被疏柔毛；叶片膜质，形状变化大，但常为卵状披针形或倒卵状披针形，有时近圆形，长1.4～4.5厘米，宽0.8～1.8厘米，先端微尖、钝或圆形，基部宽楔形或楔形，边缘除下部1/3全缘外有圆齿状小锯齿，具小缘毛，叶面绿色，疏被短柔毛，背面白绿色，变无毛，侧脉每边约4条，斜展，在叶缘之内网结，与中脉在叶面不明显但背面明显。单花腋生，无小苞片，具梗；花梗纤细，比叶长或短，长达2厘米，被疏柔毛；花萼钟形，外被短柔毛，内无毛，5裂几达基部，裂片等大，线状披针形，宽达1毫米，先端长渐尖；花冠外面紫色，内面白色且具紫色条纹，钟状筒形，长约3.4厘米，外被短柔毛，内面无毛；冠筒略弯曲，基部径约2毫米，向上渐增大，至喉部径达10毫米；冠檐斜向二唇形，上唇长约5毫米，2裂，下唇长达8毫米，3裂，裂片近圆形；能育雄蕊2，系前对，生于冠筒中部之下，内藏，花丝扁平，长约1厘米，无毛，花药连着，密被髯毛，退化雄蕊2或不存在；花盘斜杯形，高1～1.5毫米，顶端具圆齿，无毛；子房伸长，长圆形，长约7毫米，明显2室，具多数胚珠，与花柱被腺短柔毛，花柱丝状，长约1.4厘米，不伸出，柱头明显二片状。蒴果细长，长约2.2厘米，螺旋状扭曲；种子多数，长圆形或卵珠形，长仅0.25毫米，两端微尖，具蜂巢状网纹。花期4～8月，果期7～9月。

## 玄参科 Scrophulariaceae    醉鱼草属 *Buddleja*

### 七里香 *Buddleja asiatica* Lour.

直立灌木，高约1～2米；幼枝、花序和叶背密被灰白色或淡黄色星状柔毛，有时极密成绵毛状。叶纸质，披针形或长披针形，长7～18厘米，宽1.5～4.5厘米，顶端长渐尖，基部渐窄而成楔形，全缘或有小锯齿，干时叶面黑褐色，无毛，主脉和侧脉略明显，背面突起；叶柄长4～10毫米，被毛。总状花序窄而长，由多数小聚伞花序组成，长7～25厘米，单生或3～数个聚生枝端或上部叶腋，再组成圆锥花序；花梗很短，长约1毫米，被毛；小苞片线形，短于花萼；萼长约2毫米，被毛；花冠白色，芳香，近无柄，长3～4毫米，外面被毛稀疏或近光滑，裂片极短，钝头、广展；雄蕊着生花管中部；子房无毛，花柱短；柱头头状。蒴果椭圆形，长3～5毫米。花期10月至翌年2月，果期4～5月。

根和叶具有驱风化湿、行气活络之效，可治痢疾、关节炎、跌打、无名肿毒、小儿口疮、哮喘等症；花可提芳香油。

### 昆明醉鱼草 *Buddleja agathosma* Diels

灌木，高约2米；小枝圆柱形，棕褐色，初时被毛，后渐变光滑，茎节扁平。叶卵形或长圆状阔披针形，长6～13厘米，宽3～6厘米，顶端渐尖，基部截形或呈微心形，两面被毛，叶面稀疏并有显著的不规则的六角形皱纹，侧脉不显，叶背较密，侧脉和网脉显著可见，边缘有粗牙齿；叶柄长1～3厘米，密被短柔毛。花序顶生或腋生，长7～12厘米，总花梗粗壮；苞片叶状。花紫色，花萼钟形，外面被毛，里面光滑，裂片短，顶端钝尖；花冠细长，长10～12厘米，2～3倍长于花萼，外被稀疏星状毛，里面被单毛；花冠裂片卵圆形；雄蕊4枚，着生于花管中部；花药顶端钝；子房圆锥形，被毛；花柱圆柱形，基部被毛。蒴果卵圆形，长5～6毫米，宽3～4毫米，微被柔毛。花期3～4月，果期7～8月。

### 多花醉鱼草 *Buddleja myriantha* Diels

灌木，高约1～1.2米。小枝圆柱形，变光滑，嫩枝四棱形，密被绒毛。叶纸质，披针形，长10～13厘米，宽2.3～3厘米，顶端渐尖，基部楔形或近圆形，叶面干时黄绿色，中脉扁平，被柔毛，叶背密被灰白色或赫黄色柔毛，边缘具重锯齿；具叶柄；基部托叶耳状。聚伞圆锥花序长15～20厘米，宽2～2.5厘米，具总花梗。花紫堇色，花萼长3毫米，萼齿线形或钻形，长1.5毫米，急尖；花冠细弱，长5～7毫米，密被柔毛，花冠裂片圆形，外面被毛，里面光滑；雄蕊着生花冠管上部；子房连同花柱均光滑无毛。蒴果条状长圆形，长5～7毫米，宽1～2毫米，无毛，具有宿存花柱。花期6～7月，果期8～9月。

### 密蒙花　*Buddleja officinalis* Maxim.

　　直立灌木，高达1～3米；小枝略呈四棱形，密被灰白色星状毛。叶纸质，长圆形，长圆状披针形，长5～18厘米，宽3～7厘米，顶端渐尖，基部楔形，全缘或具不显著的小锯齿，叶面被疏星状毛，叶背特密，白色至污黄色。中脉和侧脉显著突起；叶柄长达2厘米，被毛。圆锥聚伞花序尖塔形生于较长的叶枝顶端，疏散，长6～15厘米，密被灰白色柔毛；花近无柄，白色或淡紫色，芳香，长约1～1.2厘米；花萼长约3毫米，外面被毛，较密，裂片三角状；花冠管长约5毫米，宽1.5毫米，外被稀疏星状毛和金黄色腺点，裂片近圆形，反折，花冠管内部疏生茸毛；雄蕊着生花冠管中部，花药长圆形，顶端钝，基部耳状；子房长圆形，密被柔毛；花柱长约1毫米，无毛；花柱棒状或成扁平片状。蒴果卵圆形，长约5毫米，密被叉状毛，无宿存花柱。 花期1～3月，果期4～5月。

　　花有清热利湿、明目退翳之效，可治青育翳障，赤肿流泪，羞明畏光、眼热痛。根治黄疸、水肿等。兽医用枝叶治牛的红白痢。花可提取芳香油。亦可做黄色食品染料。茎皮纤维可做造纸原料。

## 唇形科 Labiatae　　火把花属 *Colquhounia*

### 藤状火把花　*Colquhounia seguinii* Vaniot.

　　灌木，高约2米。茎近圆柱形，直立攀登，无毛或多少被微柔毛；枝条密被微柔毛，具花；对生短枝通常长5～10厘米。叶纸质，卵状长圆形，长2.5～4厘米，宽1～2厘米，稀长达11厘米，宽5.5厘米，均先端渐尖，基部宽楔形或近圆形，边缘有细锯齿，叶面疏被糙伏毛，背面沿中脉及侧脉被柔毛，余具腺点，侧脉2～4对；叶柄长1～3（～4.5）厘米，下部者最长；苞叶卵圆形，长1～1.5厘米。聚伞花序含1～3花，腋生，常于短枝上集成长3～4厘米的松散头状花序；小苞片线形，多少被微柔毛；花梗长2～3毫米。花萼长约5毫米，外面密被微柔毛，内面几无毛；萼齿三角形，长2毫米。花冠红色、紫色、暗橙色至黄色，长约2厘米，外被细柔毛及腺点，冠管长1.2厘米，冠檐上唇长圆形，先端圆形，下唇中裂片最小，侧裂片较大，卵圆形。花丝疏被短柔毛。花柱先端极不等2裂。花盘等大，具圆齿。子房无毛。小坚果三棱状卵圆形，顶端具翅，翅长为坚果的2倍。花期11～12月，果期1～2月。

## 迷迭香属 *Rosmarinus*

### 迷迭香　*Rosmarinus officinalis* Linn

灌木，高达2米。茎及老枝圆柱形，皮层暗灰色，不规则的纵裂，块状剥落，幼枝四棱形，密被白色星状细绒毛。叶常常在枝上丛生，具极短的柄或无柄，叶片线形，长1～2.5厘米，宽1～2毫米，先端钝，基部渐狭，全缘，向背面卷曲，革质，上面稍具光泽，近无毛，下面密被白色的星状绒毛。花近无梗，对生，少数聚集在短枝的顶端组成总状花序；苞片小，具柄。花萼卵状钟形，长约4毫米，外面密被白色星状绒毛及腺体，内面无毛，11脉，二唇形，上唇近圆形，全缘或具很短的3齿，下唇2齿，齿卵圆状三角形。花冠蓝紫色，长不及1厘米，外被疏短柔毛，内面无毛，冠筒稍外伸，冠檐二唇形，上唇直伸，2浅裂，裂片卵圆形，下唇宽大，3裂，中裂片最大，内凹，下倾，边缘为齿状，基部缢缩成柄，侧裂片长圆形。雄蕊2枚发育，着生于花冠下唇的下方，花丝中部有1向下的小齿，药室平行，仅1室能育。花柱细长，远超过雄蕊，先端不相等2浅裂，裂片钻形，后裂片短。花盘平顶，具相等的裂片。子房裂片与花盘裂片互生。花期11月。

栽培观赏。

芳香油植物。

## 泡桐科 Paulowniaceae　　泡桐属 *Paulownia*

### 泡桐　*Paulownia fortunei*（Seem.）Hemsl.

小乔木，高达15米。叶薄革质，长卵圆形，长15～22厘米，宽9～15厘米，顶端长渐尖，基部圆形至心形，上面幼时被毛，老时光滑无毛，下面密被极细小的薄星状柔毛，侧脉7～8对，叶下面网脉明显而突起；全缘；叶柄长5～16.5厘米。顶生狭聚伞花序，多花，花白褐色，淡红白色至紫褐色，花冠钟状漏斗形，外面密被稀疏星状细柔毛，花冠管长约5～6厘米，径约4厘米，内面具明显的深紫色斑点，花冠裂片5，长卵圆形，长约3厘米；花萼钟状，厚革质，长约2.5厘米，径约1.5厘米，5齿，仅萼齿边缘密被污黄色棉毛；雄蕊及花柱内藏，雄蕊4，2强，着生于花冠管近基部，花丝细长，丝状，长约3厘米左右，光滑无毛，花药个字形着生，卵圆形；花柱细长，丝状，长约4厘米，光滑无毛；子房卵圆形，光滑无毛。蒴果绿黄色，长椭圆形，幼时密被污黄色极细星状茸毛，老时多少脱落，长达7.5厘米，径约3厘米，两端尖，花萼宿存；种子极多，细小，具白色透明膜质翅。花期4～12月，果期5～8月。

树皮入药，治骨折；木材，树皮，叶，花均可供药用；树皮止痛，治风湿潮热，肢体困痛，关节炎及浮肿等症，外用治热毒疮疥。

材质优良，速生，分根繁殖极易，木材淡黄白色带暗，心材与边村区分不明显，纹理直，结构均匀，材质轻松，干燥后不开裂，不易收缩绕曲，亦不易传热，耐用，为航空模型、乐器及胶合板等良材，又多用作家具。

## 列当科 Orobanchaceae　　来江藤属 *Brandisia*

### 来江藤　*Brandisia hancei* Hook. f.

小灌木，直立，高1～2米，全体密被锈黄色星状绒毛。枝圆柱形，逐渐变无毛。叶交互对生，叶片卵形或卵状披针形，长3～9厘米，宽1～3厘米，顶端披针锐尖，基部近心形，稀圆形，全缘，稀具齿；叶柄短，长者达5毫米，被锈色绒毛。花单生于叶腋，花梗长达1厘米，中上部有1对小苞片，常脱落，被毛；花萼宽钟状，内密生绢毛，具10条脉，长宽约1厘米，萼齿宽卵状三角形；花冠橙红色，外被星状绒毛，长约2厘米，上唇宽大，顶端凹面上翘，下唇较短，裂片舌状。蒴果，卵圆形，室背开裂，略扁，有短喙，密被星状毛；种子多数，黑色，线形，长3.5毫米，宽0.5毫米，具有膜质周翅，并有网纹。花期3～4月。

全株味微苦、性寒，有清热解毒、祛风除湿的功效。外用于疮疖。

## 紫葳科 Bignoniaceae　　梓树属 *Catalpa*

### 滇楸　*Catalpa fargesii* Bur. f. duclouxii（Dode）Gilmour

叶及花序均光滑无毛。

木材可供家具、车船、枕木、电杆等用，可防白蚁侵食。根叶花均可入药，治耳底痛，风湿痛，咳嗽。

### 梓　*Catalpa ovata* G. Don

小乔木，高达13米，叶阔卵圆形，长宽近相等，长达20厘米，顶端常3裂，基部微心形，叶上下两面微被毛或近于光滑无毛，侧脉5~6对、叶基部掌状脉5~7出，全缘；叶柄长6~18厘米。顶生圆锥花序，花白黄色，具条纹及紫色斑点，长约2.5厘米，径约2厘米。蒴果圆柱形细长，下垂，长约30厘米。花期4~6月，果期8~11月。

有栽培。

木材白色稍软，适为家具、乐器。嫩叶可食，亦可喂猪。叶或树皮作农药。果、叶、根内白皮均入药，有显著利尿作用。

## 蓝花楹属 *Jacaranda*

### 蓝花楹　*Jacaranda mimosifolia* D. Don

落叶乔木，高达15米。叶对生，为2回羽状复叶，羽片通常在16对以上，每1羽片有、小叶16~24对；小叶椭圆状披针形至椭圆状菱形，长6~12毫米，宽2~7毫米，顶端急尖，基部楔形，全缘。花蓝色，花序长达30厘米，直径约18厘米。花萼筒状，长宽约5毫米，萼齿5。花冠筒细长，蓝色，下部微弯，上部膨大，长约18厘米，花冠裂片圆形。雄蕊4，2强，花丝着生于花冠筒中部。子房圆柱形，无毛。朔果木质，扁卵圆形，长宽均约5厘米，中部较厚，四周逐渐变薄，不平展。花期5~6月。

供庭园观赏。

木材黄白色至灰色，质软而轻，纹理通直，加工容易，可作家具用材。

## 炮仗花属 *Pyrostegia*

### 炮仗花　*Pyrostegia venusta*（Ker）Miers

藤本；有线状3裂的卷须。叶对生，小叶2~3枚，卵圆形，顶端突渐尖，基部近圆形，长4~10厘米，宽3~5厘米，上下两面近光滑无毛，下面有极细小分散的腺穴；全缘；叶轴长约2厘米，小叶柄长5~20毫米。花橙红色，长6~7厘米，着生于小侧枝的顶端，组成顶生的圆锥花序；花萼钟形，5小齿；花冠管管状，内面中部有一毛环，基部收缩，花冠裂片5，长椭圆形，芽时镊合状排列，开展时反折，裂片边缘被明显的白色短柔毛；雄蕊4，2强，插生于花冠管中部，花丝丝状，花药个字形着生；子房圆柱形，密被极细柔毛，花柱丝状，柱头舌状扁平，花柱及雄蕊微伸出于花冠管外；花盘杯状。花期1~3月。

有栽培供观赏。

花及茎叶药用，润肺、清热、止咳。

## 菜豆树属 *Radermachera*

### 菜豆树　*Radermachera sinica*（Hance）Hemsl.

小乔木，高达10米。二回羽状复叶，叶轴长约30厘米左右；小叶卵圆形至卵状披针形，长4~7厘米，宽2~3.5厘米，顶端尾状渐尖，基部阔楔形，侧脉5~6对，向上倾斜，两面均光滑无毛，侧生小叶片在近基部向外的一侧疏生少数盘菌状腺体；全缘；侧生小叶叶栖长在5毫米以下，顶生小叶叶柄长1~2厘米。花白色至淡黄色，花冠钟状漏斗形，长约6~7厘米左右；花萼钟状，长约3厘米，径约1厘米，萼齿5，卵状披针形，长约12毫米，雄蕊4，2强，花药个字形着生，雄蕊及花柱内藏；柱头扁平，舌状。蒴果细长，圆柱形，长达85厘米，径约1厘米，果皮厚革质，无皮孔，隔膜木栓质，细圆柱形，微扁；种子椭圆形，扁平，两端具白色透明膜质翅，连翅长约2厘米，宽约5毫米。花期5~9月，果期10~12月。

根、叶、果入药，治高热，凉血消肿，跌打损伤，毒蛇咬伤。兽医用治牛炭疽病。木材供建筑用。

## 硬骨凌霄属 *Tecomaria*

### 硬骨凌霄 *Tecomaria capensis*（Thunb.）Spach

直立灌木，无卷须。叶对生，奇数羽状复叶，小叶5～9枚，卵圆形，长1～2.5厘米，宽1～2厘米，顶端短渐尖，基部阔楔形，两面光滑无毛，边缘上半部具圆钝齿；侧生小叶近无柄，顶端小叶叶柄长不到1厘米，叶轴长约5厘米。花金黄色至橙红色，顶生总状花序，小花柄长约1厘米；花萼钟形，5齿，花冠长漏斗状，二唇形，微弯，上唇直立，顶端微缺，下唇3裂，开裂；雄蕊4，2强，花丝丝状，花药个字形着生；子房上位，2室，花柱丝状，柱头微舌状扁平，2裂；雄蕊及花柱明显伸出花冠管外。花期5～6月。

栽培供观赏。

根、叶（外用捣敷）治咽喉炎，扁桃腺炎，跌打损伤，瘀血肿痛，肺结核，肺炎，支气管炎，哮喘。

## 马鞭草科 Verbenaceae　　大青属 *Clerodendrum*

### 臭牡丹 *Clerodendrum bungeri* Steud.

灌木，高1～2米，植株有臭味；小枝近圆形，表面有突起的皮孔，近于无毛。叶宽卵形或心形，长（8～）11～19厘米，宽（5～）7～15厘米，顶端渐尖，基部宽楔形、截形或有时心形，边缘有锯齿或稍呈波状，叶面散生短柔毛，背面有时近于无毛，基部三出脉腋有数个盘状腺体；叶柄长3～8（～16）厘米。聚伞花序密集成伞房状，顶生，花序梗上有苞片脱落后成芒状体的遗痕，被短柔毛；苞片叶状，披针形或卵状披针形，长约3厘米，早落，小苞片披针形，长约1.8厘米。花萼漏斗状，长4～6毫米，被短柔毛及少数盘状或疣状腺体，萼齿三角状披针形，长约1.5（～3）毫米；花冠红色或玫瑰红色，管长2～2.5厘米，裂片倒卵形，长约6毫米；雄蕊及花柱突出于花冠外，花柱不超出雄蕊。核果近球形，直径6～8毫米，通常分裂为1～3个小坚果，宿存花萼增大，绿紫色，包于果的一半以上。花期7～11月，果期9月以后。

根、茎、叶入药，有祛风解毒、消肿止痛之效，近来还用于治疗子宫脱垂。

## 臭茉莉 *Clerodendrum chinense* var. simplex C. Y. Wu et R. C. Fang

聚伞花序密集，花较多；苞片较多，长1.8~2.5厘米。花萼较大，长1.5~2.5厘米，萼齿长1~1.6厘米；花冠管长2.5~3厘米，伸出花萼外，花冠裂片单瓣；雄蕊及花柱突出于花冠外，花柱较雄蕊长。核果近于球形或扁球形，直径约8毫米，包藏于增大的宿存花萼内。花期3~11月，果期8~12月以后。

广西、广东用根、叶入药，有祛风活血、消肿降压的功效；花亦可降血压。

## 大青 *Clerodendrum cyrtophyllum* Turcz.

灌木或小乔木，高（1.5~）3~10米；小枝稍呈圆柱形，上部四棱形，初时有微柔毛，随后近无毛。叶长圆形或椭圆形，有时为长圆状披针形，长9~18厘米，宽4~8厘米，顶端渐尖或镰形渐尖，基部圆或宽楔形，全缘，两面无毛，侧脉6~10对，第三回脉近平行，网结，与中肋均表面略下陷或平坦，背面隆起；叶柄长1~3（~8）厘米，无毛。聚伞花序生于上部叶腋及枝顶，3~5次二歧分枝，形成直立的大而疏散的圆锥

状花序，多花，花序梗及花序轴被短柔毛；苞片线形。花萼钟状，长3~4毫米，5齿裂，外被短柔毛；花冠白色，管纤细，长约10毫米，裂片长圆形，长约4~5毫米；雄蕊及花柱长而突出。核果球形，直径约5毫米，棕色，宿存花萼增大，长不超出果或与果近相等，与果柄均紫红色。花期6~11月，果期9~11月。

根、叶入药，有清热泻火利尿，凉血解毒之功，全草或云治偏头痛有奇效，亦常用于治腮腺炎、喉炎、扁桃体炎、牙周炎、蜂螫及蛇虫咬伤。叶作绿肥，肥效颇高。

## 滇常山 *Clerodendrum yunnanense* Hu ex Hand.~Mazz.

灌木，高1~3米；植株有臭气；幼枝近于圆形，密被黄褐色绒毛，老枝上毛渐脱落变光滑，褐色，有皮孔。叶宽卵形或心形，长4.5~14（~30）厘米，宽4~10（~22）厘米，顶端渐尖，

基部圆形或截形，有时心形，边缘具不规则的粗齿或有时近于全缘，叶面密被柔毛，背面被淡黄色或黄褐色绒毛，偶或两面毛较少，基部三出脉腋有数个盘状腺体，叶片有臭气；叶柄长1~3（~7.5）厘米，密被黄褐色绒毛，偶或毛较少。聚伞花序密集，排列成伞房状，顶生，花序梗以至花梗密被绒毛；苞片披针形，长2~3.5厘米，早落，小苞片线形，长1~2.2厘米，密被绒毛。花萼漏斗状，红色，长6~9毫米，被茸毛和少数腺体，萼齿短，三角状卵形，长约2毫米，花冠白色至浅红色，管短，内藏于花萼，很少稍伸出，裂片长圆形或卵圆形，长4~7毫米，雄蕊及花柱伸出花冠外。核果近球形，蓝黑色，直径约7毫米，宿存花萼增大，红色，包于果的大部分。花期4~7月，果期7~10月。

根皮、茎皮、叶煎水内服，可祛风活血，消肿降压，叶煮水外用熏洗，治痔疮、脱肛；花治红崩白带。兽用根皮外敷疮症；叶可饲猪。

## 假连翘属 *Duranta*

### 假连翘　*Duranta repens* L.

灌木，高约2米，常有刺，幼时被柔毛，老时灰黄色，密被成纵行的长圆形皮孔。叶卵状椭圆形或卵圆形，稀披针形，长2~6厘米，宽（1.2~）2~3厘米，先端短尖至浑圆，基部楔形，全缘或仅叶缘上部具圆齿，对生或轮生，坚纸质，侧脉约6对；叶柄较短，长不过1厘米，被柔毛。总状花序腋生而排成一顶生的圆锥花序；萼管状，长约5毫米，5裂，5棱，内外被微毛；花蓝紫色，花冠管伸出萼筒外，长约8毫米，2唇5裂，平展，不等长，内外被微毛，雄蕊短而内藏；花柱短于花冠管，无毛；子房无毛。核果球形，径约5毫米，光滑，熟时红黄色被扩大的萼所包藏。花期：全年。果期：花后。

栽培，有冻害。

可作观赏绿篱。果治疟疾和跌打胸痛，叶治痈肿初起和脚底挫伤瘀血或脓肿。根、叶止痛、止渴。

## 马缨丹属 *Lantana*

### 马缨丹 *\*Lantana camara* L.

灌木，枝条细长，直立，具短而倒钩状皮刺，被短柔毛。叶具强烈气味，卵圆形，先端急尖或渐尖，基部心形或楔形下延，长4~7厘米，宽3~6厘米，厚纸质，叶面具明显粗糙的皱纹和短柔毛，叶背网脉明显突起；叶柄长1~3厘米，被短柔毛。头状花序顶生或腋生，花梗长，苞片多数，披针形；花黄色，橙色或深红色，常为杂色；花萼小，长约1.5毫米；花冠裂片短，浅裂4瓣，花冠管长约8毫米；雄蕊4，二强，内藏于花管中部；柱头短，顶部为斜头状。核果肉质，球形、紫色。

有栽培。

根退热、消炎，治跌打风湿。茎叶煎洗疮疹肿毒，敷跌打损伤。花止血有效。花杂色，可供观赏或作绿篱。

## 青荚叶科 Helwingiaceae    青荚叶属 *Helwingia*

### 中华青荚叶 *Helwingia chinensis* Batal.

灌木，高1~2米；树皮深灰色或淡灰褐色，光滑；小枝纤细，紫绿色，无毛。叶通常革质或近革质，线状披针形或披针形，长4~15厘米，宽4~20毫米，顶端尾状渐尖，基部楔形，边缘具稀疏锯齿，齿端锐尖，具腺质，中脉两面显著，侧脉6~8对，在叶面不显著，在背面微显；叶柄长1~4厘米；托叶通常线形，分裂，边缘有细齿。雄花4~15朵组成伞形或密伞花序；花萼小，萼片不发育；花瓣3~5，卵形，长2~3毫米；雄蕊3~5，与花瓣近等长，花药2室，花丝纤细，具有退化子房；雌花无柄；花萼小，花瓣3~5，子房卵圆形，柱头3~5裂。果成熟时红色，直径5~9毫米；种子3~5，具皱纹；果梗长1~2毫米。花期5~6月，果期6~9月。

叶可入药，清热除湿；果治胃病；嫩叶焙制可代茶；种子可榨油。

### 须弥青荚叶 *Helwingia himalaica* Hook. f. et Thoms. ex C. B. Clarke

灌木，高2~3米；树皮褐色，无毛；小枝纤细，圆柱形，黄褐色，无毛，具明显的叶痕。叶厚纸质，长椭圆形、长圆状披针形，稀椭圆形，长5~11（~18）厘米，宽2.5~4厘米，顶端尾状渐尖，基部阔楔形或钝尖，边缘具钝齿，齿端具短芒尖；中脉在叶面微凹，在背面显著突起，侧脉5~9对；叶柄长0.8~3.5厘米；托叶线状，长约2毫米，全缘或2~3裂。雄花淡紫色，多花组成密伞花序，雄蕊4，着生于花盘边缘，无退化雌蕊；花柄纤细，长5~8毫米；雌花绿色，组成密伞花序；萼片不发育；花瓣4，三角状卵形，具有短花柱和5裂柱头，退化雄蕊缺。果实红色，具5棱，直径约5毫米，着生于叶的表面；果柄长1~2毫米。花期2~6月，果期5~9月。

全株药用，有止痛、活血散瘀之功效。

## 冬青科 Aquifoliaceae　　冬青属 *Ilex*

### 短梗冬青 *Ilex buergeri* Miq.

常绿乔木或灌木，高（1~）7~15米，胸径30厘米；树皮光滑，黑褐色。小枝圆柱形，具纵棱脊和槽，密被短柔毛，老枝变无毛，叶痕新月形，稍突起；顶芽近卵形，芽鳞密被短柔毛。叶生于1~2年生枝上，叶片革质，卵形，长圆形或卵状披针形，长4~8厘米，宽1.7~2.5厘米，先端渐尖，基部圆形，钝或阔楔形，边缘稍反卷，具疏而不规则的浅锯齿，叶面深绿色，具光泽，除沿主脉被微柔毛外，余无毛，背面淡绿色，无毛，主脉在叶面凹陷，背面隆起，侧脉每边7~8条，干时在叶面微凹入，背面稍突起，网状脉不明显；叶柄长4~8毫米，上面具槽，被短柔毛，背面半圆柱形，具皱纹和微柔毛。花序簇生于去年生枝的叶腋内，每束具4~10花，束的单个分枝具单花，花序基部之苞片肾形，被短柔毛及缘毛，苞片卵形，长约1.5毫米，被短柔毛；花梗短，长约2~3毫米，被短柔毛，近基部具2枚卵状披针形、具缘毛的小苞片；雄花：花萼盘状，直径约2毫米，4裂，裂片三角形，被短柔毛或近无毛，具缘毛；花冠直径6~7毫米，淡黄绿色，花瓣4，长圆状倒卵形，长约3毫米，先端具缘毛，基部稍合生；雄蕊4，较花瓣长，花药长圆形；退化子房圆锥形，直径约1毫米，顶端4裂。雌花：花萼似雄花；花瓣分离，与子房等长或稍短，具缘毛；退化雄蕊与花瓣等长或稍短，败育花药卵形；子房卵球形，长约2.5毫米，直径约1.75毫米，柱头盘状。果球形或近球形，直径4.5~6毫米，成熟时红色，表面具小瘤点，宿存柱头盘状，4裂，宿存花萼平展，直径2~2.5毫米，4裂片三角形，具缘毛；果柄很短，长约1毫米。分核4，近圆形，长约3毫米，背部宽约3毫米，背面具纵的4~5条掌状细棱及宽的浅槽，侧面具皱纹及槽，内果皮石质。花期4~6月，果期10~11月。

### 珊瑚冬青  *Ilex corallina* Franch.

常绿乔木或灌木，高达10米。分枝褐色，细，具棱，无毛或被小微柔毛；皮孔小圆形，见于三年生枝上。顶芽小，无毛或稍被小微柔毛。叶片革质，橄榄色或褐橄榄色至肉桂色，卵形、卵状椭圆形至卵状披针形，长5～10厘米，宽1.5～3.5厘米，先端极尖或极短渐尖，基部圆形或钝，边缘具圆齿状锯齿，稀尖锯齿，中脉在叶面下陷，无毛或稍被细小微柔毛，背面凸起，侧脉7～10对，两面凸起，显著，网脉在两面不明显；叶柄长

4～10毫米，干后赤褐色，上面有深而窄的槽，无毛或稍被细小微柔毛。聚伞花序生于叶腋，苞片卵状三角形，具缘毛；花4数。雄花：花序每分枝具1～3花；花梗长约1毫米，基部有2枚小苞片；花萼盘形，裂片卵状三角形，先端钝，具缘毛；花瓣长圆形，长3毫米，宽1.5毫米，基部连合；雄蕊为花瓣长的2/3，花药长圆形，长1毫米；不育子房卵状球形，先端圆形，不明显4浅裂。雌花：花序每分枝具单花；花梗长1～2毫米，基部具2枚小苞片；萼片圆形，具缘毛；花瓣卵形，长2毫米，不育雄蕊为花瓣长的1/3，花药心形；子房卵状球形，柱头薄盘形，4裂。果小，紫红色，近球形，直径3～4毫米，宿存花萼平展，柱头薄盘形；分核4，椭圆形、三棱形，背部有不明显的棱和沟，内果皮木质化。花期5月，果期9～10月。

### 刺齿珊瑚冬青  *Ilex corallina* Franch. var. aberrans Hand.～Mazz.

叶缘具疏离的锯齿，齿尖具细尖刺，长1～2毫米，叶柄较短，长1～5毫米。

### 枸骨    *Ilex cornuta* Lindl. & Paxt.

常绿灌木或小乔木，高3～4米，树皮灰白色，平滑；小枝具棱，绿色，光滑，稍被小的微柔毛或无毛。叶生于1～3年生枝上；叶片厚革质，橄榄色，长圆状四方形，稀卵形，长（3～）5～8厘米，宽2～4厘米，先端急尖至短渐尖，并具硬刺尖头，基部截形或宽楔形，全缘，每侧具1～3个硬刺，中脉在上面微下陷，背面显著凸起，侧脉5～6对，叶面不明显，背面明显，网脉两面不明显；叶柄长4～8毫米，上面有窄槽，被微柔毛。花序簇生二年生枝叶腋，宿存鳞片近圆形，被微柔毛，具缘毛。苞片卵形，被柔毛，具缘毛。花4数；雄花：花梗长5～6毫米，无毛，基部具2个小苞片；花直径5～7毫米，花萼盘形，直径2.5毫米，裂片阔三角形，稍被微柔毛，具缘毛；花瓣长圆形，长3～4毫米，宽1.5毫米，反折，基部连合；雄蕊与花瓣等长或稍长，花药卵状长圆形，长1毫米；不育子房近球形，先端钝或圆形，不明显4裂；雌花：花梗长8～9毫米，无毛，果期延长至13～14毫米，有2枚基生小苞片；花萼同于雄花；花瓣长圆状卵形，长3.5毫米，稍具缘毛；不育雄蕊长约2毫米，花药卵状箭头形；子房长圆状卵形，长3～4毫米，宽2毫米，柱头盘形，4裂。果球形，直径8～10毫米；分核4，倒卵形至椭圆形，有皱纹状纹孔，背部具1纵沟，内果皮骨质。

树皮、枝、叶供药用，有滋补强壮之功效；种子油可制肥皂；树皮可供提栲胶；木材坚韧，有的地方用作耕牛鼻栓。

### 龟甲冬青    *Ilex crenata* Thunb.ex Murray  Convexa

多枝常绿灌木，高可达5米；树皮灰黑色，幼枝灰色或褐色，具纵棱角，密被短柔毛，较老的枝具半月形隆起叶痕和疏的椭圆形或圆形皮孔。叶生于1～2年生枝上，叶片革质，倒卵形，椭圆形或长圆状椭圆形，长1～3.5厘米，宽5～15毫米，先端圆形，钝或近急尖，基部钝或楔形，边缘具圆齿状锯齿，叶面亮绿色，干时有皱纹，除沿主脉被短柔毛外，余无毛，背面淡绿色，无毛，密生褐色腺点，主脉在叶面平坦或稍凹入，在背面隆起，侧脉3～5对，与网脉均不明显；叶柄长2～3毫米，上面具槽，下面隆起，被短柔毛；托叶钻形，微小。雄花1～7朵排成聚伞花序，单生于当年生枝的鳞片腋肉或下部的叶腋内，或假簇生于二年生枝的叶腋内，总花梗长4～9毫米；花4基数，花萼直径约3毫米，4裂，裂片圆形；花冠直径约6毫米，花瓣不育花药箭头形；子房卵球形，长约2毫米，花柱偶尔明显，柱头盘状，4裂。果球形，直径6～8毫米，成熟后黑色；果梗长4～6毫米；宿存花萼平展，直径约3毫米。花期5～6月，果期8～10月。

### 滇贵冬青 *Ilex dianguiensis* C. J. Tseng

常绿小乔木，高3.5米；当年生幼枝黑色或褐色，具棱，无毛，二年生小枝褐色，圆柱形。叶片革质，椭圆形或倒卵状椭圆形，长4～6厘米，宽1.5～2.5厘米，先端骤然渐尖，基部渐狭且下延，边缘具细圆齿状锯齿，干时叶面褐色，背面淡褐色，两面无毛，主脉在叶面凹陷，在背面隆起，侧脉5～7对，在两面略凸起，网状脉明显；叶柄长5～11毫米，上面具狭槽。花未见。果5～6个簇生或排成总状腋生，球形，直径约5毫米，果梗长6～7毫米；宿存花萼直径2毫米，盘状，4浅裂，裂片宽三角形或半圆形，无缘毛，宿存柱头薄盘状。分核4，长圆体形，长4.5毫米，宽约3毫米，背部具掌状条纹和沟槽或无沟槽，侧面具不规则的条纹和沟，内果皮石质。

### 榕叶冬青 *Ilex ficoidea* Hemsl.

常绿乔木，高8～12米，全株无毛；分枝具棱沟，褐色至深褐色；叶痕半圆形，不凸起；顶芽圆锥形。叶片革质，橄榄色或灰绿色，长圆状椭圆形，椭圆形至卵状或倒卵状椭圆形，长（5.5～）7～9厘米，宽2.5～3.7厘米，先端突然尾状渐尖，尾尖钝圆，渐尖长12～15毫米，基部圆形或钝，边缘具浅的圆齿状锯齿，齿尖黑色，中脉在叶面下陷，背面凸起，侧脉7～9对，叶面稍明显，背面显著，网脉上面不明显，背面明显；叶柄长10～12毫米，较细，上面具窄槽。聚伞花序或单花簇生于叶腋，花4数。雄花：花序每枝有花1～3朵；总花梗长1～2毫米；花梗长1～3毫米，中部具2枚小苞片；花萼盘形，裂片三角形，边缘具小缘毛；花瓣卵状长圆形，长约3毫米，宽1.5毫米，基部连合；雄蕊稍长于花瓣，花药长圆状卵形；不育子房圆锥状卵形，很小。雌花：花序每分枝具单花；花梗长2～3毫米，基部具2枚小苞片；花萼盘形，深裂，裂片三角形，龙骨状突起，具缘毛；花瓣卵形，长2.5毫米，具缘毛；不育雄蕊与花瓣近等长，花药卵形，小；子房卵状球形，长2毫米，宽1.2毫米，柱头盘形，4裂，果球形，直径5～7毫米，柱头薄盘形；分核4，椭圆形，背部具掌状棱沟。花期3～4月，果期10～11月。

## 大果冬青 *Ilex macrocarpa* Oliv.

落叶乔木，高达10米，具长枝和短枝；枝褐色，二年生和三年生枝上具皮孔。叶在长枝上互生，在短枝上集中于顶端；叶片纸质，卵形、卵状椭圆形，稀长圆状椭圆形，长5~15厘米，宽3~6.5厘米，先端短渐尖至渐尖，基部圆形或钝，边缘具锯齿，中脉在上面平或下陷，疏被细小微柔毛或无毛，背面凸起，无毛，侧脉8~10对，两面明显，近叶缘网结，网脉在背面显著；叶柄长9~12毫米，上面具窄槽，被微柔毛或变无毛。雄花呈假聚伞状花序或单个生于叶腋；总花梗长2~4毫米；花

梗长3~7毫米；花5~6数；花萼裂片卵形，有缘毛；花瓣倒卵状长圆形，长3毫米，基部连合；雄蕊与花瓣等长，花药卵状长圆形；不育子房圆形，中央微凹，不明显地分裂；雌花：花序单1，腋生；花梗长6~14毫米，无毛；花7~9数，花萼盘形，浅裂，裂片卵状三角形，有缘毛；花瓣长4~5毫米，基部连合；不育雄蕊为花瓣长的2/3，花药箭形；子房圆锥状球形，柱头柱状，无毛。果圆球形，直径10~14毫米，柱头短柱状，长2毫米，7~9浅裂；分核7~9，分核两侧扁，背部有3棱2沟，侧面有网状棱沟，内果皮坚硬。

## 小果冬青 *Ilex micrococca* Maxim.

落叶乔木，高达20米；小枝粗壮，无毛，具白色、圆形或长圆形常并生的气孔。叶片膜质或纸质，卵形、卵状椭圆形或卵状长圆形，长7~13厘米，宽3~5厘米，先端长渐尖，基部圆形或阔楔形，常不对称，边缘近全缘或具芒状锯齿，叶面深绿色，背面淡绿色，两面无毛，主脉在叶面微下凹，在背面隆起，侧脉5~8对，三级脉在两面突起，网状脉明显；叶柄纤细，长1.5~3.2厘米，无毛，上面平坦，下面具皱纹；托叶小，阔三角形，长约0.2毫米。伞房状2~3回聚伞花

序单生于当年生枝的叶腋内，无毛；总花梗长9~12毫米，具沟，在果时多皱，二级分枝长2~7毫米，花梗长2~3毫米，基部具1三角形小苞片。雄花：5或6基数，花萼盘状，5或6浅裂，裂片钝，无毛或疏具缘毛；花冠辐状，花瓣长圆形，长1.2~1.5毫米，基部合生；雄蕊与花瓣互生，且近等长，花药卵球状长圆形，长约0.5毫米；败育子房近球形，具长约0.5毫米的喙。雌花：6~8基数，花萼6深裂，裂片钝，具缘毛；花冠辐状，花瓣长圆形，长约1毫米，基部合生；退化雄蕊长为花瓣的1/2，败育花药箭头状；子房圆锥状卵球形，直径约1毫米，柱头盘状，柱头以下之花柱稍缢缩。果实球形，直径约3毫米，成熟时红色，宿存花萼平展，宿存柱头厚盘状，凸起，6~8裂；分核6~8，椭圆形，长2毫米，宽约1毫米，末端钝，背面略粗糙，具纵向单沟，侧面平滑，内果皮革质。花期5~6月，果期9~10月。

### 铁冬青 *Ilex rotunda* Thunb. Fl. Jap.

常绿大乔木，高达20米，胸径可达1米，全株无毛；分枝具棱，光滑，皮孔不显。叶片薄革质至坚纸质，橄榄色或褐色，卵形、倒卵形或椭圆形，长4～10厘米，宽2～4厘米，先端短渐尖，基部楔形或钝，全缘，中脉在上面微下陷，背面凸起，侧脉6～9对，上面不明显，背面明显，网脉不明显；叶柄长10～20毫米，上面具窄槽，背面有棱和皱纹。聚伞花序，有花4～6（～13）朵，腋生；花梗长3～13毫米，无毛。雄花序总花梗长3～10毫米；花梗长4～5毫米，基部具小苞片2枚或无；花4数，花萼盘形，浅裂，裂片三角形，无毛；花瓣长圆形，长约2.5毫米，宽1.5毫米；雄蕊较花瓣为长，花药椭圆形；不育子房小，顶端具小喙；雌花序总花梗长9～13毫米；花梗长4～8毫米；花白色，5～7数，花萼近盘形，裂片三角形，无毛；花瓣倒卵状长圆形，长2毫米，宽1.5毫米，基部连合；不育雄蕊较花瓣短，花丝基部十分膨大，花药近球形；子房近球形。果椭圆形，长6～8毫米，柱头幼时头状，成熟后厚盘形；分核5～7，披针形，长约6毫米，宽1.3毫米，断面呈三棱形，背部具3棱和2沟，内果皮近木质。花期8月，果期11月至翌年2～3月。

叶和树皮入药，凉血散血，有清热利湿、消炎解毒，消肿镇痛之功效，治暑季外感高热，烫火伤，咽喉炎，肝炎，急性肠胃炎，胃痛，关节痛等；兽医用治胃溃疡，感冒发热和各种痛症，热毒，阴疮；枝叶作造纸糊料原料。树皮可提制染料和栲胶；木材作细工用材。

### 绿冬青 *Ilex viridis* Champ. ex Benth.

常绿灌木或小乔木，高1～5米；幼枝近四棱形，具纵棱角及沟，沟内被短柔毛，棱上无毛，较老枝近圆形，具纵脊及长圆形或椭圆形皮孔；顶芽圆锥形，急尖，无毛。叶生于一至二年生枝上，叶片革质，倒卵形，倒卵状椭圆形或阔椭圆形，长2.5～7厘米，宽1.5～3厘米，先端钝，急尖或短渐尖，基部钝或楔形，边缘略外折，具细圆齿状锯齿，齿尖常脱落而成钝头，叶面绿色，光亮，背面淡绿色，具不明显的腺点，主脉在叶面深凹陷，疏被短柔毛；背面隆起，无毛，侧脉5～8对，两面明显，网状脉在叶面稍凸起，背面不明

显；叶柄长4～6毫米，上面具浅的纵沟，被微柔毛或无毛，背面具皱纹，两侧具叶片下延的狭翅。雄花1～5朵排成聚伞花序，单生于当年生枝的鳞片腋内或下部叶腋内，或簇生于二年生枝的叶腋内；总花梗长3～5毫米，花梗长约2毫米，基部或近中部具1至2枚小钻形苞片；花白色，4基数；花萼盘状，直径2～3毫米，裂片阔三角形，边缘啮蚀状，无缘毛；花冠辐状，直径约7毫米，花瓣倒卵形或圆形，长约2.5毫米，基部稍合生；雄蕊4枚，长约为花瓣的2/3，花药长圆形，长约1.5毫米；退化子房狭圆锥形，先端急尖或具短喙。雌花单花生于当年生枝的叶腋内，花梗长12～15毫米，无毛，向顶端逐渐增粗，其中部生2枚钻形小苞片；花萼直径4～5毫米，无毛，4裂，裂片近圆形；花瓣4，卵形，长约2.5毫米，基部稍合生；退化雄蕊长为花瓣的1/3，不育花药箭头形；子房卵球形，直径约2毫米，柱头盘状突起。果球形或略扁球形，直径9～11毫米，成熟时黑色；果梗长1～1.7厘米；宿存萼平展，直径约5毫米，宿存柱头盘状乳头形，直径1.5～2毫米；分核4，椭圆体形，横切面三棱形，长4～6毫米，背部宽3～5毫米，背部凸起，具稍隆起的皱纹，侧面平滑，内果皮革质。花期5月，果期10～11月。

## 菊科 Compositae　　斑鸠菊属 *Vernonia*

### 展枝斑鸠菊　*Vernonia extensa* DC.

灌木或亚灌木，稀小乔木，高1.8～3（～5）米。枝圆柱形，灰绿色，开展，具细纵纹，密被黄褐色短柔毛。叶互生，叶片薄纸质，披针状狭长圆形、狭长圆形或狭椭圆形，长9～20（～23）厘米，宽3～7厘米，先端渐尖，基部狭楔形，边缘具小尖齿，表面暗绿色，疏被贴生的短柔毛，背面黄绿色，被密或

疏的短柔毛，密具亮腺点，侧脉8～10对，细脉网状但不明显，中脉和侧脉在背面稍凸起；叶柄长0.5～1.5厘米，密被淡黄色短柔毛。头状花序多数，径4～6毫米，具8～10花，在茎枝先端和上部叶腋排列成伞房状花序，花序总轴密被短柔毛；花序梗长3～8毫米，密被短柔毛，常有1～2枚钻形、长1～1.5毫米的小苞片；总苞圆筒状，径4～6毫米；总苞片6～7层，近革质，外层卵形，长约1毫米，先端急尖，中层卵状长圆形，较长，先端钝或圆，内层长圆形，长6～8毫米，先端圆，全部总苞片黄绿色，先端或上部带紫色，背面疏生短柔毛或近无毛，边缘生短缘毛；花序托平，具小窝孔。花冠管状，紫红色、淡红色或稀白色，长8～10毫米，冠管长6～8毫米，上部稍扩大，冠檐具5个线状披针形的裂片。瘦果圆柱形，长3～4毫米，具10条纵肋，疏被短柔毛和具腺点；冠毛淡红色，外层长1.5～2毫米，内层糙毛状，长8～10毫米。花果期10月至翌年3月。

全株治腮腺炎和牙痛；根治感冒。

## 五福花科 Adoxaceae    接骨木属 *Sambucus*

### 西洋接骨木    *Sambucus nigra* Linn. Sp. Pl.

落叶乔木或大灌木，高4～10米；幼枝具纵条纹，二年生枝黄褐色，具明显凸起的圆形皮孔；髓部发达，白色。羽状复叶有小叶片1～3对，通常2对，具短柄，椭圆形或椭圆状卵形，长4～10厘米，宽2～3.5厘米，顶端尖或尾尖，边缘具锐锯齿，基部楔形或阔楔形至钝圆而两侧不等，揉碎后有恶臭，中脉基部、小叶柄基部及叶轴均被短柔毛；托叶叶状或退化成腺形。圆锥形聚伞花序分枝5出，平散，直径达12厘米；花小而多；萼筒长于萼齿；花冠黄白色，裂片长矩圆形；雄蕊花丝丝状，花药黄色；子房3室，花柱短，柱头3裂。果实亮黑色。花期4～5月，果熟期7～8月。

### 接骨木　*Sambucus williamsii* Hance

落叶灌木或小乔木，高2～8米；树皮暗灰色，分枝粗壮，一年生枝浅黄色，皮孔粗大，密集，髓心暗灰色，性脆易折断；冬芽大而锐尖。奇数羽状复叶，对生，在萌发壮枝上有时轮生；小叶3～7（11）枚，通常卵形、狭椭圆形至长圆状披针形，长（3）5～12（15）厘米，宽（1.5）2～3.5厘米，先端渐尖至尾状渐尖，基部圆形或阔楔形，两侧常不对称，边缘有细锐锯齿，常在中、下部具1枚或数枚腺状齿，叶面绿色，背面淡绿色，初时叶面有短柔毛，后毛被脱落，叶片揉碎后有臭味，具短柄，顶生小叶柄长达2厘米；托叶小，线形或呈腺体突起。圆锥花序由聚伞花序组成，顶生，长5～11厘米，具总梗，总梗与各级序轴初时微被柔毛，后毛被逐渐脱落；花小而密集，萼筒杯状，长约1毫米，萼齿5，三角状披针形，稍短于萼筒；花冠白色至淡黄色，辐状，裂片5，反曲，长约2毫米，花蕾时作镊合状排列；雄蕊5，等长或稍短于花冠裂片而与之互生，开展；花柱短，柱头3裂。果球形或椭圆形，直径3～5毫米，红色，少数黑紫色，具宿存萼片；核2～3颗，压扁状椭圆形至卵形，长2.5～3.5毫米，略有皱纹。花期3～4月，果期4～5月。

全株供药用，功能是活血消肿、接骨止痛、祛风利湿；枝叶治跌打损伤、骨折、脱臼、风湿、关节炎、腰肌劳损等；根或根皮治痢疾、黄疸，外用治创伤出血；花用作发汗药；种子含油，供制皂和工业用，还可作催吐药。

## 荚属 *Viburnum*

### 蓝黑果荚蒾  *Viburnum atrocyaneum* C. B. Clarke

常绿灌木，高达3米；幼枝无毛或有簇状小毛；冬芽芽鳞2。叶片革质，卵状圆形、卵形、倒卵形至卵状披针形或菱状椭圆形，长（0.8～）3～6（10）厘米，宽1.5～3（～6.5）厘米，先端钝而有微凸尖，有时凹入或稀为锐尖，基部宽楔形，两侧常稍不对称，边缘有不整齐的小尖齿，稀全缘，叶面暗绿色，略有光泽，背面淡绿色，两面无毛，侧脉每边5～8条，近边缘处网结，与中脉在叶面凹陷或平坦，在背面突起，脉网在上面凹陷，下面消失；叶柄长6～12毫米，腹面具槽，如中脉下面常为淡黄色。花序聚伞状复伞形，径2～6厘米，无毛或略被毛，总梗长0.6～6厘米，第一级辐射枝5～7条，总梗及各级辐射枝常呈水红色；苞片和小苞片披针形，长1.5毫米，无毛；花小，着生于第二级稀第三级辐射枝上；萼筒长1.5毫米，无毛，萼檐具5微齿，齿宽三角形，长约为萼筒之半；花冠白色，辐状，长约2.5毫米，裂片稍长于冠筒；雄蕊5枚，稍短于花冠。核果卵状球形，长4～6毫米；核卵形，腹面具1沟。花期4～6月，果期7～10月。

种子含油，油属不干性油，可供制皂及点灯用。

### 臭荚蒾  *Viburnum foetidum* Wall

常绿灌木，高1～3米；枝条披散，幼枝密被黄褐色簇状短柔毛，老枝红褐色，无毛。叶片坚纸质或近革质，长圆状菱形，长3～6.5厘米，宽1.5～2.5厘米，先端渐尖，基部楔形或圆形，边缘疏生锐齿，叶面绿色，仅沿中脉被簇状短柔毛，背面淡绿色，除中脉及侧脉被同样的毛外，脉腋尚有簇聚毛，基部三脉，侧脉每边2～4条，伸达齿端，与中脉在叶面凹陷，在背面突起，横向小脉仅背面明显；叶柄长0.5～1厘米，腹面具槽，密被黄褐色簇状短柔毛。花序聚伞状复伞形，顶生，密被黄褐色簇状短柔毛，总梗极短或几无，第一级辐射枝5～7条；苞片和小苞片线状长圆形至匙状长圆形，长约1.5毫米，被簇状毛；花着生于第二至第三级辐射枝上；萼筒长约1毫米，萼檐5齿，齿微小，三角形，无毛；花冠白色，近无毛，辐状，长约1.5毫米，冠筒长约0.5毫米，花冠裂片圆形，长于冠筒；雄蕊5，略超出花冠。核果卵状椭圆形，长7毫米，红色；核扁，背具2、腹具3槽。花期5～8月，果期8～10月。

## 珍珠荚蒾 *Viburnum foetidum* var. *ceanothoides*（C. H. Wright）Hand.~Mazz.

叶片倒楔形，向顶有疏牙齿，具假扇形大脉。

根、树皮、叶和果实供药用，有清热解表、疏风止咳之效，治头痛、风热咳嗽、白口疮、火眼，也治跌打损伤及周身疼痛和刀伤出血。种子含油约10%，油供制润滑油和肥皂。

## 少花荚蒾 *Viburnum oliganthum* Batal.

灌木或小乔木，高2～6米；幼枝黄褐色，初被稀疏星毛，后变无毛，老枝暗褐色，无毛。叶片近革质至革质，倒披针形至长圆状倒披针形或倒卵状长圆形至长圆形，长5～10厘米，宽（1.5）2～3.5厘米，先端渐尖至长渐尖，多少具尾突尖，基部楔形至钝形，边缘自基部约在叶片的1/3～1/2以上具尖锐锯齿，齿端向前至内弯，少有外展，叶面绿色，背面淡绿色，两面无毛或背面常

沿脉上有极稀的簇状毛，中脉两面突起，侧脉每边5～6条，伸达齿端；叶柄长0.5～1.5厘米，腹面具槽，无毛，常带红色。聚伞状圆锥花序长2.5～10厘米，略被毛，总梗紫红色，长（1.2）2.5～7厘米；苞片和小苞片线状披针形，长2～8毫米，具中脉，被缘毛；花着生于序轴的第一至第二级分枝上；萼筒长2.5毫米，无毛，萼檐具5齿，齿三角形，锐尖，边缘膜质；花冠白色或淡红色，漏斗状，冠筒筒状，长约9毫米，花冠裂片卵状圆形，长仅1.5毫米；雄蕊5，着生于花冠喉部，不超出花冠裂片，花丝极短，花药紫红色。核果宽椭圆形，长6～7毫米，红色而后变黑色；核有1条深腹沟。花期4～6月，果期7～8月。

### 鳞斑荚蒾　*Viburnum punctatum* Buch. ~ Ham. ex D. Don

常绿小乔木，高6~9米；芽、幼枝、叶片下面、花序、花萼、花冠及核果均密被常为铁锈色圆形的小鳞片；枝条浅褐色，生有锈色木栓质突起的圆形皮孔，冬芽无芽鳞。叶片革质，长圆状椭圆形或长圆状卵形，有时长圆状倒卵形，长（5~）8~14（18）厘米，宽3.5~5.5（~7.5）厘米，先端突然渐尖而钝头，有时尾尖，基部宽楔形，侧脉每边5~7条，拱弯，在未达叶缘之前消失，与中脉在叶面凹陷，在背面突起；叶柄长1~1.5厘米，腹面具槽，被鳞片。花序聚伞状复伞形，直径7~10厘米，无或有短总梗，第一级辐射枝4~6条；苞片和小苞片宽卵形，长约2毫米，先端钝形；花芳香，着生于第三至第四级辐射枝上；萼筒长约2毫米，萼檐具5浅圆齿，齿长约0.5毫米；花冠白色，辐状，长2.5~3毫米，开放时直径约6毫米，花冠裂片长于冠筒；雄蕊5，等高于或超出花冠；花柱略超出花萼。核果椭圆形，长8~11毫米，红色而后变黑色；核扁，背具2、腹具3浅槽。花期3~4月，果期5~10月。

### 锥序荚蒾　*Viburnum pyramidatum* Rehd.

常绿灌木至乔木，高2~7米；当年生枝黄褐色，被簇状毛，散生皮孔，一年生枝变无毛，灰褐色，密生皮孔；冬芽有2鳞片，鳞片密被黄褐色簇状毛。叶片坚纸质，卵状长圆形或长圆形，长8~19厘米，宽4~8厘米，先端渐尖，基部楔形，边缘在基部以上有小牙齿状锯齿，叶面暗绿色，光亮，无毛，背面淡绿色，全面尤其是沿脉上密被簇状微柔毛，侧脉每边6~7条，拱弯，近叶缘网结，与中脉在叶面凹陷，在背面突起，细脉横向平行，背面明显；叶柄长1.5~2.5厘米，腹面具槽，密被簇状微柔毛。圆锥花序尖塔形，由数层伞形花序组成，长5~8厘米，密被黄褐色簇状柔毛，总梗长4~6厘米，伞形花序具4~6条第一级辐射枝；苞片和小苞片长卵形，先端钝，外被黄褐色簇状柔毛；花甚小，着生于伞形花序的第三级辐射枝上；萼筒圆柱形，长1.5毫米，无毛，萼齿卵状圆形，长0.7~1毫米，疏被纤毛；花冠白色，辐状，长约2毫米，直径4毫米，通常无毛，花冠裂片卵状圆形，略长于冠筒。核果长圆形，长约1厘米，宽4~5毫米，红色；核扁而略弯，背具1、腹具2浅槽。花期11~12月，果期3~10月。

## 忍冬科 Caprifoliaceae　　鬼吹箫属 *Leycesteria*

### 风吹箫　*Leycesteria formosa* Wall.

半木质落叶灌木，高1～3米或以上；枝空心，外有纵条纹，略被短柔毛，全体常有疏或密的紫色短腺毛。叶片纸质，卵状披针形、卵状长圆形至卵形，长4～13厘米，宽2～6厘米，先端尾尖至渐尖，基部心形、圆形至阔楔形，全缘或具微齿，叶面绿色，背面白绿色，两面被短糙伏毛，沿中脉及侧脉上尤甚，侧脉每边约4条，近叶缘网结，与中脉两面明显；叶柄长0.5～1.5厘米，腹面具槽，被短柔毛。穗状花序顶生或腋生，下垂，每节具6花，系由2个对生、无总梗的聚伞花序所组成，长3～10厘米，总梗长0.8～3厘米，被短柔毛；苞片叶状，绿色或紫红色，长达2（3.5）厘米，略被柔毛，小苞片披针形，长不及1毫米，密被毛；萼筒圆柱形，长约3毫米，密被糙毛和腺毛，萼裂片5，长1～3（4～5）毫米，通常2长3短；花冠白色或粉红色，有时带紫色，长1.2～1.8厘米，阔漏斗形，外面疏被短柔毛和腺毛，基部具5个浅囊，囊内生蜜腺，花冠裂片5，整齐；雄蕊5，着生于花冠喉部，等高于花冠裂片；花柱稍伸出花冠，柱头圆盾形；子房5室。果卵状球形，直径约1厘米，红色，后变紫黑色，被腺毛，具宿存萼裂片；种子小而多数，扁圆形，长1.2～1.5毫米，淡褐色，具光泽。花期（5）6～9（10）月，果熟期9～10月。

## 忍冬属 *Lonicera*

### 西南忍冬　*Lonicera bournei* Hemsl.

攀援藤本或灌木，高达2.5米；老枝黄褐或褐色，无毛或略被短黄毛，干皮条状剥落，小枝褐色或红褐色，纤细，节间短于叶，密被短黄毛。叶对生，叶片近革质，心状卵形，卵形至卵状长圆形，长（1.5）2.5～7.5厘米，宽（1.3）2～3厘米，先端锐尖至短渐尖，基部圆形至近心形，两侧近相等，边缘反卷且无缘毛，叶面绿色，稍光亮，背面淡绿色，两面无毛或仅中脉及侧脉上有短柔毛，侧脉每边3～5条，与中脉在叶面凹陷，在背面突起；叶柄长2～7毫米，密被短黄毛。双花于小枝上腋生，总花梗长1～5毫米，密被短黄毛；苞片钻状披针形，长约2毫米，有细毛，小苞片卵形或近圆形，长约0.7毫米，具缘毛；相邻2萼筒分离，萼筒圆筒形，长约2毫米，无毛，萼檐长约0.7毫米，萼齿宽三角形，长约0.5毫米，先端钝，具细缘毛；花冠白色，后转黄色，长约4.5厘米，外面无毛或被微毛和腺毛，冠筒纤细，冠檐二唇形，唇瓣极短，长约为冠筒1/8，上唇具4裂片，与下唇反转；雄蕊5，与花柱几不伸出，无毛。果球形，直径5毫米，红色；种子卵圆形，长约4毫米，压扁，褐色，两面中间脊状突起。花期2～3月，有时10月第二次开花，果期4月。

### 粘毛忍冬　*Lonicera fargesii* Franch.

落叶灌木，高达4米；幼枝、叶柄和总花梗都被开展的污白色柔毛状糙毛及具腺糙毛。冬芽外鳞片约4对，卵形，无毛。叶纸质，倒卵状椭圆形、倒卵状矩圆形至椭圆状矩圆形，长6～17厘米，顶端急渐尖或急尾尖，基部楔形至宽楔形或圆形，边缘不规则波状起伏，有睫毛，上面疏生糙伏毛，有时散生短腺毛，下面脉上密生伏毛及散生短腺毛；叶柄长3～10毫米。总花梗长3～4（～5）厘米；苞片叶状，卵状披针形或卵状矩圆形，两侧稍不等，长3～15毫米，有柔毛和睫毛；小苞片小，圆形，2裂，有腺缘毛；相邻两萼筒全部合生或稀上端分离，萼齿短，三角形，有腺缘毛；花冠红色或白色，唇形，外被柔毛，筒部有深囊，上唇裂片极短，下唇反曲；花丝下部有柔毛，花药稍伸出；花柱比雄蕊短。果实红色，卵圆形，内含2～3颗种子；种子橘黄色，椭圆形，长约6毫米，稍扁，一面稍凹入。花期5～6月，果熟期9～10月。

### 忍冬　*Lonicera japonica* Thunb.　　别名：金银花

半常绿木质藤本，多分枝；茎皮作条状剥落，枝中空；幼枝暗红褐色，密被黄褐色开展糙毛和腺毛，下部常无毛。叶片纸质，卵形至长圆状卵形，稀倒卵形或卵状披针形，长3～8厘米，宽1.5～4厘米，先端短尖或钝，基部圆形至近心形，边缘全缘且具缘毛，着生小枝上部的叶通常两面密生短糙毛，下部者常平滑无毛，背面多少带灰绿色，入冬略带红色；叶柄长4～8毫米，被毛。花双生，着生在小枝上部叶腋的总花梗与叶柄等长或稍短，但着生在小枝下部者有时则长达2～4厘米，密被短柔毛和腺毛；苞片叶状，长达2～3厘米，两面均被毛或稀无毛，小苞片长约1毫米，为萼筒的1/2～2/3，缘毛明显；相邻2萼筒分离，长约2毫米，无毛，萼齿近三角形，外面和边缘都有毛，齿端被长毛；花冠先白色，有时基部向阳面略带红色，后转黄色，长3～4厘米，外面有柔毛和腺毛，二唇形，上唇具4裂片且直立，下唇反转，约与冠筒等长或稍短；雄蕊5，与花柱均伸出花冠。果离生，球形，直径6～7毫米，熟时蓝黑色；种子卵圆形，长约3毫米，褐色，两侧有浅横沟纹，中间脊状突起。花期4～6月，少数于7～8月第二次开花，果熟期10～11月。

藤、花、茎、叶供药用，功能清热解毒，主治温病发热、热毒血痢、痈疡、肿毒、瘰疬、痔漏等症。

### 亮叶忍冬　*Lonicera ligustrina* Wall var. yunnanensis Franch.

叶革质，近圆形至宽卵形，有时卵形、矩圆状卵形或矩圆形，顶端圆或钝，上面光亮，无毛或有少数微糙毛。花较小，花冠长（4~）5~7毫米，筒外面密生红褐色短腺毛。种子长约2毫米。花期4~6月，果熟期9~10月。

### 金银忍冬　*Lonicera maackii*（Rupr.）Maxim.

落叶灌木，高1.5~4米；树干皮暗灰色或灰白色，不规则纵裂；小枝中空，幼时被短柔毛；冬芽小，卵圆形，鳞片达5对以上。叶对生，叶片纸质或薄纸质，通常卵状椭圆形至卵状披针形，长3~6.5厘米，宽2~3.5厘米，先端渐尖或长渐尖，基部阔楔形至圆形，叶面绿色，背面淡绿色，两面有时疏被柔毛，脉上和叶柄均被腺短柔毛，侧脉约5（7）对，与中脉两面多少明显，背面脉腋有时呈趾蹼状；叶

柄长2~8毫米。总花梗腋生，长1~2毫米，被腺毛，短于叶柄；苞片、小苞片和萼檐外面均被小柔毛和腺毛，苞片线形，有时倒披针形而呈叶状，长3~6毫米，长于萼筒，小苞片合生成对，具缘毛，略短于萼筒或与其几乎等长；相邻2萼筒分离，长约2.5毫米，下方多少具1短梗，萼檐钟状，长1.5毫米，5齿，齿长三角形，锐尖，具缘毛；花冠先白色后转黄色，长1.5~2厘米，外面被柔毛，下部毛较密，二唇形，唇瓣长为萼筒2~3倍；雄蕊5，花丝下部被柔毛，与花柱均短于花冠；花柱被柔毛，柱头圆盾形。果球形，熟时暗红色，半透明，直径5~6毫米；种子椭圆形，长约3毫米，具细凹点。花期3~5月，果期7~9月。

茎皮可制人造棉；种子油可制肥皂；叶浸汁可杀棉蚜虫；花可代金银花用，还可提取芳香油；全株入药，能祛风解毒，消肿止痛，主治头晕、跌打损伤等症。

### 蕊帽忍冬　*Lonicera pileata* Oliv.

常绿或半常绿灌木，高达1.5米；老枝干皮浅灰色，条状剥落，幼枝灰褐色，密被短糙毛。叶对生，叶片薄革质或革质，叶形变异大，通常卵形、长圆状披针形或菱状长圆形，长1～3.5（6.5）厘米，宽0.5～1.2（1.5）厘米，先端锐尖，基部楔形，边缘软骨质，反卷，有少数缘毛或无缘毛，叶面亮绿色，沿中脉上有毛或全然近无毛，背面淡绿色，无毛，中脉两面突起，侧脉每边6～8条，叶面不明显，背面多少明显；叶柄极短，长1～2毫米，有毛或近无毛。总花梗极

短，长约1毫米，密被短糙毛，腋生；苞片钻形，约等长于萼筒，小苞片合生成杯状壳斗，包围2分离的萼筒，上部边缘为萼檐下延的帽边状突起所覆盖；萼筒长约1.5毫米，萼齿小而钝，具糙缘毛；花冠白色，漏斗形，长6～8毫米，外面被短糙毛和腺毛，在花冠下部毛被尤为明显，稀无毛，冠筒基部具浅囊，内面有柔毛，裂片为冠筒的1/4～1/3；雄蕊5枚，与花柱略伸出；花柱下部疏被糙毛。果球形，直径5～8毫米，透明蓝紫色；种子卵圆形，淡黄褐色，光滑，长2毫米。花期4～6月，果熟期9～10月。

### 细绒忍冬　*Lonicera similis* Hemsl.

藤本；老枝棕色，干皮条状剥落；小枝具淡黄褐色开展长糙毛或有时无毛。叶对生，叶片纸质，长圆形至披针形或卵形，长3～13.5厘米，宽1.5～4.5厘米，先端急尖至渐尖，基部近圆形或浅心形，两侧稍不相等，边缘反卷且常有纤毛，叶面黄绿色，初时中脉有糙伏毛，后变无毛，背面被由灰白色短柔毛组成的细毡毛，脉上有长糙毛或无毛，老叶毛变稀疏，侧脉每边4～6条，与中脉在叶面凹陷，在背面突起；叶柄长3～10（20）毫米，被开展长糙毛和短柔毛，间或无毛。总花

梗单生于叶腋或少数集生枝端成总状花序，下方者长可达4厘米，向上则渐变短，被毛；苞片常线状披针形，长2～4.5毫米，被毛，小苞片宽卵形，极小，长约为萼筒的1/3，具缘毛；萼筒无毛或有时疏被毛，长2～3毫米，萼齿三角形，长仅1毫米，宽几相等，具缘毛；花冠白色，后转淡黄色，有微香，长3～7（8）厘米，外面被开展糙毛和腺毛，有时无毛，冠筒细，内有柔毛，冠檐二唇形，上唇具4裂片，与下唇均反转，唇瓣长约为冠筒1/6～1/2；雄蕊5，与花冠几等长，花丝无毛；花柱稍伸出花冠外，无毛。果卵状球形，长7～9毫米，黑色；种子卵圆形或椭圆形，压扁，长约5毫米，褐色，有浅横沟纹，两面中间脊状突起。花期5～6月，果期8～10月。

花蕾及叶供药用，治风寒、身肿、腹胀等病；花可代茶，是西南地区"金银花"中药材的主要来源。

## 鞘柄木科 Toricelliaceae    鞘柄木属 *Toricellia*

### 有齿鞘柄木    *Toricellia angulata* Oliv. var. intermedia（Harms）Hu

落叶乔木或灌木，高2～15米；树皮灰色，老枝灰褐色，幼枝被小柔毛，具有长椭圆形皮孔和半环形叶痕。叶互生，膜质或纸质，阔卵形或近圆形，长6～22厘米，宽5～24厘米，基部近心形或截形，掌状5～7裂，裂片顶端短尾尖，边缘具牙齿状锯齿，掌状脉5～7条，两面突起，无毛，侧脉和网脉明显，叶柄特长，达14厘米，基部膨大，鞘状，半抱茎，无毛。顶生总状花序疏散而下垂；雄花序长5～30厘米，密被短柔毛；苞片披针形，长约10毫米，被毛；雄花具柄，长1～2毫米，被毛，无关节，近基部有2枚长披针形小苞片；花萼管倒圆锥形，裂片5，齿状；花瓣5，长圆状披针形，长约1.8毫米，顶端尾尖，钩向内曲；雄蕊5，与花瓣互生，花丝短，花药长圆形，2室；花盘垫状，中间有3枚圆锥体；雌花序较长，达35厘米，稀疏；花萼管状，无毛，裂片5，披针形，不整齐，顶端有疏生纤毛；子房倒卵形，与花萼合生，3室，花柱3枚，长1.2毫米，柱头弯曲，下延；花梗纤细，圆柱形，具3枚小苞片，长约1～2.5毫米。核果卵圆形，直径约4毫米，干时黑色，顶端冠以宿存花萼和花柱。花期10～11月，果期翌年4～6月。

## 海桐花科 Pittosporaceae    海桐花属 *Pittosporum*

### 短萼海桐    *Pittosporum brevicalyx*（Oliv.）Gagnep.

灌木或小乔木，高4～10米。叶革质，披针形，倒披针形，倒卵状披针形，稀倒卵形，长4～12厘米，宽2～5厘米，顶端尖或渐尖，基部狭楔形，全缘；叶柄长10～25毫米。顶生圆锥花序，分枝多；花淡黄色，极芳香；花萼分离，膜质，不等大，长1～3毫米；花冠分离，长6～8毫米；子房被毛，花柱短而光滑无毛。蒴果卵圆形，直径8～10毫米，微扁，果片薄，2片裂，种子6～10枚。花期4～5月，果期6～11月。

茎、皮、叶、果入药，消炎消肿，祛痰，镇咳，平喘，治疗慢性气管炎、睾丸炎。

### 杨翠木　*Pittosporum kerrii* Craib

小乔木或灌木，高3～13米。叶革质，倒披针形，长6～12（～15）厘米，宽2～4.5厘米，顶端短尖或钝，基部狭楔形，全缘；叶柄长1～2厘米。顶生圆锥花序有明显的总花序柄，由多数伞房花序组成，总花序轴长3～4厘米，被毛；花淡黄色，芳香，长6～7毫米，子房被毛或仅基部被毛，胎座2，位于基部，胚珠2～4个。蒴果卵圆形，2片裂开，果爿薄，长6～8毫米，种子2～4个，果柄粗壮。花期4～6月，果期7～12月。

根及树皮入药，清热解毒，祛风解表，治感冒发热，截疟。

### 海桐　*\*Pittosporum tobira*（Thunb.）Aiton

小乔木或灌木，高2～6米；嫩枝、花序、花萼、子房密被细柔毛。叶倒卵状披针形或倒卵状长圆形，长5～10厘米，宽1～4厘米，革质，顶端钝圆，基部狭楔形，全缘，叶缘有时白色，侧脉7～8对，不明显；叶柄长5～15毫米。顶生伞房状伞形花序，花序基部具披针形膜质小苞片；花白色，芳香，花萼杯状，基部连合，5裂，萼片披针形；花瓣倒披针形，长10～13毫米，顶端钝圆，雄蕊长7～9毫米，花药淡黄色，基部着生；

子房卵圆形，花柱光滑，柱头头状。蒴果圆球形，具棱，3～4裂，种子多数。花期4～5月。

庭园观赏树。

木质坚硬，纹理密致；密源植物，又可作防风防潮植物。

## 五加科 Araliaceae     五加属 *Acanthopanax*

### 乌蔹莓叶五加 *Acanthopanax cissifolius*（Griff. ex Seem.）Harms

灌木，高约3米；枝无刺或散生短皮刺。指状复叶，有小叶5，稀3～4；具长3～12厘米的叶柄，无毛或被短柔毛；小叶纸质，披针形或倒披针形至倒卵形或长圆形，长3～9厘米，宽1.2～2.5（～3.5）厘米，先端渐尖，基部渐狭，上面无毛或疏生短柔毛，下面被短柔毛，边缘具细锯齿或重细锯齿，有侧脉6～10对，上面不显著，下面明显；小叶具短柄或近无柄。伞形花序单个顶生，有时在基部又生出1～2个具短梗的伞形花序，有花数朵，径约2.5厘米；总花梗长4～12厘米；小花梗长约1厘米，被短柔毛；花萼无毛，全缘；花瓣5，三角形或卵形，长约2毫米，无毛；雄蕊5，花丝与花瓣等长；子房3～5室，花柱5，几乎完全分离。果球形，成熟后黑色，直径约8毫米。花期7月，果期9～10月。

### 五加 *Acanthopanax gracilistylus* W. W. Smith

灌木，有时蔓生状，高2～3米；枝无刺或在叶柄基部单生扁平的刺，有时小枝上疏生向下的扁刺，指状复叶在长枝上互生，在短枝上簇生；叶柄长5～8厘米，无毛或疏生小刺；小叶5，稀3～4，薄纸质至纸质，倒卵形至倒披针形，长3～6厘米，宽1～2.5厘米，先端钝至短渐尖，基部楔形，边缘有圆齿状细锯齿，两面无毛或沿脉疏被刚毛，背面脉腋稍有淡棕色绒毛，有侧脉4～5对，两面都不十分明显，网脉极不明显；无小叶柄或近无柄。伞形花序腋生或单生于短枝顶端，偶有2～3个在一起的；有花多数，径约2厘米；总花梗长2～7.5厘米，无毛；花黄绿色；花萼边缘有5齿；花瓣5，卵状长圆形钝，长约2毫米；雄蕊5，花丝与花瓣等长；子房2室，花柱2，纤细呈丝状，完全分离，开展，长约2毫米；花梗纤细，长0.8～2厘米。果近圆球形，侧扁，成熟时黑色，径5～6毫米，花柱宿存。花期5～6月，果期7～9月。

根皮入药，有祛风湿，强筋骨之效。

### 白簕 *Acanthopanax trifoliatus* （L.） Merr.

攀缘状灌木，高1～7米；枝上疏生扁平而先端下弯基部扩大的皮刺，往往在叶柄基部出现1～2个刺。指状复叶有小叶3，稀4～5；叶柄长2～6厘米，散生刺稀无刺；小叶纸质，具短柄，椭圆状卵形或倒卵形至长椭圆形，长4～8厘米，宽2.5～4.5厘米，先端短尖至渐尖，基部楔形，边缘常有疏圆钝齿或细锯齿，无毛或上面脉上疏生刚毛，侧脉5～7对，仅在下面明显。伞形花序3～10个或更多组成复伞形花序或总状至圆锥状，稀单一，生于枝顶；总花梗长2～7厘米；花黄绿色；小花梗长1～2厘米，纤细；花萼梢5齿，长1.5毫米，无毛；花瓣5，三角状卵形，长约2毫米；雄蕊5，花丝长2～3毫米；子房2室，花柱2，合生至中部。果扁球形，成熟时黑色，径约5毫米，花柱宿存，先端外弯。花期8～10月，果期10～12月。

根、根皮、茎及叶入药，治疗风湿麻木，跌打损伤及咳嗽，有舒筋活络、祛风除湿、理气、止咳之效。

## 木属 Aralia

### 广东楤木 *Aralia armata* （Wall.） Seem.

有刺灌木，有时藤状，高1～4米。叶为3回羽状复叶，长45～70厘米，每羽片有小叶5～9，小叶纸质，卵状长圆形至卵形，长2.5～9厘米，宽1.5～3厘米，先端长渐尖，基部近圆形至心形，略偏斜，边缘具锐锯齿，两面均被疏柔毛，脉上有疏刺，小叶无柄或具极短柄，叶轴各节基部有小叶1对，总叶轴、羽片轴均被柔毛和钩刺。花序顶生，由多数伞形花序组成大圆锥花序，长达50厘米，具刺，花序轴下部近无毛，上部被柔毛；伞形花序有花多数；花白色，径约4毫米；萼具5齿；花瓣5，三角状卵形，无毛，长约2毫米；雄蕊5，长约2.5毫米；子房5室，花柱5，分离而外弯；小花梗长1～1.5厘米，花梗长1.5～5厘米，均被短柔毛。果球形，黑色，直径约5毫米，有5棱，花柱宿存。花期8～9月，果期10～11月。

## 罗伞属 *Brassaiopsis*

### 罗伞　*Brassaiopsis glomerulata*（Bl.）Regel

灌木或乔木，高3～20米，树皮灰棕色，上部的枝有刺，新枝有红锈色绒毛。叶有小叶5～9；叶柄长至70厘米，无毛或上端残留有红锈色绒毛；小叶片纸质或薄革质，椭圆形至阔披针形，或卵状长圆形，长15～35厘米，宽6～15厘米，先端渐尖，基部通常楔形，稀阔楔形至圆形，幼时两面均疏生红锈色星状绒毛，不久毛脱落变几无毛，边缘全缘或疏生细锯齿，侧脉7～9（～12）对，明显，网脉不甚明显；小叶柄长3～9厘米。圆锥花序大，长至40厘米以上，下垂，主轴及分枝有红锈色绒毛，后毛渐脱落；伞形花序直径2～3厘米，有花20～40朵；总花梗长2～5厘米，花后延长；苞片三角形、卵形或披针形，长约5毫米，宿存；小苞片有红锈色绒毛，宿存；花白色，芳香；萼筒短，长约1毫米，有红锈色绒毛，边缘有5个尖齿；花瓣5，长圆形，初被红锈色绒毛，后毛脱落变无毛，长3毫米；雄蕊5，长约2毫米；子房2室，花盘隆起，花柱合生成柱状。果实阔扁球形或球形，紫黑色，直径7～9毫米，宿存花柱长1～2毫米，果梗长1.2～1.5厘米。花期6～8月，果期次年1～2月。

## 八角金盘属 *Fatsia*

### 八角金盘　*Fatsia japonica*（Thunb.）Decne.et Planch.

小乔木或大灌木；枝幼时有棕色长绒毛，后毛渐脱落变无毛。叶片大，圆形，直径15～30厘米，掌状5～7深裂，裂片卵状长圆形至长圆状椭圆形，先端长尾状渐尖，基部狭缢，上面绿色，下面淡绿色，两面幼时有棕色绒毛，后无毛，边缘有疏锯齿，齿有上升的小尖头，放射状主脉7条，下面明显；叶柄和叶片等长或略短，基部有纤毛；托叶不明显。圆锥花序大，顶生，长30～40厘米，基部分枝长14厘米，密生黄色绒毛；伞形花序直径2.5厘米，有花约20朵；总花梗长1.5厘米；苞片膜质，卵形，长0.5～1厘米，密生棕色绒毛；小苞片线形；花梗无关节，长约1厘米，有短柔毛；萼筒短，边缘近全缘，有10棱；花瓣长三角形，膜质，先端尖，长约3.5毫米，开花时反卷；雄蕊5；花丝线形，较花瓣长，外露；子房10室，有时8～11室；花柱10，有时8～11，离生，长约0.5毫米；花盘隆起。

供观赏用。

## 常春藤属 *Hedera*

### 尼泊尔常春藤 *Hedera nepalensis* K. Koch

常绿藤本，长3～30米；茎上有附生气根；幼枝被锈色鳞片。气根纤细，以此攀援于他物。单叶互生，革质，通常二型，也有三型至四型者；不育枝上的叶为三角状卵形或戟形，长5～12厘米，宽3～10厘米，全缘或3裂；花枝上的叶椭圆状披针形、长椭圆状卵形至披针形，稀卵形，全缘，先端渐尖至长渐尖，基部圆形、阔楔形、心形至截形，甚至呈箭形的；叶柄细长，长2.5～8.5厘米，有锈色鳞片。伞形花序有花5～40朵，单生或2～7个总状排列于枝顶；总花梗粗短；花淡黄色或淡绿白色，有香味；花萼有不明显的齿，外面被棕色鳞片；花瓣5，三角状卵形，全开后稍反卷，外面疏被鳞片；雄蕊5，花丝较花瓣为短；子房下位，5室，花柱合生为1短柱状。果球形，成熟时红色或黄色，径约1厘米；内有种子5粒，白色，三角状卵形。花期8～9月，果期次年春季。

全株药用，治疗跌打损伤、关节炎、肝炎等症，有活络舒筋、祛风除湿及消炎之效。茎叶含鞣质，可提栲胶。常绿藤本也是观赏植物。

## 幌伞枫属 *Heteropanax*

### 幌伞枫 *\*Heteropanax fragrans*（Roxb.）Seem.

乔木，高8～20米。叶为多回羽状复叶，宽达0.5～1米；小叶纸质，对生，椭圆形，长6～12厘米，宽3～6厘米，先端短渐尖，基部楔形，全缘，两面均平滑无毛，侧脉6～10对，微隆起；叶柄长15～30厘米，小叶柄长1厘米，平滑无毛；托叶小，不明显。圆锥花序顶生，长30～40厘米，被锈色星状绒毛，后渐脱落，伞形花序在分枝上排列成总状花序，分枝长10～20厘米；苞片小，卵形，长2～3毫米，宿存；伞形花序具多花，几为密头状，直径约1～1.2厘米，有1～2厘米长的柄，花梗长2毫米，果时延长；花萼被绒毛，长2毫米，几全缘或具不明显的5齿；花瓣5，卵形，长2毫米，微被绒毛；雄蕊5枚，花丝约长3毫米；子房2室，花柱2，离生，开展。果微侧扁，径约7毫米，厚3～5毫米，无毛或有粉霜，果梗长0.8～1.5厘米，花柱长2毫米，种子2，椭圆形而扁，长4毫米。花期3～4月。果期冬季。

栽培，冻害严重。

树皮和根入药，有凉血解毒、消肿止痛之功，治疮毒有效。

## 刺楸属 *Kalopanax*

### 刺楸　*Kalopanax septemlobus*（Thunb.）Koidz.

落叶乔木，高15～25米，小枝具刺。叶纸质，掌状分裂，几圆形，径10～35厘米，裂片3～5，宽三角状卵形至长圆状卵形，先端长渐尖，边缘具细锯齿，上面暗绿色，下面淡绿色，幼时被短柔毛，老时仅脉上被毛，脉掌状3～5出，上面微凸起，下面明显隆起；叶柄长7～30厘米。圆锥花序顶生，直径20～30厘米，被微短柔毛，中轴长1～10厘米，上具多数分枝排列成总状，分枝端具多花的伞形花序，单生或几个成总状排列，小花梗长5～10毫米，果时延长；萼

平滑，边缘微具5齿；花瓣5，三角状卵形，长约2毫米；雄蕊5枚，花丝长约5毫米；子房2室，花柱连合成柱状，柱头2裂，头状。果几球形，径约4毫米，淡蓝黑色，花柱宿存，柱头2裂。花期9月，果期11月。

木材质硬，木理通直，红褐色，供铁路枕木、家具及建筑等用。其嫩叶可作蔬食。

## 梁王茶属 *Nothopanax*

### 异叶梁王茶　*Nothopanax davidii*（Fr.）Harms ex Diels

无刺灌木或乔木，高6～12米。叶革质，二型，单叶、掌状分裂或具3小叶的掌状复叶同生于

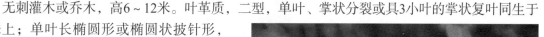

一株上；单叶长椭圆形或椭圆状披针形，有时为三角状卵形或三角形，2～3裂，长6～20厘米，宽2.5～7厘米，先端渐尖至长渐尖，基部阔楔形至圆形，边缘疏生细锯齿，两面无毛，基出三脉明显凸起，网脉在上面凹，明显或不显，下面极不明显；具短或长的柄；掌状复叶有小叶3，披针形，几无柄。花序为顶生圆锥花序，长10～30厘米，花12～15朵组成伞形花序；花梗长2厘米，稍被短柔毛或几无毛；花白色或淡黄色，芳香；小花梗长5～7毫米，在花下有

关节，无毛；花萼有小的5齿；花瓣5，三角状卵形，长1.5毫米；雄蕊5，花丝与花瓣等长；子房2室，花盘稍凸起，花柱2，中部以下合生成一柱状，上部分离。果球形，侧扁，熟时黑色，直径5～6毫米，花柱宿存，外弯。花期6～8月，果期9～11月。

根茎入药，治疗风湿痹痛、跌打损伤，有祛风除湿活络之效。

### 梁王茶 *Nothopanax delavayi*（Fr.）Harms ex Diels

灌木，高1～5米；茎干灰褐色，有稀疏的皮孔。叶一般为具3～5小叶（稀2或7）的掌状复叶，少为单叶，革质，较集中地生于枝的先端，具叶柄；叶柄纤细，长4～12厘米，无毛有条纹；小叶披针形至狭披针形，长6～12厘米，宽1～2.5厘米，先端渐尖至尾状渐尖，基部窄楔形，边缘近全缘至有粗锯齿，侧脉在两面不明显，无毛；小叶无柄或具短柄。花序为顶生的伞形花序组成总状花序或圆锥花序，长5～18厘米；花序轴具条纹；伞形花序有花7～15朵，直径约2厘米；花梗长1～1.5厘米，果期延长达1.5～5厘米；小花梗长3～5毫米，在花下面有节；花白绿色或黄绿色；花萼边缘有小的5齿，无毛；花瓣5，三角状卵形，长1.5毫米；雄蕊5枚，花丝长2毫米；子房2室，花柱2，基部合生，花盘微凸。果近圆球形，侧扁，直径2～3毫米，花柱宿存，长约2毫米，先端外弯；有种子2粒。花期9～10月，果期12月至次年1月。

茎皮入药，配方用，有清热、消炎、祛痰止咳定喘之效。

## 羽叶参属 *Pentapanax*

### 锈毛五叶参 *Pentapanax henryi* Harms

小乔木或灌木，高2～8米。羽状复叶，有小叶3～5，叶柄长5～20厘米；小叶纸质，卵形至卵状长圆形，长6～14厘米，宽3～8厘米，先端锐尖至短渐尖，基部圆形至钝形，有时近于浅心形，边缘具锯齿，上面平滑无毛，下面脉腋间簇生锈色短柔毛，侧脉每边6～8，在上面明显，下面凸起，侧生小叶柄长约0.5厘米，顶生小叶柄长1.5～3厘米。花序顶生，多数伞形花序组成大圆锥花序，长20～30厘米，密被锈色长柔毛，侧枝成总状花序式，长4～10厘米，着生3～8个伞形花序；伞形花序花多数，小花梗长0.5～1厘米；苞片卵形，长0.5～1厘米；萼小，5齿裂，裂片卵形；花瓣5，三角状长圆形，长约1.5毫米，白色；雄蕊5枚，花丝长约2毫米；子房5室，花柱合生成柱状或先端2～5分裂。核果卵圆形，紫黑色，直径6～7毫米。花期8～9月，果期11月。

根皮入药，嫩尖供蔬食用。

## 鹅掌柴属 *Schefflera*

### 鹅掌藤 *Schefflera arboricola* Hay.

藤状灌木，高2～3米；小枝有不规则纵皱纹，无毛。叶有小叶7～9，稀5～6或10；叶柄纤细，长12～18厘米，无毛；托叶和叶柄基部合生成鞘状，宿存或与叶柄一起脱落；小叶片革质，倒卵状长圆形或长圆形，长6～10厘米，宽1.5～3.5厘米，先端急尖或钝形，稀短渐尖，基部渐狭或钝形，上面深绿色，有光泽，下面灰绿色，两面均无毛，边缘全缘，中脉仅在下面隆起，侧脉4～6对，和稠密的网脉在两面微隆起；小叶柄有狭沟，长1.5～3厘米，无毛。圆锥花序顶生，长20厘米以下，主轴和分枝幼时密生星状绒毛，后毛渐脱净；伞形花序十几个至几十个总状排列在分枝上，有花3～10朵；苞片阔卵形，长0.5～1.5厘米，外面密生星状绒毛，早落；总花梗长不及5毫米，花梗长1.5～2.5毫米，均疏生星状绒毛；花白色，长约3毫米；萼长约1毫米，边缘全缘，无毛；花瓣5～6，有3脉，无毛；雄蕊和花瓣同数而等长；子房5～6室；无花柱，柱头5～6；花盘略隆起。果实卵形，有5棱，连花盘长4～5毫米，直径4毫米；花盘五角形，长约为果实的1/3～1/4。花期7月，果期8月。

本种为民间常用草药，一般外用，止痛效果良好。

### 穗序鹅掌柴 *Schefflera delavayi*（Fr.）Harms

乔木，高3～8米，小枝粗壮，被灰褐色星状绒毛，具白色片状髓心。叶为指状复叶，连叶柄长20～60厘米，有小叶4～7，小叶革质，不等大，卵披针形至倒卵状长圆形，长10～25厘米，宽约3～12厘米，先端渐尖，基部钝，边缘全缘至疏离不整齐粗齿或1～9浅裂至深裂，叶上面平滑无毛，暗绿色，下面密被灰白色或黄色星状绒毛，侧脉7～13，上面微突起，下面突起；小叶柄长1～9厘米，被绒毛或微被绒毛；叶柄圆柱形，长9～30厘米，被绒毛至逐渐变无毛，基部膨大。穗状花序聚生成大圆锥花序顶生，长12～60厘米，密被绒毛至逐渐脱落，分枝长10～30厘米；苞片卵形，长4～5毫米；花无梗；小苞片三角状卵形，长1～2毫米；花小，黄绿色，径约4毫米；萼5齿裂，三角形，被绒毛；花瓣5，三角状卵形，长约2毫米，两面均无毛；雄蕊5，较长于花瓣；子房5室，花柱短，合生成柱状，长约1毫米。果球形，径3～5毫米，黑色，近于无毛至微被绒毛，花柱长约2毫米，柱头头状；果梗极短，长约1毫米，至近于无梗。花期10月，果期12月。

根皮入药，治跌打损伤。

### 鹅掌柴　*Schefflera octophylla*（Lour.）Harms

乔木或灌木，高3～15米。叶有小叶5～9，叶柄圆柱形，长6～20厘米，幼时被短柔毛，后渐脱净；小叶革质或纸质，椭圆形、卵状椭圆形或长圆状椭圆形，长7～17厘米，宽3～10厘米，先端急尖至短渐尖，基部楔形至近圆形，全缘，幼时两面被星状短柔毛，后渐脱落至几无毛，侧脉7～10，在上面微明显，在下面微突起；小叶柄不等长，长1～4厘米，无毛。伞形花序聚生成大圆锥花序顶生，长20～35厘米，初密被星状短柔毛，后渐脱落稀疏，侧枝成总状花序排列，长5～20厘米；苞片三角形，长2～3毫米；花梗长1～2厘米，除基部有小苞片外，在中部有1～2小苞片；伞形花序有多花，小花梗长3～7毫米；花小，白色，直径4～5毫米；萼被短柔毛至无毛，边缘具5～6个细齿；花瓣5，长2～3毫米，无毛；雄蕊5，较花瓣略长；子房5～8室，花柱合生成极短的柱头。果圆球形，直径4～5毫米，花盘突起，萼边缘宿存，花柱极短，长不足1毫米，柱头头状。花期2～3月，果期5～6月。

材质轻软而致密，木理直行，供火柴、杆盒、蒸笼、筛斗等工业原料；根皮入药，有舒筋活络、消肿止痛及发汗解表之效。

## 通脱木属　*Tetrapanax*

### 通脱木　*Tetrapanax papyriferus*（Hook. f.）K. Koch

无刺灌木，茎干粗壮，高1～4米，径3～6厘米，木质部疏松，具白色髓心；幼枝密被星状毛或淡黄色茸毛，后脱落。叶极大，集中互生于茎干顶端，长达1米左右；叶片7～11掌状分裂，长15～30厘米，长与宽近等或宽过于长，基部往往呈耳形；叶柄粗而长，有条纹，基部膨大，长近叶片的2倍；托叶2，形大，针状披针形，膜质，基部呈鞘状抱茎；苞片大，披针形，密被星状茸毛。伞形花序密集成总状又排列成大圆锥花序，长30厘米以上；花小，白色，两性，具花梗；花萼无齿，外被易脱落星状茸毛；花瓣4，卵形，外面上部密被易脱落星状茸毛；雄蕊4，花丝较花瓣长；子房下位，2室；花柱2，分离，花盘盘状。果近球形，微扁，直径1.5～2毫米，成熟后红色，具种子2粒。花期9～10月，果期11～12月。

髓心入药，有清热、利尿、催乳、镇咳之效。

## 陆良县木本植物种类索引

龙柏
*Sabina chinensis* cv. Kaizuca
昆明柏
*Sabina gaussenii* （Cheng） Cheng et W. T. Wang
高山柏
*Sabina squamata* （Buch.-Hamilt.） Ant.
罗汉松科 Podocarpaceae
罗汉松属 *Podocarpus*
小叶罗汉松
*Podocarpus brevifolius* （Stapf） Foxw.
大理罗汉松
*Podocarpus forrestii* Craib et W. W. Smith
罗汉松
*Podocarpus macrophyllus* （Thunb.） D. Don
竹柏
*Podocarpus nagi* （Thunb.） Zoll. et Mor. ex Zoll.
三尖杉科 Cephalotaxaceae
三尖杉属 *Cephalotaxus*
三尖杉
*Cephalotaxus fortunei* Hook. f.
红豆杉科 Taxaceae
红豆杉属 *Taxus*
南方红豆杉
*Taxus wallichiana* Zucc. var. mairei （Lemée et Lévl.） Cheng et L. K. Fu
麻黄科 Ephedraceae
麻黄属 *Ephedra*
丽江麻黄
*Ephedra likiangensis* Florin

# 被子植物 Angiosperm

五味子科 Schisandraceae
八角属 *Illicium*
野八角
*Illicium simonsii* Maxim.
冷饭藤属 *Kadsura*
南五味子

*Kadsura longipedunculata* Finer et Gagnep.
五味子属 *Schisandra*
合蕊五味子
*Schisandra propinqua* （Wall.） Baill.
华中五味子
*Schisandra sphenanthera* Rehd. et Wils.
木兰科 Magnoliaceae
木兰属 *Magnolia*
山玉兰
*Magnolia delavayi* Franch.
荷花木兰
*Magnolia grandiflora* L.
含笑属 *Michelia*
白兰
*Michelia alba* DC.
乐昌含笑
*Michelia chapaensis* Dandy
含笑花
*Michelia figo* （Lour.） Spreng.
深山含笑
*Michelia maudiae* Dunn
野含笑
*Michelia skinneriana* Dunn
云南含笑
*Michelia yunnanensis* Franch. ex Finet et Gagnep.
拟单性木兰属 *Parakmeria*
云南拟单性木兰
*Parakmeria yunnanensis* Hu
玉兰属 *Yulania*
玉兰
*Yulania denudata* （Desr.） D. L. Fu
紫玉兰
*Yulania liliiflora* （Desr.） D. L. Fu
硃砂玉兰
*Yulania soulangeana* （Soul.-Bod.） D. L. Fu
蜡梅科 Calycanthaceae
蜡梅属 *Chimonanthus*
蜡梅
*Chimonanthus praecox* （Linn.） Link
樟科 Lauraceae

樟属 *Cinnamomum*

樟

*Cinnamomum camphora* （Linn.） Presl

云南樟

*Cinnamomum glanduliferum* （Wall.） Nees

天竺桂

*Cinnamomum japonicum* Sieb.

兰屿肉桂

*Cinnamomum kotoense* Kanehira et Sasaki

山胡椒属 *Lindera*

香叶树

*Lindera communis* Hemsl.

木姜子属 *Litsea*

山鸡椒

*Litsea cubeba* （Lour.） Pers.

润楠属 *Machilus*

柳叶润楠

*Machilus salicina* Hance

滇润楠

*Machilus yunnanensis* Lec.

新木姜子属 *Neolitsea*

新木姜子

*Neolitsea aurata* （Hayata） Koidz.

楠属 *Phoebe*

竹叶楠

*Phoebe faberi* （Hemsl.） Chun

滇楠

*Phoebe nanmu* （Oliv.） Gamble

普文楠

*Phoebe puwenensis* Cheng

金粟兰科 Chloranthaceae

金粟兰属 *Chloranthus*

鱼子兰

*Chloranthus elatior* Link

菝葜科 Smilacaceae

菝葜属 *Smilax*

西南菝葜

Smilax bockii Warb.

菝葜

Smilax china L.

土茯苓

Smilax glabra Roxb.

天门冬科 Asparagaceae

龙舌兰属 *Agave*

龙舌兰

Agave americana L.

金边龙舌兰

*Agave americana* L. var. marginata Trel.

龙血树属 *Dracaena*

小花龙血树

*Dracaena cambodiana* Pierre ex Gagnep.

丝兰属 *Yucca*

凤尾丝兰

*Yucca gloriosa* L.

棕榈科 Palmae

鱼尾葵属 *Caryota*

鱼尾葵

*Caryota ochlandra* Hance

散尾葵属 *Dypsis*

散尾葵

*Dypsis lulescens* （H. Wendl.） Beentje et Dransf.

蒲葵属 *Livistona*

蒲葵

*Livistona chinensis* （Jacq.） R. Br.

刺葵属 *Phoenix*

长叶刺葵

*Phoenix canariensis* Hort. ex Chabaud.

江边刺葵

*Phoenix roebelenii* O'Brien

林刺葵

*Phoenix sylvestris* Roxb.

棕竹属 *Rhapis*

棕竹

*Rhapis excelsa* （Thunb.） Henry ex Rehd.

多裂棕竹

*Rhapis multifida* Burret

金山葵属 *Syagrus*

金山葵

*Syagrus romanzoffiana* （Cham.） Glassm.

棕榈属 *Trachycarpus*

棕榈

*Trachycarpus fortunei* （Hook.） H. Wendl.

丝葵属 *Washingtonia*

大丝葵

*Washingtonia robusta* H. Wendl.

木通科 Lardizabalaceae

猫儿屎属 *Decaisnea*

猫儿屎

*Decaisnea fargesii* Franch.

八月瓜属 *Holboellia*

五风藤

*Holboellia latifolia* Wall.

防己科 Menispermaceae

木防己属 *Cocculus*

木防己

*Cocculus orbiculatus* （Linn.） DC.

细圆藤属 *Pericampylus*

细圆藤

*Pericampylus glaucus* （Lam.） Merr.

汉防己属 *Sinomenium*

汉防己

*Sinomenium acutum* （Thunb.） Rehd. et Wils.

小檗科 Berberidaceae

小檗属 *Berberis*

鸡脚连

*Berberis paraspecta* Ahrendt

粉叶小檗

*Berberis pruinosa* Franch.

金花小檗

*Berberis wilsonae* Hemsl.

十大功劳属 *Mahonia*

鸭脚黄连

*Mahonia flavida* Schneid.

十大功劳

*Mahonia fortunei* （Lindl.） Fedde

南天竹属 *Nandina*

南天竹

*Nandina domestica* Thunb.

毛茛科 Ranunculaceae

铁线莲属 *Clematis*

粗齿铁线莲

*Clematis grandidentata* （Rehd. et Wils.） W. T. Wang

小木通

*Clematis armandii* Franch.

毛木通

*Clematis buchananiana* DC.

威灵仙

*Clematis chinensis* Osbeck

金毛铁线莲

*Clematis chrysocoma* Franch.

滑叶藤

*Clematis fasciculiflora* Franch.

山木通

*Clematis finetiana* Levl. et Vant.

毛蕊铁线莲

*Clematis lasiandra* Maxim.

云南铁线莲

*Clematis yunnanensis* Franch.

清风藤科 Sabiaceae

泡花树属 *Meliosma*

笔罗子

*Meliosma rigida* Sieb. et Zucc.

云南泡花树

*Meliosma yunnanensis* Franch.

清风藤属 *Sabia*

丛林清风藤

*Sabia purpurea* Hook. f. et Thoms.

云南清风藤

*Sabia yunnanensis* Franch.

悬铃木科 Platanaceae

悬铃木属 *Platanus*

二球悬铃木

*Platanus* × acerifolia （P. orientalis × occidentalis） （Ait.） Willd.

山龙眼科 Proteaceae

银桦属 *Grevillea*

银桦

*Grevillea robusta* Cunn.

黄杨科 Buxaceae

黄杨属 *Buxus*

雀舌黄杨

*Buxus bodinieri* Levl.

黄杨

*Buxus microphylla* S. et Z.

高山黄杨

*Buxus rugulosa* Hatusima

板凳果属 *Pachysandra*

板凳果

*Pachysandra axillaris* Franch.

野扇花属 *Sarcococca*

少花清香桂

*Sarcococca pauciflora* C. Y. Wu sp. nov.

清香桂

*Sarcococca ruscifolia* Stapf

芍药科 Paeoniaceae

芍药属 *Paeomia*

黄牡丹

*Paeomia delavayi* Franch. var. lutea （Delavay ex Franch.） Finet et Gagnep.

牡丹

*Paeonia suffruticosa* Andr.

蕈树科 Altingiaceae

枫香树属 *Liquidambar*

枫香树

*Liquidambar formosana* Hance

金缕梅科 Hamameliadaceae

檵木属 *Loropetalum*

檵木

*Loropetalum chinense* （R. Br.） Oliver

红花檵木

*Loropetalum chinense* Oliver var. rubrum Yieh

虎皮楠科 Daphniphyllaceae

虎皮楠属 *Daphnipyllum*

交让木

*Daphniphyllum macropodum* Miq.

鼠刺科 Escalloniaceae

鼠刺属 *Itea*

滇鼠刺

*Itea yunnanensis* Franch.

葡萄科 Vitaceae

蛇葡萄属 *Ampelopsis*

三裂蛇葡萄

*Ampelopsis delavayana* Planch.

爬山虎属 *Parthenocissus*

三叶地锦

*Parthenocissus semicordata* （Wall.） Planch.

地锦

*Parthenocissus tricuspidata* （Sieb. & Zucc.） Planch.

崖爬藤属 *Tetrastigma*

叉须崖爬藤

*Tetrastigma hypoglaucum* Planch. ex Franch.

崖爬藤

*Tetrastigma obtectum* （Wall.） Planch.

葡萄属 *Vitis*

蘡薁

*Vitis bryoniaefolia* Bge.

葛葡萄

*Vitis flexuosa* Thunb.

葡萄

*Vitis vinifera* L.

豆科 Leguminosae

含羞草亚科 Mimosaceae

金合欢属 *Acacia*

银荆树

*Acacia dealbata* Link

黑荆

黑荆树

*Acacia mearnsii* De Wilde

合欢属 *Albizia*

山合欢

*Albizia kalkora* （Roxb.） Prain

毛叶合欢

*Albizia mollis* （Wall.） Boiv.

银合欢属 *Leucaena*

银合欢

*Leucaena leucocephala* （Lam.） de Wit.

云实亚科 Caesalpiniaceae

羊蹄甲属 *Bauhinia*

红花羊蹄甲
Bauhinia blakeana Dunn
鞍叶羊蹄甲
Bauhinia brachycarpa Wall.
小鞍叶羊蹄甲
Bauhinia brachycarpa Wall. var. microphylla
（Oliv. ex Craib） K. & S. S. Larsen
云实属 Caesalpinia
云实
Caesalpinia decapetala（Roth.）Alst.
决明属 Cassia
光叶决明
Cassia floribunda Cavan
双荚决明
Cassia bicapsularis Linn.
紫荆属 Cercis
紫荆
Cercis chinensis Bunge
皂荚属 Gleditsia
滇皂荚
Gleditsia japonica Miq. var. delavayi （Franch.）
L. C. Li
老虎刺属 Pterolobium
老虎刺
Pterolobium punctatum Hemsl.
蝶形花亚科 Papilionoideae
崖豆藤属 Callerya
滇桂崖豆藤
Callerya bonatiana （Pamp.） P. K. Loc
灰毛崖豆藤
Callerya cinerea （Benth.） Schot.
杭子梢属 Campylotropis
小雀花
Campylotropis polyantha （Franch.） Schindl.
香槐属 Cladrastis
小花香槐
Cladrastis sinensis Hemsl.
巴豆藤属 Craspedolobium
巴豆藤
Craspedolobium schochii Harms

猪屎豆属 Crotalaria
三尖叶猪屎豆
Crotalaria micans Link.
黄檀属 Dalbergia
象鼻藤
Dalbergia mimosoides Franch.
滇黔黄檀
Dalbergia yunnanensis Franch.
山蚂蝗属 Desmodium
单序拿身草
Desmodium diffusum （Roxb） DC.
饿蚂蝗
Desmodium multiflorum DC.
长波叶山蚂蝗
Desmodium sequax Wall.
刺桐属 Erythrina
鸡冠刺桐
Erythrina crista-galli Linn.
刺桐
Erythrina variegata Linn.
木蓝属 Indigofera
灰岩木蓝
Indigofera calcicola Craib
昆明木蓝
Indigofera pampaniniana Craib
马棘
Indigofera pseudotinctoria Matsum.
网叶木蓝
Indigofera reticulata Franch.
胡枝子属 Lespedeza
截叶铁扫帚
Lespedeza cuneata （Dum.-Cours.） G. Don
鸡血藤属 Millettia
厚果鸡血藤
Millettia pachycarpa Benth.
黧豆属 Mucuna
常春油麻藤
Mucuna sempervirens Hemsl.
葛属 Pueraria
葛

*Pueraria lobata* （Willd.）Ohwi

刺槐属 *Robinia*

刺槐

*Robinia pseudoacacia* Linn.

槐属 *Sophora*

白刺花

*Sophora davidii* （Franch.）Skeels

槐

*Sophora japonica* Linn.

紫藤属 *Wisteria*

紫藤

*Wisteria sinensis* （Sims）Sweet

远志科 Polygalaceae

远志属 *Polygala*

荷包山桂花

*Polygala arillata* Buch.-Ham. ex D. Don

蔷薇科 Rosaceae

桃属 *Amygdalus*

山桃

*Amygdalus davidiana* （Carr.）C. de Vos ex
Henry

桃

*Amygdalus persica* L.

杏属 *Armeniaca*

梅

*Armeniaca mume* Sieb.

杏

*Armeniaca vulgaris* Lam.

樱属 *Cerasus*

钟花樱桃

Cerasus campanulata （Maxim.）Yu et L

高盆樱桃

*Cerasus cerasoides* （D. Don）Sok.

华中樱桃

*Cerasus conradinae* （Koehne）Yu et Li

蒙自樱桃

*Cerasus henryi* （Schneid.）Yu et Li

樱桃

*Cerasus pseudocerasus* （Lindl.）G. Don

日本晚樱

*Cerasus serrulata* G. Don var. lannesiana
（Carr.）Makino

木瓜属 *Chaenomeles*

皱皮木瓜

*Chaenomeles speciosa* （Sweet）Nakai

栒子属 *Cotoneaster*

匍匐栒子

*Cotoneaster adpressus* Bois

厚叶栒子

*Cotoneaster coriaceus* Franch.

木帚栒子

*Cotoneaster dielsianus* Pritz.

西南栒子

*Cotoneaster franchetii* Bois

粉叶栒子

*Cotoneaster glaucophyllus* Franch.

小叶栒子

*Cotoneaster microphyllus* Wall. ex Lindl.

毡毛栒子

*Cotoneaster pannosus* Franch.

圆叶栒子

*Cotoneaster rotundifolius* Wall. ex Lindl.

山楂属 *Crataegus*

云南山楂

*Crataegus scabrifolia* （Franch.）Rehd.

牛筋条属 *Dichotomanthes*

牛筋条

*Dichotomanthes tristaniaecarpa* Kurz

杧（木衣）属 *Docynia*

云南杧（木衣）

*Docynia delavayi* （Franch.）Schneid.

枇杷属 *Eriobotrya*

枇杷

*Eriobotrya japonica* （Thunb.）Lindl.

桂樱属 *Laurocerasus*

大叶桂樱

*Laurocerasus zippeliana* （Miq.）Yu et Lu

苹果属 *Malus*

花红

*Malus asiatica* Nakai

垂丝海棠
*Malus halliana* Koehne

西府海棠
*Malus* × micromalus Makino

苹果
*Malus pumila* Mill.

丽江山荆子
*Malus rockii* Rehd.

绣线梅属 *Neillia*

矮生绣线梅
*Neillia gracilis* Franch.

中华绣线梅
*Neillia sinensis* 0liv.

小石积属 *Osteomeles*

华西小石积
*Osteomeles schwerinae* Schneid.

石楠属 *Photinia*

贵州石楠
*Photinia bodinieri* Levl.

光叶石楠
*Photinia glabra*（Thunb.）Maxim.

倒卵叶石楠
*Photinia lasiogyna*（Franch.）Schneid.

桃叶石楠
*Photinia prunifolia*（Hook. et Arn.）Lindl.

石楠
*Photinia serratifolia*（Desf.）Kalkm.

扁核木属 *Prinsepia*

青刺尖
*Prinsepia utilis* Royle

李属 *Prunus*

李
*Prunus salicina* Lindl.

火棘属 *Pyracantha*

窄叶火棘
*Pyracantha angustifolia*（Franch.）Schneid.

火棘
*Pyracantha fortuneana*（Maxim.）Li

梨属 *Pyrus*

白梨
*Pyrus bretschneideri* Rehd.

豆梨
*Pyrus calleryana* Dcne.

川梨
*Pyrus pashia* Buch.-Ham. ex D. Don

褐梨
*Pyrus phaeocarpa* Rehd.

沙梨
*Pyrus pyrifolla*（Burm. f.）Nakai

蔷薇属 *Rosa*

月季花
*Rosa chinensis* Jacq.

野蔷薇
*Rosa multiflora* Thunb.

七姊妹
*Rosa multiflora* Thunb. var. carnea Thory

玫瑰
*Rosa rugosa* Thunb.

黄刺玫
*Rosa xanthina* Lindl. Ros. Monogr.

悬钩子属 *Rubus*

西南悬钩子
*Rubus assamensis* Focke

寒莓
*Rubus buergeri* Miq.

插田泡
*Rubus coreanus* Miq.

三叶悬钩子
*Rubus delavayi* Franch.

椭圆悬钩子
*Rubus ellipticus* Smith

大叶鸡爪茶
*Rubus henryi* Hemsl. et Ktze. var. sozostylus
（Focke）Yu et Lu.

白叶莓
*Rubus innominatus* S. Moore var. innominatus

圆锥悬钩子
*Rubus paniculatus* Smith

茅莓
*Rubus parvifolius* L.

棕红悬钩子
*Rubus rufus* Focke

川莓
*Rubus setchuenensis* Bureau et Franch.

红腺悬钩子
*Rubus sumatranus* Miq.

三花悬钩子
*Rubus trianthus* Focke

粉枝莓
*Rubus biflorus* Buch.-Ham. ex Smith

花楸属 *Sorbus*

石灰花楸
*Sorbus folgneri*（Schneid）. Rehd.

褐毛花楸
*Sorbus ochracea*（Hand.-Mazz.）Vidal

绣线菊属 *Spiraea*

毛枝绣线菊
*Spiraea martini* Levl.

渐尖叶粉花绣线菊
*Spiraea japonica* L. f. var. acuminata Franch.

红果树属 *Stranvaesia*

红果树
*Stranvaesia davidiana* Dcne

胡颓子科 Elacagnaceae

胡颓子属 *Elaeagnus*

大叶胡颓子
*Elaeagnus macrophylla* Thunb.

胡颓子
*Elaeagnas pungens* Thunb.

鼠李科 Rhamnaceae

勾儿茶属 *Berchemia*

多花勾儿茶
*Berchemia floribunda*（Wall.）Brongn.

枳椇属 *Hovenia*

拐枣
*Hovenia acerba* Lindl.

猫乳属 *Rhamnella*

多脉猫乳
*Rhamnella martinii*（Levl.）Schneid.

鼠李属 *Rhamnus*

铁马鞭
*Rhamnus aurea* Heppl.

川滇鼠李
*Rhamnus gilgiana* Heppl.

薄叶鼠李
*Rhamnus leptophylla* Schneid.

帚枝鼠李
*Rhamnus virgata* Roxb.

山鼠李
*Rhamnus wilsonii* Schneid.

雀梅藤属 *Sageretia*

纤细雀梅藤
*Sageretia gracilis* Drumm. et Sprague

枣属 *Ziziphus*

枣
*Ziziphus jujuba* Mill.

榆科 Ulmaceae

朴属 *Celtis*

黑弹树
*Celtis bungeana* Bl.

大黑果朴
*Celtis cerasifera* Schneid.

四蕊朴
*Celtis tetrandra* Roxb.

朴树
*Celtis sinensis* Pers.

榆属 *Ulmus*

毛枝榆
*Ulmus androssowii* Litv. var. subhirsuta （Schneid.）P. H. Huang, F. Y. Gao et L. H. Zhuo

春榆
*Ulmus davidiana* Planch. var. japonica （Rehd.）Nakai Fl. Sylv. Kor.

大果榆
*Ulmus macrocarpa* Hance

榆树
*Ulmus pumila* L.

越南榆
*Ulmus tonkinensis* Gagnep.

榉属 *Zelkova*

大叶榉树

*Zelkova schneideriana* Hand.-Mazz.

桑科 Moraceae

构属 *Broussonetia*

藤构

*Broussonetia kaempferi* Sieb. var. australis Suzuki

楮

*Broussonetia kazinoki* Sieb.

构树

*Broussonetia papyifera* （Linn.） L'Hert. ex Vent.

柘属 *Cudrania*

构棘

*Cudrania cochinchinensis* （Lour.） Nakai

柘树

*Cudrania tricuspidata* （Carr.） Bur. ex Lavallée

榕属 *Ficus*

高山榕

*Ficus altissima* Bl.

垂叶榕

*Ficus benjamina* Linn.

无花果

*Ficus carica* L.

印度榕

*Ficus elastica* Roxb.

异叶天仙果

*Ficus heteromorpha* Hemsl.

大青树

*Ficus hookeriana* Corner

榕树

*Ficus microcarpa* L. f.

珍珠榕

*Ficus sarmentosa* Buch.-Ham. ex J.E.Smith var. henryi （King ex Oliv.） Corner

爬藤榕

*Ficus sarmentosa* Buch.-Ham. ex J.E.Smith var. impressa （Champ.） Corner

白背爬藤榕

*Ficus sarmentosa* Buch.-Ham. ex J. E. Sm. var.

nipponica （Fr. et Sav.） Corner

竹叶榕

*Ficus stenophylla* Hemsl.

地果

*Ficus tikoua* Bur.

变叶榕

*Ficus variolosa* Lindl. ex Benth.

黄葛树

*Ficus virens* Ait. var. sublanceolata （Miq.） Corner

桑属 *Morus*

桑

*Morus alba* L.

鸡桑

*Morus australis* Poir.

花叶鸡桑

*Morus australis* Poir. var. inusitata （Lévl.） C. L. Wu in C. Y. Wu et S. S. Chang

蒙桑

*Morus mongolica* （Bur.） Schneid.

鲁桑

*Morus multicaulis* Perrott.

荨麻科 Urticaceae

水麻属 *Debregeasia*

水麻

*Debregeasia orientalis* C. J. Chen

长叶水麻

*Debregeasia longifolia* （Burm. f.） Wedd.

水丝麻属 *Maoutia*

水丝麻

*Maoutia puya* （Hook.） Wedd.

壳斗科 Fagaceae

栗属 *Castanea*

板栗

*Castanea mollissima* Blume

茅栗

*Castanea seguinii* Dode

栲属 *Castanopsis*

元江栲

*Castanopsis□orthacantha* Franch.

青冈属 *Cyclobalanopsis*
窄叶青冈
*Cyclobalanopsis augustinii*（Skan）Schottky
黄毛青冈
*Cyclobalanopsis delavayi*（Franch.）Schottky
青冈
*Cyclobalanopsis glauca*（Thunb.）Oersted
滇青冈
*Cyclobalanopsis glaucoides* Schottky
石栎属 *Lithocarpus*
窄叶石栎
*Lithocarpus confinis* Huang et Chang ex Hsu et Jen
滇石栎
*Lithocarpus dealbatus*（Hook. f. et Thoms）Rehd.
光叶石栎
*Lithocarpus mairei*（Schottky）Rehd.
大叶苦柯
*Lithocarpus paihengii* Chun et Tsiang
栎属 *Quercus*
槲栎
*Quercus aliena* Blume
锐齿槲栎
*Quercus aliena* Bl. var. acuteserrata Max.
川滇高山栎
*Quercus aquifolioides* Rehd. et Wils.
锥连栎
*Quercus franchetii* Skan.
大叶栎
*Quercus griffithii* Hook. f. et Thoms.
灰背栎
*Quercus senescens* Hand.-Mazz.
栓皮栎
*Quercus variabilis* Blume
杨梅科 Salicaceae
杨梅属 *Myrica*
毛杨梅
*Myrica esculenta* Buch.-Ham. ex D. Don
矮杨梅

*Myrica nanta* Cheval.
杨梅
*Myrica rubra*（Lour.）Sieb. et Zucc.
胡桃科 Juglandaceae
核桃属 *Juglans*
胡桃
*Juglans regia* Linn.
泡核桃
*Juglans sigillata* Dode
化香树属 *Platycarya*
化香树
*Platycarya strobilacea* Sieb. et Zucc.
枫杨属 *Pterocarya*
枫杨
*Pterocarya stenoptera* C. DC.
桦木科 Betulaceae
桤木属 *Alnus*
桤木
*Alnus cremastogyne* Burk.
川滇桤木
*Alnus ferdinandi-coburgii* Schneid.
旱冬瓜
*Alnus nepalensis* D. Don
鹅耳枥属 *Carpinus*
滇鹅耳枥
*Carpinus monbeigiana* Hand.-Mazz.
多脉鹅耳枥
*Carpinus polyneura* Franch.
榛属 *Corylus*
滇榛
*Corylus yunnanensis*（Franch.）A.Camus
马桑科 Coriariaceae
马桑属 *Coriaria*
马桑
*Coriarianepalensis* Wall.
卫矛科 Celastraceae
南蛇藤属 *Celastrus*
苦皮藤
*Celastrus angulatus* Maxim.
哥兰叶

*Celastrus gemmatus* Loes.

卫矛属 *Euonymus*

刺果卫矛

*Euonymus acanthocarpus* Franch.

扶芳藤

*Euonymus fortunei* （Turcz） Hand.-Mazz.

大花卫矛

*Euonymus grandiflorus* Wall.

西南卫矛

*Euonymus hamiltonianus* Wall.

冬青卫矛

*Euonymus japonicus* Thunb.

长叶卫矛

*Euonymus kwangtungensis* C. Y. Cheng

游藤卫矛

*Euonymus vagans* Wall.

雷公藤属 Tripterygium

昆明山海棠

*Tripterygium hypoglaucum* （Lévl.） Lévl. ex Hutch.

杜英科 Elaeocsrpaceae

杜英属 *Elaeocarpus*

山杜英

*Elaeocarpus sylvestris* （Lour.） Poir.

大戟科 Euphorbiaceae

大戟属 *Euphorbia*

铁海棠

*Euphorbia milii* Ch. des Moulins

一品红

*Euphorbia pulcherrima* Willd. ex Kl.

霸王鞭

*Euphorbia royleana* Boiss.

野桐属 *Mallotus*

粗糠柴

*Mallotus philippensis* （Lam.） Muell. Arg.

蓖麻属 *Ricinus*

蓖麻

*Ricinus communis* Linn.

乌桕属 *Sapium*

乌桕

*Sapium sebiferum* （Linn.） Roxb.

叶下珠科 Phyllanthaceae

雀儿舌头属 *Andrachne*

雀儿舌头

*Andrachne chinensis* Bunge

白饭树属 *Flueggea*

白饭树

*Flueggea virosa* （Roxb. ex Willd.） Voigt

叶下珠属 *Phyllanthus*

越南叶下珠

*Phyllanthus cochinchinensis* （Lour.） Spreng.

杨柳科 Salicaceae

杨属 *Populus*

响叶杨

*Populus adenopoda* Maxim.

大叶杨

*Populus lasiocarpa* Oliv.

滇杨

*Populus yunnanensis* Dode

小叶杨

*Populus simonii* Carr.

柳属 *Salix*

垂柳

*Salix babyionica* Linn.

曲枝垂柳

*Salix babyionica* Linn.f. tortuosa Y. L. Chou

云南柳

*Salix cavaleriei* Lévl.

丑柳

*Salix inamoena* Hand. -Mazz.

四籽柳

*Salix tetrasperma* Roxb.

秋华柳

*Salix variegata* Franch.

亚麻科 Linaceae

石海椒属 *Reinwardtia*

石海椒

*Reinwardtia indica* Dumort.

金丝桃科 Hypericaceae

金丝桃属 *Hypericum*

黄花香

*Hypericum beanii* N. Robson

西南金丝桃

*Hypericum henryi* Lévl. et Van.

千屈菜科 Lythraceae

萼距花属 *Cuphea*

萼距花

*Cuphea hookeriana* Walp.

紫薇属 *Lagerstroemia*

紫薇

*Lagerstroemia indica* Linn.

石榴属 *Punica*

石榴

*Punica granatum* L.

月季石榴

*Punica granatum* L. cv. Nana

柳叶菜科 Onagraceae

倒挂金钟属 *Fuchsia*

倒挂金钟

*Fuchsia hybrida* Voss.

桃金娘科 Myrtaceae

红千层属 *Callistemon*

红千层

*Callistemon rigidus* R. Br.

桉属 *Eucalyptus*

赤桉

*Eucalyptus camaldulensis* Dehnh.

蓝桉

*Eucalyptus globulus* Labill.

直杆蓝桉

*Eucalyptus maideni* F. v. Muell.

野牡丹科 Melastomataceae

金锦香属 *Osbeckia*

假朝天罐

*Osbeckia crinita* Benth. ex Wall.

光荣树属 *Tibouchina*

巴西野牡丹

*Tibouchina seecandra* Cogn.

省沽油科 Staphyleaceae

秋枫属 *Bischofia*

秋枫

*Bischofia javangca* Bl.

野鸦椿属 *Euscaphis*

野鸦椿

*Euscaphis japonica*（Thunb.）Dippel

旌节花科 Stachyuraceae

旌节花属 *Stachyurus*

中华旌节花

*Stachyurus chinensis* Franch.

西域旌节花

*Stachyurus himalaicus* Hook. f. et Thoms. ex Benth.

云南旌节花

*Stachyurus yunnanensis* Franch.

漆树科 Anacardiaceae

黄连木属 *Pistacia*

黄连木

Pistacia chinensis Bunge

清香木

*Pistacia weinmannifolia* J. Poisson ex Franch.

盐肤木属 *Rhus*

盐肤木

*Rhus chinensis* Mill.

青麸杨

*Rhus potaninii* Maxim.

漆树属 *Toxicodendron*

小漆树

*Toxicodendron delavayi*（Franch.）F. A. Barkley

野漆

*Toxicodendron succedaneum*（L.）O. Kuntze

无患子科 Sapindaceae

槭属 *Acer*

三角槭

*Acer buergerianum* Miq.

厚叶槭

*Acer crassum* Hu et Cheng

青榨槭

*Acer davidii* Franch.

飞蛾槭

*Acer oblongum* Wall. ex DC.

五裂槭
*Acer oliverianum* Pax

鸡爪槭
*Acer palmatum* Thunb.

红槭
*Acer palmatum* Thunb. forma atropurpureum
（Van Houtte）Schwerim

金沙槭
*Acer paxii* Franch.

青楷槭
*Acer tegmentosum* Maxim.

车桑子属 *Dodonaea*

坡柳
*Dodonaea viscosa*（L.）Jacq.

栾树属 *Koelreuteria*

回树
*Koelreuteria bipinnata* Franch.

无患子属 *Sapindus*

无患子
*Sapindus mukorossi* Gaertn.

芸香科 Rutaceae

柑橘属 *Citrus*

酸橙
*Citrus aurantium* L.

代代花
*Citrus aurantium* var. daidai Makino

桔
*Citrus reticulata* Blanco

吴茱萸属 *Euodia*

檫树
*Euodia glabrifolia*（Champ.）D. D. Tao

九里香属 *Murraya*

麻绞叶
*Murraya koenigii*（L.）Spreng.

千里香
*Murraya paniculata*（Linn.）Jack

茵芋属 *Skimmia*

茵芋
*Skimmia reevesiana* Fort.

飞龙掌血属 *Toddalia*

飞龙掌血
*Toddalia asiatica*（L.）Lam.

花椒属 *Zanthoxylum*

毛刺花椒
*Zanthoxylum acanthopodium* var. timbor Hook. f.

竹叶椒
*Zanthoxylum armatum* DC.

花椒
*Zanthoxylum bungeanum* Maxim.

石山花椒
*Zanthoxylum calcicola* Huang

异叶花椒
*Zanthoxylum ovalifolium* Wight

微柔毛花椒
*Zanthoxylum pilosulum* Rehd. et Wils.

胡椒木
*Zanthoxylum piperitum*

花椒簕
*Zanthoxylum scandense* Bl.

苦木科 Simaroubaceae

臭椿属 *Ailanthus*

臭椿
*Ailanthus altissima*（Mill.）Swingle

刺臭椿
*Ailanthus vilmoriniana* Dode

楝科 Meliaceae

米仔兰属 *Aglaia*

米仔兰
*Aglaia odorata* Lour.

楝属 *Melia*

楝
*Melia azedarach* L.

川楝
*Melia toosendan* Sieb. et Zucc.

香椿属 *Toona*

滇红椿
*Toona ciliata* Roem. var. yunnanensis（C. DC.）
C. Y. Wu

香椿
*Toona sinensis*（A. Juss.）Roem.

鹧鸪花属 *Trichilia*

鹧鸪花

*Trichilia connaroides* （W. et A.） Bentvelzen

锦葵科 Malvaceae

苘麻属 *Abutilon*

金铃花

*Abutilon striatum* Dickson.

木棉属 *Bombax*

木棉

*Bombax malabaricum* DC.

木槿属 *Hibiscus*

木芙蓉

*Hibiscus mutabilis* Linn.

朱槿

*Hibiscus rosa-sinensis* Linn.

重瓣朱槿

*Hibiscus rosa-sinensis* var. rubro-plenus Sweet

木槿

*Hibiscus syriacus* Linn.

牡丹木槿

*Hibiscus syriacus* var. syriacus f. paeoniflorus

紫花重瓣木槿

*Hibiscus syriacus* var. syriacus f. violaceus

悬铃花属 *Malvaviscus*

垂花悬铃花

*Malvaviscus arboreus* Cav. var. penduliflocus
（DC.） Schery

瓜栗属 *Pachira*

瓜栗

*Pachira macrocarpa* （Cham. et Schlecht.）
Walp.

梭罗树属 *Reevesia*

梭罗树

*Reevesia pubescens* Mast.

黄花稔属 *Sida*

拔毒散

*Sida szechuensis* Matsuda

椴树属 *Tilia*

华椴

*Tilia chinensis* Maxim.

梵天花属 *Urena*

地桃花

*Urena lobata* Linn.

瑞香科 Thymelaeaceae

瑞香属 *Daphne*

毛花瑞香

*Daphne bholua* Buch.-Ham. ex D. Don

瑞香

*Daphne odora* Thunb.

滇瑞香

*Daphne feddei* Lévl.

少花瑞香

*Daphne depauperata* H. F. Zhou ex C. Y. Chang

檀香科 Santalaceae

沙针属 *Osyris*

沙针

*Osyris wightiana* Wall.

桑寄生科 Loranthaceae

槲寄生属 *Loranthus*

椆寄生

*Loranthus delavayi* Van Tiegh.

梨果寄生属 *Scurrula*

红花寄生

*Scurrula parasitica* Linn. var. parasitica

梨果寄生

*Scurrula philippensis* （Cham. et Schlecht.） G.
Don

槲寄生属 *Viscum*

槲寄生

*Viscum coloratum* （Kom.） Nakai

麻栎寄生

*Viscum articulatum* Burm. f.

枫香寄生

*Viscum liquidambaricolum* Hayata

青皮木科 Schoepfiaceae

青皮木属 *Schoepfia*

青皮木

*Schoepfia jasminodora* Sieb. et Zucc.

柽柳科 Tamaricaceae

柽柳属 *Tamarix*

柽柳

*Tamarix chinensis* Lour.

蓼科 Polygonaceae

酸模属 *Rumex*

戟叶酸模

*Rumex hastatus* D. Don

紫茉莉科 Nyctaginaceae

叶子花属 *Bougainvillea*

光叶子花

*Bougainvillea glabra* Choisy

叶子花

*Bougainvillea spectabilis* Willd.

仙人掌科 Cactaceae

仙人掌属 *Opuntia*

单刺仙人掌

*Opuntia monacantha*（Willd）. Haw.

梨果仙人掌

*Opuntia ficus-indica*（L.）Mill.

山茱萸科 Cornaceae

八角枫属 *Alangium*

八角枫

*Alangium chinense*（Lour.）Harms

桃叶珊瑚属 *Aucuba*

花叶青木

*Aucuba japonica* Thunb. var. variegata D′ombr.

喜树属 *Camptotheca*

喜树

*Camptotheca acuminata* Decne.

梾木属 *Cornus*

长圆叶梾木

*Cornus oblonga* Wall.

高山梾木

*Cornus hemsleyi* Schneid. et Wanger.

小梾木

*Cornus paucinervis* Hance

四照花属 *Dendrobenthamia*

头状四照花

*Dendrobenthamia capitata*（Wall.）Hutch.

绣球花科 Hydrangeaceae

溲疏属 *Deutzia*

紫花溲疏

*Deutzia purpurascens*（Franch. ex L. Henry）Rehd.

绣球花属 *Hydrangea*

中国绣球

*Hydrangea chinensis* Maxim.

西南绣球

*Hydrangea davidii* Franch.

绣球

*Hydrangea macrophylla*（Thunb.）Ser.

山梅花属 *Philadelphus*

昆明山梅花

*Philadelphus kunmingensis* S. M. Hwang

五列木科 Pentaphylacaceae

柃木属 *Eurya*

米碎花

*Eurya chinensis* R. Br.

细齿叶柃

*Eurya nitida* Korthals

厚皮香属 *Ternstroemia*

厚皮香

*Ternstroemia gymnanthera*（Wigth et Arn.）Sprague

柿树科 Ebenaceae

柿属 *Diospyros*

石柿

*Diospyros dumetorum* W. W. Sm.

柿

*Diospyros kaki* Thunb.

野柿

*Diospyros kaki* Thunb. var. sylvestris Makino

毛叶柿

*Diospyros mollifolia* Rehd. et Wilson

君迁子

*Diospyros lotus* Linn.

报春花科 Primulaceae

紫金牛属 *Ardisia*

硃砂根

*Ardisia crenata* Sims

铁仔属 *Myrsine*

铁仔

*Myrsine africana* Linn.

山茶科 Theaceae

山茶属 *Camellia*

云南连蕊茶

*Camellia forrestii*（Diels）Cohen Stuart

西南山茶

*Camellia pitardii* Cohen Stuart

油茶

*Camellia oleifera* Abel

滇山茶

*Camellia reticulata* Lindl.

怒江山茶

*Camellia saluenensis* Stapf ex Bean

茶梅

*Camellia sasanqua* Thunb.

茶

*Camellia sinensis*（L.）O. Kuntze

山茶

*Camellia japonica* L.

大头茶属 *Gordonia*

云南山枇花

*Gordonia chrysandra* Cowan

木荷属 *Schima*

银木荷

*Schima argentea* Pritz.

山矾科 Symplocaceae

山矾属 *Symplocos*

华山矾

*Symplocos chinensis*（Lour.）Druce

黄牛奶树

*Symplocos laurina*（Retz）Wall.

白檀

*Symplocos paniculata*（Thunb.）Miq.

野茉莉科 Styracaceae

野茉莉属 *Styrax*

大花野茉莉

*Styrax grandiflora* Griff.

猕猴桃科 Actinidiaceae

猕猴桃属 *Actinidia*

猕猴桃

*Actinidia chinensis* Planchon

杜鹃花科 Ericaceae

金叶子属 *Craibiodendron*

金叶子

*Craibiodendron yunnanense* W. W. Smith

白珠树属 *Gaultheria*

滇白珠

*Gaultheria leucocarpa* Bl. var. crenulata（Kurz）
T. Z. Hsu

珍珠花属 *Lyonia*

米饭花

*Lyonia ovalifolia*（Wall.）Drude

毛叶米饭花

*Lyonia villosa*（Wall.）Hand.-Mazz.

马醉木属 *Pieris*

美丽马醉木

*Pieris formosa*（Wall.）D. Don

杜鹃花属 *Rhododendron*

蝶花杜鹃

*Rhododendron aberconwayi* Cowan

迷人杜鹃

*Rhododendron agastum* Balf. f. et W. W. Smith

睫毛杜鹃

*Rhododendron ciliatum* Hook. f. Rhodod.

大白花杜鹃

*Rhododendron decorum* Franch.

马缨花

*Rhododendron delavayi* Franch.

云锦杜鹃

*Rhododendron fortunei* Lindl.

露珠杜鹃

*Rhododendron irroratum* Franch.

线萼杜鹃

*Rhododendron linearilobum* R. C. Fang et A. L.
Chang

亮毛杜鹃

*Rhododendron microphyton* Franch.

白杜鹃

*Rhododendron mucronatum*（Bl.）G. Don

腋花杜鹃

*Rhododendron racemosum* Franch.

柔毛杜鹃

*Rhododendron pubescens* Balf. f. et Forrest

锦绣杜鹃

*Rhododendron pulchrum* Sweet

锈叶杜鹃

*Rhododendron siderophyllum* Franch.

杜鹃

*Rhododendron simsii* Planch.

碎米花

*Rhododendron spiciferum* Franch.

爆仗花

*Rhododendron spinuliferum* Franch.

粉红爆仗花

*Rhododendron* × *duclouxii* Lévl.

云南杜鹃

*Rhododendron yunnanense* Franch.

越橘属 *Vaccinium*

苍山越桔

*Vaccinium delavayi* Franch.

南烛

*Vaccinium bracteatum* Thunb.

云南越桔

*Vaccinium duclouxii* （Lévl.） Hand.-Mazz.

樟叶越桔

*Vaccinium dunalianum* Wight

乌鸦果

*Vaccinium fragile* Franch.

杜仲科 Eucommiaceae

杜仲属 *Eucommia*

杜仲

*Eucommia ulmoides* Oliv.

茜草科 Rubiaceae

虎刺属 Damnacanthus

虎刺

Damnacanthus indicus Gaertn. f.

香果树属 Emmenopterys

香果树

Emmenopterys henryi Oliv.

栀子属 Gardenia

白蟾

Gardenia jasminoides Ellis var. fortuneana （Lindl.） Hara

石丁香属 Neohymenopogon

石丁香

Neohymenopogon parasiticus （Wall.） S. S. R. Bennet

龙船花属 Ixora

红花龙船花

*Ixora chinensis* Lam.

野丁香属 *Leptodermis*

野丁香

*Leptodermis potanini* Batalin

六月雪属 *Serissa*

六月雪

*Serissa japonica* （Thunb.） Thunb.

龙胆科 Gentianaceae

灰莉属 *Fagraea*

灰莉

*Fagraea ceilanica* Thunb.

夹竹桃科 Apocynaceae

南山藤属 *Dregea*

苦绳

*Dregea sinensis* Hemsl.

钉头果属 *Gomphocarpus*

钉头果

*Gomphocarpus fruticosus* （Linn.） R. Br.

夹竹桃属 *Nerium*

夹竹桃

*Nerium indicum* Mill.

杠柳属 *Periploca*

黑龙骨

*Periploca forrestii* Schltr.

络石属 *Trachelospermum*

络石

*Trachelospermum jasminoides* （Lindl.） Lem.

紫草科 Boraginaceae

基及树属 *Carmona*

基及树

*Carmona microphylla*（Lam.）G. Don

破布木科 Cordiaceae

破布木属 *Cordia*

破布木

*Cordia dichotoma* Forst. f.

厚壳树科 Ehretiaceae

厚壳树属 *Ehretia*

滇厚朴

*Ehretia corylifolia* C. H. Wright

旋花科 Convolvulaceae

飞蛾藤属 *Porana*

大果飞蛾藤

*Porana sinensis* Hemsl.

茄科 Solanaceae

曼陀罗木属 *Brugmansia*

曼陀罗木

*Brugmansia arborea*（L.）Steud.

树番茄属 *Cyphomandra*

树番茄

*Cyphomandra betacea* Sendtn.

枸杞属 *Lycium*

枸杞

*Lycium chinense* Mill.

茄属 *Solanum*

珊瑚樱

*Solanum pseudo-capsicum* Linn.

假烟叶树

*Solanum verbascifolium* Linn.

木犀科 Oleaceae

流苏树属 *Chionanthus*

流苏树

*Chionanthus retusus* Lindl. et Paxt.

梣属 *Fraxinus*

白蜡树

*Fraxinus chinensis* Roxb.

白枪杆

*Fraxinus malacophylla* Hemsl.

素馨属 *Jasminum*

红素馨

*Jasminum beesianum* Forrest & Diels

矮探春

*Jasminum humile* L.

野迎春

*Jasminum mesnyi* Hance

多花素馨

*Jasminum polyanthum* Franch.

茉莉花

*Jasminum sambac*（L.）Aiton

女贞属 *Ligustrum*

日本女贞

*Ligustrum japonicum* Thunb.

女贞

*Ligustrum lucidum* Aiton

长叶女贞

*Ligustrum compactum*（Wall.）Hook. f. et Thoms. ex Brand.

小叶女贞

*Ligustrum quihoui* Carr.

粗壮女贞

*Ligustrum robustum*（Roxb.）Bl.

小蜡

*Ligustrum sinense* Lour.

木犀榄属 *Olea*

油橄榄

*Olea europaea* L.

云南木樨榄

*Olea yunnanensis* Hand.-Mazz.

木犀属 *Osmanthus*

管花木犀

*Osmanthus delavayi* Franch.

桂花

*Osmanthus fragrans*（Thunb.）Lour.

蒙自桂花

*Osmanthus henryi* P. S. Green

网脉木犀

*Osmanthus reticulatus* P. S. Green

苦苣苔科 Gesneriaceae

芒毛苣苔属 *Aeschynanthus*

上树蜈蚣

*Aeschynanthus buxifolius* Hemsl.

长冠苣苔属 *Rhabdothamnopsis*

长冠苣苔

*Rhabdothamnopsis chinensis* （Franch.） Hand.-Mazz.

玄参科 Scrophulariaceae

醉鱼草属 *Buddleja*

七里香

*Buddleja asiatica* Lour.

昆明醉鱼草

*Buddleja agathosma* Diels

多花醉鱼草

*Buddleja myriantha* Diels

密蒙花

*Buddleja officinalis* Maxim.

唇形科 Labiatae

火把花属 *Colquhounia*

藤状火把花

*Colquhounia seguinii* Vaniot.

迷迭香属 *Rosmarinus*

迷迭香

*Rosmarinus officinalis* Linn

泡桐科 Paulowniaceae

泡桐属 *Paulownia*

泡桐

*Paulownia fortunei* （Seem.） Hemsl.

列当科 Orobanchaceae

来江藤属 *Brandisia*

来江藤

*Brandisia hancei* Hook. f.

紫葳科 Bignoniaceae

梓树属 Catalpa

滇楸

*Catalpa fargesii* Bur. f. duclouxii （Dode） Gilmour

梓

*Catalpa ovata* G. Don

蓝花楹属 *Jacaranda*

蓝花楹

*Jacaranda mimosifolia* D. Don

炮仗花属 *Pyrostegia*

炮仗花

*Pyrostegia venusta* （Ker） Miers

菜豆树属 *Radermachera*

菜豆树

*Radermachera sinica* （Hance） Hemsl.

硬骨凌霄属 *Tecomaria*

硬骨凌霄

*Tecomaria capensis* （Thunb.） Spach

马鞭草科 Verbenaceae

大青属 *Clerodendrum*

臭牡丹

*Clerodendrum bungei* Steud.

臭茉莉

*Clerodendrum chinense* var. simplex C. Y. Wu et R. C. Fang

大青

*Clerodendrum cyrtophyllum* Turcz.

滇常山

*Clerodendrum yunnanense* Hu ex Hand.-Mazz.

假连翘属 *Duranta*

假连翘

*Duranta repens* L.

马缨丹属 *Lantana*

马缨丹

*Lantana camara* L.

青荚叶科 Helwingiaceae

青荚叶属 *Helwingia*

中华青荚叶

*Helwingia chinensis* Batal.

须弥青荚叶

*Helwingia himalaica* Hook. f. et Thoms. ex C. B. Clarke

冬青科 Aquifoliaceae

冬青属 *Ilex*

短梗冬青

*Ilex buergeri* Miq.

珊瑚冬青

*Ilex corallina* Franch.

刺齿珊瑚冬青

*Ilex corallina* Franch. var. aberrans Hand.-Mazz.

枸骨
*Ilex cornuta* Lindl. & Paxt.

龟甲冬青
*Ilex crenata* Thunb.ex Murray Convexa

滇贵冬青
*Ilex dianguiensis* C. J. Tseng

榕叶冬青
*Ilex ficoidea* Hemsl.

大果冬青
*Ilex macrocarpa* Oliv.

小果冬青
*Ilex micrococca* Maxim.

铁冬青
*Ilex rotunda* Thunb. Fl. Jap.

绿冬青
*Ilex viridis* Champ. ex Benth.

菊科 Compositae

斑鸠菊属 *Vernonia*

展枝斑鸠菊
*Vernonia extensa* DC.

五福花科 Adoxaceae

接骨木属 Sambucus

西洋接骨木
*Sambucus nigra* Linn. Sp. Pl.

接骨木
Sambucus williamsii Hance

荚蒾属 Viburnum

蓝黑果荚蒾
Viburnum atrocyaneum C. B. Clarke

臭荚蒾
Viburnum foetidum Wall

珍珠荚蒾
Viburnum foetidum var. ceanothoides （C. H. Wright） Hand.-Mazz.

少花荚蒾
Viburnum oliganthum Batal.

鳞斑荚蒾
Viburnum punctatum Buch.-Ham. ex D. Don

锥序荚蒾
*Viburnum pyramidatum* Rehd.

忍冬科 Caprifoliaceae

鬼吹箫属 Leycesteria

风吹箫
Leycesteria formosa Wall.

忍冬属 *Lonicera*

西南忍冬
*Lonicera bournei* Hemsl.

粘毛忍冬
*Lonicera fargesii* Franch.

忍冬
Lonicera japonica Thunb.

亮叶忍冬
*Lonicera ligustrina* Wall var. yunnanensis Franch.

金银忍冬
Lonicera maackii （Rupr.） Maxim.

蕊帽忍冬
*Lonicera pileata* Oliv.

细绒忍冬
*Lonicera similis* Hemsl.

鞘柄木科 Toricelliaceae

鞘柄木属 *Toricellia*

有齿鞘柄木
*Toricellia angulata* Oliv. var. intermedia （Harms） Hu

海桐花科 Pittospraceae

海桐花属 *Pittosporum*

短萼海桐
*Pittosporum brevicalyx* （Oliv.） Gagnep.

杨翠木
*Pittosporum kerrii* Craib

海桐
*Pittosporum tobira* （Thunb.） Aiton

五加科 Araliaceae

五加属 *Acanthopanax*

乌蔹莓叶五加
*Acanthopanax cissifolius* （Griff. ex Seem.） Harms

五加
*Acanthopanax gracilistylus* W. W. Smith

白簕

*Acanthopanax trifoliatus* （L.） Merr.

楤木属 Aralia

广东楤木

*Aralia armata* （Wall.） Seem.

罗伞属 *Brassaiopsis*

罗伞

*Brassaiopsis glomerulata* （Bl.） Regel

八角金盘属 *Fatsia*

八角金盘

*Fatsia japonica*（Thunb.） Decne.et Planch.

常春藤属 *Hedera*

尼泊尔常春藤

*Hedera nepalensis* K. Koch

幌伞枫属 *Heteropanax*

幌伞枫

*Heteropanax fragrans* （Roxb.） Seem.

刺楸属 *Kalopanax*

刺楸

*Kalopanax septemlobus* （Thunb.） Koidz.

梁王茶属 *Nothopanax*

异叶梁王茶

*Nothopanax davidii* （Fr.） Harms ex Diels

梁王茶

*Nothopanax delavayi* （Fr.） Harms ex Diels

羽叶参属 *Pentapanax*

锈毛五叶参

*Pentapanax henryi* Harms

鹅掌柴属 *Schefflera*

鹅掌藤

*Schefflera arboricola* Hay.

穗序鹅掌柴

*Schefflera delavayi* （Fr.） Harms

鹅掌柴

*Schefflera octophylla* （Lour.） Harms

通脱木属 *Tetrapanax*

通脱木

*Tetrapanax papyriferus* （Hook. f.） K. Koch

## 参考文献

1. 中国科学院中国植物志编辑委员会编著. 中国植物志（有关卷册）. 北京：科学出版社. 1974～2000.

2. 云南省植物研究所编著. 云南植物志（1～21卷）（有关卷册）. 北京：科学出版社. 1977～2006.

3. 郑万钧主编. 中国树木志（1～3卷）. 北京：中国林业出版社. 1983，1985，1997.

4. 徐永椿主编. 云南树木图志（上、中、下册）. 昆明：云南科技出版社. 1988.

5. 中国科学院昆明植物研究所编. 云南种子植物名录（上、下册）. 昆明：云南人民出版社. 1984.

6. 刘冰，叶建飞, 等. 中国被子植物科属概览: 依据APG III系统. 生物多样性2015，23（2）.